W0262227

David Young
Die Entdeckung der Evolution

Aus dem Englischen von
Klaus Riedle

Mit einem Nachwort von
Barbara König

Springer Basel AG

Die Originalausgabe erschien 1992 unter dem Titel "The Discovery of Evolution" bei The Natural History Museum, London, Großbritannien in Zusammenarbeit mit Cambridge University Press.

© David Young 1993

Dank an Frau Susanne Böll für die Durchsicht des Übersetzungsmanuskriptes. Der Übersetzer

Die Deutsche Bibliothek – CIP-Einheitsaufnahme

Young, David:
Die Entdeckung der Evolution / David Young. Aus dem Engl. von Klaus Riedle. Mit einem Nachw. von Barbara König.
  Einheitssacht.: The discovery of evolution <dt.>
  ISBN 978-3-0348-6044-4   ISBN 978-3-0348-6043-7 (eBook)
  DOI 10.1007/978-3-0348-6043-7

© Springer Basel AG 1994
Ursprünglich erschienen bei Birkhäuser Verlag, Basel 1994
Softcover reprint of the hardcover 1st edition 1994

Umschlaggestaltung: Micha Lotrovsky, Therwil
ISBN 978-3-0348-6044-4

9 8 7 6 5 4 3 2 1

Inhaltsverzeichnis

Einleitung

Ich möchte Sie einladen, mich auf einer Abenteuer- und Entdeckungsreise zu begleiten, einer intellektuellen Reise in die Welt der Ideen. Wir werden in den folgenden Kapiteln in die Vergangenheit zurückgehen und die Schritte jener Menschen nachvollziehen, die die Evolutionstheorie entwickelt haben. Wir werden die Gedanken jener verfolgen, die zunächst Entdeckungen machten, die bedeutsam für die Theorie waren, und jener, die sich mit evolutionären Ideen auseinandersetzten, als diese neu waren. Auf diese Weise werden wir verstehen, warum Wissenschaftler plötzlich erkannten, daß die Erde viel älter ist, als man früher annahm, warum Evolution der Vorstellung einer speziellen Schöpfung vorgezogen wurde, und warum man sich mit dem Wesen und der Bedeutung der natürlichen Selektion auseinandersetzte.

Jeder kann sich an dieser Reise beteiligen, auch wenn er wenig Kenntnis von Biologie im Allgemeinen oder Evolution im Speziellen hat. Denn unsere Reise beginnt im 17. Jahrhundert, als selbst die herausragendsten Naturforscher so gut wie gar nichts von der Biologie kannten, wie wir sie heute verstehen. Im 17. Jahrhundert führte die Renaissance des Lernens in Europa zu einer neuerlichen Neugier an der natürlichen Welt der Tiere, Pflanzen, Mineralien und Gesteine. Die damaligen Naturforscher arbeiteten mit großem Enthusiasmus, hatten aber nur das einfachste wissenschaftliche Grundwissen, das ihnen als Leitfaden dienen konnte.

Aufgrund ihres stetig wachsenden Wissens wurden die Naturforscher des 17. und 18. Jahrhunderts mit einigen fundamentalen Problemen der Biologie konfrontiert. So versuchten sie beispielsweise die große Vielfalt an Tieren und Pflanzen zu erklären, die rund um den Erdball gefunden wurden, oder die Tatsache, daß diese Tiere und Pflanzen immer gut an ihre spezielle Lebensart angepaßt waren. Auch tauchten in Gesteinsformationen eingebettete Fossilien auf, eine Entdeckung, die Zugang zur Geschichte des Lebens schuf. Um diese drei wesentlichen Tatsachen erklären zu können, benötigte man neue Ideen und Methoden, und diese Entwicklungen führten zum Ursprung von Biologie und Geologie als professionelle Forschungsbereiche.

Die Begriffe «Biologie» und «Geologie» tauchten mit Beginn des 19.

Jahrhunderts auf – einer Periode, die entscheidend war für die Entwicklung der Evolutionstheorie. Die verstärkten Forschungsanstrengungen zu Beginn jenes Jahrhunderts erbrachten viele neue Hinweise, und Mitte des Jahrhunderts verarbeiteten Charles Darwin und Alfred Wallace diese Belege zu einer zusammenhängenden Evolutionstheorie. Die Theorie fand prompt Fürsprecher in Männern wie Thomas Huxley und wurde in der Biologie und Geologie bald weitgehend akzeptiert. Am Ende des Jahrhunderts war klar, daß Darwin und Wallace für unser Verständnis der lebenden Welt einen bleibenden Fortschritt gebracht hatten.

Das 19. Jahrhundert bildet also einen Höhepunkt auf unserer Reise, und glücklicherweise handelt es sich um eine zugängliche und faszinierende Periode. In jenen Tagen, als es noch keine Diktiergeräte und Telefone gab, hielten Menschen ihre Gedanken in Notizbüchern fest und tauschten sich brieflich aus. Diese Notizbücher und Briefe wurden oft sorgfältig aufbewahrt und zum Teil in Buchform publiziert. Neben den regulären Büchern und Artikeln sind auch viele jener Briefe und Notizbücher noch verfügbar. In meinem Bücherregal stehen heute mehr Bücher *von* Darwin, Wallace und Huxley als Bücher *über* sie.

Unsere Reise führt dann ins 20. Jahrhundert, in dem sich die Biologie immer weiter diversifizierte und spezialisierte. Logischerweise ist es daher nicht möglich, diese Zeitspanne ebenso minutiös zu betrachten wie die wesentlichen Episoden des 19. Jahrhunderts. Wir werden deshalb einige entscheidende Entwicklungen der Vererbungsforschung, der Populationsbiologie und der Fossilienforschung herausgreifen, welche die Evolutionstheorie systematisch vervollständigt haben. Wie in jedem gesunden Wissenschaftsgebiet haben diese Entwicklungen zu einer anregenden Mischung von Konfusion und Klärung, Kontroverse und Synthese geführt. Aber sie trugen auch zur Bestätigung und Stärkung der Evolutionstheorie bei und etablierten sie als wesentlichen Bestandteil der Biologie.

Am Ende unseres Ausflugs in das 20. Jahrhundert werden wir sehen, womit sich die aktuelle Evolutionsforschung befaßt. Unsere Reise wird hier besonders für diejenigen interessant, die bereits etwas mit der modernen Biologie vertraut sind. Denn die heute arbeitenden Biologen sind Pioniere auf derselben Reise und schlagen neue Pfade ein auf derselben Suche wie die ersten Naturforscher. Selbst die «modernste» Forschung ist nicht isoliert von früheren Arbeiten anzusehen, die «nur historische» Bedeutung haben, sondern beide sind Teil unseres zunehmenden Verständnisses der lebenden Welt.

Ehe man eine Reise beginnt, ist es häufig ratsam, einen Reiseführer zu Rate zu ziehen. Gewinn und Genuß einer Reise können sehr gesteigert werden, wenn man bereits mit den wichtigsten Sehenswürdigkeiten

vertraut ist. Auch in unserem Falle trifft das zu. Wir legen also eine kleine
Pause ein und betrachten zunächst, welchen Stellenwert die Evolution in
der modernen Wissenschaft einnimmt, ehe wir ins 17. Jahrhundert ein-
steigen. Wir gehen besser vorbereitet auf die Reise, wenn wir verstehen,
warum Evolution eines der aufregendsten und bedeutendsten Konzepte
ist, das jemals unseren Gesichtskreis erweitert hat.

1
Evolution – ein Reiseführer

Sherlock Holmes bemerkte einmal gegenüber Dr. Watson, daß unsere Vorstellungen so weit gefaßt sein müßten wie die Natur, wenn man damit die Natur interpretieren wolle. Diese Bemerkung bezog sich auf einige Ideen von Charles Darwin über Evolution. Was für ein treffender Kommentar! Darwins Evolutionstheorie kann die Vorstellungswelt jedes nachdenkenden Menschen erweitern, denn sie versucht den Faden aufzuspüren, der alle lebenden Organismen verbindet.

Die Evolutionstheorie behauptet, daß alle heute auf der Erde lebenden Tiere und Pflanzen modifizierte Abkömmlinge von anderen Tieren und Pflanzen sind, die früher einmal existiert haben. Evolution ist das Ergebnis vererbter Unterschiede, die zwischen einer Generation und der nächsten bei allen Organismen auftreten. Wenn sich diese Unterschiede über viele Generationen hinweg in eine Richtung ändern, kann sich aus einer Art eine andere entwickeln. Solche Veränderungen hat es offensichtlich seit Millionen von Jahren gegeben und als Regel gilt, daß die späteren Organismen dazu tendieren, komplexer und diversifizierter zu sein als die früheren. Evolution beinhaltet also die Vorstellung, daß alle uns heute umgebenden Tiere und Pflanzen von nur ein paar wenigen einfachen Lebensformen abstammen, die zuerst auf der Erde entstanden sind.

Evolution ist ein bemerkenswertes Beispiel für eine weitreichende wissenschaftliche Theorie. Mit Hilfe solcher Theorien können wir die natürliche Welt in der wir leben verstehen. Ohne deren Unterstützung könnten wir zwar mit Bewunderung einige Teilaspekte der Natur bestaunen, verstehen würden wir sie aber nicht. Zum Beispiel finden sich in vornehmen Häusern einer verflossenen Ära manchmal eingebaute Glasschränke, in denen ausgestopfte oder sonstwie präparierte, tote Tiere ausgestellt sind. Oftmals findet sich in diesen Schränken eine zufällige Anordnung von Vögeln oder Säugetieren, oder auch Muscheln und Fossilien, die wahllos durcheinandergewürfelt sind. Hier werden Tiere bloß als Attraktionen oder Objekte, die dem Auge gefallen, betrachtet – ebenso wie antiquarische Möbel oder Gemälde. Man kann die ausgestellten Tiere sehr bewundern, aber man benötigt eine allgemeine Theorie, um sie zu erklären, wenn man sie mit Verständnis betrachten will.

In einem ersten Schritt des wissenschaftlichen Verstehens klassifizieren Biologen die verschiedenen Tiere und Pflanzen in Gruppen ähnlicher Formen. Die grundlegende Einheit der Klassifizierung ist die Art. Eine Art besteht aus Individuen, die sich sehr ähnlich sind (ausgenommen sind Unterschiede hinsichtlich des Alters und Geschlechts) und sich durchweg von Individuen unterscheiden, die einer anderen Art angehören. Arten, die sich ähneln, werden in höheren Kategorien zusammengefaßt. Das Prozedere erscheint einfach, aber in der Praxis kommt es selbst bei diesem ersten Schritt zu erheblichen Schwierigkeiten. Wissenschaftler nehmen eine bestimmte Theorie nicht einfach deshalb an, weil es sich um eine elegante Idee handelt. Die Theorie muß zusätzlich einen Rahmen bilden, innerhalb dessen die Schwierigkeiten gelöst werden können, denen Wissenschaftler bei ihrer täglichen Arbeit begegnen. Evolution wurde in den biologischen Wissenschaften genau deshalb als zentrale Theorie angenommen, weil sie eine Reihe großer Rätsel lösen kann, denen sich jeder gegenübersieht, der detailliert Lebewesen untersucht. Welche Probleme dabei auftauchen, kann anhand jeder beliebigen Gruppe von Tieren oder Pflanzen illustriert werden.

Nehmen wir als Beispiel die Känguruhs. Jeder weiß, daß Känguruhs in Australien leben. Känguruhmotive schmücken dort alles mögliche, von der Briefmarke bis zum Flugzeug. Dieser große Bekanntheitsgrad läßt uns fast vergessen, um was für ungewöhnliche Tiere es sich handelt. Nirgendwo sonst auf der Welt gibt es irgendetwas Vergleichbares. Tatsächlich waren die ersten europäischen Naturforscher, die Australien besuchten, so erstaunt vom Anblick der Känguruhs, daß sie sogar Schwierigkeiten hatten, diese einigermaßen korrekt zu zeichnen.

Das auffälligste Merkmal der Känguruhs sind ihre mächtigen Hinterbeine und ihre langen Füße, die einer schnell hüpfenden Gangart dienen. Ihre Vorderbeine sind viel kleiner und berühren den Boden nur in Ruhestellung. Kein anderes, größeres Säugetier verwendet diese hüpfende Fortbewegung. Ein weiteres bemerkenswertes Merkmal ist, daß Känguruhs ihre Jungen nicht innerlich, in der Plazenta, sondern außerhalb des Körpers in einem Beutel austragen. Dieses Merkmal ist typisch für eine große Gruppe von Säugetieren, den Beuteltieren, zu denen Koalas, Possums und Wombats gehören. Man findet Beuteltiere hauptsächlich, aber nicht ausschließlich, in Australien.

Känguruhs veranschaulichen die Vielfalt der Arten mit ihrer erstaunlichen Variabilität und geographischen Verbreitung über die Erde. Es gibt nicht nur ein oder zwei Arten von Känguruhs. Es gibt eine ganze Reihe von Tieren mit dem gleichen charakteristischen Körperbau, angefangen vom kleinen Rattenkänguruh bis hin zum roten Riesenkänguruh. Diese Formen werden in beinahe 50 verschiedene Arten klassifiziert. Sie alle

Das östliche graue Riesenkänguruh Macropus giganteus, 1789 von George Raper, einem Fähnrich der ersten Australienflotte, gezeichnet. Er fand es offensichtlich schwierig, ein Säugetier zu interpretieren, das von Natur aus auf seinen beiden Hinterbeinen steht

leben in Australien oder auf nahegelegenen Inseln. Wer die lebende Welt verstehen will, wird mit der Frage nach der Vielfalt konfrontiert. Warum gibt es so viele verschiedene Arten von Känguruhs? Warum kommen sie alle nur auf dem australischen Kontinent vor?

Eine weitere Frage ist: Warum leben einige Känguruhs auf Bäumen? Die typischen Känguruhs sind gut an das Leben in weiten Ebenen angepaßt, aber einige Arten sind zumindest teilweise an das Leben auf Bäumen angepaßt. Es handelt sich dabei um Baumkänguruhs, die in den tropischen Wäldern Neuguineas und im äußersten Norden Australiens leben. Das auffallendste Merkmal der Baumkänguruhs sind ihre Vorderbeine, die länger und muskulöser sind als diejenigen anderer Känguruharten und die sie brauchen, um auf Ästen entlang gehen zu können. Die Fähigkeit, ihre Hinterbeine abwechselnd zu bewegen, was bei keiner anderen Känguruhart der Fall ist, ist ein weiterer Faktor, der es Baumkänguruhs ermöglicht, auf Bäumen herumzuklettern. Sie sind deshalb nicht aufs Hüpfen beschränkt. An allen vier Füßen befinden sich lange, gekrümmte Krallen, und die Fußsohlen sind rauh, was die Haftung verbessert. Der Schwanz ist außerordentlich lang und hilft, die Balance zu halten.

Wie kommt es, daß diese Tiere an das Leben auf Bäumen angepaßt sind? Anpassungen dieser Art sind ein weiteres großes Rätsel, das sich jedem stellt, der die lebende Welt verstehen will. Die Evolutionstheorie nimmt an, daß Baumkänguruhs einfach das sind, als was sie erscheinen: Känguruhs, bei denen bestimmte Merkmale modifiziert wurden, damit sie auf Bäumen leben können. Ein wichtiger Hinweis darauf, daß Baumkänguruhs tatsächlich von am Boden lebenden Känguruhs abstammen, ergibt sich aus der strukturellen Ähnlichkeit ihrer Füße.

Ein auffallendes Merkmal von auf Bäumen lebenden Possums ist der bewegliche große Zeh am Hinterfuß. Dieser ist von den anderen Zehen abgesetzt und befähigt das Tier, einen Zweig sicher zu umgreifen. Im Gegensatz dazu fehlt den am Boden lebenden Känguruhs der große Zeh völlig, und die beiden nächsten Zehen sind ziemlich klein. Dieser Verlust oder die Reduktion der seitlichen Zehen ist eine Anpassung, die der schnellen Fortbewegung am Boden dient. Man findet sie auch bei anderen, schnell laufenden Säugern. Bei den Baumkänguruhs ähnelt der Hinterfuß demjenigen anderer Känguruhs: Der große Zeh fehlt, und der zweite und dritte Zeh sind reduziert. Obwohl ein großer, greifender Zeh nützlich wäre, besitzen sie keinen. Statt dessen verfügen sie über eine rauhe Fußsohle, die sich auch auf die Seite der Füße und die Krallen erstreckt und ihnen auf Ästen Halt gibt. Auf diese Weise kann der evolutionäre Ursprung der Baumkänguruhs aus der Anpassung ihrer Füße an das Leben auf Bäumen hergeleitet werden.

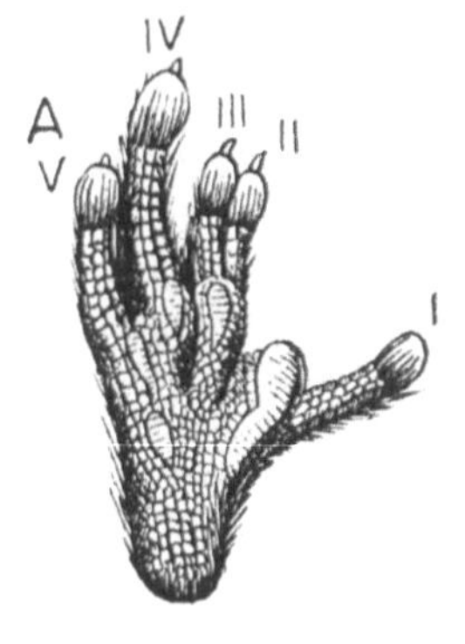

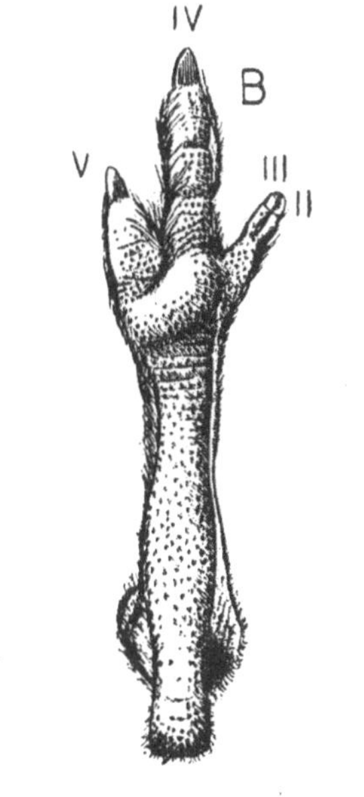

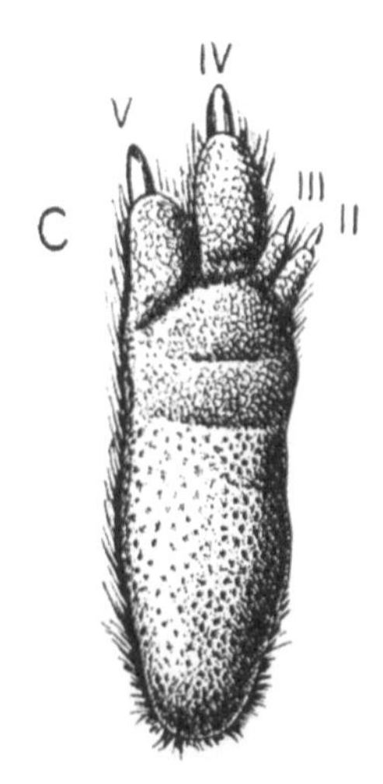

Das führt uns zur nächsten Frage: Was haben Känguruhs überhaupt auf Bäumen zu suchen? Auf Borneo, das nicht sehr weit von Neuguinea entfernt ist und ein ähnliches Klima aufweist, gibt es auf Bäumen lebende Affen. Tatsächlich dominieren westlich von Borneo die Plazentatiere, östlich davon die Beuteltiere. Daß in Australien und in Neuguinea Plazentatiere, einschließlich Affen, fehlen, hat vermutlich mit der geographischen Isolation dieser großen Inseln zu tun. Dies bedeutet, daß Affen diese Inseln nie erreichen konnten. Die Möglichkeit war also vorhanden, auf den tropischen Bäumen Australiens und Neuguineas leben zu können, was von den modifizierten Abkömmlingen der am Boden lebenden Känguruhs wahrgenommen wurde. Hätte es dort Affen gegeben, hätten die ersten Baumkänguruhs nicht erfolgreich mit den Affen um diesen Lebensraum konkurrieren können.

Auf die gleiche Weise erklärt Evolution auch die Existenz anderer Känguruharten. Sie berücksichtigt die Tatsache, daß eine große Anzahl von Arten, die den gleichen ungewöhnlichen Körperplan teilen, alle im selben Erdteil leben. Solch ein Muster ist zu erwarten, wenn alle diese Arten modifizierte Abkömmlinge von bestimmten frühen Beuteltieren sind, die so etwas wie diesen grundsätzlichen Körperplan besaßen. Daß sich diese ganze Reihe von Arten auf die australische Region beschränkt, wird durch die Isolation dieses Inselkontinents erklärt, die die Einwanderung der meisten Säugetiere erfolgreich unterbindet.

Ob Australien und Neuguinea von Südostasien tatsächlich über einen Zeitraum von vielen Millionen Jahren getrennt waren, wie diese Theorie voraussetzt, ist eine geologische Frage. Die Geologie hat es sich zur Aufgabe gemacht, zum Beispiel durch die Analyse von Gesteinsschichten, die strukturellen Veränderungen unseres Planeten zu rekonstruieren. Tiefseebohrungen ergaben, daß sich der Meeresgrund ständig verschiebt, was dazu führt, daß die Kontinente in einer geologischen Zeitspanne ihre Position ändern. Die geologischen Erkenntnisse deuten darauf hin, daß Australien und Neuguinea, die auf derselben Kontinentalplatte liegen, in der Vergangenheit sogar noch isolierter waren als heute. Als es auf der Australischen Platte bereits Beuteltiere, aber noch keine Plazentatiere gab, trennte sich diese von einem großen südlichen Kontinent. In der Folge war es den Beuteltieren gar nicht und den Plazentatieren nur bedingt möglich, den jeweils anderen Kontinent zu erreichen.

Känguruhs sind nur ein Beispiel dafür, wie mit Hilfe der Evolutionstheorie Rätsel über die Vielfalt und Verbreitung von Arten gelöst werden können. Wenn einige frühe Beuteltiere in Australien isoliert wurden und sich dann in eine Vielzahl von Arten entwickelten, ohne daß es Konkurrenz durch Plazentatiere gab, dann erklärt dies, warum eine Vielzahl von Känguruhs, einschließlich der bemerkenswerten Baumkänguruhs, nur

On the Tendency of Species to form Varieties; and on the Perpetuation of Varieties and Species by Natural Means of Selection. By CHARLES DARWIN, Esq., F.R.S., F.L.S., & F.G.S., and ALFRED WALLACE, Esq. Communicated by Sir CHARLES LYELL, F.R.S., F.L.S., and J. D. HOOKER, Esq., M.D., V.P.R.S., F.L.S., &c.

[Read July 1st, 1858.]

London, June 30th, 1858.

MY DEAR SIR,—The accompanying papers, which we have the honour of communicating to the Linnean Society, and which all relate to the same subject, viz. the Laws which affect the Production of Varieties, Races, and Species, contain the results of the investigations of two indefatigable naturalists, Mr. Charles Darwin and Mr. Alfred Wallace.

These gentlemen having, independently and unknown to one another, conceived the same very ingenious theory to account for the appearance and perpetuation of varieties and of specific forms on our planet, may both fairly claim the merit of being original thinkers in this important line of inquiry; but neither of them having published his views, though Mr. Darwin has for many years past been repeatedly urged by us to do so, and both authors having now unreservedly placed their papers in our hands, we think it would best promote the interests of science that a selection from them should be laid before the Linnean Society.

Die Einführung zu den Aufsätzen von Darwin und Wallace, die die Linnean Society 1858 veröffentlichte. Diese gemeinsame Veröffentlichung nannte zum ersten Mal natürliche Selektion als Mechanismus der Evolution.

in Australien und seiner direkten Nachbarschaft gefunden werden. Darüber hinaus paßt dieser Schluß gut zu den Einsichten der Geologen über die Kontinentalbewegungen in der fernen Vergangenheit. Dieses Zusammenpassen von Resultaten verschiedener Wissenschaftszweige ist wichtig, wenn wir uns ein realistisches Bild von der natürlichen Welt machen wollen. Langfristig können Biologen schwerlich eine andere Sicht der Erdgeschichte vertreten als Geologen.

Evolution wäre natürlich kaum von besonderem Interesse, wenn sie nur auf die knapp 50 Arten von Känguruhs angewendet werden könnte. Tatsächlich ergaben evolutionäre Erklärungen immer wieder Sinn, wenn Tiere und Pflanzen detailliert untersucht wurden. Viele verschiedene Forschungszweige der Biologie kamen zu denselben Schlüssen, wie die folgenden Kapitel zeigen werden. Es ist daher logisch, Evolution als ein Prinzip zu betrachten, unter das ganz allgemein alle lebenden Organis-

> Das Baumkänguruh Dendrolagus lumholtzi aus Nord-Queensland, Australien. Diese Art ist an das Leben auf Bäumen durch verschiedene Merkmale angepaßt, die sie von am Boden lebenden Känguruhs unterscheidet, insbesondere durch die relativ längeren und stärkeren Vorderbeine. Solche Anpassungen lassen sich durch Evolution verstehen.

DENDROLAGUS LUMHOLTZI

Ein bemerkenswert
vollständiges Skelett eines
amerikanischen Mastodon,
von Robert Koch 1844 an
das British Museum
verkauft. Jetzt Mammut
americanum genannt,
wird es im Natural
History Museum
weiterhin der
Öffentlichkeit gezeigt.
Schöne Fossilien wie
dieses zeugen vom Leben
in der Vergangenheit.

Zwei Arten von Menschenaffen. Illustrationen aus dem Buch Le Regne Animal von Georges Cuvier. Als dieses Buch 1817 erschien, kannte man den Orang-Utan (links) und den Schimpansen (rechts), aber der Gorilla war noch nicht beschrieben. Die Entdeckung von Menschenaffen, die Menschen so ähnlich waren, warf die Frage nach der Beziehung der Menschheit zum restlichen Tierreich auf.

Plate 23
Parsley Pert.
Cow Parsnip.
Ground Pine.
Wild Poppy.
Black Pepper.
Rue.
Broad Leaved Plantain.
Pitch Tree.
Quick Grass.
Quince Tree.
Queen of the Meadow.
Rest Arrow.

Eine Tafel aus The Complete Herbal, *1649 von Nicholas Culpeper veröffentlicht. Die Pflanzen wurden mehr oder weniger in alphabetischer Reihenfolge aufgeführt und ihre medizinischen Eigenschaften beschrieben.*

men fallen. Deshalb ist die Evolutionstheorie nicht nur einer der wichtigsten und erhellendsten Beiträge für die Biologie, sondern für die gesamte Naturwissenschaft.

Bislang haben wir uns auf Evolution als Theorie bezogen – und das hatte seine Richtigkeit. Evolution ist eine Theorie. Doch muß man sich Klarheit darüber verschaffen, was dies bedeutet. In der Naturwissenschaft versteht man unter Theorie eine wohl durchdachte Vorstellung darüber, wie ein bestimmter Teil der natürlichen Welt funktioniert. Der wesentliche Unterschied zwischen Naturwissenschaft und anderen Wissensbereichen besteht darin, daß wissenschaftliche Ideen der Überprüfung durch Beobachtung und Experiment unterliegen. Eine erfolgreiche wissenschaftliche Theorie besteht viele solcher Tests und wird deshalb zu einem Leitfaden bei der Erforschung bestimmter Bereiche der Natur. Weitreichende Theorien, die ein breites Spektrum von Naturphänomenen umfassen, sind natürlich wichtiger als solche, deren Gegenstandsbereich eng umgrenzt ist. In der Physik können allgemeine und erfolgreiche Theorien Naturgesetze genannt werden, aber in der Biologie wird dieser Terminus schon seit langem nicht mehr verwendet.

Wissenschaftliche Laien sagen manchmal, Evolution sei «nur eine Theorie», es sei nur ein leerer Begriff oder zumindest nur ungenügend begründet. Dies mag daher rühren, daß man den Begriff «Theorie» unglücklicherweise mit dem in der Alltagssprache verwendeten vermischt. Ausschlaggebend ist, ob eine Theorie eine ausreichende Anzahl von Tests bestanden hat, um uns als Anleitung dienen zu können, wie die Natur funktioniert. Wissenschaftliches Verstehen baut auf dem kontinuierlichen Überprüfen und Verbessern allgemeiner Theorien auf.

Etwas verwirrend könnte auch sein, daß die Evolutionstheorie offensichtlich zwei Aufgaben erfüllt. Ein Teil der Theorie behandelt das, was auf diesem Planeten in der Geschichte des Lebens passiert ist, der andere Teil beschäftigt sich damit, wie es passiert ist. Man kann nie vollkommen zwischen den beiden Teilen der Theorie unterscheiden, aber es ist wichtig, daß man gedanklich diese Trennungslinie zieht. Der erste Teil beschäftigt sich mit der Frage, ob es Evolution überhaupt gegeben hat. Der Schluß, daß Evolution in der Vergangenheit stattgefunden hat, stützt sich auf ein konsistentes Muster, das aus verschiedenen Quellen der Gegenwart stammt. Wenn diese wissenschaftliche Folgerung stimmt, dann ist Evolution eine wissenschaftliche Tatsache. Und die Theorie kann eine akkurate Beschreibung dessen liefern, was in der Geschichte des Lebens geschehen ist.

Der zweite Teil der Frage beschäftigt sich mit der Frage, wie diese Evolution abgelaufen ist. Vorstellungen über die Mechanismen des evolutionären Wandels leitet man aus Prozessen ab, die sich derzeit in natürlichen Populationen abspielen. Diese Vorstellungen sollen erklären, wie Evolution als Folge von tagtäglichen Vorgängen unter Lebewesen auftritt. Die Theorie der natürlichen Selektion, die zuerst von Charles Darwin und Alfred Wallace formuliert wurde, ist die bekannteste Erklärung des Ablaufs des evolutionären Wandels.

Bei der Evolutionstheorie handelt es sich also um eine Reihe von Ideen, die die Geschichte des Lebens auf diesem Planeten zu beschreiben und zu erklären versuchen. Sie hat dies erfolgreich getan und konnte viele rätselhafte Situationen erklären, denen Biologen bei ihrer täglichen Arbeit begegnet sind. Dies bedeutet nicht, daß es sich um eine fixe und endgültige Theorie handelt. Viele Beobachtungen und Experimente haben die zentrale Stelle der Theorie innerhalb der Biologie bestätigt, aber sie haben unsere Vorstellungen, wie wir sehen werden, auch verändert und verbessert. Seit die Idee der Evolution verbreitet wurde, gab es immer wieder Episoden der Konfusion und Kontroverse, und zweifellos wird dies auch in Zukunft so sein. In der Wissenschaft gibt es so etwas wie eine endgültige Theorie nicht.

Unsere Feststellung, daß sich Evolution mit der Geschichte des Lebens befaßt, führt uns zu einem anderen großen Rätsel, das die Biologie deutlich von der Chemie und Physik unterscheidet. Normalerweise behandeln Chemie und Physik Dinge, die keinem historischen Wandel unterworfen sind. Abgesehen vom Ursprung des Universums und der Bildung der chemischen Elemente, untersucht die Physik Strukturen und Prozesse, von denen man annimmt, daß sie unverändert in Raum und Zeit existieren. Die aufregenden Erfolge der Biochemie und der Molekularbiologie zeigen, daß diese physikalischen Strukturen und Prozesse auch allem Lebendigen zugrunde liegen. Daher trennt die große Komplexität von Lebewesen die Biologie nicht zwangsläufig von der Physik und der Chemie.

Der Unterschied liegt darin begründet, daß die komplexen Strukturen, welche die Biologie untersucht, Ergebnisse der Geschichte sind. Das Beispiel der Känguruhs zeigt uns, daß die gegenwärtige Struktur und die Verbreitung lebender Organismen durch eine Reihe von geschichtlichen Ereignissen erklärt werden müssen. Zu diesen Ereignissen gehört, daß es in der Vergangenheit Arten gegeben haben muß, die völlig verschieden von den heutigen sind. Manchmal weiß man, wie diese vergangenen Tiere und Pflanzen ausgesehen haben, weil wir ihre Überreste als versteinerte Fossilien entdecken. Im Studium dieser fossilisierten Überreste verbindet sich die Biologie mit der Geologie, für die Geschichte ebenfalls ein zentrales Konzept ist. Diese gemeinsamen Forschungen liefern die direktesten verfügbaren Belege darüber, wie sich das Leben in der Ver-

Oben: Die Aufregung, welche die Entdeckung spektakulärer ausgestorbener Arten verursachte, ist in diesem Bild von 1799 festgehalten. Man birgt die Kiefer eines riesigen fossilen Reptils aus den Kalkformationen. Das Fossil wurde später Mosasaurus genannt.

Rechts: Eine moderne Nachbildung eines Mosasaurus.

gangenheit verändert hat. Und einige dieser Veränderungen waren in der Tat dramatisch.

Die wohl bekanntesten Fossilien sind die Dinosaurier, riesige Reptilien, welche die Erde vor vielen Millionen Jahre dominiert haben, aber heute ausgestorben sind. Als man Dinosaurier und andere ausgestorbene Tiere im 19. Jahrhundert zum ersten Mal ausgegraben hatte, brachten sie eine bis dahin nicht erwartete historische Dimension ans Licht. Die untergegangenen Welten, die durch diese Fossilien sichtbar wurden, sind

für uns heutzutage so bekannt, daß man nur schwer einschätzen kann, welch großen Einfluß diese Entdeckungen hatten. Man kann sich anhand der Summen, die Menschen für solche Fossilien ausgegeben haben, eine Vorstellung von diesem Einfluß machen. Das Britische Museum bezahlte 1844 zum Beispiel einem gewissen Albert Koch für eine Fossiliensammlung, die eines der besterhaltenen Mastodon-Skelette enthielt (siehe Seite 18), das man je gefunden hatte, die Summe von £ 1300. 1862/63 bezahlte das Museum £ 700 für das erste Exemplar des Vogels *Archaeopteryx*, vielleicht das berühmteste Fossil überhaupt.

Die Tatsache, daß diese ausgestorbenen Arten einmal existierten, zeigt deutlich, daß Geschichte wesentlich für die Biologie ist, während in der Physik und Chemie eine geschichtliche Dimension nicht vorhanden ist. Man stelle sich einmal vor, man könnte sich in die Zeit zurückversetzen, als die Dinosaurier die Welt beherrschten, und man würde von drei Wissenschaftlern begleitet: einem Chemiker, einem Zoologen und einem Humanmediziner. Hätte uns unsere Zeitmaschine nun um 100 Millionen

Eine etwas phantastische Restaurierung eines Mastodon durch den Sammler Albert Koch, der dieses Skelett 1841 aus den USA nach London brachte. Große Menschenmengen kamen, um diesen neuen Fund zu bestaunen, den er in London ausstellte. Später kaufte das British Museum das Fossil (siehe Farbabbildung S. 18).

MONKEYANA.

Ein Kommentar zur menschlichen Evolution, 1861 im Punch veröffentlicht. Die Überschrift, Monkeyana, war der Titel eines Karikaturbuches von Landseer. Die Gorilla-Karikatur ist eine Parodie auf die Wedgewood-Antisklaverei-Kamee; das Gedicht hatte Sir Philip Egerton, ein Freund von Huxley, verfaßt.

AM I satyr or man?
Pray tell me who can,
And settle my place in the scale.
A man in ape's shape,
An anthropoid ape,
Or monkey deprived of his tail?

The *Vestiges* taught,
That all came from naught
By "development," so called, "progressive;"
That insects and worms
Assume higher forms
By modification excessive.

Then DARWIN set forth.
In a book of much worth,
The importance of "Nature's selection;"
How the struggle for life
Is a laudable strife,
And results in "specific distinction."

Let pigeons and doves
Select their own loves,
And grant them a million of ages,
Then doubtless you'll find
They've altered their kind,
And changed into prophets and sages.

Jahre zurück versetzt, dann würde der Chemiker dieselben chemischen Elemente und chemischen Reaktionen finden wie heute – und er könnte seine Forschungen fortsetzen, als ob sich nichts verändert hätte. Der Zoologe würde seine Welt völlig verändert vorfinden. Möglicherweise gäbe es keine einzige Art, die er erkennen würde, und sein gesamtes Forschungsprogramm müßte an die veränderten Bedingungen angepaßt werden. Der Mediziner schließlich würde seinen Forschungsgegenstand überhaupt nicht vorfinden und müßte sich wohl neu ausbilden lassen – zum Beispiel als Koch und Abwaschgehilfe für die beiden anderen.

Dieser Hinweis auf das Fehlen des Menschen verweist auf einen der wohl faszinierendsten Punkte. Die meisten von uns werden sich gelassen damit anfreunden können, daß sich die Biologie von der Physik und Chemie aufgrund der geschichtlichen Dimension unterscheidet. Gelassenheit zu bewahren ist aber schwieriger, wenn wir sehen, daß die Geschichte des Lebens auch unsere Geschichte ist. Eine Theorie, welche die Geschichte des Lebens beschreiben und erklären will, muß eine Beschreibung und Erklärung des menschlichen Ursprungs beinhalten. Jeder Zeitungsherausgeber weiß, daß man das Interesse des Lesers durch einen «menschlichen», die Emotionen ansprechenden Artikel, der neben Reportagen von nationaler oder lokaler Bedeutung steht, wachhalten kann. In der Evolutionstheorie findet die Biologie den «menschlichen» Leitartikel schlechthin: eine Erklärung für den Ursprung unserer eigenen Art, was sowohl emotional als auch intellektuell bedeutsam ist.

Charles Darwin war sich des Interesses und der Bedeutung der menschlichen Evolution sehr wohl bewußt, als er sein Buch *On the Origin of Species* (*Vom Ursprung der Arten*) schrieb, aber die emotionale Seite war eine Komplikation, die er gerne vermieden hätte. Deshalb hat er seine Evolutionsgedanken ohne Hinweis auf die menschlichen Ursprünge niedergeschrieben und sich auf einen einzigen Satz im Schlußkapitel beschränkt: «Es wird Licht auf den Ursprung des Menschen und seine Geschichte fallen.» Darwins Vorsichtsmaßnahmen waren jedoch berechtigt. Als das Buch 1859 erschien, griffen Kommentatoren prompt diesen einen Satz auf. Da sie wußten, daß Menschenaffen die wahrscheinlichsten Kandidaten für menschliche Vorfahren sind, nannten sie Darwins Ansicht «Affentheorie».

Die Erregung darüber, daß wir möglicherweise von den Menschenaffen abstammen, wurde dadurch verstärkt, daß Menschenaffen erst seit kurzem bekannt waren. Um 1800 konnten Naturforscher gerade zwei Arten unterscheiden, den afrikanischen Schimpansen und den asiatischen Orang-Utan. Genaue Beschreibungen von erwachsenen Tieren dieser beiden Arten gab es bereits zu Beginn des 19. Jahrhunderts (siehe Seite 19). Aber der größte afrikanische Menschenaffe, der Gorilla, wurde

Die Wedgewood-Kamee, parodiert in der Evolutionskarikatur im Punch.

erst um 1850 wissenschaftlich beschrieben und als der Forscher Paul du Chaillu 1861 in London von seinen Begegnungen mit Gorillas im Regenwald berichtete und einen ausgestopften Gorilla präsentierte, war es eine Sensation. Kein Wunder, daß der Gorilla in der Zeitschrift *Punch* zu jener Zeit häufig in Karikaturen erschien, die die Evolution zum Thema hatten.

Ein wesentlicherer Grund für die plötzliche Aufregung über die Frage nach dem Ursprung des Menschen war, daß diese Frage beantwortet werden mußte. Die Frage nach dem Standort und Status des Menschen im Universum ist vielleicht die intellektuell wichtigste, die jemals diskutiert wurde. Weil eine genaue Erklärung der menschlichen Ursprünge in dieser Debatte zwingend notwendig war, konnte die Evolutionstheorie einiges dazu beitragen. Natürlich wurde auch die Stellung des Menschen im Gesamtplan der Dinge debattiert, und es wurden schon wohlüberlegte Antworten auf diese Frage gegeben, als die moderne Biologie noch nichts dazu zu sagen hatte. Immerhin handelt es sich um etwas, worüber alle reflektierenden Menschen irgendwann einmal in ihrem Leben nachdenken müssen.

In den Jahren nach der Veröffentlichung von *On the Origin of Species* entbrannte die Diskussion vor allem deshalb, weil Evolution offensichtlich dem widersprach, was in der Genesis über den Ursprung des Menschen stand. Die Genesis lehrt, daß die ganze Welt, einschließlich Tieren, Pflanzen und Menschen, von Gott erschaffen wurde. Viele sahen einen Konflikt zwischen Schöpfungsbericht und Evolution, und manche sahen sogar ganz allgemein einen Konflikt zwischen Wissenschaft und Religion. Seither haben sich die meisten Theologen mit der Evolution angefreundet und sie in ihr Denken eingebaut, und der Tumult hat sich gelegt. Einige christliche Gruppen lehnen sie jedoch noch heute ab und schüren in neuer Verpackung den alten Konflikt.

Vor der Mitte des 19. Jahrhunderts sahen Wissenschaftler weder einen Konflikt zwischen Wissenschaft und Religion, noch befanden sie sich in einer großen Debatte über Evolution. Im Gegenteil, Wissenschaft und Religion standen in einem harmonischen Verhältnis zueinander und unterstützten sich gegenseitig. Die Vorstellung einer geschaffenen Ordnung sah man als gesichert an, und sie war der Grund, warum man die Welt als rational begründet betrachtete.

Darüber hinaus wurde Grundlagenforschung in den Naturwissenschaften, besonders in England, oft von Geistlichen betrieben. Daher waren die Wegbereiter der Evolutionstheorie nicht Menschen, die im späten 19. Jahrhundert trockene Theorien debattierten, sondern Generationen von Naturforschern, welche die Welt ganz anders betrachteten. Mit der Renaissance des Lernens im 16. und 17. Jahrhundert konnten

Die Notwendigkeit direkter Beobachtung in der Naturgeschichte zeigt sich an dieser Illustration eines Fisches, der die Form eines Mönches haben soll. Sie stammt aus einem 1553 veröffentlichten Buch des französischen Arztes Pierre Belon.

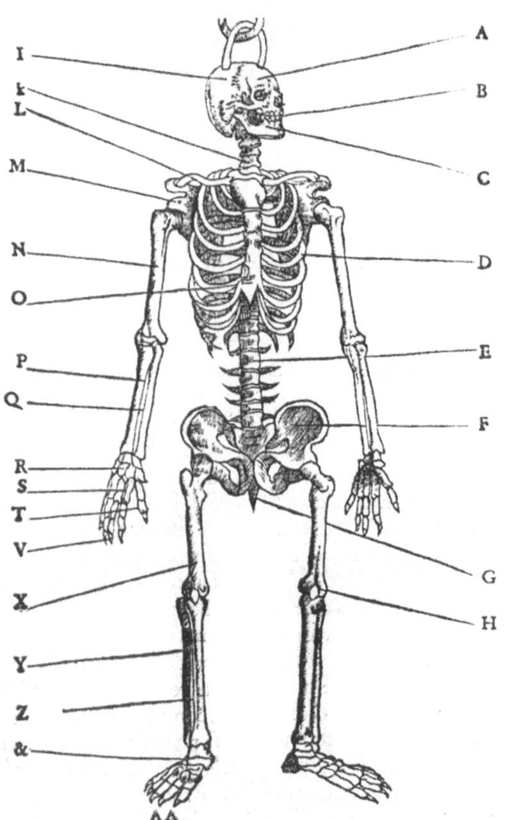
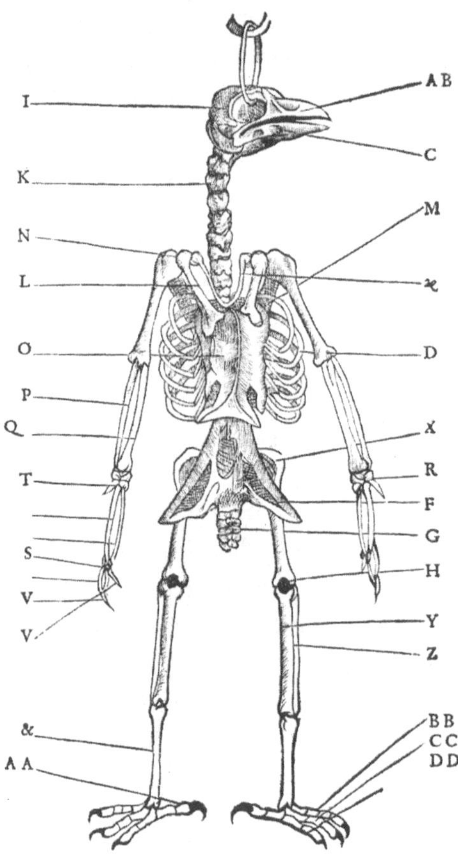

Der Nutzen direkter Beobachtung wird anhand dieser Illustration aus Pierre Belons Buch über Vögel von 1555 deutlich. Hier hatte er einen sorgfältigen Vergleich zwischen dem Skelett eines Menschen und dem eines Vogels gemacht; die äquivalenten Teile sind mit demselben Buchstaben gekennzeichnet.

diese Naturforscher bei ihrem Studium der natürlichen Welt aus drei wesentlichen Ideenquellen schöpfen.

Zunächst einmal gab es die christliche Theologie, die den allgemein akzeptierten Vorstellungsrahmen im 17. und 18. Jahrhundert bildete. Dann gab es die klassische Philosophie, die durch mittelalterliche Kommentatoren aus der Antike vererbt worden war. Aristoteles' Werk galt dabei als wichtigstes. Er hatte die Naturgeschichte von über 500 Tierarten erforscht und sich tiefgreifende Gedanken über das Gesehene gemacht. In seinen berühmten zoologischen Büchern hatte Aristoteles seine Arbeiten und andere damals vorhandene Kenntnisse über Tiere zusammengefaßt. Sie zeigen die Anstrengungen eines großen Denkers, sich über die grundsätzlichen Tatsachen der Biologie Klarheit zu verschaffen.

Die dritte große Quelle des Lernens war die gerade flügge gewordene Disziplin der Naturwissenschaft oder der Neuen Philosophie, wie sie damals genannt wurde. Die ersten großen Erfolge dieser Disziplin erzielte Galileo in der Astronomie, und sie hatten große praktische Bedeutung für die Navigation. Der oberste Lehrsatz der Neuen Philosophie besagte, daß die Genauigkeit von Aussagen über die natürliche Welt anhand von Beobachtungen und Experimenten überprüft werden könne. Dieser Ansatz basierte auf der Suche nach natürlichen Ursachen und fand Verbreitung in ganz Europa.

In England war Francis Bacon (1561–1626) der führende Vertreter der Neuen Philosophie. Er brachte diesen neuen wissenschaftlichen Ansatz mit dem theologischen Rahmen in Einklang, indem er betonte, daß sowohl die Natur als auch die Bibel ihre Quelle in Gott hätten: Deshalb würden beide Quellen der Erleuchtung, das Buch von Gottes Werk und das Buch von Gottes Wort, unsere ganze Aufmerksamkeit verdienen. Später erschien ein in diese Richtung zielendes Zitat von Bacon auf der gegenüberliegenden Seite der Titelseite von *On the Origin of Species* (siehe Seite 125).

Unsere Schilderung beginnt mit den Naturforschern, die in der zweiten Hälfte des 17. Jahrhunderts Teil der europäischen wissenschaftlichen Gemeinschaft waren. Sie sammelten emsig Pflanzen und Tiere, listeten auf und beschrieben, was sie fanden, und legten damit die Grundlagen für die moderne Biologie. Einen der in diesem Zusammenhang wichtigsten Beiträge lieferte John Ray (1627–1705) in England. Wenn wir die Arbeiten von Ray und seinen Zeitgenossen lesen, können wir sehen, wie der Erfolg ihrer Bemühungen sie auch mit den großen Rätseln lebender Organismen konfrontierte, die in der Folge Gegenstand der Evolutionstheorie wurden. Schon in dieser frühen Periode sah man, daß eine erfolgreiche Naturgeschichte auch so weitreichende Themen wie die Geschichte des Lebens und die Stellung der menschlichen Art behandeln muß.

Wenden wir uns nun der Arbeit des Mannes zu, den ein anderer Naturforscher einmal den «exzellenten Herrn Ray» nannte.

2
Puzzle für die Naturforscher

Der Kopf von König Charles des Ersten saß noch fest auf dessen Schultern, als John Ray 1644 nach Cambridge ging. Es waren turbulente Zeiten, und selbst die schlauesten Köpfe an der Universität riskierten ihren Job, wenn sie bezüglich des englischen Bürgerkriegs kein Blatt vor den Mund nahmen. Ray kam aus bescheidenen Verhältnissen an die Universität: sein Vater war Schmied in einem Dorf in Essex. Aufgrund seiner Fähigkeiten erhielt Ray einen Studienplatz am Trinity College und nach Abschluß seines Studiums eine kleinere Dozentenstelle. Er lehrte Griechisch, Mathematik und klassische Literatur. Naturwissenschaft hatte damals noch keinen Platz auf dem Lehrplan. Ray wurde zum Geistlichen ausgebildet und später zum Priester geweiht.

Es ist daher nicht unwahrscheinlich, daß Ray seine intensiven naturwissenschaftlichen Studien, insbesondere in der Botanik, erst im Laufe seiner Dozentenzeit aufgenommen hat. Selbst zu dieser Zeit konnte ihm niemand an der Universität sagen, wie man Pflanzen identifiziert. Er bildete daher mit einigen begeisterungsfähigen Studenten eine eigene Forschungsgruppe, die einheimische Pflanzen sammelte und ordnete. Rays erstes, 1660 erschienenes Buch, der *Catalogue of Cambridge Plants*, war ein Ergebnis dieser Gruppenarbeit und beschrieb 626 verschiedene Pflanzen. Einige Mitglieder dieser Gruppe waren Söhne von reichen Landadligen, wie etwa Francis Willughby, der ein enger Freund von Ray und Mitstreiter bei der Erforschung der Naturgeschichte wurde. Als reicher Gutsherr konnte Willughby die gemeinsamen Forschungsprojekte finanzieren, nachdem Ray seinen Arbeitsplatz verloren hatte, weil er sich geweigert hatte, einen Eid zu leisten, den Charles der Zweite von allen Geistlichen verlangte.

Das Hauptproblem für Ray und seine Forscherkollegen war die Vielfalt. Je mehr Naturforscher sich der detaillierten Beschreibung von Pflanzen und Tieren zuwandten, desto klarer wurde, daß die Welt der Schöpfung weitaus vielfältiger war, als man jemals angenommen hatte. Das Ergebnis dieser Bemühungen war, daß eine immer größer werdende Anzahl von europäischen Arten, vor allem Pflanzen, beschrieben wurde. Zudem wurden in anderen Teilen der Welt viele bis dahin völlig unbekannte Lebensformen entdeckt. Schließlich eröffnete die Erfindung des Mikroskops Einsicht in die Existenz einer unerwartet großen Menge von Kleinstlebewesen. Es wurde sehr bald offensichtlich, daß es eine Vielzahl verschiedener Arten von Pflanzen und Tieren gibt, und daß es alles andere als einfach ist, sie alle richtig zu unterscheiden.

Das größte Bedürfnis jener Zeit war also eine brauchbare Klassifikation. Eine Klassifikation ist immer dann notwendig, wenn man mit einer vielfältigen Reihe von Objekten zu tun hat, seien es Bücher in einer Bibliothek, zu vermarktende Produkte oder Tiere und Pflanzen in der Natur. Der Klassifikationsprozeß erfordert, daß man individuelle Objekte in geeignete Klassen oder Kategorien einordnet. Eine richtige Klassifikation ist sehr wichtig, denn steht sie erst einmal, dann beeinflußt sie die Art und Weise, wie wir Dinge betrachten. Bei der Beobachtung der

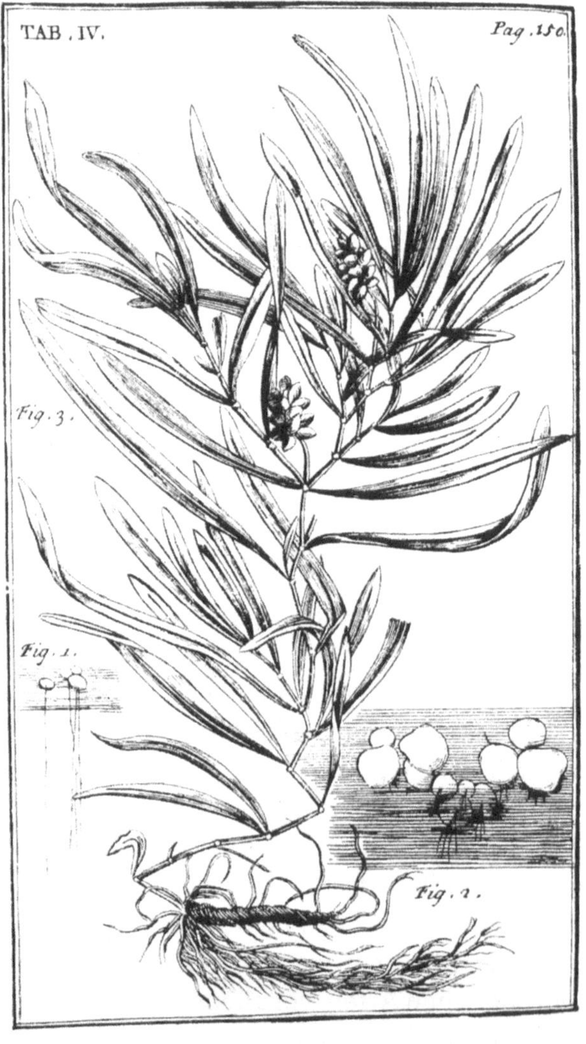

Eine der häufigen Wasserpflanzen, die zur Gattung Potamogeton *(Laichkraut) gehören. Aus* Rays Synopsis *der britischen Flora, das erstmals 1690 erschien.*

natürlichen Welt benötigt man Kategorien, aufgrund derer wir den uns umgebenden Dingen einen Sinn geben. Sind erst einmal bestimmte Kategorien festgelegt, wird es schwierig, die Welt auf irgendeine andere Weise zu betrachten. Es war daher ein wichtiger Schritt der Naturforscher des 17. Jahrhunderts, daß sie mit der Entwicklung einer neuen, objektiveren Klassifikation begannen und damit den Weg für eine objektivere Sicht der lebenden Welt bahnten.

Bis zu jenen Tagen betrachtete man die Welt aus einem anthropozentrischen Blickwinkel. Francis Bacon vertrat die Meinung, man müsse den Menschen deshalb als Zentrum der Welt betrachten, weil die ganze Welt ohne Ziel und Zweck sei, wenn der Mensch von der Bühne verschwinden würde. Begründet wurden solche Ansichten mit der Genesis und der Sintflut, die von den Kommentatoren mit atemberaubender Selbstsicherheit interpretiert wurden. Man war überzeugt, daß Tiere, Pflanzen und Mineralien von Gott entworfen und verteilt worden seien, wobei er immer die menschlichen Bedürfnisse im Hinterkopf gehabt habe. Demzufolge sollte also jede Art einem menschlichen Zweck dienen, sei es einem praktischen, moralischen oder ästhetischen. Gemäß dieser Ansicht hat die Genesis den Menschen das Recht gegeben, über die Natur zu herrschen. Sie können mit anderen Arten tun, was sie wollen.

In diesem Meinungsklima wurden Tiere und Pflanzen natürlich entsprechend ihrer Beziehung zum Menschen klassifiziert. Kräuter wurden zum Beispiel in Kategorien wie Küchenkräuter, Heilkräuter, Getreide, Blumen, Gras und Unkräuter eingeteilt. Die illustrierten Kräuterbücher jener Zeit unterteilten Kräuter oft bezüglich des Körperteils, dem Heilkräuter dienlich sein sollten, oder auch nach ihrem Geruch, ihrer Genießbarkeit oder ihrem Geschmack. Ganz ähnlich wurden Tiere in Kategorien wie genießbar/ungenießbar, wild/zahm, nützlich/nicht nützlich eingeteilt. Ein Autor unterteilte Hunde in edle Hunde, die für die Jagd verwendet werden, bäuerliche Hunde, die auf dem Bauernhof ihre Pflicht tun, und Köter, die nur für niedrige Tätigkeiten geeignet sind. Des weiteren wurden Tiere, da man bei einigen Arten bestimmte menschliche Qualitäten zu entdecken glaubte, oft ihrer symbolischen Bedeutung nach klassifiziert: Kröten waren verhaßt, Füchse listig, Adler vornehm und Löwen mutig.

Dieser anthropozentrische Ansatz wurde von den Naturforschern nach und nach aufgegeben, und sie versuchten, lebende Organismen aufgrund struktureller Merkmale zu klassifizieren und nicht aufgrund ihrer Nützlichkeit oder ihres moralischen Status. Einige Pflanzenforscher begnügten sich damit, Pflanzen einfach alphabetisch aufzulisten und zu zeichnen (siehe Seite 20). Hier blieb dem Leser nichts anderes übrig, als das Buch durchzublättern, bis er etwas einigermaßen Ähnliches fand.

Solch eine einfache Methode war jedoch nicht mehr anwendbar, als die Zahl der identifizierten Pflanzen von einigen wenigen Hundert im 16. Jahrhundert auf jene Tausende anschwoll, die Ray 1686 auflistete. Wegen dieser unzähligen neuen Entdeckungen begannen die Naturforscher nach objektiveren Kriterien zu suchen, mit Hilfe derer man ähnliche Formen bestimmten Gruppen zuordnen und individuelle Arten innerhalb jeder Gruppe unterscheiden konnte. Irgendwann tauchte bei den Naturforschern die ehrgeizige Idee auf, ein Schema zu entwickeln, nach dem alle Tiere und Pflanzen nach einer logischen Methode klassifiziert würden.

In ihrem Bemühen, eine neue Klassifikation zu erstellen, konnten die Naturforscher auf die hervorragenden Grundlagen zurückgreifen, die Aristoteles vor vielen Jahrhunderten erarbeitet hatte. Als Philosoph hatte Aristoteles die Methode der logischen Teilung entwickelt: als Basis dient eine Reihe von allgemeinen Klassen, von denen jede in zwei oder mehrere spezielle Unterklassen unterteilt ist. Das Ganze ist einem Ratespiel ziemlich ähnlich, bei dem eine Person einen Gegenstand erraten muß, den andere Mitspieler in ihrer Abwesenheit ausgewählt haben. Diese Person könnte zunächst fragen: «Lebt es?», womit alle wahrnehmbaren Gegenstände in zwei Klassen, lebend und nicht-lebend, aufgeteilt sind. Ist die Antwort «ja», könnte die nächste Frage lauten: «Ist es ein Tier?», was lebende Dinge in Tiere und Nicht-Tiere unterteilt. Früher oder später führt dieses Unterteilen der jeweils übriggebliebenen Klasse in wiederum zwei Alternativen zur richtigen Wahl.

In der aristotelischen Logik ist die Klasse, die auf jeder Ebene aufgeteilt wird, die «Gattung» (genus), und die beiden alternativen Unterteilungen sind die «Arten» (species), die wiederum die Gattungen auf der nächsten Ebene der Unterteilung werden. Diese Methode hat zwei grundlegende Begriffe eingeführt, die in der Biologie auch heute noch verwendet werden. Aber Aristoteles hat selbst erkannt, daß die logische Teilung nie als Methode zur Klassifikation von Pflanzen und Tieren ausreichen würde. Die lebende Welt besteht leider nicht aus einer hübschen Abfolge von Klassen mit paarweise einander zugeordneten Alternativen.

Statt dessen verfolgte er in seinem Buch *Geschichte der Tiere* einen praktischen Ansatz. Indem er eine große Anzahl von Tieren verglich, konnte er individuelle Arten aufgrund «der Ähnlichkeit der Form ihrer Körperteile oder ihres gesamten Körpers» in kollektive Gruppen (Gattungen) einordnen. An modernen Maßstäben gemessen waren Aristoteles' Gattungen ziemlich große Gruppierungen. Zum Beispiel hielt er Fische und Vögel für getrennte Gattungen, von denen jede viele verwandte Arten enthielt. Wichtig ist, daß er diese Gruppen anhand von

Ähnlichkeiten aufstellte, die sich durch den Vergleich vieler Details ergaben. Mit anderen Worten: er begründete seine Gruppen aufgrund von Untersuchungen und nicht aufgrund logischer Betrachtungen.

Aristoteles hat nie eine gesamte Klassifikationstabelle aufgestellt. Allerdings ordnete er seine Gruppen in eine Art Abfolge ein, wobei er Kriterien benutzte, die letztlich auf den vier klassischen Elementen Feuer, Wasser, Erde und Luft gründeten. Das Ergebnis war eine Liste

ARISTOTLE'S

HISTORY OF ANIMALS.

IN TEN BOOKS.

TRANSLATED BY

RICHARD CRESSWELL, M.A.,

ST. JOHN'S COLLEGE, OXFORD.

LONDON:

HENRY G. BOHN, YORK STREET, COVENT GARDEN.

1862.

Eine englische Übersetzung aus dem 19. Jahrhundert des bekanntesten zoologischen Buches von Aristoteles, in dem er die Klassifikation von Tieren diskutierte. Die verschiedenen Arten, die er beschrieb, kannte er vom Hörensagen oder aus eigener Anschauung.

THE ORNITHOLOGY

OF

FRANCIS WILLUGHBY

OF

Middleton in the County of *Warwick* Esq;

Fellow of the ROYAL SOCIETY.

In Three Books.

Wherein All the

BIRDS

HITHERTO KNOWN,

Being reduced into a METHOD sutable to their Natures,
are accurately described.

The Descriptions illustrated by most Elegant Figures, nearly resembling
the live BIRDS, Engraven in LXXVIII Copper Plates.

Translated into English, and enlarged with many Additions
throughout the whole WORK.

To which are added,

Three Considerable DISCOURSES,

I. Of the Art of FOWLING: With a Description
of several NETS in two large Copper Plates.

II. Of the Ordering of SINGING BIRDS.

III. Of FALCONRY.

BY

JOHN RAY, Fellow of the ROYAL SOCIETY.

Psalm 104. 24.

*How manifold are thy works, O Lord? In wisdom hast thou made them all: The Earth is
full of thy riches.*

LONDON:

Printed by A.C. for *John Martyn*, Printer to the *Royal Society*, at the *Bell* in
St. *Pauls* Church-Yard, MDCLXXVIII.

Drei Eulenarten aus Ornithology *von Willughby und Ray, die keine Schwierigkeiten hatten, Eulen als eine natürliche Vogelgruppe zu erkennen. In* Ornithology *waren sowohl europäische als auch englische Vogelarten enthalten.*

zunehmender Vollkommenheit oder eine Stufenleiter der Natur: die unterste Stufe bilden die Mineralien, dann folgen Pflanzen und Tiere und an oberster Stelle der Mensch. Aufgrund der Komplexität und Diversität des Lebens war sich Aristoteles nicht immer sicher, wohin eine bestimmte Gruppe gehörte. Die Schwämme waren eine zweifelhafte Gruppe, die er den Pflanzen und nicht den Tieren zuordnete, während andere, wie die Seeanemonen oder die Seescheiden, zwischen Pflanzen und Tieren zu stehen schienen. In seinem Buch *Geschichte der Tiere* schrieb er dazu: «Die Natur schreitet von leblosen Dingen zu tierischem Leben in so kleinen Schritten voran, daß man unmöglich eine klare Trennungslinie ziehen kann und auch nicht weiß, auf welcher Seite eine Zwischenform stehen sollte.» Trotz dieser praktischen Schwierigkeiten war die Vorstellung einer abgestuften Leiter der Natur lange vorherrschend und hatte in verschiedenen Ausformungen Bestand, bis sie schließlich Anfang des 19. Jahrhunderts verworfen wurde.

Die Methode der logischen Teilung wurde von den Naturforschern des 16. und 17. Jahrhunderts als Klassifikationsmethode übernommen. Zum einen verband man mit ihr die Autorität Aristoteles', dessen Logik jeder kannte, der damals zur Schule ging. Zum anderen eignete sich die Methode hervorragend, um Identifikationsschlüssel zu entwerfen; und ein praktisches Identifikationssystem wurde von allen dringend benötigt, die Tiere oder Pflanzen erforschen wollten. Klassifikationssysteme basierten deshalb auf einer Reihe von einfach zu erkennenden Klassen wie Bäume, Sträucher und Kräuter, die dann mit Hilfe der logischen Teilung weiter unterteilt wurden. Bei dieser Methode ist ganz entscheidend, welche Merkmale für die Unterteilungen benutzt werden. Das Ersetzen eines Merkmals durch ein anderes führt zu einer völlig anderen Klassifikation. Logischerweise produzierten Spezialisten, die sich auf unterschiedliche Merkmale stützten, Klassifikationssysteme, die sich gewaltig voneinander unterschieden.

Aufgrund ihres Wissens aus erster Hand erkannten diese Forscher aber dennoch die Natürlichkeit bestimmter Gruppen, sowohl bei Tieren als auch (wenngleich weniger offensichtlich) bei Pflanzen. Irgendwie schafften sie es, ihre Wahl und Abfolge der Unterteilungen so zu gestalten, daß sie diese natürlichen Gruppen nicht zerstörten. So wurden also viele natürliche Gruppen aufgrund von Untersuchungen offensichtlich erkannt und anschließend durch logische Einteilung in ein Klassifikationssystem gebracht, das man zur einfacheren Identifikation gebrauchen konnte. John Ray gehörte zu jenen, die die Prinzipien der logischen Teilung bei der Klassifikation benutzten; er zögerte aber nicht, die Regeln zu durchbrechen, wenn es darum ging, Gruppen zu bestimmen, die er als natürlich erkannt hatte.

Zusammen mit seinem jungen Freund Francis Willughby hatte Ray gehofft, eine fundierte Klassifikation für Tiere und für Pflanzen aufstellen zu können. Die beiden Männer entschlossen sich, auf der Basis ihres empirischen Wissens, «die verschiedenen Klassen von Dingen auf eine Methode zu reduzieren und genau zu beschreiben.» Sie bereisten ausgiebig England und Europa, um Material für ihr Projekt zu sammeln. Die Pflanzen sollten hauptsächlich unter Rays, die Tiere unter Willughbys Verantwortung stehen, aber der frühe Tod Willughbys kam dazwischen. Ray veröffentlichte trotzdem einen Teil ihres gemeinsamen Materials. Ein schönes Beispiel dafür ist das Buch *Ornithology*, das 1676 zuerst auf Latein, 1678 dann auf Englisch erschien.

Dieses Buch war ein großer Fortschritt in der Klassifikation von Tieren, und zwar vor allem, weil die Autoren Vögel aufgrund von wesentlichen anatomischen Strukturmerkmalen gruppierten. Sie konzentrierten sich auf die Form des Schnabels, die Struktur des Fußes und die Gesamtkörpergröße. Auf diese Weise konnten sie diejenigen Vögel in bestimmte Klassen oder Gattungen einordnen, die sich tatsächlich ähnelten. Ray und Willughby verwarfen in ihrer Ornithology ausdrücklich die anthropozentrische, symbolische Tradition. Gleich am Anfang betonten sie: «Wir haben alles weggelassen, was wir sonst bei anderen Autoren finden bezüglich Symbolik, Moral, Vorlieben, Vorahnungen oder was sonstwie der Theologie, der Ethik, der Grammatik oder jeglicher Art des menschlichen Lernens zugeordnet werden sollte.» Und sie versicherten dem Leser, daß die Vögel nur so dargestellt würden, wie es «ihrer natürlichen Geschichte» entspräche.

In *Ornithology* wurden die Vögel durch logische Teilung klassifiziert. Zuerst wurden sie in Land- und Wasservögel aufgeteilt; die Landvögel wurden dann in solche mit gekrümmten und solche mit geraden Schnäbeln unterteilt, Vögel mit gekrümmten Schnäbeln wiederum in Greifvögel und Früchtefresser usw. Diese Methode wurde flexibel gehandhabt und so lange angewendet, bis eine endgültige kompakte Gruppe erreicht war. Bei den großen flugunfähigen Vögeln war das nach nur drei Unterteilungen der Fall, bei komplexeren Gruppen benötigte man bis zu acht Unterteilungen. Viele dieser Gruppen entsprechen in hohem Maß den heute als natürlich betrachteten Gruppen, wie zum Beispiel die Krähen (heutige Terminologie: Corvinae), die Hühner (Gallinae), die Spechte (Picinae), die Gänse (Anserinae) und andere.

Innerhalb dieser Gruppen wurden die individuellen Arten aufgelistet und einzeln beschrieben. Jede Art erhielt einen englischen Namen und gewöhnlich, aber nicht immer, auch einen lateinischen Namen, der aus zwei Wörtern bestand – eines für die Gattung und eines für die Art. Die meisten der von Ray und Willughby erkannten Arten sind gut untersuchte Vögel, die auch heute noch als echte Arten betrachtet werden.

Bei der Erforschung der Vögel hatte Ray keine allzugroßen Schwierigkeiten, eine Art von der anderen zu unterscheiden, doch bei den Pflanzen sah das anders aus. Damals war man der Überzeugung, daß Arten unterschiedliche Typen von Organismen darstellen. Jede Art besteht aus ähnlichen Individuen, die sich von Individuen, die zu anderen Arten gehören, unterscheiden. Sobald man aber lebende Organismen klassifizieren will, wird schnell klar, daß sie äußerst variabel sind. Insbesondere Pflanzen neigen in verschiedenen Gegenden oder je nach Bodenbeschaffenheit sehr zu Variation. Ray mußte also genau überlegen, wie man Arten als grundlegende Einheit der Klassifikation einwandfrei voneinander unterscheiden konnte.

1686 gab er die Antwort in seinem Buch *General History of Plants*: «Nach langen und beträchtlichen Untersuchungen gibt es für mich kein sichereres Kriterium zum Bestimmen von Arten als die erkennbaren

ARISTOTLE

ON

THE PARTS OF ANIMALS.

TRANSLATED, WITH INTRODUCTION AND NOTES,

BY

W. OGLE, M.A., M.D., F.R.C.P.

SOMETIME FELLOW OF CORPUS CHRISTI COLLEGE, OXFORD.

Praeclare cum illo agitur, qui non mentiens dicit, quod ab Aristotele responsum est sciscitanti Alexandro, quo docente profiteretur se scientem: 'rebus,' inquit, 'ipsis, quae non norunt mentiri.'—VARRO.

LONDON:
KEGAN PAUL, TRENCH & CO., PATERNOSTER SQUARE.
1882.

Eine englische Übersetzung des bekanntesten zoologischen Buchs von Aristoteles aus dem 19. Jahrhundert, in dem er die biologische Anpassung diskutierte. Als er diese Ausgabe las, bemerkte Darwin, daß die führenden Zoologen jüngerer Zeit «bloße Schuljungen im Vergleich zum alten Aristoteles sind».

Merkmale, die sich in der Vermehrung aus Samen immerwährend fortsetzen.» Ray erkannte, daß die Variationsbreite, die ein beliebiges Elternpaar in seinem Nachwuchs erzeugen kann, im Potential einer einzigen Art enthalten sein muß. Dies trifft sowohl für Pflanzen als auch für Tiere zu. Ray benutzte also das biologische Kriterium der Fortpflanzung, um Arten als reale Ganzheiten zu definieren und um sie von Varietäten zu unterscheiden, die durch unterschiedliche lokale Bedingungen zustande kommen. Rays Definition wurde von anderen Naturforschern enthusiastisch aufgenommen und blieb in den nächsten 150 Jahren, mit nur geringen Veränderungen, in Gebrauch.

Mit dem Problem der biologischen Vielfalt konfrontiert, versuchten Ray und andere Naturforscher eine bessere Klassifikation von Lebewesen herauszufinden. Am Ende des 17. Jahrhunderts wurden die wesentlichen Punkte des Problems erkannt. Zunächst einmal war völlig klar, daß es viele verschiedene Arten gab, die jeweils aus ähnlichen Individuen bestanden. Die Individuen können sich in gewissem Ausmaß voneinander unterscheiden, aber die jeweils einer Art zugehörigen sind durch Fortpflanzung miteinander verbunden. Dann erkannte man, daß mehrere Arten eine Anzahl gemeinsamer Merkmale teilen können und so eine Gruppe von Arten bilden können, die sich alle ähneln. Besonders Ray bestand darauf, daß eine Klassifikation diese natürlichen Gruppen widerspiegeln solle. Es wurde deutlich, daß man dies nicht mit einem künstlichen System der logischen Teilung erreichen konnte, mochte es auch noch so bequem und elegant sein. Schließlich erkannte man, daß die Nützlichkeit oder der symbolische Wert von Arten völlig irrelevant waren. Die neuen Klassifikationen beurteilten Tiere und Pflanzen anhand ihrer wirklichen Merkmale.

Eine gute Klassifikation hilft uns zwar, die Diversität des Lebens zu beschreiben, erklärt sie aber nicht. Es gibt nicht nur eine Unmenge von Arten, sondern jede ist auch hervorragend an ihre Lebensweise angepaßt. Die Teile eines Tieres oder einer Pflanze sind so konstruiert, daß sie eine Funktion oder einen Zweck für die bestimmte Lebensweise der Art haben. Diese Anpassung oder Zweckmäßigkeit ist ein solch hervorstechendes Merkmal des Lebens, daß es jedem auffällt, der über die natürliche Welt nachdenkt. Mit Sicherheit war dies Aristoteles bewußt, der nach einer befriedigenden Erklärung suchte. Die Art und Weise, wie Aristoteles Anpassung zu erklären versuchte, war zwar recht elegant, aber im späten 17. Jahrhundert wurde daraus ein schmerzhaftes Paradoxon, das erst nach Veröffentlichung von *On the Origin of Species* gelöst werden konnte.

Um sein Verständnis der biologischen Anpassung zu verdeutlichen, verglich Aristoteles die Organe eines Tieres mit menschlichen Werkzeugen. Ein Werkzeug wie etwa eine Säge wird zum Zweck des Sägens gemacht, und analog existieren die Teile eines Tieres wegen der Funktion, für die sie angepaßt sind. «Ebenso wie menschliche Schöpfungen Artefakte sind», erklärte Aristoteles, «so sind lebende Objekte die Produkte einer analogen Ursache oder eines Prinzips, das nicht extern, sondern intern, wie die Hitze oder die Kälte, vom umgebenden Universum abstammt.» Mit anderen Worten: so wie die Funktion eines menschlichen Werkzeugs die Struktur dieses Instrumentes bestimmt, übt die Funktion eines bestimmten Körperorgans einen kausalen Einfluß auf dieses Organ aus. Im Falle des Organs stellt die Funktion eine natürliche, innere Ursache dar und bedarf keiner Handlung eines intelligenten Schöpfers. Die Funktion eines Organs ist, in Aristoteles' Worten, «die Zweckursache» (causa finalis) seiner Existenz.

Wenn die Teile eines erwachsenen Tieres in jeder Generation in komplizierter Weise an ihre Funktion angepaßt sein sollen, dann müssen sie sich im Embryo richtig entwickeln. Aufgrund seiner eigenen Forschun-

Drei Spechtarten aus Ornithology *von Willughby und Ray. Diese Abbildung zeigt sowohl die Vielfalt der Arten, als auch die besonderen Anpassungen, die Spechte hinsichtlich ihrer Schnäbel, Zehen und Schwanzfedern zeigen.*

gen über die Entwicklung des Huhns im Ei wußte Aristoteles, daß sich die Erwachsenenstruktur durch eine kunstvolle Abfolge von embryonalen Veränderungen entwickelt. Er erkannte, daß jeder Schritt in dieser Abfolge durch den davor liegenden Schritt ausgelöst wird. Eine solche Kette von Ereignissen ist die «Wirkursache» (causa efficiens) der Existenz eines Organismus und seiner Teile. Gleichzeitig folgerte Aristoteles, daß es ein formgebendes Prinzip oder eine Idee geben müsse, welche die Entwicklung kontrolliert und die Erwachsenenfunktion im Blickfeld hat. Dies entspricht, in der obigen Analogie, dem Konstruktionsentwurf im Vergleich zum menschlichen Werkzeug. Aristoteles nannte dies die «Formursache» (causa formalis) der Existenz eines Organismus.

Dieses System der Ursachen wurde entwickelt, um sowohl die Anpassungen des Erwachsenen als auch deren Entwicklung zu erklären. Es ist klar, daß Aristoteles dachte, die Zweckursache sei die wichtigste der von ihm identifizierten Ursachen. Er beharrte darauf, daß es schlechte Wissenschaft sei, die Zweckursachen zu übersehen und nur von wirkenden Ursachen zu sprechen, was er Demokrit vorwarf. Aber Aristoteles erkannte die Bedeutung der Wirkursachen in der Ausführung der Form- und Zweckursachen – im Gegensatz zu Platon, der sie übersah. Obwohl die Welt des Aristoteles grundverschieden von der unsrigen war, kann der moderne Biologe ohne weiteres zustimmen, daß Aristoteles die Bedeutung der Anpassung und Entwicklung erkannte und versuchte, die dabei auftauchenden Probleme gewissenhaft anzugehen.

Wie andere Zeitgenossen unterschied auch Aristoteles nicht eindeutig zwischen lebenden und nichtlebenden Dingen. So konnten die gleichen Fragen und die gleichen kausalen Antworten auf alles angewendet werden, was regelmäßigen natürlichen Änderungen unterliegt. Die Frage nach Funktion oder Zweck (Zweckursache) konnte gleichermaßen auf einen Stein oder auf ein Körperglied eines Tieres bezogen werden. Auch die Bewegung eines Steines wurde in einer Art und Weise erklärt, die an die Erklärung der Entwicklung der Tiere erinnerte. Die moderne Physik, die ihre Anfänge im 17. Jahrhundert hat, wandte sich vollständig von diesem Ansatz ab. Dementsprechend ist die Physik des Aristoteles von unserer Physik so verschieden, daß sie der moderne Physiker völlig unverständlich findet.

Zwischen der Antike und dem Aufkommen der modernen Naturwissenschaft dominierten in Europa über viele Jahrhunderte christliche Vorstellungen. Insbesondere die Formursachen wurden in das Argument des Schöpfungsplans umgewandelt. Dieses alte und geachtete Argument sah in der Ordnung der natürlichen Welt, insbesondere der der Lebewesen, den Beweis für die Existenz eines göttlichen Schöpfers.

Bereits Cicero benutzte dieses Argument, um gegen die Vorstellung

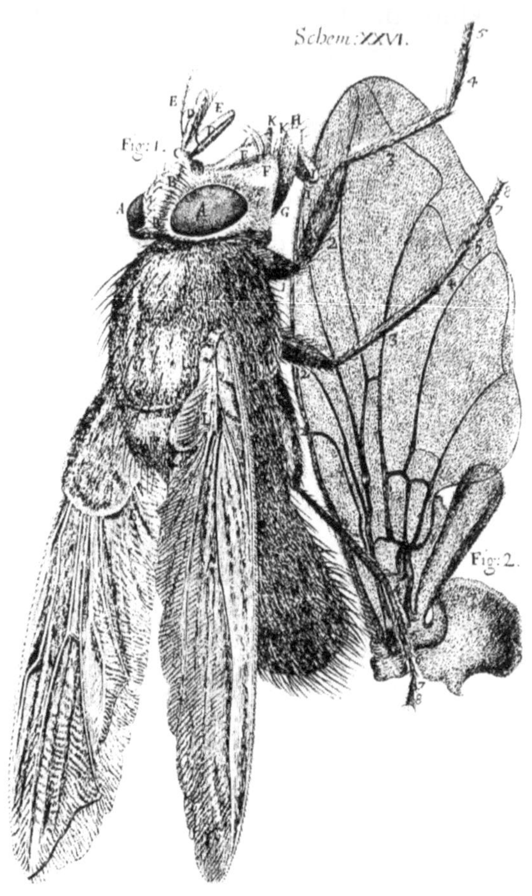

Die Stubenfliege, unter dem Mikroskop gesehen; eine Abbildung aus Micrographia *von Hooke. Aufgrund solch feiner Zeichnungen und der begleitenden Beschreibungen wurden gegensätzliche Vorstellungen über Anpassung und göttlichen Entwurf auf die kleinsten Lebewesen ausgedehnt.*

anzugehen, die Welt könne aufgrund des «zufälligen Zusammentreffens von Atomen» entstanden sein. Er zog einen engen Vergleich zwischen menschlichen Erzeugnissen, wie Statuen oder Uhren, und der natürlichen Welt. Wenn wir in den ersteren eine Schöpfung erkennen, so argumentierte er, dann doch erst recht in der letzteren. Würde Posidonius, so fragte er, um dies zu illustrieren, sein neues Planetarium nach Britannien bringen, «würde dann noch einer dieser Barbaren daran zweifeln, daß die Sphäre mit Vernunft und Kunst komponiert wurde?». Nach dieser Interpretation sind die Zweckursachen nicht mehr intern und natürlich, sondern extern und übernatürlich. Die Anpassungen von Organismen beruhen auf einem göttlichen Plan und werden ihnen im Prozeß der Schöpfung mitgegeben.

Im 17. Jahrhundert wurden, mit Ausnahme der Wirkursache, alle Ursachen aus der Welt der Physik verbannt. Fragen nach Funktion oder Zweck physikalischer Objekte oder Ereignisse wurden abgelehnt, weil sie nicht zu nützlichen Experimenten führten. Wissenschaftlich anerkannt wurde nun nur eine ursächliche Wirkung früherer Ereignisse. Francis Bacon gab dieser Zurückweisung Ausdruck, indem er die Zweckursachen mit den Vestalinnen verglich, die in römischen Tempeln Dienst taten. Ebenso wie diese, sagte er, «dienen sie Gott und sind unfruchtbar». Später forderte Descartes den Ausschluß aller Fragen nach den Zweckursachen aus der Wissenschaft, da sie ohne Nutzen für die Physik oder für die Belange der Natur seien. Darüber hinaus sei es arrogant zu glauben, wir könnten die Absichten Gottes erraten.

Die Ablehnung des aristotelischen Ansatzes brachte die zeitgenössischen Naturforscher, die Tiere und Pflanzen wissenschaftlich untersuchen wollten, in eine unangenehme Situation. Fragen wie: «Warum fällt ein Stein auf den Boden?» mochten für die Physik ohne Nutzen sein, aber Fragen nach der Gestaltung oder dem Zweck waren mit Sicherheit nützlich, um die Struktur und das Verhalten von Lebewesen zu verstehen. Die Naturforscher jener Tage waren deshalb überhaupt nicht glücklich, sich von der Idee der Zweckursachen verabschieden zu müssen. Insbesondere John Ray vertrat vehement die Ansicht, daß die Zweckursache oder das Gestaltungsargument nicht verbannt werden könnten, wenn man die Anpassungen der Körperteile von Tieren an ihre Funktionen betrachte. Diese Ansicht erläuterte er in dem Buch *The Wisdom of God Manifested in the Works of Creation*, das 1691 zum ersten Mal veröffentlicht wurde. Auf seinen umfangreichen praktischen Kenntnissen von Tieren und Pflanzen aufbauend, analysierte er in diesem Buch Anpassungen von Lebewesen, um das Argument der Gestaltung durch Gott zu verteidigen.

In *Wisdom of God* widersprach Ray Descartes' Ablehnung der Zweckursachen. Ein zentrales und berühmtes Beispiel war das Auge. Das Auge wird von Menschen und Tieren zum Sehen gebraucht, argumentierte Ray, und ist für diesen Gebrauch so wundervoll angepaßt, daß die geballte Intelligenz von Menschen und Engeln nichts Besseres hätte hervorbringen können. Deshalb sei es «reichlich absurd und unvernünftig, zu folgern, daß es entweder überhaupt nicht für diesen Gebrauch entworfen wurde, oder daß es für Menschen unmöglich ist, zu entscheiden, ob es dafür entworfen wurde oder nicht». Dies ist ein aufschlußreicher Punkt. Im Hinblick auf das Auge macht es sicher Sinn, es als Instrument zu betrachten, das zum Zwecke des Sehens entworfen wurde.

Derselbe Punkt wurde bei Fällen erwähnt, wo mehrere unabhängige Merkmale modifiziert wurden, um eine koordinierte Anpassung an eine bestimmte Lebensweise zu produzieren. Hier konnte Ray auf das ornithologische Material zurückgreifen, das er zusammen mit Willughby gesammelt hatte. Die Spezialisierung von Spechten, die an Baumstämmen nach Insekten suchen, liefert dafür ein hervorragendes Beispiel. Ray wies auf die starken Schnäbel und die langen Zungen hin, mit denen sich Insekten ausgezeichnet unter der Baumrinde herausholen ließen. Auch erkannte er die Anpassungen fürs Klettern an Bäumen, wie etwa die kurzen, aber starken Beine und die Anlage der Zehen, von denen zwei nach hinten und zwei nach vorne zeigen. Ray schrieb: «Diese Anlage hat die Natur oder die Weisheit des Schöpfers den Spechten geschenkt, weil sie gut geeignet ist für das Klettern an Bäumen, wozu auch die steifen, nach unten gerichteten Schwanzfedern beitragen, die als Stütze dienen.»

Solche schönen Beispiele zogen natürlich Aufmerksamkeit auf sich. Zweifellos hatte die Betonung der Gestaltung bei Tieren und Pflanzen zum Studium der Naturgeschichte ermutigt. Man untersuchte deshalb Lebewesen sehr genau und hoffte, dadurch Anpassungsmechanismen zu entdecken. Dies traf besonders auf den gesamten neuen Bereich der winzigen Strukturen zu, die nun mit Hilfe des Mikroskops sichtbar wurden. Einer der Pioniere der Mikroskopie war Robert Hooke (1635–1703), der ein führendes Mitglied der Royal Society in London war. Mit seinem Mikroskop untersuchte er eine Fülle von Objekten, auch viele lebende Organismen und ihre Teile. Seine Beobachtungen verlas er bei Treffen der Royal Society und veröffentlichte sie 1665 in seinem Buch *Micrographia*.

Es ist das erste große Werk über Mikroskopie und das erste mit vielen Illustrationen. Insbesondere von Insekten gab es äußerst detaillierte Beschreibungen und Zeichnungen. Diese Bilder von Flöhen, Fliegen und Läusen, einige davon über 30 Zentimeter groß, müssen Hookes Zeitgenossen ziemlich erstaunt haben. In seinem Tagebuch aus dem Jahre 1665 berichtet Samuel Pepys, daß er bis zwei Uhr morgens in die *Micrographia* versunken war und daß er es als das genialste Buch betrachte, das er jemals gelesen habe.

Bei den Flöhen bewunderte Hooke nicht nur «die Kraft und Schönheit dieser kleinen Kreatur», sondern erklärte mit seinem technisch geschärften Blick auch, wie ihre Glieder an das Springen angepaßt sind. Ob es sich um die Beine von Flöhen, die Füße von Fliegen oder um die Widerhaken handelte, welche die Federn eines Vogels zusammenhalten, Hooke war beeindruckt von der Kompliziertheit der Anpassungen, die sein Mikroskop ans Licht brachte. Für ihn war das alles ein Beweis für die Gestaltung durch den Schöpfer. «Kann tatsächlich», so fragte er, «irgendjemand so verrückt sein und glauben, alle diese Dinge seien ein Produkt des Zufalls?» Entweder müsse das Denken einer solchen Person völlig verkehrt sein, oder sie habe sich den Arbeiten des Allmächtigen noch nicht richtig zugewandt.

Die Sache war klar. Die Naturforscher erkannten biologische Anpassung als wichtigste Tatsache des Lebens. Für sie war der enge Zusam-

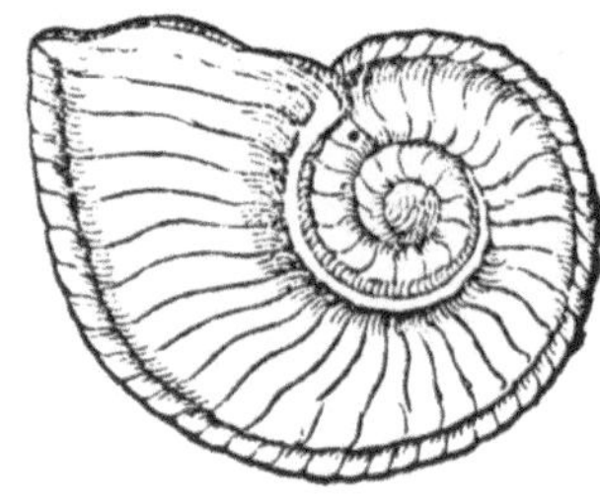

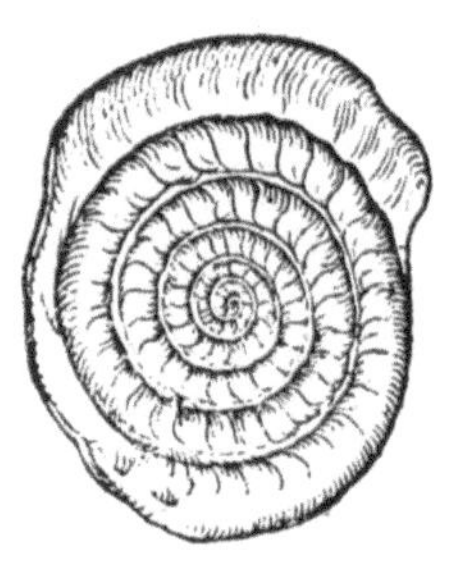

Die Schwierigkeit, Ammoniten richtig zu interpretieren, wird an diesen beiden Illustrationen deutlich (aus Conrad Gesner: On Fossil Objects, *1565): Gesner erkannte, daß die Form oben einem Schneckengehäuse ähnelt, aber er dachte, daß die andere wie eine zusammengeringelte Schlange ausschaut.*

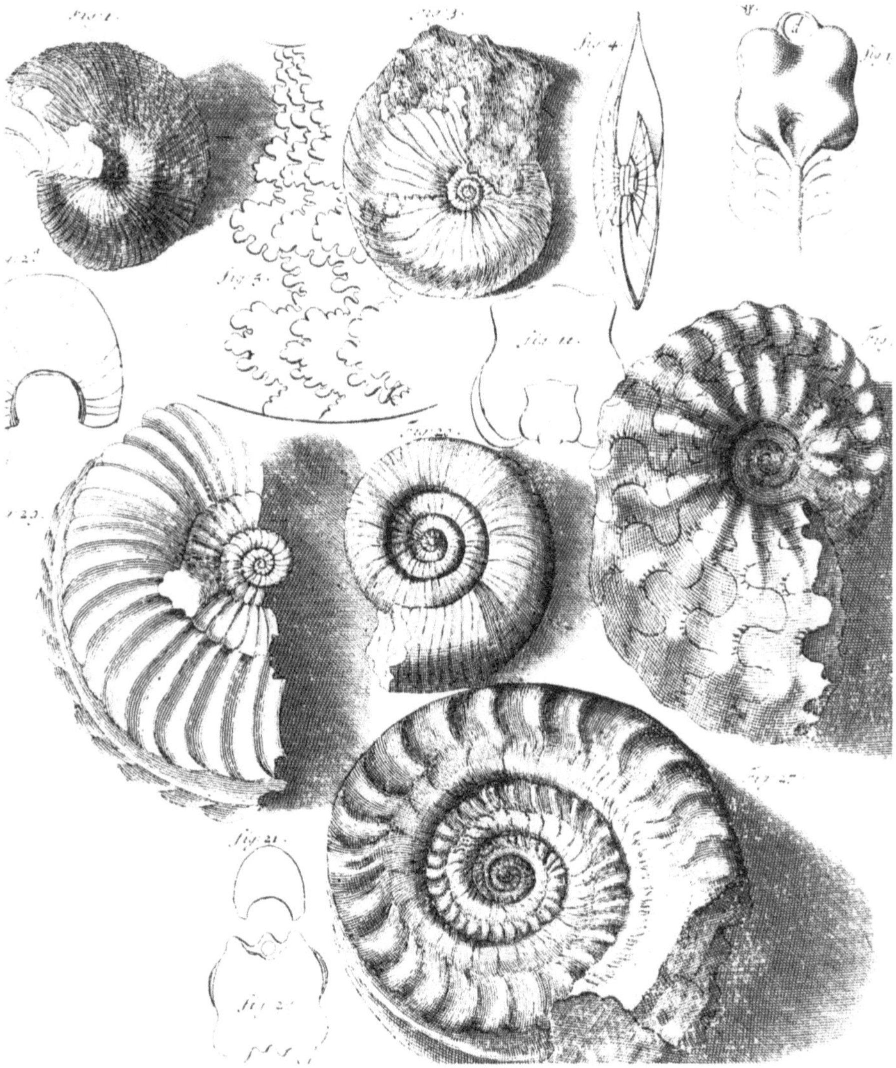

menhang zwischen der Struktur eines Organismus und seiner Lebensweise ein Produkt der Gestaltung des Schöpfers, und diese Anpassungen wurden jeder Art bei ihrer Schöpfung schon mitgegeben. Diese Ansicht hatte den Vorteil, daß man besonders auf die Anpassungen von Tieren und Pflanzen achtete. Auch beeinflußte sie das Verhältnis zwischen Wissenschaft und christlichen Vorstellungen positiv. Der Nachteil war, daß man Anpassungen nicht mit natürlichen Ursachen erklären konnte. Gestaltung und Zweckursache wurden ein Teil der Theologie und waren nicht mehr Teil der Wissenschaft wie bei Aristoteles. Langfristig entstanden dadurch immer wieder Schwierigkeiten.

Micrographia warf noch ein anderes Problem auf, das den Naturforschern ganz schön zu schaffen machte. Hooke untersuchte unter ande-

Ammoniten, gezeichnet von Hooke, in seinen Lectures and Discourses of Earthquakes *von 1705. Die kleinen Skizzen neben den Hauptzeichnungen zeigen, daß Hooke die Konstruktion der Ammonitengehäuse richtig verstand.*

rem ein Stück versteinertes Holz und machte sich aufgrund seiner mikroskopischen Beobachtungen in einem kurzen allgemeinen Aufsatz Gedanken über den Ursprung der Fossilien. Ein moderner Leser findet diese Bemerkungen ziemlich trivial, da es für uns heute selbstverständlich ist, daß Fossilien die Überreste von alten, oft ausgestorbenen Lebensformen sind. Die Zeitgenossen Hookes jedoch fanden seine Bemerkungen kühn und unorthodox. Denn damals hatte niemand eine Ahnung davon, daß es in der Geschichte des Lebens großen Wandel gegeben hatte, zumal man dachte, die Welt sei nur ein paar tausend Jahre alt. Die Zeugnisse der Fossilien begannen all das zu ändern.

Die Situation zur Zeit Hookes kam folgendermaßen zustande: Im antiken Zeitalter gab es außer der durch Aristoteles und seine Mitstreiter geschaffenen Grundlage für Naturgeschichte nichts Vergleichbares bezüglich des Studiums der Vergangenheit. Platon und Aristoteles suchten nach allgemeinen Prinzipien, die den von uns wahrgenommenen Ablauf von Ereignissen erklären sollten. Neben diesem Ablauf von temporären Ereignissen suchten sie nach einer ewigen, unveränderlichen Naturordnung. Mit einer derartigen Perspektive schien irgendeine historische Abfolge von Ereignissen nicht sehr bedeutsam zu sein. Der Erfolg der griechischen Philosophen beim Beschreiten neuer Wege in einer Vielzahl von Bereichen war eng verknüpft mit einer ziemlich anmaßenden Haltung der Vergangenheit gegenüber.

Die Verbreitung der christlichen Religion transformierte die klassische Sichtweise der Welt. Aus dem Judentum übernahm das Christentum eine stark gerichtete Vorstellung der Welt. Beide Religionen beziehen sich auf überlieferte Handlungen Gottes in der Vergangenheit. Beispiele sind der Exodus, das Aufstellen der Gebote oder die Geburt Christi. In dieser Perspektive erhält der Ablauf historischer Ereignisse eine wesentliche Bedeutung.

Den Schlüssel zum Verständnis der Vergangenheit sieht man hier jedoch in den autoritären Dokumenten der Bibel und nicht in der Erfor-

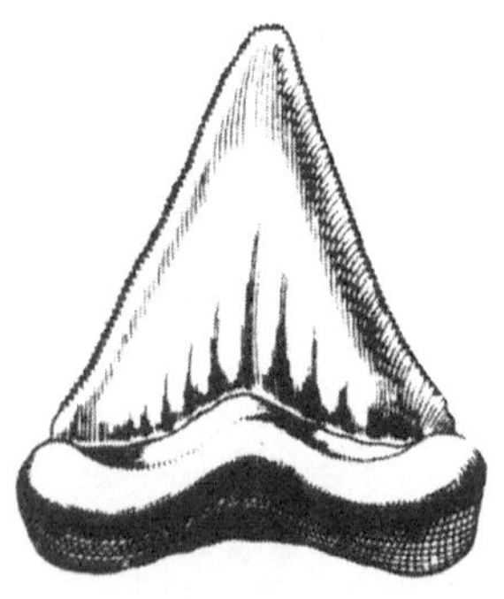 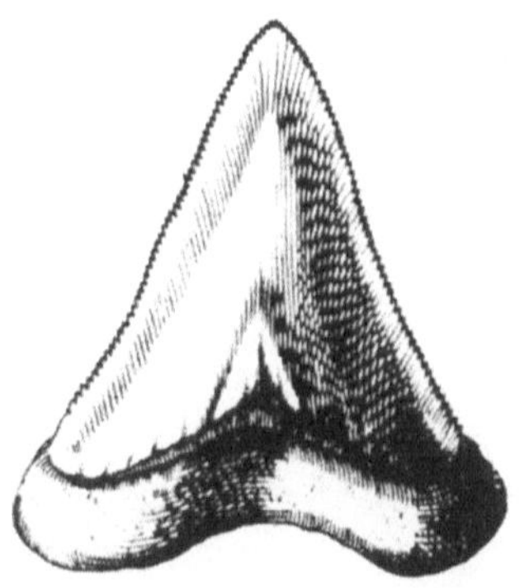

Die Ähnlichkeit zwischen einem fossilen «Zungenstein» und einem Haifischzahn (aus Conrad Gesner: History of Animals, 1558). Daß es sich bei diesen Fossilien wirklich um Zähne riesiger Haie handelt, konnte Steno zeigen.

schung der Welt. Unter Berufung auf die Bibel entwarfen Theologen der frühen Jahrhunderte eine populäre Kosmologie, die sich von der Schöpfung und Sintflut bis zum zweiten Erscheinen Christi und dem Tausendjährigen Reich erstreckte. Auf einer gelehrteren Ebene suchte man eine genauere Datierung der Vergangenheit; das beste Beispiel ist die *Chronologie* von Eusebios aus dem 4. Jahrhundert. Dieses beachtliche Werk wurde die Grundlage für die Zeitberechnung der westlichen Welt.

Mit der Renaissance des Lernens im 16. und 17. Jahrhundert wurde wieder vermehrt versucht, den Weltbeginn zu datieren. Die Bibel galt weiterhin als Teil des gemeingesellschaftlichen Wissens, und ihre Schilderungen wurden als Informationsquelle über die ferne Vergangenheit benutzt. Die von Theologen vertretene kritische Methode der Bibelhermeneutik, welche diese Sichtweise ändern sollte, ließ noch 200 Jahre auf sich warten. Die Datierung der Vergangenheit wurde in diesem Zusammenhang mit Hilfe der von Kepler entdeckten Zyklen der Sonnenfinsternis und anderer neuer Quellen zu verbessern versucht. Chronologie blieb ein Untersuchungsfeld, das höchste Anerkennung genoß. Als Erzbischof James Usher 1620 seine *Heilige Chronologie* veröffentlichte und darin das Jahr 4004 v. Chr. als Schöpfungsjahr festlegte, galt das nicht als religiöse Engstirnigkeit, sondern, ganz im Gegenteil, das Werk wurde als außergewöhnliches Beispiel für zeitgenössisches Gelehrtentum betrachtet.

Die ersten Hinweise, die dazu führen sollten, daß diese Chronologie letztlich erschüttert wurde, lieferten in Gesteine eingebettete Fossilien. Es dauerte lange, ehe man die Bedeutung von Fossilien erkannte, weil unter der Bezeichnung «fossile Gegenstände» ursprünglich weit mehr verstanden wurde als nur versteinerte Überreste von Tieren und Pflanzen. Man erkannte, daß einige Fossilien Ähnlichkeiten mit lebenden Organismen hatten, andere dagegen schienen geometrischen Formen oder Himmelskörpern zu ähneln. Viele seltsame Ähnlichkeiten wurden als «Scherze der Natur», die sich in den Gesteinen gebildet hatten, abgetan. Die Kernfrage schien schließlich zu sein: Wie kann man bestimmen, ob ein Gegenstand aus Stein, der Ähnlichkeit mit einem Tier oder einer Pflanze hat, tatsächlich organischen Ursprungs ist?

Diese Frage schnitt Hooke in seiner *Micrographia* an. Er behandelte das Thema ausführlicher in seinen Vorlesungen vor der Royal Society, die jedoch erst nach seinem Tod im Jahre 1705 veröffentlicht wurden. Er beobachtete, daß die mikroskopische Struktur von versteinertem Holz Ähnlichkeiten mit Holzkohle oder verrottetem Holz hatte, und schloß daraus, daß das Fossil auch von einem ehemals lebenden Baum stammen müsse. Er nahm an, daß die steinige Natur des Fossils daher kam, daß es «irgendwo gelegen hat, wo es von versteinerndem Wasser» durchtränkt wurde und daß «Stein- und Erdpartikel» es konserviert haben. Hooke bemerkte auch, daß Versteinerungen durch Eindrücke («wie ein Siegelabdruck im heißen Wachs») oder Mulden entstehen können, die Organismen hinterlassen haben. Zusätzlich könnten durch Materialien, die in diese natürlichen Mulden eindrangen, Gußformen entstanden sein.

Hooke hatte nach seinen Überlegungen über die Entstehung von Versteinerungen keinen Zweifel, daß Fossilien versteinerte Überreste von lebenden Organismen sind. Neben dem versteinerten Holz interessierte er sich insbesondere für eine Gruppe versteinerter Gehäuse, die Ammoniten. Diese hatten ihren Namen, *ammonis cornu* (lateinisch für Widderhörner), aufgrund ihrer Spiralform mehr als ein Jahrhundert zuvor erhalten. Einige weniger spiralförmige Schalen wurden jedoch, wegen ihrer Ähnlichkeit mit einer zusammengerollten Schlange, «Schlangensteine» genannt. Hookes Wissen über Versteinerungen verschaffte ihm Klarheit über die Ammoniten, und er erkannte sie als eine Gruppe von Weichtiergehäusen. Von ihnen machte er auch Längsschnitte und entdeckte dar-

Titelbild von Burnets Sacred Theory of the Earth. *Christus steht breitbeinig auf der ersten und der letzten Stufe der Erdentwicklung, die eine Sequenz von sieben Sphären (im Uhrzeigersinn) bildet. Burnet versuchte diese Sequenz als die Aufeinanderfolge natürlicher Ursachen zu erklären.*

aufhin ihre Ähnlichkeit mit der Schale des Kopffüßers *Nautilus*, den man gerade im Indischen Ozean gefunden und beschrieben hatte.

Nachdem Hooke sicher war, daß Ammoniten tatsächlich Relikte früherer Organismen sind, stand er vor dem Problem, daß man diese marinen Schalen im Inland und sogar im Gebirge fand. In *Micrographia* schrieb er ihr Vorkommen an Land «einer Flut, einer Überschwemmung, einem Erdbeben oder anderen ähnlichen Ursachen» zu. In seinen Vorlesungen ging er genauer darauf ein und schloß, daß die Erdoberfläche sich seit der Schöpfung verändert habe. Er folgerte: «Teile, die früher Meer waren, sind heute Land, Gebirge wurden zu Ebenen, Ebenen zu Gebirgen usw.».

Niels Stensen (1638–86) betrachtete diese Folgerungen genauer. Stensen, bekannter unter dem Namen Steno, hatte eine medizinische Ausbildung und war ein namhafter Anatom. Er lernte Hooke während eines Besuchs in London kennen. Stenos Interesse an Fossilien wurde geweckt, als er im Auftrag seines Arbeitgebers, Herzog Ferdinand II., einen riesigen Hai sezierte. Er bemerkte eine große Ähnlichkeit zwischen den Haifischzähnen und Fossilien, die man damals «Zungensteine» nannte, und folgerte, daß die Zungensteine in Wahrheit fossilisierte Haifischzähne sind.

1669 veröffentlichte Steno das Buch *Prodromus*, das als Vorläufer seiner *Dissertation* über das Thema Fossilien gedacht war. Obwohl diese Dissertation nie geschrieben wurde, revolutionierte schon allein *Prodromus* den Gegenstandsbereich. Steno dachte, daß sich Fossilien organischen Ursprungs in ihrem Wachstumsverhalten von unorganischen «Fossilien» unterscheiden müssen, die (wie etwa Bergkristalle) in der Erde «wachsen». Er analysierte Quarz- und Pyritkristalle und schloß, daß sie aufgrund der Zunahme von in Lösungen ausgefällten Partikeln wachsen, so wie Kristalle im Laborversuch. Die Gehäuse von Weichtieren zeigen jedoch ein anderes Muster, wobei sich die Partikel nur an den äußeren Rändern anhäufen und das Wachstumsmuster ihrer Bewohner widerspiegeln. In dieser Hinsicht ähneln fossilisierte Gehäuse lebenden Schalen, womit ihr organischer Ursprung erwiesen ist.

Dann betrachtete Steno die relativen Aushärtezeiten des Fossils und des Gesteins, in das es eingebettet war. Wie in der von Hooke verwendeten Analogie vom Wachs mußte das fossile Gehäuse hart, der Stein aber noch weich gewesen sein, denn die Fossilien hinterließen ihre Eindrücke im Stein. Dies bestätigte Steno in der Annahme, die er aus seinen Untersuchungen der Zungensteine gezogen hatte, nämlich daß sich die Steine ursprünglich aus weichen, matschigen Sedimenten im Wasser gebildet haben. Aus der geschichteten Struktur von Gesteinen in der Toskana, die Fossilien enthielten, ließ sich schließen, daß die Ablagerung zu verschiedenen Zeiten stattfand und daß die Gesteinsschichten nicht gleichzeitig

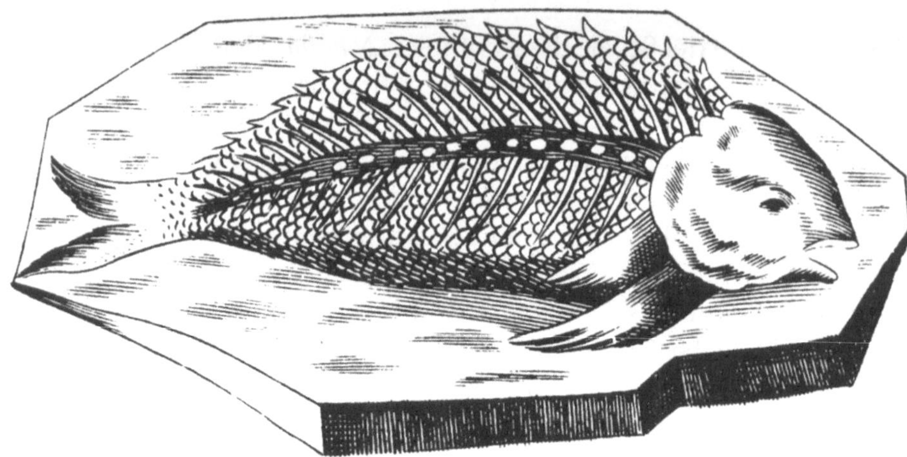

Ein fossiler Fisch aus einem Buch von Ray, der kaum Zweifel daran hatte, daß es sich bei den Überresten um einen wirklichen Fisch und nicht um eine «Laune der Natur» handelt.

entstanden waren. Wenn sich irgendeine Schicht in einem See oder im Meer abgelagert hat, muß das darüberliegende Material flüssig gewesen sein, und «deshalb existierte zu dem Zeitpunkt, als die unterste Schicht gebildet wurde, keine der oberen Schichten». Steno hatte damit die sehr wichtige Folgerung getroffen, daß eine Reihe von festen Schichten im Sedimentgestein auf eine Abfolge von Ereignissen in der Vergangenheit verweist. Bei unzerstörten Schichten ist die unterste zuerst abgelagert worden und daher die älteste.

Steno fügte noch eine weitere wichtige Folgerung hinzu: Partikel, die sich am Boden eines Gewässers absetzen, neigen dazu, sich horizontal zu akkumulieren. Daher müssen durch Sedimentation entstandene Gesteine alle ursprünglich in horizontalen Schichten vorhanden gewesen sein. Die Verwerfungen, die man bei solchen Gesteinen oft findet, verweisen auf Veränderungen, die nach ihrer ursprünglichen Ablagerung stattgefunden haben. Mit Hilfe dieser Folgerungen könnte die gegenwärtige Anordnung von Sedimentgesteinen in einem Gebiet zur Rekonstruktion der Ereignisabfolge in der Erdgeschichte benutzt werden.

In ihren Untersuchungen gingen Hooke und Steno enorm weit. Sobald bewiesen war, daß tierähnliche Fossilien tatsächlich Überreste von Tieren sind, die einmal gelebt haben, mußten alle Folgerungen über die historische Entwicklung der Gesteine notwendigerweise zur Diskussion über natürliche Ursachen führen. Erst als ihr organischer Ursprung feststand, konnten Fossilien als Zeugnis für die Vergangenheit dienen. Vorher konnte man ihre Bedeutung nicht erfassen. Nachdem Hooke und Steno die Natur der Fossilien begriffen hatten, sahen sie in ihnen den Schlüssel zu einer neuen Interpretation der Weltgeschichte. Hooke bemerkte dazu, wie römische Münzen oder Urnen als Schlüssel für die Interpretation vergangener Zivilisationen benutzt würden, seien Fossilien «die Medaillen, Urnen oder Monumente der Natur».

Eines der Lieblingsbücher von Hooke war *The Sacred Theory of the Earth* von Thomas Burnet (1635–1715). Der erste Teil des Buches erschien 1680 auf Latein, 1690 war das vollständige Buch auf Englisch verfügbar. Burnet, ein Mann mit breitgefächerten Interessen, versuchte die biblische Deutung der Weltgeschichte mit den neuesten wissenschaftlichen Gedanken in Einklang zu bringen. Seine Spekulationen gehen auf Descartes zurück, in dessen *Principles of Philosophy* sich unter anderem eine hypothetische Skizze zur Geschichte unseres Planeten findet, die allein auf der Materie und der Bewegung der Erdteile gründet. Descartes stellte sich einen heißen, sternenähnlichen Ursprung vor, dem eine Abkühlung und die Bildung einer äußeren Kruste folgte, die im Verlauf der weiteren Abkühlung riß und einbrach. Auf diese Weise, so nahm er an, könnten die natürlichen Merkmale dieser oder einer anderen Welt durch die Neue Philosophie erklärt werden.

Die in der Bibel geschilderte Sintflut war der Dreh- und Angelpunkt im ersten Teil von Burnets Buch. Vor der Sintflut mußte die Erde seiner Meinung nach glatt und kugelförmig gewesen sein, ohne Meere, ohne Gebirge, mit frühlingshaftem Dauerklima. Dann aber brachen die Wasser über die sündige Menschheit herein und zerstörten die Oberfläche des Globus, eine Szene, deren Turbulenz sich auf den Bleistift von Burnet zu übertragen schien. Die heute von uns bewohnte Welt ist nur die Ruine einer früheren. Burnet schilderte diese Abfolge ähnlich wie Descartes und schrieb die Ursachen dafür der dem Planeten eigenen Konstruktion zu: Die Flut wurde durch die Sonnenhitze verursacht, die die Erdkruste austrocknete, so daß sie riß und einbrach. Dies wiederum führte dazu, daß das darunterliegende Wasser zu kochen begann und sich auf die Oberfläche des Planeten ergoß. Alle diese Vorgänge wurden durch natürliche Ursachen ausgelöst. An die Adresse jener Zeitgenossen gerichtet, die glaubten, Gott habe für die Sintflut zuerst wundersame Mengen von Wasser erschaffen und dann wieder verschwinden lassen, bemerkte Burnet: «Mir scheint, sie nehmen sich gegenüber Gott ziemlich viele Freiheiten heraus.»

Es ist nicht erstaunlich, daß das Buch *The Sacred Theory of the Earth* mit seinen kontroversen Thesen und seiner köstlichen Prosa sehr viel Aufmerksamkeit auf sich zog und sehr großen Einfluß gewann. Isaac Newton (1642–1727), der mit seiner *Principia* für die Physik so große Leistungen erbracht hatte, äußerte sich zu so spekulativen Aufsätzen in der Öffentlichkeit nur sehr vorsichtig. Privat schrieb er allerdings ganz begeistert an Burnet: «Ich glaube, Ihr habt für unsere gegenwärtigen Meere, Felsen, Gebirge usw. die einleuchtendste Erklärung gegeben.» Und nachdem er einige alternative Vorschläge gemacht hatte, fügte er hinzu: «Ich habe das alles nicht geschrieben, um Euch zu widersprechen, denn der wesentliche

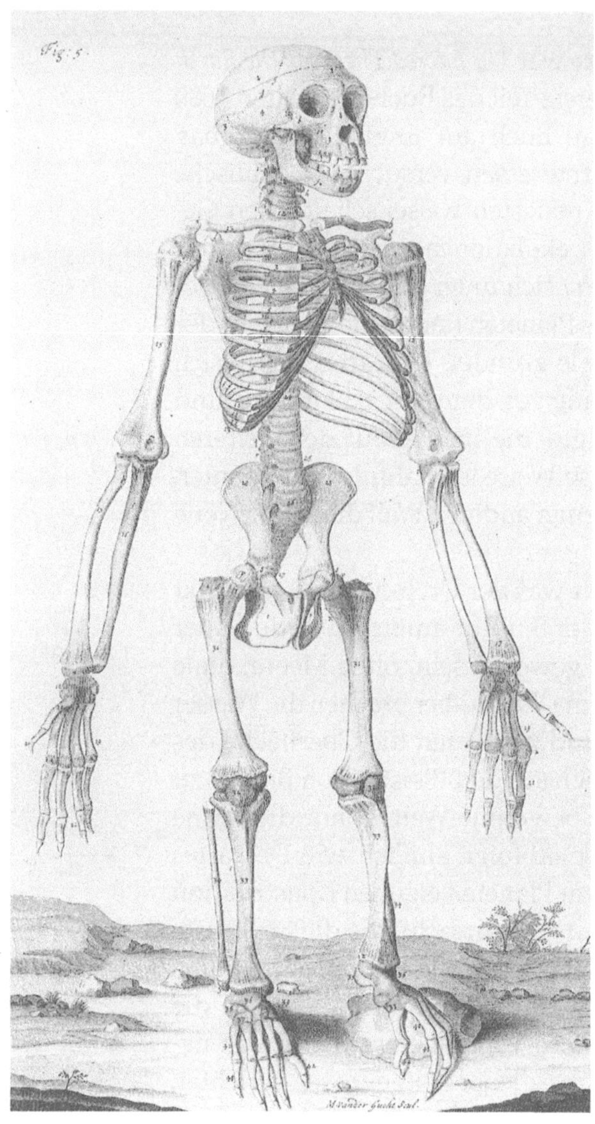

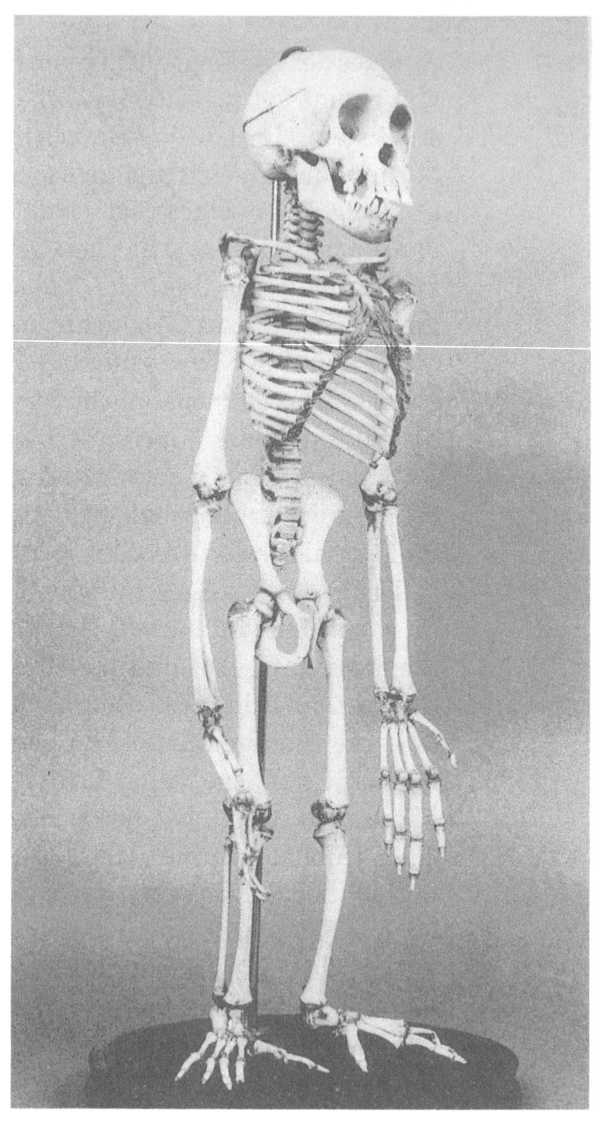

Teil Eurer Hypothese ist so wahrscheinlich wie das, was ich hier geschrieben habe, wenn nicht in einigen Aspekten sogar wahrscheinlicher.» Wie das Beispiel von Newton zeigt, glaubten Burnets Zeitgenossen, sein Verständnis von Weltgeschichte orientiere sich an der Vernunft.

Burnets Werk unterstützte die Suche nach einer Erklärung der Erdgeschichte in der Form einer Abfolge natürlicher Prozesse. Bald aber wurde offensichtlich, daß seine Theorie viele Probleme nicht beantworten konnte. Insbesondere hatte sie die Beweismittel der Fossilien übergangen. Noch viel weniger konnte Burnets Theorie die Tatsache erklären, daß marine Weichtiergehäuse im Gebirge gefunden werden, denn in seinem Schema gab es vor der Sintflut weder Meere noch Gebirge.

Das Skelett (oben links) eines jungen Schimpansen. Aus der Monographie von Tyson über die Anatomie des Tieres (1699).

Die bemerkenswerte Akkuratesse von Tysons Beschreibung zeigt dieses Foto (oben rechts) vom selben Skelett, das sich im Natural History Museum in London befindet.

Diesen Mangel wollte ein Arzt namens John Woodward (1665–1728) in seiner 1695 veröffentlichten Abhandlung *Essay Toward a Natural History of the Earth* beheben. Woodward konnte im Gegensatz zu Burnet auf eigene geologische Kenntnisse zurückgreifen. Seiner Meinung nach war die Erdkruste während der Sintflut nicht in Stücke zerbrochen, sondern sie wurde durch die Fluten «aufgelöst» und zerwühlt. Danach sanken die Partikel je nach ihrem spezifischen Schweregrad ab und bildeten die Gesteinsschichten mit den eingebetteten Fossilien. Dieser auch von Steno vertretenen Ansicht zufolge breiteten sich die fossilhaltigen Schichten während der Flut horizontal aus. Die Fossilien stammten aus der Zeit vor der Flut.

Alle diese Entwicklungen verfolgte der kluge John Ray aufmerksam. Seiner Meinung nach konnten weder Burnets noch Woodwards Theorien das Vorkommen von marinen Fossilien im Gebirge erklären. Woodwards spezielle Theorie der Schwerkraft hielt einer direkten Überprüfung nicht stand, denn es stimmte einfach nicht, daß sich die schwersten Fossilien immer in der untersten Schicht finden. Doch blieb Ray bis ans Ende seiner Tage unentschlossen in der Frage, ob Fossilien organischen Ursprungs sind. Hätten Fossilien wie die Ammoniten wirklich einen organischen Ursprung, würde dies bedeuten, daß sie ausgestorben sind, es sei denn, daß sich solche Kreaturen noch unentdeckt in irgendwelchen stillen Winkeln der Ozeane verborgen halten. Auch schien für Ray und andere ein Aussterben mit der Vorsehung Gottes unvereinbar zu sein. Zudem hätte jede Theorie, die auf der Sintflut basierte, abgelehnt werden müssen, um das Vorkommen von versteinerten Meerestieren in Gebirgen erklären zu können. Und dafür war es möglicherweise notwendig, ein sich wiederholendes Aufsteigen und Absinken von Land in Betracht zu ziehen, wie es Hooke vorgeschlagen hatte. Dies wiederum hätte bedeutet, daß die Welt viel älter ist, als die zeitgenössischen Chronologien angaben.

Der Zeitpunkt, die Geschichte der Erde und die Geschichte des Lebens unter einen Hut zu bringen, war einfach noch nicht gekommen. Nur in privaten Briefen deutete Ray an, daß Fossilien möglicherweise auch ohne die Fluthypothese erklärbar sein könnten. Trotzdem war die Beschäftigung mit der Sintflut ein Ausgangspunkt, von dem aus die Forschung und die Debatten weitergeführt werden konnten. Auf die Arbeiten von Burnet und Woodward folgten mehrere Theorien über die Erde, die die Diskussion über die Erdgeschichte als Folge natürlicher Prozesse vorantrieben. Obwohl spekulativ, bauten diese Arbeiten doch sorgfältig auf den Belegen auf, die sich aus dem Studium der Fossilien und Sedimentgesteine, der Flüsse und Meere, der Erdbeben und Gebirge und vielem anderem ergaben. Die Fluthypothese machte Fossilien tatsächlich zum

Schlüssel, der den Zugang zu einer neuen Interpretation über die Geschichte des Lebens öffnete.

Während Rays Lebenszeit ergab sich ein weiteres großes Rätsel für die Naturforscher. Aufbauend auf den gemeinsamen Arbeiten mit Willughby verbrachte Ray einen Großteil seiner späteren Lebensjahre damit, praktische Zusammenfassungen der wesentlichen Tiergruppen zu erstellen. Bei der Analyse der verschiedenen Gruppen wurde er sehr durch den Anatomen Edward Tyson (1650–1708) beeinflußt, der ihm bei der Gruppe der Fische sogar persönlich half. Tyson war praktizierender Arzt in London. Er lehrte menschliche Anatomie in der Surgeon s Hall und war Mitglied der Royal Society. Er wurde dadurch berühmt, daß er seine anatomischen Fähigkeiten auch dazu benutzte, Arten zu analysieren. In seiner ersten großen Publikation (1680) beschrieb er die Anatomie eines Tümmlers außerordentlich sorgfältig.

Als 1698 ein junger Schimpanse nach einer Schiffsreise in ziemlich schlechtem Zustand in London eintraf, wurde deshalb Tyson die Aufgabe erteilt, ihn, solange er noch lebte, zu untersuchen, und ihn nach dessen Tod zu sezieren. Seine Ergebnisse berichtete er ordnungsgemäß auf Zusammenkünften der Royal Society; 1699 wurden sie als Monographie der Gesellschaft veröffentlicht. Zu jener Zeit waren die Menschenaffen, wie wir sie heute nennen, in Europa so gut wie unbekannt, und Tysons Arbeit lieferte die erste akkurate Beschreibung eines solchen Tieres. Im 17. Jahrhundert wurde der Begriff «Affe» sehr locker gebraucht, «Schimpanse» wurde noch nicht verwendet. Tyson nannte sein Tier und seine Monographie *Orang-Outang sive Homo Sylvestris*, ein Name, den er von Nicolaas Tulp übernahm, der die äußerliche Erscheinung eines ähnlichen Tieres 1641 kurz beschrieben hatte. Tulps Tier kam aus Angola, und es muß sich wohl ebenfalls um einen Schimpansen gehandelt haben, obwohl der Name Orang-Utan aus Malaysia stammt und «Waldmensch» (oder lateinisch *homo sylvestris*) bedeutet.

Tyson versuchte, seine Ergebnisse im Sinne der natürlichen Stufenleiter zu interpretieren. Diese Vorstellung hatte, wir erinnern uns, ihren Ursprung bei Aristoteles und war auch im 16. und 17. Jahrhundert weiterhin populär. Nach Tyson besteht die Naturleiter aus abgestuften Reihen, angefangen von Mineralien über Pflanzen und Tiere zum Menschen und sogar noch weiter bis zu spirituellen Wesen wie Engeln. Er dachte, die Kenntnis dieser eleganten Abstufung würde zu tiefem Respekt vor dem Schöpfer führen.

Dieses Konzept war jedoch in seiner Anwendung auf Menschen ziemlich zweifelhaft. Zum einen handelte es sich um eine Hierarchie, die den Menschen eindeutig über die Tiere und eindeutig unter die Engel stellte. Dies betonte die Überlegenheit des Menschen über die «brutalen Biester», und zu jener Zeit gratulierte man sich selbst zu dieser Überlegenheit. Zum anderen gab es nach dieser Vorstellung keine größeren Lücken in der Seinskette. Man glaubte, jede Art habe eine kaum wahrnehmbare Verbindung zur nächsten, so daß auch die Trennungslinie zwischen Tieren und Menschen verschwommen war. Diesen letzten Aspekt hatte Tyson offenkundig im Kopf, als er den Schimpansen als «Zwischenglied» zwischen Menschen und Affen bezeichnete.

Seine Methode, nach der er sein Tier korrekt einordnen konnte, bestand darin, dieselben Körperteile an seinem Tier (einem Menschenaffen), einem Affen und einem Menschen zu untersuchen. Wir können eine «Abstufung der Natur in der Struktur von Tierkörpern» beobachten, so schreibt er, indem wir nach dieser Methode die Körper verschiedener Arten Stück für Stück vergleichen. Die Entwicklung der vergleichenden Methode war ein wesentlicher technischer Fortschritt. Bis zum heutigen Tag wird diese Methode benutzt, um Tiere richtig klassifizieren zu können. Tyson konnte damit zeigen, daß der Schimpanse mit dem Menschen eine größere Ähnlichkeit aufweist als jedes andere bekannte Tier. Seine Hauptleistung bestand daher nicht einfach in der genauen Beschreibung des Schimpansen, sondern darin, daß er Punkt für Punkt die frappierende Ähnlichkeit zwischen der Körperstruktur des Schimpansen und des Menschen aufzeigen konnte.

Tyson untersuchte alle Körperteile des Schimpansen mit großer Sorgfalt. Er bemerkte sogar, daß die Haut des Tieres unter der dichten Haardecke weiß ist. Beschrieben wurden die Muskeln, die Geschlechtsorgane, das Gehirn und das Skelett und, soweit angebracht, wurden die genauen Maße der Teile mitgeteilt. Für die Skelettvergleiche benutzte Tyson ein Affenskelett von ähnlicher Größe und bezog sich darüber hinaus ebenfalls auf die Arbeiten früherer Naturforscher. Am Ende der Monographie verfaßte Tyson einen Katalog der Merkmale seines Schimpansen und stellte fest, daß 48 von ihnen Ähnlichkeit mit menschlichen Merkmalen haben und 27 Affenmerkmalen gleichen.

Tysons vergleichende Einschätzung war überwiegend korrekt, wenn man sich vor Augen hält, daß er einen jungen Schimpansen untersuchte, der mehr Ähnlichkeiten mit einem Menschen hat als ein erwachsenes Tier. Vielleicht übertrieb er unbewußt die Parallelen zum Menschen, weil ihn die Vorstellung einer natürlichen Stufung dazu verführte, große Ähnlichkeiten zu erwarten. Die Körperhaltung des Tieres ist vielleicht ein Beispiel dafür. Bei der Diskussion des Schimpansenskeletts bemerkt er: «Wir können mit Sicherheit sagen, daß die Natur einen Zweibeiner aus ihm machen wollte, wie es der Mensch ist.» Allerdings erörtert er die bedeutenden Unterschiede zwischen Affen und Menschen in der Struktur des Beckens und des Fußes nicht, obwohl beides genau beschrieben ist. Tyson hatte gesehen, daß der von ihm untersuchte Schimpanse beim Gehen die Fingerknöchel auf den Boden aufsetzte, was normal für diese Tiere ist. Tyson sah darin aber eine unnatürliche Haltung, die er auf den schlechten Zustand des Tieres zurückführte.

Dank dem enormen Interesse an dieser Arbeit wurde sie umgehend in Druck gegeben. Obwohl frühere Gelehrte gesagt hatten, daß der Mensch auf der Naturleiter nahe bei den Tieren stehe, konnte keiner ein bestimmtes Tier als Beweis vorweisen. So galt das Ergebnis nicht als kontrovers, weil es eine etablierte Theorie zu bestätigen schien. Langfristig jedoch war diese Studie der Keim eines revolutionären Wandels unserer Vorstellungen über die Beziehung der Menschheit zum Rest der lebenden Welt. Durch die größere Wertschätzung domestizierter Tiere und die zunehmende Gewohnheit, Haustiere zu halten, wurde die Trennung zwischen Mensch und Tier schon nicht mehr so ausgeprägt empfunden. Mit der Entdeckung der Ähnlichkeit des menschlichen und tierischen Körpers durch die vergleichende Anatomie verstärkte sich dieser Trend.

Tyson zeigte die große Ähnlichkeit zwischen Menschenaffe und Mensch so detailliert, daß daran keine Zweifel mehr bestehen konnten. Dieses Ergebnis hatte einen starken Einfluß auf die Naturgeschichte des folgenden Jahrhunderts. Tysons Monographie über den Schimpansen gab den Naturforschern implizit ein weiteres Rätsel auf: Wo ist der Platz des Menschen im Plan der Dinge? Dies erkannten die zeitgenössischen Naturforscher nicht sofort, weil die neuen Informationen zuerst in die vorhandene Theorie der natürlichen Stufenleiter eingebaut wurden. Erst ein Jahrhundert später erwies sich die Vorstellung einer linearen und statischen Stufung endgültig als falsch, ohne daß dadurch der Wert von Tysons Arbeit geschmälert wurde.

Hier wird ein wichtiger und faszinierender Aspekt von Wissenschaft deutlich, nämlich daß es nicht notwendig ist, eine richtige Theorie zu vertreten, um nützliche Arbeit leisten zu können. Forscher können hilfreiche Fragen stellen und genaue Informationen sammeln, auch wenn sich herausstellt, daß ihre Theorie falsch ist. Tyson und seine Zeitgenossen bahnten der Idee der Evolution den Weg nicht, indem sie evolutionäre Vorstellungen vorweggenommen hätten, sondern indem sie die richtigen Fragen stellten und vernünftige Methoden entwickelten, auch wenn das innerhalb eines Ideengebäudes geschah, das größtenteils unvereinbar mit Evolution war. Kein anderer hat diese Situation besser illustriert, als der berühmte schwedische Naturforscher Carl von Linné, besser bekannt unter dem Namen Linnaeus.

3
Fragen über Raum und Zeit

«Linnaeus und Cuvier waren meine beiden Götter» schrieb Charles Darwin in seinem späteren Leben. Seine Vorgänger verherrlicht er nicht, weil sie Teile seiner Evolutionstheorie vorweggenommen hatten, denn Linnaeus und Cuvier vertraten Ansichten, die mit der Evolution unvereinbar waren. Aber beide lieferten einige Schlüsselbeweise und Techniken und trugen damit zur Erforschung der großen Rätsel der Natur bei. Diese Fortschritte waren die Grundsteine, auf denen ein wissenschaftliches Verständnis des Ursprungs der Arten aufbauen konnte. Indem wir die Gedanken von Linnaeus und Cuvier betrachten, werden wir einige der wichtigen Schritte auf dem Weg zur Entdeckung der Evolution nachvollziehen.

Als sich Carl Linnaeus (1707–78) dem Studium der Natur zuwandte, sah er sich einer wachsenden Anzahl von Arten gegenüber, die für die Wissenschaft neu waren. Bei den Säugern zum Beispiel mußte er mit doppelt so vielen Arten zurechtkommen, wie Ray ein halbes Jahrhundert zuvor aufgelistet hatte. Linnaeus wurde durch diese Vielfalt nicht entmutigt, denn er sah es als seine Pflicht und Freude an, das Werk des Schöpfers zu interpretieren. Ein rationaler Schöpfer mußte die Welt irgendeiner bedeutungsvollen Ordnung gemäß geschaffen haben, und dieser Gedanke beflügelte den jungen Mann bei seiner Suche nach Gesetzmäßigkeit und Regelmäßigkeit in der Welt der Lebewesen. Die natürliche Welt Gottes schien wie eine Museumssammlung, die nach einem methodischen System beschrieben und katalogisiert werden mußte. Die Technik, mit der Linnaeus diese Aufgabe anging, stellte er erstmals 1735 in seinem Werk *Systema Naturae* vor.

Die erste Auflage war nur zwölf Textseiten stark, aber diese waren ungewöhnlich groß, und es wurden auffaltbare Doppelseiten verwendet, um die Klassifikationen der mineralischen, pflanzlichen und tierischen Reiche zu präsentieren. Auf der ersten Seiten waren «Beobachtungen» aufgelistet, mit denen Linnaeus deutlich machte, was er unter Arten verstand: Jede Art besteht aus ähnlichen Individuen, die durch Fortpflanzung miteinander verbunden sind, wobei aus Eiern immer Nachwuchs entsteht, der den Eltern sehr ähnelt. «Daher werden in der Gegenwart

CAROLI LINNÆI, *SVECI,*

DOCTORIS MEDICINÆ,

SYSTEMA NATURÆ,

SIVE

REGNA TRIA NATURÆ

SYSTEMATICE PROPOSITA

PER

CLASSES, ORDINES, GENERA, & SPECIES.

O JEHOVA! Quam ampla sunt opera Tua !
Quam ea omnia sapienter fecisti !
Quam plena est terra possessione tua !

Psalm. CIV. 24.

LUGDUNI BATAVORUM,
Apud THEODORUM HAAK, MDCCXXXV.

EX TYPOGRAPHIA
JOANNIS WILHELMI DE GROOT.

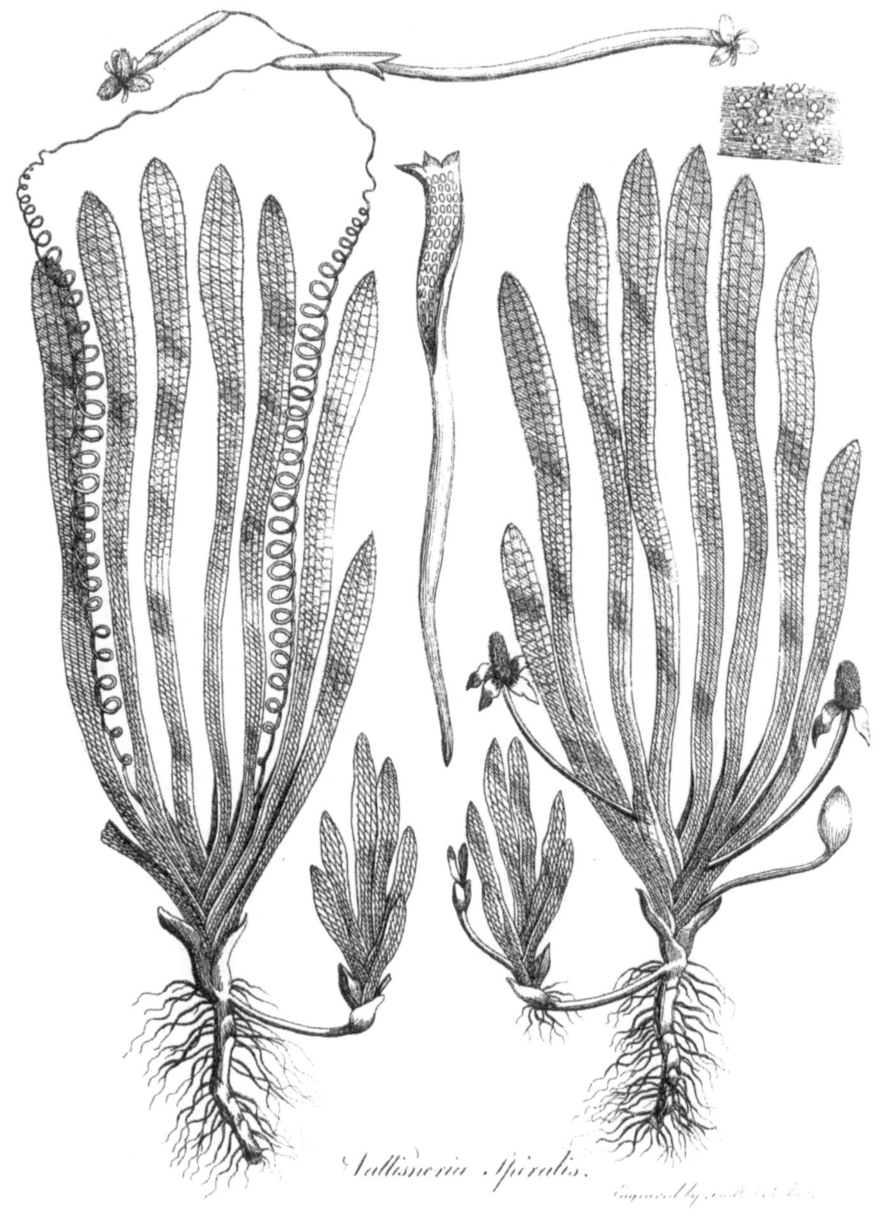

Eine Illustration aus The Botanic Garden *von Erasmus Darwin, der die Methode von Linnaeus erklärte, Pflanzen anhand der Fortpflanzungsorgane ihrer Blüten zu klassifizieren. Die dargestellte Art ist* Vallisneria spiralis, *die heutzutage eine beliebte Aquariumspflanze ist.*

keine neuen Arten entstehen», stellte Linnaeus fest. Er bemerkte auch, daß Individuen dazu neigen, sich in jeder Generation zu vervielfachen. Verfolgte man die Abstammungslinien zurück, so mußte man irgendwann einmal zu einem einzigen Elternpaar für jede Art kommen. Den Ursprung dieses ersten Individuenpaares schrieb er «einem allmächtigen und allwissenden Wesen, nämlich Gott, dessen Werk man Schöpfung nennt», zu.

Linnaeus betrachtete Arten also als reale Einheiten, die klar voneinander abgegrenzt sind und dies bleiben, abgesehen von geringfügigen

Variationen aufgrund lokaler Bedingungen. Linnaeus kam zu dieser Ansicht wohl deshalb, weil er als einheimischer Naturforscher aufgewachsen war. Er hatte wohl beobachtet, daß Arten scharf voneinander abgetrennt waren, und daß sie sich von einer Generation zur nächsten nicht signifikant änderten. Diese Ansicht war definitiv ein Fortschritt gegenüber der volkstümlichen Meinung jener Zeit, wonach in der Natur vieles im Fluß war. Man glaubte, eine Art könne aus dem Samen einer anderen wachsen, und deformierte Vögel seien das Ergebnis einer Kopulation zwischen Mitgliedern verschiedener Arten. Erst als die Naturforscher diese volkstümlichen Ansichten hinter sich gelassen hatten, kamen sie in der Erforschung der Arten wirklich voran.

Nach Linnaeus sind die Muster der Ähnlichkeiten und Unterschiede zwischen Arten ebenfalls real und ein Teil des Schöpfungsplans. Die Aufgabe des Naturforschers besteht also darin, diese Muster zu erkennen und sie in ein genaues Klassifikationssystem zu übersetzen. Das Ergebnis wäre dann ein «natürliches Klassifikationssystem», und auf dieses Ziel hat Linnaeus zeit seines Lebens hingearbeitet. Ebenso wie Ray erkannte er, daß ein wirklich natürliches System viele Aspekte hinsichtlich Ähnlichkeit und Differenz zwischen Arten und größeren Gruppen berücksichtigen muß. Dies würde eine enorme Menge an Information erfordern, weshalb Linnaeus in der ersten Auflage von

Vier angeblich «menschenähnliche Affen», die von Linnaeus klassifiziert wurden. Die beiden auf der linken Seite sind reine Phantasieprodukte, der dritte von links, Satyrus tulpii, ist ein Schimpanse, und bei dem rechten, Pygmaeus edwardi, könnte es sich um einen Orang-Utan handeln.

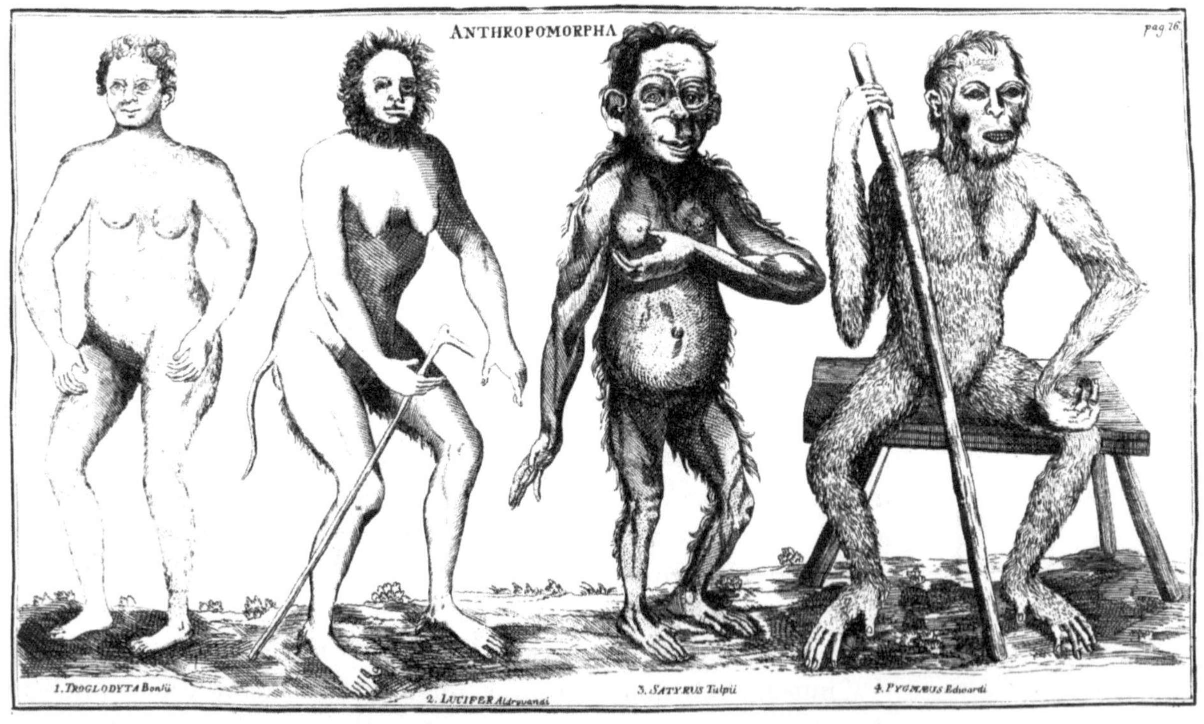

System der Natur darauf verzichtete, ein solches natürliches System zu erstellen.

Als Notbehelf entschied er sich für ein «künstliches System», das Pflanzen auf der Grundlage eines einzigen strukturellen Merkmals klassifiziert. Sich auf die jüngsten Entdeckungen über die Geschlechtlichkeit von Pflanzen beziehend, benutzte Linnaeus die Fortpflanzungsorgane der Blüte als Schlüsselmerkmal, auf das er sein künstliches System gründen konnte. Wie er 1735 darlegte, verwendete diese Methode die Unterschiede in der Anzahl und Position der Stempel und Staubbeutel. Auf diese Weise konnte Linnaeus innerhalb des Pflanzenreichs 24 Klassen unterscheiden.

Sexuelle Analogien schienen ihm durchaus zu gefallen. Gab es sechs Staubbeutel und einen Stempel, verglich er dies mit sechs Männern und einer Frau im Bett. Erasmus Darwin wurde später von dieser Analogie zu dem in gewisser Weise erotischen Gedicht *The Botanic Garden* inspiriert, mit dem er dem englischen Publikum die Methode erklärte. In vornehmen Kreisen wurde dieses sexuelle System abgelehnt, aber die Methode erwies sich in der Praxis als außerordentlich nützlich bei der Identifizierung von Pflanzen.

Die Pflanzenklassen wurden in diesem System nicht durch logische Teilung erstellt. Linnaeus wandte statt dessen eine Hierarchie von vier Ebenen an: Klasse, Ordnung, Gattung und Art. Eine solche Hierarchie wird als «umfassende Hierarchie» bezeichnet, weil jede Ebene die darunterliegenden Ebenen umfaßt: das Pflanzenreich umfaßt 24 Klassen, jede Klasse umfaßt mehrere Ordnungen, jede Ordnung umfaßt mehrere Gattungen und jede Gattung mehrere Arten. Linnaeus führte in *System der Natur* dasselbe Schema für die Zoologie ein und unterschied sechs Klassen innerhalb des Tierreichs. Die Unterschiede zwischen diesen sechs Klassen waren so deutlich, daß zu ihrer Identifikation kein künstliches System benötigt wurde.

Das *System der Natur* wurde, im Gegensatz zu früheren Klassifikationssystemen, durch die Aufteilung in diese vier Ebenen klar und schlüssig. Im ausgehenden 18. Jahrhundert fügten Forscher noch die Kategorie der Familie (zwischen Ordnung und Gattung) hinzu. Diese Hierarchie wurde zur Grundlage der noch heute geläufigen Klassifikation.

In späteren Ausgaben von *System der Natur* führte Linnaeus eine interessante Neuerung ein, für die er am besten bekannt ist: Er gab jeder Art zwei lateinische Namen; der erste definiert die Gattung, der zweite die bestimmte Art. So stehen beispielsweise die Rosen in der Gattung *Rosa*; die Hundsrose ist *Rosa canina*, die Feldrose ist *Rosa arvensis* usw. Diese «binomiale Nomenklatur» hatten schon frühere Autoren wie Ray

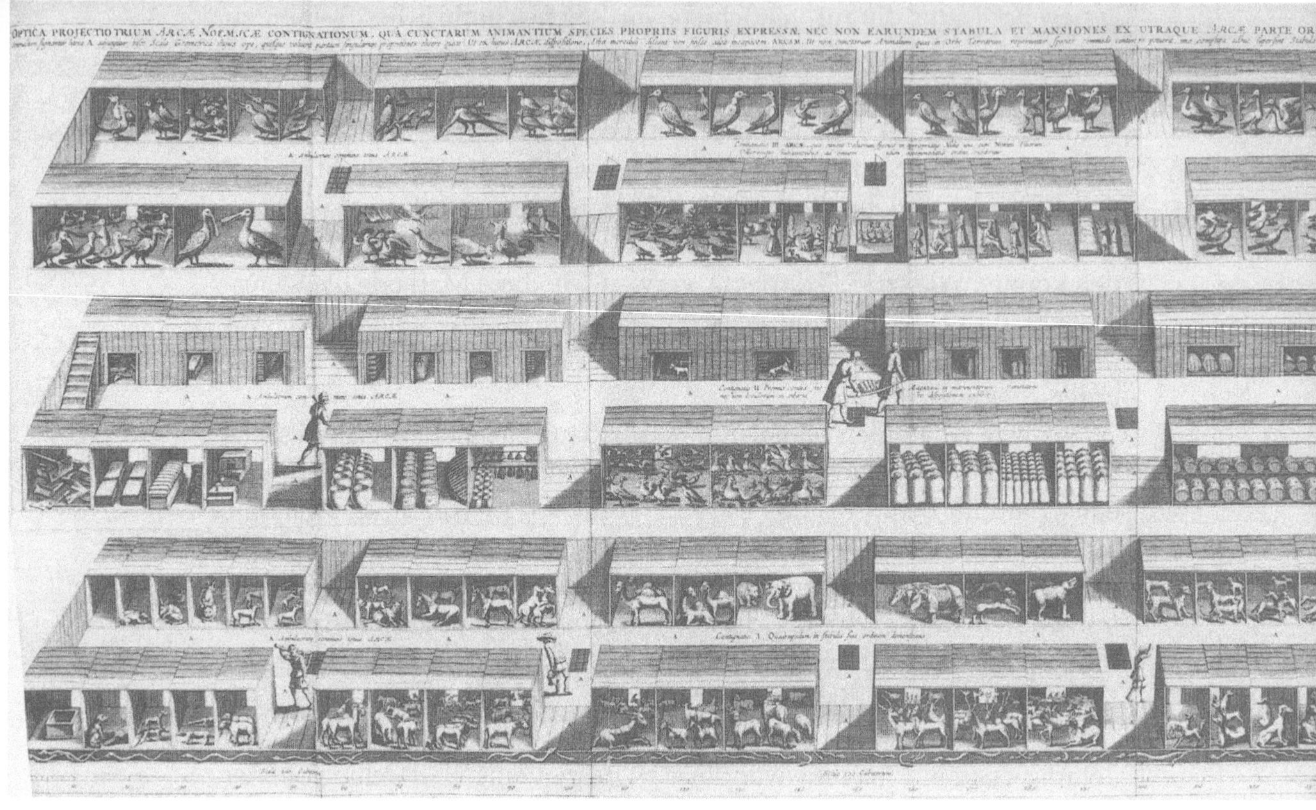

sporadisch benutzt, aber erst Linnaeus standardisierte sie so, daß jede Pflanzen- und Tierart folgerichtig benannt wurde. Zunächst wurde seine Namensgebung auf Pflanzen angewendet und 1758 in der zehnten Auflage von *System der Natur* auf alle bekannten Tierarten ausgedehnt.

Unter den dort aufgeführten Tierarten fand sich auch unsere eigene Art. Linnaeus nannte sie *Homo sapiens*. In seinen erklärenden Bemerkungen ging er auf menschliche Anatomie, Moral, Politik und rassische Unterschiede ein. Seiner Klassifikatión nach gab es eine zweite Art innerhalb der menschlichen Gattung, *Homo troglodytes*, aber es stellte sich später heraus, daß dies nur eine Phantasiefigur war, die auf Erzählungen von Reisenden basierte. Weil man von Menschenaffen noch recht wenig wußte, war die Namensgebung in diesem Bereich mit Unsicherheiten behaftet. Dem von Tulp und Tyson beschriebenen Schimpansen gab er den Namen *Satyrus tulpii*.

Linnaeus hatte jedoch keinen Zweifel daran, daß es andere Arten gebe, die in ihrer Anatomie dem Menschen gleichen. Die Gattung *Homo* steht in der Ordnung Primates (in der ersten Auflage: Anthropomorpha), ohne besonderen Kommentar, neben den Menschenaffen, den Affen und Lemuren. Die Primaten wiederum sind Teil des Tierreichs und stehen in der

Die Arche Noah, gemalt von Kircher 1675. Kircher stellte sich die Arche als große rechteckige Schachtel vor, die mit Abteilen für die Tiere vollgestopft war. Offensichtlich schien er sich nicht um die Seetüchtigkeit gesorgt zu haben.

Klasse der Mammalia (Säugetiere). Als man Linnaeus kritisierte, weil er Menschen zusammen mit Tieren klassifizierte, konterte er, man solle ihm irgendein strukturelles Merkmal zeigen, anhand dessen eine klarere Trennung möglich sei. Außerdem versuchte er auch nicht, die Abfolge der Gattungen oder Arten in eine lineare natürliche Stufenleiter, mit dem Menschen an der Spitze, zu stellen.

Gleichzeitig war Linnaeus sehr an dem interessiert, was wir heutzutage die ökologischen Beziehungen zwischen Arten nennen würden. Er war sich bewußt, daß Tier- und Pflanzenarten nicht einfach Objekte sind, die man aufgrund abstrakter Beziehungen ordnen kann. Sie bilden eine lebendige Welt, in der eine Art von einer anderen als Nahrungsquelle, Schutz oder ähnlichem abhängt. Angesichts der zunehmenden Hinweise darauf, daß jede Art nur in bestimmten Teilen der Welt zu finden ist, mußte er diesen Punkt berücksichtigen. Dies wiederum bedeutete, daß er auf die Anpassungen und die Geschichte der Lebewesen eingehen mußte. Diese Überlegungen wurden über Jahre hinweg in verschiedenen Aufsätzen publiziert, einige davon waren Doktorarbeiten seiner Studenten.

Im ersten dieser Aufsätze, 1744 veröffentlicht, behandelt er die Frage, wie die Welt seit der Sintflut mit Tieren und Pflanzen ausgestattet wurde. Die Bibel behauptet, während der Sintflut sei von jeder Tierart ein Paar in der Arche Noah untergekommen und habe nach dem Ende der Flut zu seinem normalen Leben zurückgefunden. Das Problem bei dieser Geschichte ist, daß die Arche zu klein war, als daß alle Arten, welche die Wissenschaft kannte, darin Platz gefunden hätten.

Wie alle Tiere in der Arche Platz gefunden haben könnten, hatte im Jahrhundert zuvor Athanasius Kirchner genauestens berechnet. Diese Berechnung erwies sich angesichts der rapide wachsenden Anzahl von entdeckten Arten bald als hinfällig, und schon Ray lehnte die Arbeiten Kirchners mit den Worten «leichtfertig und oberflächlich» ab. Für Linnaeus war es schlicht unvorstellbar, wie jede Tierart in einem hölzernen Schiff unterkommen und später die Erde zum zweiten Mal wieder bevölkern hätte können.

Statt dessen übertrug er die Geschichte der Sintflut auf die Geschichte der Schöpfung und behauptete, alle Lebewesen hätten ihren Ursprung auf einer bergigen Insel, die von einem urzeitlichen Meer umgeben gewesen sei. Linnaeus' Vorstellung nach lag die Insel nahe am Äquator, und die Berge waren hoch genug, um verschiedene Klimastufen zu ermöglichen, so wie das bei Bergen auch heute noch der Fall ist. Das Ursprungspaar jeder Art wurde dann im geeigneten Klimagürtel erschaffen: Rentiere und arktische Flechten an den Berggipfeln und tropische Palmen und Affen am Fuß der Berge. Der Berg war in diesem Sinne eine

Miniaturausgabe der Erde. Als die urzeitlichen Gewässer später zurückwichen, vermehrte sich jede Art in jeder Generation und besiedelte die neu entstandenen Räume. In diesem Aufsatz von 1744 wird ausführlich dargelegt, wie die Tiere zu ihren gegenwärtigen Habitaten gelangt sein könnten.

In einer anderen Abhandlung mit dem Titel *Ökonomie der Natur* (1749) betrachtete Linnaeus, wie die ökologischen Beziehungen tatsächlich ablaufen. Er entwickelte die Idee, daß jede Pflanzen- und Tierart Teil eines ausgewogenen Gleichgewichts in der Natur ist. Anders ausgedrückt: Jede Art ist daran angepaßt, eine bestimmte Rolle im Existenzzyklus der Natur auszufüllen und wird deshalb gebraucht, um das Gleichgewicht zu erhalten. Ein ähnliches Argument gab es schon im Schöpfungsdenken, aber Linnaeus entwickelte es weiter, so daß es bei weiteren Beobachtungen behilflich sein konnte. Die *Ökonomie der Natur* war deshalb einer der ersten Beiträge, die Ökologie als eigenständiges Forschungsobjekt begriffen.

In dieser Abhandlung wurde die spezielle Rolle betont, die jeder Art bei der Aufrechterhaltung des vorhandenen Naturzyklus zukommt. «Die ganze Welt wäre übersät mit stinkenden Kadavern», schrieb Linnaeus, «würden sich nicht einige Tiere von ihnen ernähren.» Maden und andere Aasfresser sind also dazu da, diese Körper zu konsumieren und ihre Bestandteile wiederum für andere Organismen verfügbar zu machen. «Auf diese Weise wird die Erde nicht nur von verwesenden Kadavern gereinigt, sondern zur selben Zeit wird für viele Tiere das Lebensnotwendige durch die Ökonomie der Natur geschaffen.»

Indem er betonte, daß jedes Tier seinen Platz in der Natur habe, meinte Linnaeus auch den besonderen geographischen Ort. Denn jede Art ist an Umweltbedingungen angepaßt, die sich nur in bestimmten Gegenden

Der Gegensatz zwischen Arten von Großkatzen der Alten und Neuen Welt, den Buffon diskutierte, wird in diesen Illustrationen gezeigt (aus Thomas Bewick: History of Quadrupeds). *Der afrikanische Löwe ist vom amerikanischen Löwen (Kuguar oder Puma) sehr verschieden, ebenso wie der Leopard vom Jaguar.*

finden. Jede Pflanzenart ist zum Beispiel an einen bestimmten Boden und ein besonderes Klima angepaßt. «Daher wachsen dieselben Pflanzen nur dort, wo dieselben jahreszeitlichen Bedingungen herrschen und es denselben Boden gibt.»

Mit seinen ökologischen Betrachtungen entwickelte Linnaeus ein Artenkonzept, das weit mehr war als nur katalogisierte Namen. Die Mitglieder einer Art weisen eine besondere Struktur auf, und diese Struktur dient einer bestimmten Lebensweise. Diese Lebensweise ist nur in einer bestimmten Region der Erde möglich, wo die richtigen Umweltbedingungen herrschen. Diese Betrachtungsweise betonte die Verbindung zwischen einer bestimmten Art und einem bestimmten geographischen Ort, indem sie die Anpassung jeder Art an ihren Platz in der Natur hervorhob. Je besser man jedoch die Verbindungen zwischen Lebewesen und ihren natürlichen Umgebungen erkannte, desto unglaubwürdiger wurde die Idee der von einem einzigen Zentrum ausgehenden Auswanderung.

Die Arbeiten des Georges Louis Leclerc, Comte de Buffon (1707–88), ermöglichten bald eine andere Interpretation. Buffon wurde 1739 Verwalter der Königlichen Gärten in Paris und arbeitete an einem umfassenden Übersichtswerk über die Naturgeschichte. Die Bände dieser *Naturgeschichte*, die ab 1749 erschienen, behandelten die Erde, die menschliche Art, domestizierte Tiere und viele wild lebende Tiere. Die *Naturgeschichte* wurde überall in Europa von gebildeten Leuten gelesen, und die in ihr vertretenen Vorstellungen hatten deshalb einen großen Einfluß. Buffon unterschied sich in seinem Ansatz deutlich von Linnaeus. Statt sich auf die seiner Meinung nach vergebliche Suche nach abstrakten Beziehungen zu machen, rückte Buffon den lebendigen Organismus ins Zentrum seiner Aufmerksamkeit. Er begann mit der traditionellen Methode der

Naturgeschichte, lebende Tiere und Pflanzen in ihren natürlichen Umgebungen zu erforschen.

Darüber hinaus publizierte er in seiner *Naturgeschichte* neben dem beschreibenden Katalog der Arten auch kühne theoretische Aufsätze. Ein Thema befaßte sich mit der geographischen Verbreitung der Tiere. Er verglich die bekannten Arten der Alten Welt (Afrika, Asien und Europa) mit denen der Neuen Welt (Nord- und Südamerika). Dieser Vergleich ergab, daß sich viele Arten der Neuen Welt von denen der Alten Welt unterscheiden, insbesondere in den Tropen und den «heißen Zonen».

Zum Beispiel war klar, daß der Elefant, das Nashorn und das Nilpferd auf dem afrikanischen Kontinent leben, aber in Amerika nicht vorkommen. Es traf auch zu, daß sich die Großkatzen auf den beiden Kontinenten unterscheiden, obwohl europäische Entdecker die Angelegenheit komplizierten, weil sie neu entdeckten Tieren bekannte Namen gaben. Detaillierte Untersuchungen ergaben, daß der Puma und Jaguar nicht falsch eingeordnete Löwen oder Tiger, sondern tatsächlich andere Arten von Großkatzen waren. Buffon bestätigte die allgemeine Regel, «daß kein Tier der heißen Zone eines Kontinents die heiße Zone eines anderen bewohnt».

Buffon behandelte außerdem die Frage, warum die tropischen Säuger der Alten und Neuen Welt ausschließlich auf ihre typischen Regionen beschränkt sind. Er verwies darauf, daß tropische Tiere in kälteren Regionen nicht überleben oder sich fortpflanzen können. Da sie entweder von kalten Meeren oder Landmassen umgeben sind, können sie nicht von einem Kontinent zum anderen wandern. Dies bedeutete, daß diese Arten unmöglich von einem einzigen, zentralen Punkt aus migrieren konnten. Sie müssen in den Regionen entstanden sein, in denen man sie heute findet.

Ein bestimmtes Maß an Migration hat es laut Buffon jedoch gegeben, und er erklärte damit die offensichtliche Ähnlichkeit bestimmter, auf beiden Seiten des Atlantiks vorkommender Tiere. In diesen Fällen, so nahm er an, waren die Formen der Alten Welt in einer früheren, wärmeren Periode der Erdgeschichte in die Neue Welt gewandert. Durch das sich abkühlende Klima wurden sie dann getrennt und wandelten sich unter dem Einfluß der lokalen Bedingungen in ihre neuen Formen. Nach Buffons Ansicht beinhalteten solche Veränderungen eine Degeneration des ursprünglichen Typs, der nach dem Muster der Alten Welt erschaffen wurde. Welche Faktoren diese Degeneration bewirken, wußte er auch nicht zu sagen.

Die allgemeine Idee der «Degeneration der Tiere» wird in einem späteren Band seiner Naturgeschichte behandelt, wo er die Großkatzen als Beispiel verwendet. Obwohl es unterschiedliche Arten von Großkatzen in der Alten und der Neuen Welt gibt, gehören sie eindeutig zur

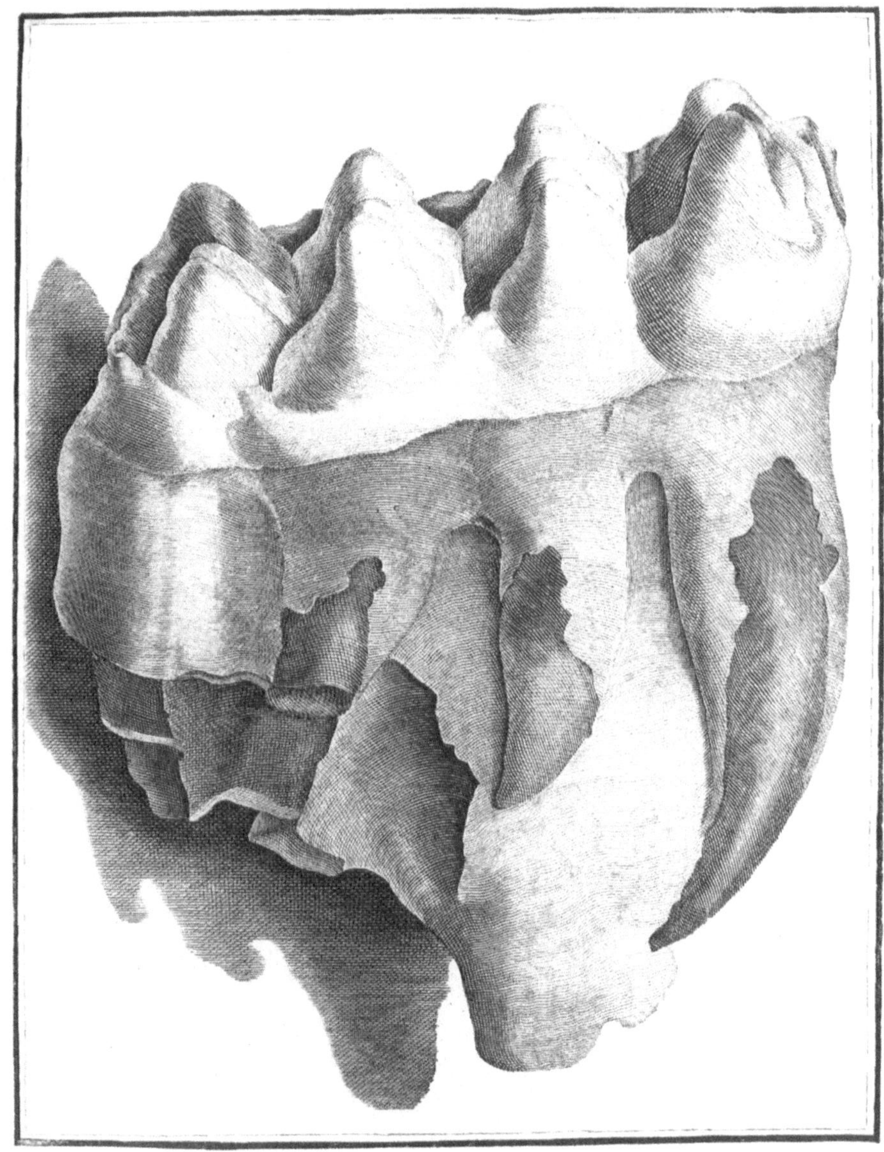

selben Familie. Sie gleichen sich alle sowohl in der inneren Struktur als auch im Äußeren und verhalten sich ähnlich. Die Einheit der Gruppe zeigt sich vor allem auch darin, daß sich die Arten eines Kontinents mehr voneinander unterscheiden, als die Arten zwischen den Kontinenten. Deshalb konnte man folgerichtig schließen, «daß diese Tiere einen gemeinsamen Ursprung hatten und daß sich, nachdem sie früher von einem Kontinent auf den anderen gewandert sind, ihre gegenwärtigen Unterschiede nur aufgrund des langen Einflusses ihrer neuen Situation entwickelt haben».

Es ist schwierig zu sagen, ob diese Ideen eine frühe Evolutionstheorie darstellen. Buffon selbst war sich unschlüssig darüber, ob auf diese Weise wirklich neue Arten entstehen können, und er ließ allenfalls einen begrenzten Wandel zu. Er war jedoch felsenfest davon überzeugt, daß man eine wirkliche Art daran erkennen kann, daß sich die Tiere untereinander fortpflanzen und ähnliche Individuen entstehen. Indem er Kreuzung zum entscheidenden Test machte, ob zwei ähnliche Formen getrennte Arten darstellen oder nicht, weitete er Rays Definition einer Art aus.

Ihm war beispielsweise bekannt, daß Bisons in Amerika einheimisch sind und daß das dortige Rind aus der Alten Welt eingeführt wurde. Die Unterschiede zwischen den beiden schienen ausreichend groß zu sein, um sie als getrennte Arten betrachten zu können, aber solange man keinen Kreuzungstest gemacht hatte, konnte man nicht sicher sein. Er schlug vor: «Für die Einwohner von Louisiana müßte es doch ein Leichtes sein, zu versuchen, ob der amerikanische Bison mit der europäischen Kuh kopuliert.» Buffons eigene Vermutung war, daß sie zur selben Art gehören. Er ging davon aus, daß Rinder in wärmeren Zeiten möglicherweise eine nördliche Passage nach Amerika gefunden hatten und dann, «als sie später zu den gemäßigten Regionen der Neuen Welt vorgedrungen waren, aufgrund klimatischer Einflüsse irgendwann zu Bisons wurden».

Dank Buffons Werk begannen Naturforscher zu realisieren, daß die natürliche Welt in unterschiedliche Regionen zerfällt. Offensichtlich besteht eine enge Verbindung zwischen Lebewesen und ihrer lokalen Umwelt. Die Arbeiten von Linnaeus und von Buffon zeigten, daß es sich um einen wichtigen Zusammenhang handeln mußte. Buffon hatte sogar die Möglichkeit erörtert, daß die lokale Umwelt einen lebenden Organismus irgendwie verändern könnte. Zur Klärung dieses Punktes mußte man mehr darüber wissen, wie die Arten auf der Welt verbreitet sind. Die geographische Verbreitung der Arten war ein Aspekt der Vielfalt, der ebenso bedeutsam war wie die Variabilität der Arten, die sich in den Klassifikationen widerspiegelte.

Solche Gedanken inspirierten viele junge Naturforscher zu langen und gefährlichen Reisen, um Exemplare zu sammeln und die örtliche Geographie zu untersuchen. Einige von ihnen kehrten nie zurück. Die Arbeiten derer, die wieder sicher nach Hause fanden, ergaben tatsächlich, daß die verschiedenen Teile der Welt von unterschiedlichen Arten bewohnt werden. Darüber hinaus zeigten sie, daß es geographisch getrennte Gruppen von Arten gibt. In jeder Gruppe sind die Arten ökologisch untereinander verknüpft, aber auch mit ihrer jeweils eigenen Region verbunden. Offensichtlich bildet jede dieser Gruppen eine kohärente

Einheit von Pflanzen und Tieren, die es nur in einer geographischen Region gibt.

In der zweiten Hälfte des 18. Jahrhunderts entwickelten Naturforscher daher das moderne Konzept der regionalen Floren und Faunen. Man betrachtete die Flora und Fauna jeder Region als ökologische Einheit, die sich aus vielen Tieren beziehungsweise Pflanzen zusammensetzt. Die geographische Region, auf die jede Einheit beschränkt ist, nannte man «biologische Provinz». Und das Erkennen solcher biologischer Provinzen beinhaltete, daß jede Artenzusammensetzung in irgendeiner Weise typisch für die entsprechende Region ist.

Die Naturforscher mußten infolgedessen die Vorstellung aufgeben, daß sich alle Arten von einem geographischen Zentrum aus ausgebreitet hatten: Wenn eine Art an Bedingungen angepaßt ist, die nur in einer bestimmten Region vorherrschen, dann kann sie wohl kaum diese Region erreicht haben, indem sie Tausende von Kilometern durch feindliches Territorium gewandert ist. Diese Tatsache traf gleichermaßen auf die Arche Noah als auch auf Linnaeus' urzeitliche Insel zu. Daher wiesen Naturforscher solche Geschichten als Erklärung für die geographische Verbreitung der Tiere zurück. Die Annahme, daß jede Tier- und Pflanzenart in der Region erschaffen wurde, wo sie heutzutage lebt, schien viel plausibler. In der Folge wurde deshalb die Vorstellung eines einzigen Ursprungszentrums aller Arten durch die Vorstellung vieler getrennter «Schöpfungszentren» überall in der Welt ersetzt.

Eine Geschichte des Lebens, die mit der Arche Noah und der Sintflut begann, erwies sich also als falsch. Es war daher von großem Interesse, die geläufigen Ideen anhand von Gesteinsuntersuchungen zu überprüfen. Dieser Herausforderung stellte sich Buffon mit großer Begeisterung. Er hatte seine *Naturgeschichte* mit einem Band über die Erde begonnen,

Ein schematischer Schnitt durch die Erdkruste. Eine ausgereifte Version von Werners Gesteinsklassifikation, in der die großen Kategorien Primär, Sekundär und Tertiär verwendet werden. Dieser Längsschnitt basiert auf einer Abbildung in Bucklands Geology and Mineralogy. *Ein Teil dieses Originals ist als Farbtafel auf S. 95 abgebildet.*

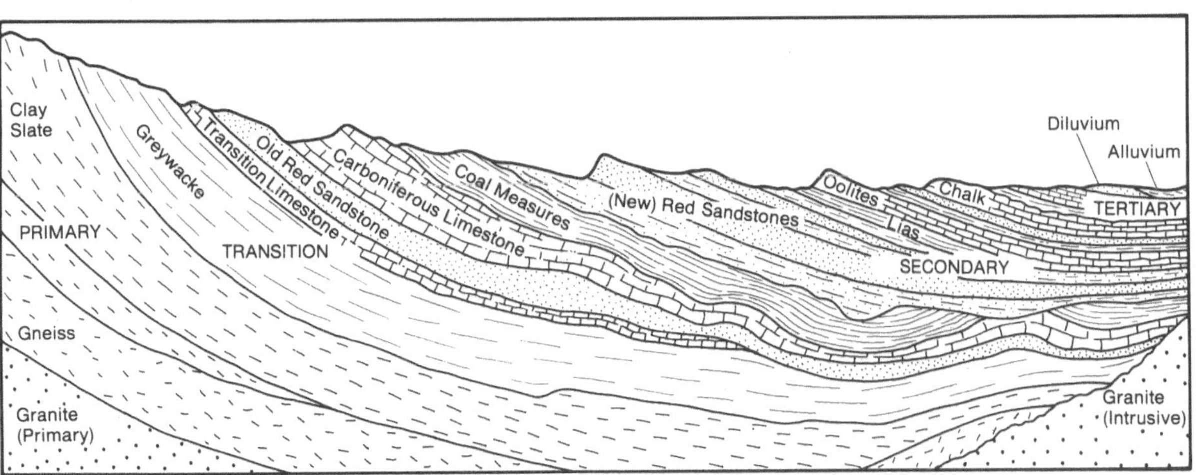

in dem er eine vollständige Weltgeschichte schreiben wollte, ohne die Sintflut überhaupt zu erwähnen. Später überarbeitete er diesen Teil und veröffentlichte ihn als Anhang zur *Naturgeschichte*. Dieser Band, *Die Epochen der Natur* betitelt, erschien im Jahre 1778.

Buffon stellte sich die Geschichte der Erde in sieben großen Epochen vor, beginnend mit der Entstehung des Sonnensystems aus dem Zusammenprall eines Kometen mit der Sonne. In der ersten Epoche war die Erde ein Globus aus flüssiger Materie, die von der Sonne herausgeschleudert worden war. Im Verlauf der zweiten Epoche kühlte der Globus ab, und es entwickelte sich eine feste äußere Kruste, die heute die untersten Gesteinsschichten bildet. In diesen gibt es keine Fossilien, weil die Erde zu diesem Zeitpunkt für das Leben ungeeignet war. In der dritten Epoche kühlte die Kruste weiter ab, bis Wasser kondensieren konnte, was schließlich zur Bildung eines weltweiten Ozeans führte. Bald entstand ein reiches Meeresleben in diesem Ozean, und die Organismen hinterließen ihre Überreste in den unteren Sedimentschichten.

Der Meeresspiegel fiel in der vierten und fünften Epoche, die Kontinente tauchten auf, und an Land entwickelte sich Leben. In diesem Stadium war das Klima so warm, daß tropische Tiere wie die Elefanten weltweit vorkamen. Als sich der Planet weiter abkühlte, wurden diese wärmeliebenden Tiere aus polnahen Regionen verdrängt. Zur Bestätigung seiner These wies Buffon auf Funde von Elefantenknochen in oberflächlicheren Einlagerungen in Europa und Nordamerika hin. Diese Funde legten außerdem nahe, daß Europa und Amerika irgendwann einmal verbunden gewesen sein mußten, aber in der sechsten Epoche durch die Bildung des Atlantischen Ozeans getrennt wurden. Das Zeitalter des Menschen konstituierte schließlich die siebte und gegenwärtige Epoche.

In welchen zeitlichen Dimensionen spielte sich all dies ab? Buffon überlegte, wie lange es schätzungsweise dauern würde, bis ein geschmolzener Globus von der Größe der Erde bis zur heutigen Temperatur abkühlen würde. In einem Weiler, der Buffon übrigens zu seinem Namen inspirierte, hatte er eine Eisengießerei eingerichtet. Er ließ Arbeiter Bälle aus einer Mischung von Eisen und nicht-metallischen Substanzen in verschiedener Größe formen. Diese wurden fast bis an den Schmelzpunkt erhitzt und dann in einer nahegelegenen Höhle auf Raumtemperatur abgekühlt. Wie erwartet dauerte die Abkühlung länger, je größer die Bälle waren. Anhand dieser Ergebnisse berechnete Buffon, daß ein Ball von der Größe der Erde etwa 75'000 Jahre benötigen würde, um abzukühlen. Diese eindrückliche Zahl war einer der ersten positiven Hinweise darauf, daß die Welt viel älter sein könnte, als man bis anhin gedacht hatte.

Das Werk *Die Epochen der Natur* stellt den Höhepunkt der großen Theorien über die Erde dar, die seit Burnets Zeit entworfen wurden. Diese Abfolge von Theorien führte zur Vorstellung, daß sich die Weltgeschichte öffnen und wissenschaftlich rekonstruierbar werden könnte. Die aufeinanderfolgenden Gesteinsschichten betrachtete man nun als historische Dokumente der Erde. Daß Buffon zur Begründung vergangener Veränderungen selbst Fossilien benutzte, verweist auf eine tiefe historische Einsicht. Aber in *Die Epochen der Natur* wurde noch mehr theoretisiert, als daß bewiesen werden konnte. Wie der Zufall so spielt, lieferten Arbeiten der früheren Sintflutgeologie, die Buffon verachtet hatte, die passenden Beweisansätze.

Anfang des 18. Jahrhunderts fand Woodwards Flutgeologie große Beachtung in Europa. Woodward hatte in Übereinstimmung mit Steno behauptet, daß die Fossilien enthaltenden Gesteinsschichten zur Zeit der Sintflut nacheinander abgelagert worden waren. Diese Ansicht führte, ungeachtet all ihrer Fehler, zur intensiveren Untersuchung von Fossilien und Gesteinsschichten. Im Lauf der Zeit zollte man der Sintflut immer weniger, und der tatsächlichen Schichtung der Gesteine immer mehr Aufmerksamkeit. Aus diesen detaillierten Forschungen ging schließlich eine allgemein anerkannte Klassifikation der Gesteine hervor.

Der Meister der europäischen Gesteinsklassifikation war Abraham Werner (1749–1817) an der Bergbauschule Freiberg in Deutschland. Er faßte die Arbeit früherer Forscher zusammen und veröffentlichte 1786 seine *Kurze Klassifikation und Beschreibung der verschiedenen Gebirgsarten.* Er vertrat die Ansicht, daß die Erdkruste eine geordnete Abfolge von Schichten aufweist. Wo diese Schichten unzerstört sind, muß die Ordnung, in der sie geschichtet sind, der Folge entsprechen, in der sie gebildet wurden, wobei sich die ältesten Schichten ganz unten befinden. Deshalb klassifizierte Werner die Gesteinsarten aufgrund ihres Alters und unterschied drei Kategorien, die er Primär, Sekundär und Tertiär nannte.

Die primären Gesteine waren gewöhnlich kristallin und wiesen keine Schichten auf; Fossilien kamen nicht vor, oft aber Erze. Diese Gesteine wurden der frühen Periode der Erdgeschichte zugerechnet. Über ihnen, und daher jünger, lagen die sekundären Gesteine, die geschichtet waren und häufig marine Fossilien enthielten. Dann gab es die noch jüngeren tertiären Gesteine, die aus Fossilien enthaltendem Ton und Sand bestanden. Diese Gesteine waren ebenfalls geschichtet. Später fand man Gesteine, die anhand des Alters und anderer Zuordnungen als Zwischenform von Primär und Sekundär erkannt wurden. Daraus ergab sich eine vierte Kategorie, die «Übergangsgesteine». Zusätzlich unterschied man die oberflächlichen Sedimente, die durch Regen und Wasserläufe von Bergen heruntergewaschen wurden, und nannte sie «Alluvium».

Werner interpretierte diese Klassifikation im Sinne seiner eigenen Theorie. Ebenso wie Buffon nahm er an, daß die gesamte Erde in einer frühen Periode von einem Ozean bedeckt war. Aber im Gegensatz zu Buffon glaubte er, die primären Gesteine seien nicht durch Abkühlung, sondern durch chemische Ausfällung aus diesem Ozean entstanden. Für ihn mußten kristalline Gesteine auf diese Weise entstanden sein, weil die Abkühlung geschmolzener Gesteine, wie vulkanischer Lava, soweit man

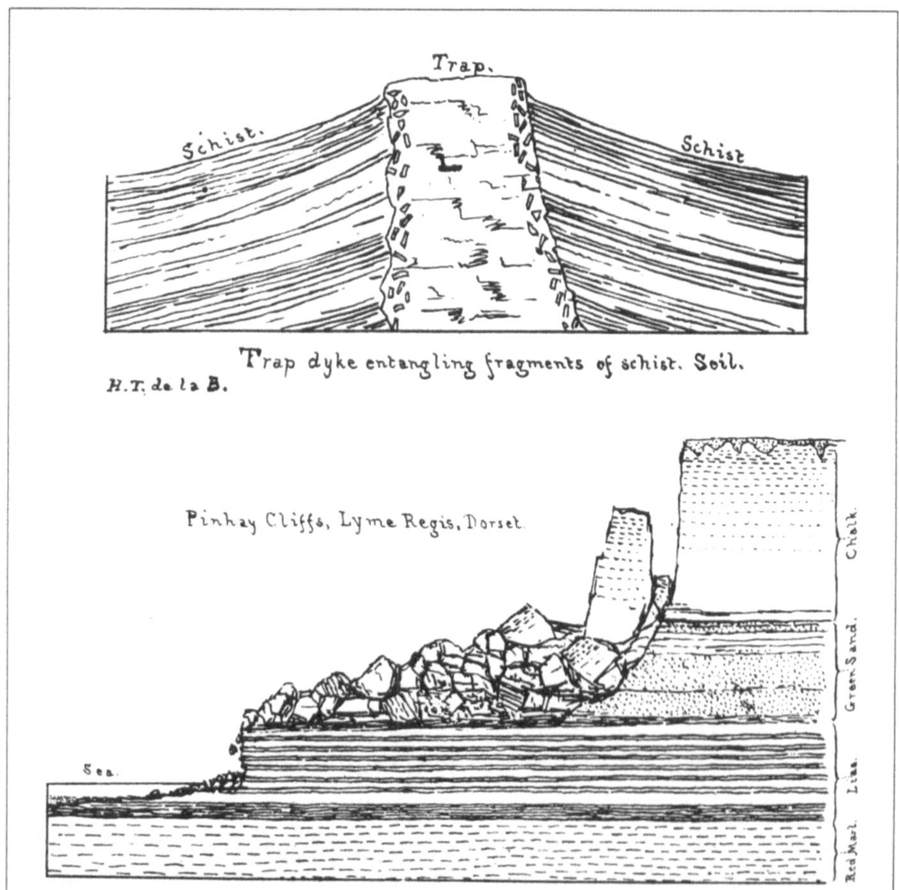

Zwei Zeichnungen, die Beweise für die Richtigkeit der Ansichten Huttons über geologische Prozesse darstellen. Oben: ein Gangstock, der durch Eindringen von geschmolzenem Gestein entstanden ist. Das Material des Gangstocks (Trap) hat Teile des Gesteins abgerissen, das es durchschneidet. Unten: Erosion von Klippen aufgrund von durchsickerndem Süßwasser, das porösen Kalk und Grünsand unterminiert und diese über den undurchlässigeren Lehm (Lias) zum Meer transportiert.

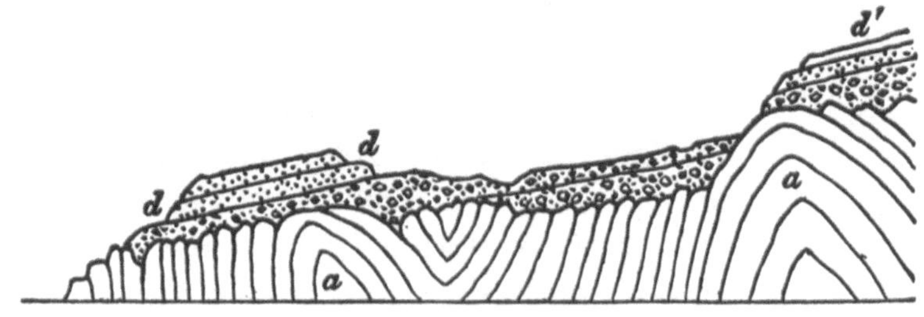

Ansicht von Siccar Point in Schottland. Deutlich zu sehen ist die auffallende Unkonformität der Schichten, die Hutton besichtigt hatte. Ein Schnitt durch die Klippen (unten) zeigt die unteren Schichten (a), die zerstört und verworfen wurden, und die oberen Schichten (d), die sich auf den unteren horizontal abgelagert haben. Die Illustrationen stammen aus einem späteren Lehrbuch von Lyell.

wußte, nicht zu Kristallisation führte. Das gefaltete oder abgeschrägte Vorkommen gewisser Gesteine wurde damit erklärt, daß der Meeresboden ursprünglich uneben gewesen sei.

In diesem Fall hatte ein Absinken des Meeresspiegels bewirkt, daß die höchsten Stellen des Meeresbodens als Land auftauchten. Durch Erosion dieses Landes wurden dann Sedimente ins Meer geschwemmt, wo sie abgelagert wurden und das Sekundärgestein bildeten. Einige dieser Sekundärgesteine, die marine Fossilien enthielten, kamen in der Folge durch weiteres Absinken des Meeresspiegels an die Oberfläche. Und weitere Erosion, so Werner, erklärte die oberflächlicheren Schichten, einschließlich der jüngsten Ablagerungen des Alluviums. Da Werners Theorie mit einer praktischen und effizienten Klassifikation einherging, wurde sie unter den Gesteine und Mineralien untersuchenden Naturforschern sehr populär. Sie ersetzte bald Buffons Theorie und war bis ins frühe 19. Jahrhundert richtungsweisend für die geologische Forschung.

Ein gemeinsames Element beider Theorien war die Vorstellung eines zurückweichenden Ozeans. Diese Idee war notwendig, um das entscheidende Problem in den Griff zu bekommen, nämlich warum Sedimentgesteine, die durch Ablagerungen im Wasser entstanden sind, auf trockenem, hoch über dem Meeresspiegel liegendem Land vorkommen. Die einfachste Erklärung war, daß das Meer irgendwann einmal das gesamte Land bedeckt hatte und seither zurückgewichen war. Die einzige Alternative dazu war, daß das Land durch innere Kräfte, wie Erdbeben oder Vulkanismus, emporgehoben worden war. Doch Werner hielt Vulkanismus für eine Erscheinung jüngerer Zeit, die durch Verbrennen von Kohleflözen und anderer unterirdischer Materialien zustande kam. Er konnte sich keine Kraft vorstellen, die in der Lage gewesen wäre, die Erdoberfläche anzuheben.

Als Beweise für das große Ausmaß an vulkanischer Aktivität in der Vergangenheit auftauchten, war dies der Stein des Anstosses, der letztlich Werners Theorie in Frage stellte. Ein frühes Beispiel solcher Hinweise erbrachten die beiden französischen Naturforscher Jean Guettard und Nicholas Desmarest. Als Guettard von einem Besuch des Vesuvs und angrenzender Vulkanfelder zurückkehrte, erkannte er sofort, daß es sich beim Zentralmassiv in Frankreich um eine Region mit erloschenen Vulkankegeln handelt. Seine Beschreibung dieser Region erschien 1752. Im nächsten Jahrzehnt entwarf Desmarest detaillierte Karten der Basaltmassen dieses Gebiets und zeigte, daß sie Lavaströmen glichen. Einige von ihnen konnte er bis zum Fuße gut erhaltener Kegel oder sogar bis zum Krater zurückverfolgen. Er schloß daraus, daß alle Basaltlagen vulkanischen Ursprungs sind, während Werner behauptete, Basalt und Granit seien aus Wasser kristallisiert.

James Hutton aus Edinburgh entwarf eine sorgfältig durchdachte Alternative zur Theorie Werners. Hutton (1726–97) hatte seine Vorstellungen über die Erdgeschichte über viele Jahre hinweg in privatem Kreis diskutiert. Im Anschluß an die Gründung der Royal Society von Edinburgh hielt er dort 1785 zwei Vorlesungen über seine Ideen. Seine Arbeit wurde 1788 in Band 1 der Abhandlungen der Akademie, den *Transactions*, unter dem Titel «Theory of the Earth» veröffentlicht.

Der rote Faden in seinem Aufsatz war das Argument, daß die Erde eine von Gott erschaffene Maschine ist, die das Leben erhalten soll. Diesem Zweck dienen unter anderem die Abbauprozesse. Der fruchtbare Boden, der für unsere Nahrungspflanzen wichtig ist, entsteht durch die von Wind und Regen verursachte Erosion der Gesteine. Aber Flüsse tragen nach und nach diesen Mutterboden und anderes Material zur Küste, und schließlich lagert es sich am Meeresgrund ab. Im Laufe der Zeit werden durch diesen Erosionsprozeß ganze Kontinente abgetragen, und das Leben an Land wird unmöglich. Deshalb muß es irgendeinen Weg geben, wie die Welt vor dem Verfall gerettet werden kann, es sei denn, die Erde sei absichtlich fehlerhaft erschaffen worden.

Hutton meinte unschwer Belege für einen Restaurierungsprozeß finden zu können. Der überwiegende Teil der Landmassen besteht aus

Sedimentgestein, das aus Ablagerungen früherer Kontinente gebildet wurde. Diese Sedimente im Meer mußten emporgehoben werden, damit sich neue Kontinente bilden konnten, und dies wurde durch die Hitze des Erdinnern verursacht. Hutton führte aus, daß die Kraft der inneren Hitze an der Eruption eines Vulkans wie des Ätna deutlich erfahrbar sei. Die Auswirkungen der Hitze sind oft auch sichtbar an den Brüchen und Verwerfungen der Erdschichten, die vom Meeresboden emporgehoben wurden. In welch großem Ausmaß die Hitze des Erdinnern in der Vergangenheit tätig war, bezeugen die alten Lavamassen und erloschenen Vulkane, die Forscher wie Guettard und Desmarest beschrieben.

Erosion war also der Grund dafür, daß Land abgetragen wurde, und innere Hitze, daß es wieder emporgehoben werden konnte. Abbau und Wiederaufbau bilden einen natürlichen Zyklus, der die Weltmaschine im Gleichgewicht hält. Deshalb kann man die Struktur der Erde durch Ursachen erklären, die auch in der Gegenwart noch wirksam sind. Wenn man sieht, mit welcher Rate diese Kräfte heutzutage wirken, dann muß jeder dieser Zyklen des Ab- und Wiederaufbaues ungeheuer lang gedauert haben. Hutton sah keinen Grund, warum dieser Zyklus der Ereignisse nicht unendlich weitergehen sollte. In den Gesteinen zeigt sich laut Hutton eine «Aufeinanderfolge von Welten» und «wir finden keine Spur eines Anfangs und keinen Hinweis auf ein Ende».

Während Hutton noch auf die Veröffentlichung seiner Theorie wartete, reiste er mehrfach nach Schottland, um Fakten zur Unterstützung seiner Theorie zu sammeln. Bei Glen Tilt im Grampian-Gebirge fand er Granit in Spalten (Gangstöcken), welche die anderen Schichten fast vertikal durchschnitten. Und auf der Insel Arran sah er, wie sich Granit in viel ältere Schichten hineingezwängt und diese emporgewölbt hat. Derartige Phänomene können nicht von einer Ausfällung in einem urzeitlichen Meer herrühren. Sie zeigten Hutton, daß man Granit eher als «nicht ausgebrochene Lava» betrachten konnte. Geschmolzenes Gestein kann, wenn es im Untergrund langsam abkühlt, offensichtlich die kristalline Form annehmen, in der Werner den Beweis für eine Ausfällung aus Wasser sah.

1788 entdeckte Hutton dann eine bemerkenswerte Situation in den Gesteinsschichten der Klippen bei Siccar Point in Schottland. Dort sind die dicken sedimentären Schichten in steilem Winkel verworfen und von weiteren, mehr oder weniger horizontalen Sedimentschichten überlagert. Dies stellte eine Lücke in der Geschichte der Gesteinsformationen dar (heute spricht man von Unkonformität), die sich deutlich aus den krassen Unterschieden in den Winkeln der Schichten ergab. Hutton schloß folgerichtig, daß diese Situation auf eine lange Abfolge von Änderungen verweist. Die verworfenen Schichten mußten zunächst auf-

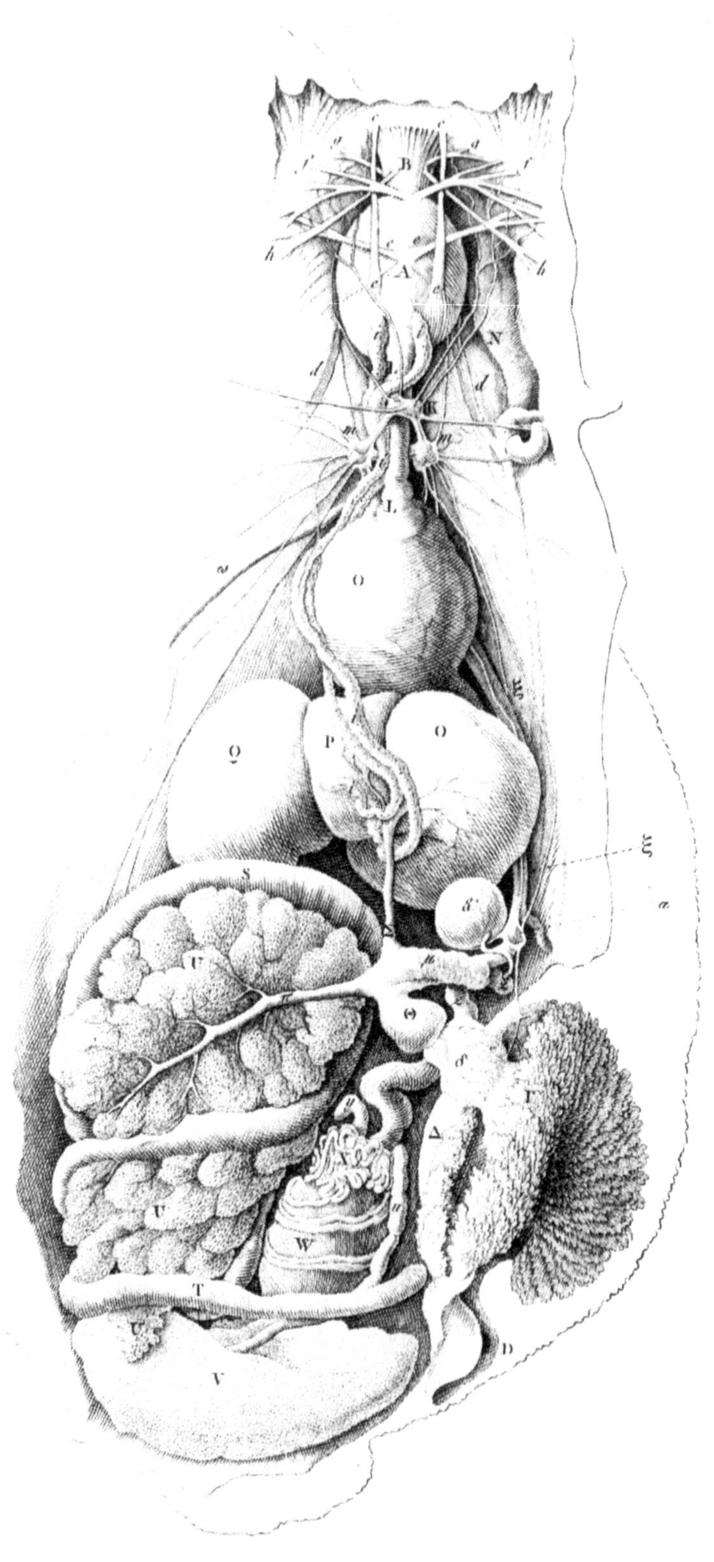

Die Qualität der anatomischen Arbeiten von Cuvier wird anhand dieser peinlich genauen Präparation der Meeresschnecke Aplysia deutlich. Jede seiner Abhandlungen über die Mollusken wurde von einer Reihe solcher Zeichnungen begleitet.

grund von Sedimentierung horizontal abgelagert und dann durch unterirdisches Anheben verworfen worden sein. Daraufhin waren sie wohl erodiert und wieder im Meer versunken, wo sich eine zweite Reihe von Schichten über sie legen konnte. Schließlich mußten alle diese Schichten wieder in ihre heutige Lage emporgehoben worden sein.

Dieses Beispiel war ein deutlicher Hinweis auf die Zyklen der Erosion und der Erhebung, die Hutton vertrat. Sein Freund John Playfair, der ihn auf dieser Reise begleitet hatte, erinnerte sich später an den starken Eindruck, den diese Entdeckungen gemacht hatten: «Einen klareren Beweis über die unterschiedliche Formation dieser Gesteine und die lange Periode, die zwischen ihrer Bildung lag, hätte es nur geben können, wenn wir tatsächlich beobachtet hätten, wie sie aus dem Schlund der Tiefe auftauchten.» Überdachte man diese Abfolge von Ereignissen, wurde klar, daß sie über eine enorme Zeitspanne hinweg stattgefunden haben mußten. Playfair bemerkte: «Es konnte einem schier schwindlig werden, wenn man soweit in die Unendlichkeit der Zeit blickte.»

Als Huttons Theorien veröffentlicht wurden, kam es zu einer lebhaften Debatte zwischen seinen Anhängern und jenen, die Werners Ansichten vertraten. Hutton reagierte im Jahre 1795 mit der Veröffentlichung einer erweiterten, zweibändigen Auflage seiner *Theory of the Earth.* Die Debatte setzte sich bis ins erste Viertel des 19. Jahrhundert fort.

Langfristig haben jedoch sowohl Hutton als auch Werner wichtige Beiträge zur Geschichte der Erde geliefert. Hutton hatte gute Belege für die Hitze des Erdinnern als geologische Kraft erbracht. Nach und nach verdrängte die Vorstellung eines dynamischen Zusammenwirkens von Erosion und Aufwölbung jene, die Wasser als einzigen Faktor sah. Auch wurde eine dynamischere Ansicht durch Huttons Erklärung der Unkonformitäten in den Gesteinsformationen unterstützt. Zudem ergab sich die Einsicht, daß geologische Kräfte über eine enorme Zeitspanne hinweg gewirkt haben müssen.

Diesen Punkt hatte Werner nicht bestritten. Für ihn war «unsere Erde ein Kind der Zeit». Sein wesentlicher Beitrag bestand in der genauen Klassifikation der übereinandergelagerten Gesteinsformationen. Sie basierte auf der detaillierten Sequenzierung von Gesteinen an vielen Orten, eine Art Feldarbeit, die nicht nach Huttons Geschmack war. Die Weltgeschichte erhielt in Werners Klassifikation und Theorie außerdem eine Richtung. In Huttons Wiederholungszyklen konnte es einen gerichteten Wandel nicht geben. Huttons Ansicht nach befand sich die Erde immer schon in einem ausgeglichenen, fertigen Zustand, und es gab keinen Grund zur Annahme eines gerichteten Wandels im Laufe der Zeit. Klare Beweise für gerichteten Wandel, wie ihn Buffon und Werner vertraten, sollten aus der Geschichte des Lebens kommen.

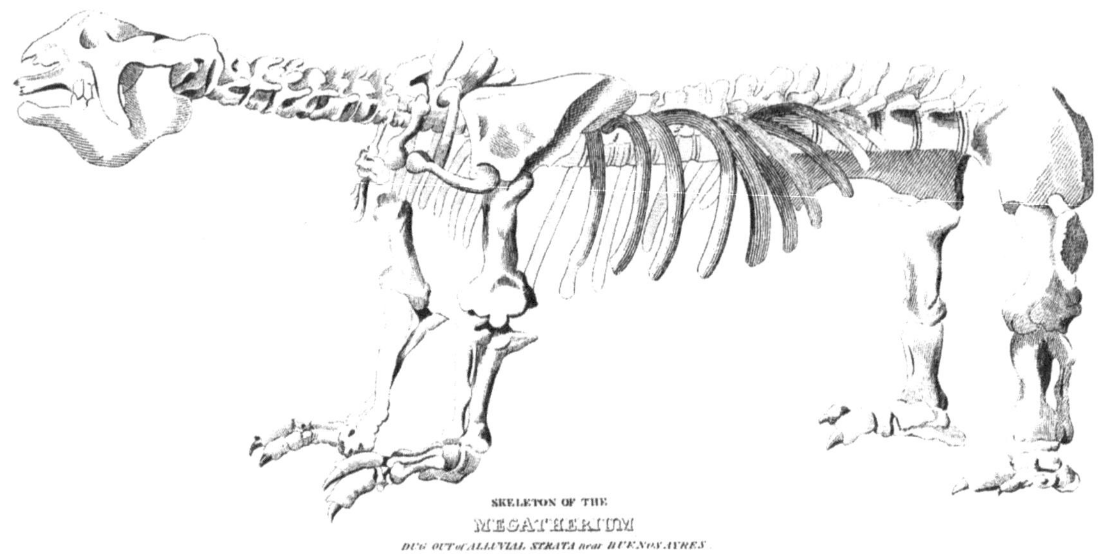

Um eine Geschichte des Lebens zu schreiben, muß man Fossilien untersuchen. Dies tat mit großer Meisterschaft Baron Georges Cuvier (1769–1832) am Naturhistorischen Museum in Paris. Cuvier wurde in einer kleinen französischen Stadt geboren und erhielt, da er schon als Junge vielversprechende Begabungen zeigte, eine gute Ausbildung an einer Akademie in Stuttgart. Anschließend verbrachte er die turbulenten Jahre der Französischen Revolution als Hauslehrer einer Adelsfamilie in der Normandie. Hier hatte er viel Zeit, sich mit Naturgeschichte zu befassen, und analysierte Tiere der Küstenregion. Er untersuchte diese sehr sorgfältig, indem er sie sezierte, eine Technik, die er auf der Akademie gelernt hatte. 1795 bot ihm die neue Regierung von Frankreich in der Hauptstadt eine Professorenstelle am Naturhistorischen Museum an.

Dort widmete er seine sprühende Energie und seine technischen Fertigkeiten sowohl der Zoologie als auch der öffentlichen Verwaltung und Erziehung. Mit großem Diensteifer versuchte Cuvier durch vergleichende Untersuchungen der Struktur (Anatomie) Ordnung in die Zoologie zu bringen. Im Gegensatz zu Ray sprach Cuvier nicht davon, daß die Anpassungen von Tieren die Weisheit des Schöpfers widerspiegeln. Er hatte vielmehr eine eigene Auffassung des tierischen Körperplanes anhand sorgfältiger Studien von Aristoteles' Büchern während seiner Jahre in der Normandie entwickelt.

Von Aristoteles übernahm er den Begriff der Zweckursachen bezüg-

Das riesige fossile Skelett aus Südamerika, das Cuvier Megatherium taufte. Eine Abbildung aus seiner Theorie der Erde.

lich der Struktur von Tieren. Gemeint war damit, daß die untersuchten Körperteile dazu bestimmt sind, gewisse Funktionen im Leben des Tieres wahrzunehmen. Doch ist ein lebender Körper nicht einfach eine Ansammlung von Organen zur Ausführung bestimmter Funktionen. Um ein harmonisches Ganzes zu bilden, müssen die Organe in bestimmter Weise angeordnet sein, und die Funktionen müssen wechselseitig aufeinander abgestimmt sein. Das Leben eines Tieres hängt nicht nur von der Leistung, sondern auch von der Koordination der Funktionen ab. Deshalb vertrat Cuvier die Ansicht, ein Anatom müsse auch die Funktionen von Körperteilen betrachten, wenn er ihre Struktur untersuche.

Nach nur fünf Jahren in Paris begann Cuvier seine *Vorlesungen in vergleichender Anatomie* zu veröffentlichen, die in fünf Bänden erschienen. Im ersten Band, seiner ersten größeren Arbeit, erläuterte er das Prinzip der Zweckursachen. Dieses kann, wie er erklärte, in der Praxis angewendet werden, indem man zwei anatomische Regeln befolgt. Die «Korrelation der Teile» war die erste Regel, und sie bezog sich auf die Vorstellung einer funktionalen Koordination im Körper. Nach dieser Regel müssen alle Körperteile eines Tieres so aufeinander bezogen sein, daß es für seine spezielle Lebensweise gut gerüstet ist. Ein Tier, dessen Körperorgane nicht zusammenpassen, kann nicht existieren. Die «Unterordnung der Merkmale» war die zweite Regel, die besagte, daß die am wenigsten durch Anpassungen an die unterschiedlichen Lebensweisen modifizierten Körperteile die wichtigsten für die Klassifikation sind.

Mit Hilfe der vergleichenden Methode konnte man bei Strukturmerkmalen von Tieren Korrelationsregeln erkennen. Ein Vergleich des gleichen Organs bei verschiedenen Arten zeigt, wie dieses Organ in den verschiedenen Zusammenhängen modifiziert ist. Unterschiedliche Ar-

Die Backenzähne eines Elefanten (rechts) und eines Mastodon (links). Cuvier benutzte die Muster der Zahnhöcker, um die verschiedenen Arten zu unterscheiden.

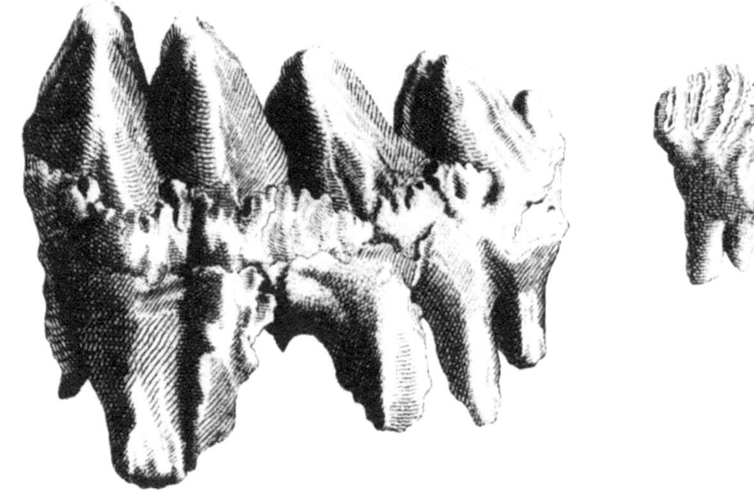

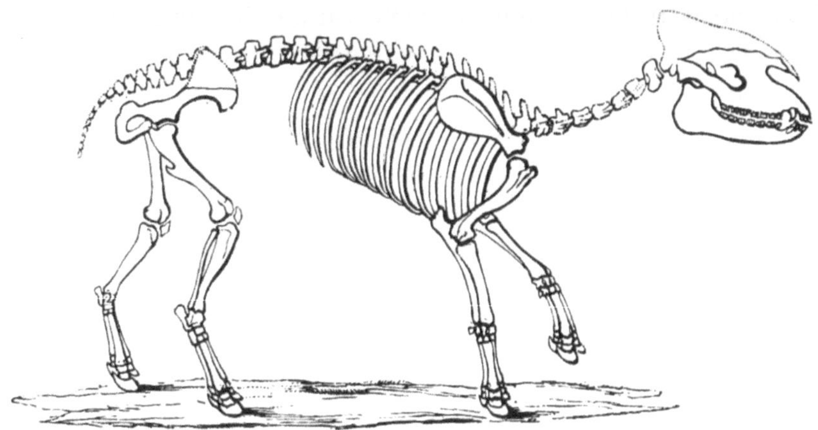

Cuviers Skelettrekonstruktion des Säugers Palaeotherium *aus dem frühen Tertiär.*

ten sind sozusagen Experimente, die die Natur ausgeführt hat, wobei Teile hinzugefügt oder weggenommen wurden. Der vergleichende Anatom kann dann die Ergebnisse dieser Veränderungen sehen.

Die *Vorlesungen in vergleichender Anatomie* folgten daher auch nicht dem traditionellen Vorgehen, bei dem eine Art nach der anderen in ihrer gesamten Anatomie beschrieben wurde. Sie behandelten statt dessen jeweils einen bestimmten Körperteil quer durch das gesamte Tierreich. Band 1 befaßte sich mit Skeletten und Muskeln, Band 2 mit dem Nervensystem, Band 3 mit den Verdauungssystemen und Zähnen usw. Dies erwies sich als eine höchst erfolgreiche Methode, insbesondere auch angesichts der Gründlichkeit, mit der die Vergleiche gezogen wurden. Hatten frühere Arbeiten nur einige wenige Arten verglichen, wurden in den *Vorlesungen* Hunderte einbezogen.

Doch nicht nur die Quantität war erstaunlich. Cuviers Genauigkeit und Präzision setzte einen neuen Standard in der vergleichenden Anatomie. Die kleineren wirbellosen Tiere (Invertebraten) wurden ebenso detailliert beschrieben wie die großen und bekannteren Wirbeltiere (Vertebraten). In Band 4 beispielsweise behandelte er die feinen Blutgefäße von Muscheln und Krebstieren ebenso vollständig wie die der Wirbeltiere. Die feineren Details wurden sogar durch Injektion farbiger Flüssigkeiten in die Blutgefäße herausgearbeitet. Cuviers Anatomiewerk stach also sowohl in Quantität als auch in Qualität hervor.

Dieser Reichtum an Informationen zeigte, wie komplex die Anpassungen bei Tieren sind. Aufeinander bezogene Teile bilden offensichtlich ein Anpassungspaket, das eine bestimmte Lebensweise möglich macht. Cuvier erläuterte dieses Prinzip anhand der von ihm beobachteten Unterschiede zwischen fleisch- und pflanzenfressenden Tieren. Ein fleischfressendes Tier muß seine Beute sehen, fangen und zerreißen können. Deshalb besitzt es Beine, die sowohl an schnelles Laufen als auch ans Zupacken angepaßt sind, und hat einen Kiefer mit Reißzähnen, mit denen

Fleisch zerrissen werden kann. Reißzähne findet man nie bei einem Tier, dessen Fuß in Horn eingebettet und der nicht fürs Zupacken geeignet ist. Hufe an den Füßen sind mit einem Kiefer korreliert, der flache, abgestumpfte Backenzähne trägt, mit denen Futter zermahlen werden kann. Alle huftragenden Säuger sind Pflanzenfresser.

Für Cuvier bedeutete diese Korrelation der Teile, daß irgendein beliebiger Teil eines Tieres das Ganze widerspiegelt. Ein Anatom, der bestimmte funktionale Modifikationen in einem Teil eines Tieres findet, kann deshalb die korrespondierenden Modifikationen voraussagen, die man in anderen Teilen finden wird. «Indem man also einen einzigen Knochen betrachtet», sagte Cuvier, «kann man bis zu einem gewissen Punkt das Aussehen des ganzen Skeletts herleiten.» Bei der aufregenden Rekonstruktion fossiler Wirbeltiere führte diese Methode zu hervorragenden Ergebnissen. Cuviers Interesse an Fossilien wurde schon bald nach seiner Ankunft in Paris geweckt. 1796 erhielt er den Auftrag, einige riesige fossile Überreste zu analysieren, die aus dem südamerikanischen Paraguay eintrafen. Er beschrieb diese Kreatur sorgfältig und gab ihr den Namen *Megatherium* («riesiges Biest»). Seine Ergebnisse zeigten, daß dieses Tier, trotz seiner enormen Größe, zur selben Familie gehörte wie die lebenden Faultiere von Südamerika. Aber lebende gigantische Faultiere waren nicht bekannt. Deshalb war es beinahe sicher, daß es sich beim Megatherium um eine ausgestorbene Art handelte.

Diese Begegnung mit dem Megatherium entfachte Cuviers Interesse und führte zu einer Reihe von brillianten Studien über fossile Tiere. Er erkannte, daß die Rekonstruktion der fossilen Wirbeltiere mit Hilfe seiner anatomischen Regeln möglich war. Das Megatherium war zwar beinahe vollständig, aber von den meisten fossilen Wirbeltieren findet man nur einzelne und verstreute Knochen. Oftmals tauchen an einer Fundstelle die Knochen verschiedener Arten auf. Damit man aus einer solchen Mischung kein Scheintier rekonstruiert, muß berücksichtigt werden, daß jeder Knochen Teil eines funktional integrierten Ganzen ist. Indem Cuvier jeden Knochen mit anderen in Wechselbeziehung brachte und auf das ganze Skelett bezog, konnte er sichergehen, nur die Knochen auszuwählen, die wirklich zusammengehörten.

Er beschloß, die Frage des Aussterbens durch einen Vergleich von lebenden und fossilen Elefanten zu klären. Weil Elefanten so groß sind, konnte man mit einiger Gewißheit annehmen, daß nicht noch irgendeine Art unentdeckt in einer abgeschiedenen Region lebte. Fand man heraus, daß sich die fossilen Arten von lebenden Elefanten unterschieden, mußten sie als ausgestorben gelten. Fossile Elefantenknochen hatte man in früheren Jahrhunderten entdeckt, aber man hielt sie oft für Überreste von riesigen Menschen, die vor der Sintflut gelebt hatten. Im Verlaufe des 18.

Jahrhunderts gelang es Naturforschern, diese Stücke als Elefantenknochen zu identifizieren. Überall in Europa fand man in oberflächlicheren Alluviumschichten immer mehr fossile Elefanten, und auch in Nordamerika kamen ähnliche Fossilien ans Tageslicht.

Anhand des Materials der Pariser Sammlungen konnte Cuvier zunächst zeigen, daß es sich bei den afrikanischen und asiatischen Elefanten um getrennte Arten handelte. Unterschiede gab es bei den Wirbeln, der Anzahl an Rippen, der Länge der Stoßzähne und insbesondere bei den Zähnen. Die Mahlzähne der Elefanten bilden einen einzigen Block mit charakteristischen Querrillen und stellen damit ein höchst effizientes Mahlwerk dar. Die Unterschiede in den Querrillen und in den anderen anatomischen Merkmalen waren zu groß und zu durchgängig, als daß es sich um Variationen innerhalb einer Art hätte handeln können. Tatsächlich entschied Cuvier später, die beiden Formen als getrennte Gattungen in die Klassifikation von Linnaeus aufzunehmen. Er nahm den afrikanischen Elefanten aus der Gattung *Elephas* heraus und gab ihm den neuen Gattungsnamen *Loxodonta*.

Auf dieselbe Weise konnte er ebenfalls zeigen, daß sich der europäische fossile Elefant von allen anderen lebenden Arten unterschied. In Deutschland zog Johann Blumenbach unabhängig dieselben Schlußfolgerungen über diese fossile Form und gab ihr den Namen *Elephas primigenius*. Etwa zu dieser Zeit wurde das erste vollständige Skelett eines Mammuts in Sibirien gefunden, und Blumenbach zog in Betracht, daß dieses mit den Fossilien in Europa identisch war. Cuvier stimmte dem zu und klassifizierte die europäischen und sibirischen Formen ebenfalls als Mammuts der Art *Elephas primigenius*. Zweifellos mußte es sich bei diesem Mammut um eine ausgestorbene Art handeln.

Zusätzlich berücksichtigte Cuvier im Jahre 1806 in einem umfassenden Bericht die amerikanischen Fossilien. Einige Fossilien, die man in der Neuen Welt gefunden hatte, waren seiner Meinung nach zweifelsohne Mammuts. Aber die meisten elefantenähnlichen Fossilien der Neuen Welt sahen ganz anders aus, was große Verwirrung gestiftet hatte. Die Beinknochen und die Stoßzähne hatten Ähnlichkeit mit Elefanten, aber die Mahlzähne wiesen auf den Kronen Höcker auf, anstelle der engen Querrillen, die man bei typischen Backenzähnen von Elefanten fand. Diese Zähne waren vielen Forschern ein Rätsel, auch dem französischen Geologen Guettard, der sie 1756 beschrieben hatte. Cuvier zeigte, daß die Knochen, Stoßzähne und Zähne alle zu einer Art gehörten, die er aufgrund der bemerkenswerten Zähne in die neue Gattung *Mastodon* einordnete. Es handelte sich dabei eindeutig um eine weitere ausgestorbene Form.

Diese Ergebnisse erbrachten den Nachweis, daß einige Arten ausgestorben waren. Dies war ein sehr wichtiger Beweis, denn die Möglichkeit des Aussterbens wurde aus verschiedensten philosophischen und religiösen Gründen lange Zeit abgelehnt. Zum einen würden dadurch in der langen Seinskette Lücken entstehen und die elegante Schöpfungsabfolge zu einem formlosen Chaos machen. Obwohl Linnaeus die Seinskette aus praktischen Klassifikationsgründen ignoriert hatte, blieb sie im Denken des 18. Jahrhunderts stark verwurzelt. Zum andern war es unvorstellbar, daß eine Art in einer durch göttliche Vorsehung geordneten Welt aussterben konnte. Dies war doch in einer ausgewogenen Ökonomie der Natur nicht möglich?

Aber Cuvier betrachtete das Aussterben ohne philosophische oder religiöse Vorbehalte. Er stürzte sich in detaillierte Studien über andere fossile Knochen, die in Oberflächenablagerungen rund um Paris gefunden wurden. Durch sorgfältigen Vergleich mit lebenden Formen entdeckte er, daß es sich um ausgestorbene Arten von Hirschen, Elefanten, Flußpferden, Nashörnern und anderen Tieren handelte. Viele dieser Säuger waren größer als ihre lebenden Gegenstücke. Nicht nur Mammut oder Mastodon, sondern eine ganze Fauna war von der Bildfläche der Erde verschwunden.

Cuvier suchte auch in den Gipsbrüchen von Montmartre bei Paris nach Fossilien. Es handelte sich hier um tertiäre Ablagerungen, die beträchtlich tiefer lagen und daher älter waren als die Schotterschichten. Hier entdeckte er einige Säugetierfossilien, die offensichtlich überhaupt keine lebenden Entsprechungen hatten. Sie wiesen vielmehr eine Kombination von Merkmalen auf, die sich getrennt beim lebenden Schwein, dem Nashorn und dem Tapir fanden. Es gab mehrere ähnliche Arten von unterschiedlicher Größe, für die er eine neue Gattung schuf, die er *Palaeotherium* («altes Tier») nannte. Offensichtlich war im tertiären Gips von Montmatre eine ähnlich vielfältige, ausgestorbene Fauna vorhanden wie in den Schotterschichten. 1812 hatte Cuvier ausreichend Material zusammengetragen und veröffentlichte eine wunderbare vierbändige Synthese unter dem Titel *Researches on the Fossil Bones of Quadrupeds*.

Diese aufregenden Ergebnisse hatten weitreichende Bedeutung. Cuvier hatte zuverlässige Methoden zur Rekonstruktion fossiler Tiere entwickelt. Mit Hilfe dieser Methoden konnte gezeigt werden, daß dem gegenwärtigen Erdzeitalter andere Erdzeitalter vorausgegangen waren, in denen andere Tiere lebten, die später ausstarben. Je älter die Ablagerungen waren, in denen man diese ausgestorbenen Tiere fand, desto größer waren die Unterschiede zu den heute lebenden Formen. Cuvier äußerte sich nie präzise über die Dauer dieser Epochen, aber die Fossilien von Montmatre waren für ihn «Tausende von Jahrhunderten» alt.

Inzwischen entwickelten andere die von Buffon begründete Theorie über Arten und ihre Umwelten weiter. In England griff Erasmus Darwin

(1731–1802), Autor von *The Botanic Garden* und Großvater von Charles Darwin, das Thema auf. 1794 und 1796 erschien seine zweibändige Abhandlung mit dem Titel *Zoonomia, or the Laws of Organic Life*. In einem Kapitel dieses Buches verfolgt Darwin die Idee, daß es bei Lebewesen evolutionären Wandel gegeben hat.

Er führte Beispiele für die Variation innerhalb einer Art an und erläuterte, daß ein Wandel durch den Lust- und Hungertrieb und das Sicherheitsbedürfnis hervorgerufen werde. Beispielsweise führte Hunger dazu, daß sich «die Formen aller Tierarten diversifiziert» haben. Dies kann man bei Vögeln an den mannigfaltigen Schnabelformen sehen, die an unterschiedlichste Nahrungsformen angepaßt sind. Mit der Zeit verbessern sich auf diese Weise die Arten. Solcher Wandel geschieht aufgrund «einer eigenen inhärenten Aktivität». Darwin formulierte also den evolutionären Ursprung der Arten, doch wurde der Gedanke nicht detailliert ausgeführt. Es verwundert kaum, daß diese Vorstellung kritisiert wurde, wie etwa von dem Dichter Coleridge, der bemerkte: «Dies ist Darwinisieren bis zum Exzeß.»

Ausführlicher ging Chevalier de la Marck (1744–1829), ein Kollege von Cuvier in Paris, auf die Evolution ein. Lamarck, so sein bekannterer Name, hatte seine Karriere in der Botanik begonnen und hatte mit seiner Arbeit *La Flore Française* (1778) bemerkenswerten Erfolg. Dieses Buch war eines der ersten, das die Identifikation eindeutig von der Klassifikation abtrennte. Damit konnte Lamarck die logische Gliederung als Identifikationsschlüssel und für die Klassifikation ein hierarchisches System verwenden. Aber das Buch enthält nicht ein Wort über Evolution. Lamarck entwickelte seine evolutionstheoretischen Gedanken erst, als er sich der Zoologie zuwandte. Und dann vertrat er seine Ideen, nicht um Cuviers Folgerungen über das Aussterben zu unterstützen, sondern um sie zu widerlegen.

4
Eine naturhistorische Schöpfungsgeschichte

Daß Lamarck ein großer Botaniker war, zeigt ein Vorfall, der sich 1789 ereignete. Das Finanzkommittee der neuen Revolutionsregierung von Frankreich drohte, Lamarcks Stelle aus ökonomischen Gründen zu streichen. Er antwortete darauf mit der Veröffentlichung eines Pamphlets mit dem Titel «Überlegungen zugunsten von Chevalier de la Marck», das seine Leistungen als Botaniker hervorhob und die Bedeutung seiner Stelle verteidigte. Die Stelle blieb bestehen!

Kurze Zeit später bekam er von der Regierung eine neue Stelle am Naturhistorischen Museum in Paris. Er wurde Professor für «Insekten, Würmer und mikroskopische Tiere». Obwohl er völlig andere Organismen klassifizieren mußte, wurde Lamarck bald ein Experte auf seinem neuen Gebiet. Er führte eine Reihe von Unterscheidungsmerkmalen ein, die bis heute Geltung haben, wie etwa die Unterscheidung zwischen Wirbellosen und Wirbeltieren (Invertebraten/Vertebraten). Als erster unterschied er zwischen Insekten, Krebstieren und spinnenartigen Tieren als getrennte Klassen. Sein erstes zoologisches Buch, *Systeme des Animaux sans Vertebres*, erschien 1801. Es wurde sehr gut aufgenommen, und ein Kritiker nannte sein System «das mit Sicherheit perfekteste, was bislang erschienen ist».

In diesem Buch formulierte er seine gerade erst entwickelten evolutionären Gedanken, und zwar in einem theoretischen Anhang zum Hauptwerk. Lamarck gab sich nie damit zufrieden, lediglich Pflanzen und Tieren zu klassifizieren. Er liebte es, die größten theoretischen Probleme in Angriff zu nehmen und bezeichnete sich stolz als «Naturforscher-Philosophen». Als einer der ersten zog er eine klare Trennungslinie zwischen unbelebten Gegenständen und Lebewesen. Er tat dies bereits 1778 in der Einleitung zu seiner *Flora Frankreichs*. Bis dahin kannte man drei Reiche, das mineralische, das pflanzliche und das tierische, wie etwa in Linnaeus' *System der Natur* von 1735. Die Naturgeschichte hatte sich bisher mit der Klassifikation der verschiedenen Naturobjekte in diesen drei Reichen beschäftigt.

LIBERTÉ, ÉGALITÉ, FRATERNITÉ.

MUSÉUM NATIONAL

D'HISTOIRE NATURELLE.

JE soussigné
Professeur de zoologie pour la partie des animaux sans vertèbres
au Muséum National d'Histoire Naturelle, certifie que le
Citoyen Leopold Fabroni âgé de 16 ans
natif de Florence Canton d
Département d
a suivi avec assiduité le Cours public de zoologie, partie des animaux
sans vertèbres fait pendant l'an 7 de la République Française.

A Paris, ce 2 thermidor l'an 7 de la République
Française, une et indivisible.

Lamarck

Visé par le Directeur

A Paris, ce 3 thermidor l'an sept de la
République Française, une et indivisible.

Jussieu
Directeur

Lamarck und andere erkannten jedoch die Notwendigkeit, eine eigene Wissenschaft für die Lebewesen zu gründen. Diese sollte sich mit Merkmalen beschäftigen, die spezifisch für Pflanzen und Tiere sind und sie von Mineralien unterscheiden. Die neue Wissenschaft sollte über eigene Begriffe und Methoden verfügen und sich von der Ansicht befreien, daß Lebewesen genauso wie unbelebte Gegenstände analysiert werden können. Und im Gegensatz zu Cuviers engem und analytischem Ansatz war es ein Versuch, allgemeine Theorien des Lebens zu entwerfen. Im Jahre 1802 prägte Lamarck den Begriff «Biologie» für diese neue Wissenschaft des Lebens.

Zentrales Element dieser Wissenschaft der Biologie, wie Lamarck sie verstand, war die Idee der Evolution. Die Vorstellungen, die er formulierte, waren kühn und weitreichend: Über eine enorme Zeitspanne hinweg formte die Natur alle Organismen durch Evolution, zunächst mit einfachsten Organismen beginnend, die sich systematisch zu den komplexesten entwickelten. Er nannte zwei verschiedene Ursachen der Evolution in seiner Theorie: Einerseits besitzen alle Organismen eine inhärente Tendenz, in ihrer Organisation komplexer zu werden. Dies führt zu einer regelmäßigen Abstufung von Formen durch Evolution. Andererseits führen die vielfältigen, verschiedenen Umstände, denen Organismen ausgesetzt sind, zu lokalen Anpassungen, welche die Regelmäßigkeit durchbrechen, die man aufgrund des Einflusses des ersten Faktors erwarten würde.

Der erste dieser beiden Faktoren in Lamarcks Theorie spiegelt sein Glaube an die große Seinskette oder die Stufenleiter der Natur wider. Er hatte zwar der Vorstellung, die mineralischen, pflanzlichen und tierischen Reiche seien ineinander verwoben, widersprochen. Er glaubte jedoch noch immer, daß die Formen innerhalb des Pflanzen- und Tierreichs in einer linearen Kette von aufsteigender Komplexität angeordnet werden könnten. Für ihn war diese Leiter der Natur im Tierreich nicht einfach eine formale Kette, sondern eine tatsächliche historische Reihe, die durch Evolution entstanden war. Aufgrund der Tendenz zu zunehmender Komplexität war es während der Evolution zu einer stetigen Aufwärtsbewegung der Organismen auf der Leiter gekommen. Diese Tendenz schrieb er der «Macht des Lebens» zu.

Durch die Aufwärtsbewegung, so nahm Lamarck an, entstanden am Fuß der Leiter Lücken. Diese Lücken wurden durch die spontane Entstehung von «mikroskopisch kleinen Tieren der einfachsten Organisation» gefüllt, die aus unbelebter Materie entstanden. Sobald sie sich gebildet haben, so Lamarck, schließen sie sich der Hauptkette an und beginnen die Aufwärtsbewegung. Der Mensch steht ganz oben in der Kette und stellt das Ende der Evolution dar. Doch akkumuliert sich lebendes Mate-

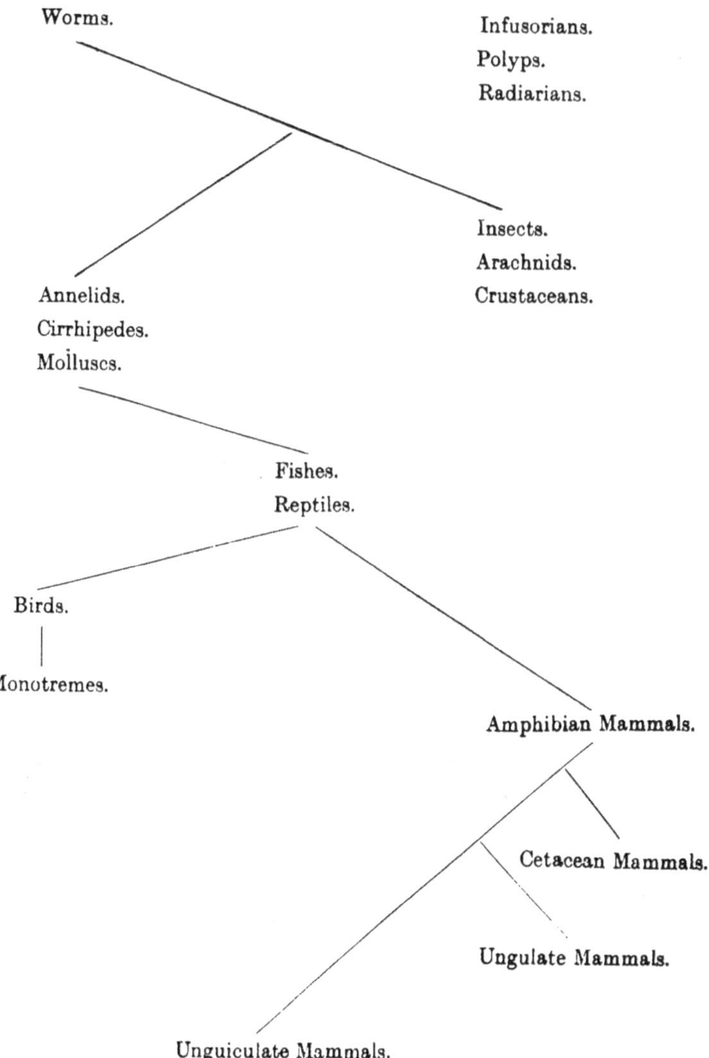

Lamarck illustrierte seine Evolutionstheorie in seiner Philosophie Zoologique mit diesem Diagramm. Man kann dies als ersten Versuch betrachten, Beziehungen in Form eines evolutionären Stammbaumes darzustellen, auch wenn der Baum auf dem Kopf steht.

rial nicht an der Spitze, denn Menschen sterben und verwesen. Auf diese Weise kehren sie zum mineralischen Stadium zurück und stehen wieder für neue Entstehungsprozesse zur Verfügung. Lamarck vertrat also eine vorprogrammierte Evolution: Jede Art steigt auf der Leiter zu ihrem zugeordneten Platz in der Seinskette auf, vergleichbar mit der Aufwärtsfahrt eines Aufzugs.

Lamarck sah jedoch, daß weder Arten noch Gattungen von Organismen linear angeordnet werden können. Nur die Haupttypen der Organisation, wie Familien oder Klassen, können in einer Kette mit aufsteigender Komplexität angeordnet werden. Er dachte, diese Abweichung von der erwarteten Linearität käme aufgrund des zweiten evolutionären Faktors, der Anpassungen als Folge lokaler Umstände, zustande. Wie dieser zweite Faktor wirkt, beschrieb Lamarck in seiner berühmten *Philosophie Zoologique* (1809). Eine vollständige und abschließende Behandlung seiner Theorie findet sich in der Einleitung zu seiner *Histoire Naturelle des Animaux sans Vertebres* von 1815.

In der *Philosophie Zoologique* behauptet er, daß sich mit dem Wandel der Umwelt eines Tieres im Laufe der Zeit die Organisation des Organismus entsprechend verändert. Veränderungen der Umwelt führten zu anderen Bedürfnissen eines Tieres, erklärte er, und diese wiederum zu Änderungen in der «Aktivität», den «Bemühungen» und den «Gewohnheiten» des Tieres. Neue Gewohnheiten, wie etwa der häufigere Gebrauch eines bestimmten Organs, bewirken körperliche Veränderungen, die der Nachwuchs erbt, wenn sie bei beiden Eltern vorhanden waren. Solche aufgrund von Aktivität oder Gewohnheit vererbten Effekte nannte man später die «Vererbung erworbener Merkmale».

Diese Idee stammte weder von Lamarck, noch hatte er einen speziellen Verdienst daran. Man kritisierte ihn auch nicht, weil er sie vertrat, denn zu seiner Zeit wurde dies weithin akzeptiert. Neu daran war, daß er diese Vorstellung in eine Theorie fortschreitender Evolution einbaute. Nach dieser Theorie werden die Bedürfnisse, die eine sich wandelnde Umwelt schafft, durch eine Art inneres Gefühl wahrgenommen, dem «sentiment interieur». Es handelt sich um eine unbewußte Reaktion auf äußere Reize, die man bei Tieren findet, die ein zentrales Nervensystem besitzen. Die unbewußte Reaktion kann «vitale Flüssigkeiten» leiten, die in bestimmten Körperteilen Änderungen auslösen, damit dem Bedürfnis entsprochen wird. Diese Änderungen werden dann von der nächsten Generation geerbt.

Lamarck dachte, daß die Anpassung eines Organismus an seine Umwelt durch den Einfluß, den diese Umwelt auf den Organismus hat, zustande kommt. Die Umwelt beeinflußt die Gewohnheiten eines Tieres, und die neuen Gewohnheiten verursachen vererbliche Änderungen im Körper. Dieser Ansatz stellte das Argument der Schöpfung auf den Kopf, worüber sich Lamarck sehr wohl bewußt war. Nach dem Schöpfungsgedanken hat die Natur oder ihr Urheber jede Art mit einer konstanten Struktur ausgestattet, die zu bestimmten Gewohnheiten paßt. Aber nach Lamarcks Sichtweise führt ein durch die Umwelt ausgelöster Wandel der Gewohnheiten zur Entstehung einer veränderten Struktur, die zu den neuen Umständen paßt.

Anders ausgedrückt: Lamarck betrachtete Anpassung als Ergebnis einer analysierbaren Interaktion zwischen einem Organismus und seiner Umwelt. Er erkannte das Problem der Anpassung und suchte nach einer wissenschaftlichen Erklärung dafür. Die grundsätzliche Erklärung war, daß Anpassung aufgrund der Antwort eines Organismus auf eine sich ändernde Umwelt zustande kommt. Er sah das Thema als erster in diesem Licht, obwohl seine Ansichten offensichtlich einiges dem früheren Werk Buffons verdanken. Auf seine Zeitgenossen machte diese potentiell wichtige Einsicht jedoch wenig Eindruck. Dies lag einesteils daran, daß Lamarcks Ansichten oft vage und unschlüssig waren, andernteils daran, daß neue Themen auftauchten, die die Frage der Evolution komplizierten.

Lamarcks Evolutionsideen entstanden um die Jahrhundertwende, als man intensiv über das Problem des Aussterbens nachdachte. Seine eigenen Arbeiten ergaben, daß zwar einige Arten von fossilen Muscheln identisch mit lebenden sind, jedoch viele in den bislang erforschten Gebieten nicht mehr lebend angetroffen werden. Die Preisfrage war, was mit diesen Arten geschehen war. Nach Cuvier gab es dafür offensichtlich nur drei Alternativen: entweder waren sie zu den lebenden Arten evolviert oder ausgestorben, oder sie waren in bislang noch nicht ausreichend erforschte Regionen ausgewandert.

Cuvier und Lamarck stimmten darin überein, daß die Unterschiede zwischen fossilen und lebenden Formen bis zu einem gewissen Grad durch Migration erklärt werden können. Aber bezüglich der beiden anderen Alternativen konnten sie keinen Konsens finden. Die meisten Arten, die man nicht als lebende Formen identifizieren konnte, waren nach Meinung Cuviers ausgestorben, während Lamarck der Ansicht war, sie seien in lebende Formen evolviert. Die beiden Forscher suchten das Verschwinden fossiler Arten zu erklären, indem sie über den relativen Wert von Evolution beziehungsweise von Aussterben debattierten.

Lamarck konnte sich, außer im Fall der einfachsten Organismen, keinen natürlichen Mechanismus vorstellen, aufgrund dessen eine gut angepaßte Art hätte aussterben können. Er war hier beeinflußt von den Vorstellungen Linnaeus' über die Ökonomie der Natur. Linnaeus und andere Naturforscher sahen dort einen «Kampf der Lebewesen», wo die Arten sich voneinander ernährten. Man nahm jedoch an, diese ökologischen Beziehungen würden sich gegenseitig ausgleichen, so daß es ein Gesamtgleichgewicht gebe. In einer solch ausgeglichenen Naturökonomie kann zwar die Anzahl der Mitglieder einer Art zu- und abnehmen, aber keine Art würde jemals aussterben.

Cuvier dagegen dachte, daß Aussterben durch gewaltige Naturkatastrophen verursacht wird, die plötzlich über einen Teil des Globus her-

Linnaeus' Garten, der in
Uppsala, Schweden,
erhalten wird. Die
Ordnung, mit der die
Pflanzen arrangiert sind,
spiegelt wider,wie man im
18. Jahrhundert der Natur
entgegentrat. Linnaeus
war vollständig überzeugt,
daß er das Pflanzen- und
Tierreich als eine
ordentliche Reihe von
Arten und Gattungen
klassifizieren konnte.

Low hills of the coal formation of Rado
Granite range
Village of Jaujac
Volcanic cone and crater called la Coupe de Jaujac

Teil einer
auffaltbaren Tafel, die
einen schematischen
Längsschnitt durch
die Erdkruste zeigt
(aus Buckland:
Geology and
Mineralogy).
Typische
Gesteinsformationen
des Sekundärs sind
farblich dargestellt
(unten), und ihre
charakteristischen
Fossilien sind durch
die kleinen Tier- und
Pflanzenzeichnungen
illustriert. Für eine
vereinfachte Version
von Bucklands
Diagramm siehe
Seite 71.

<
Zwei vulkanische
Gegenden, die dazu
beitrugen, das
enorme Ausmaß
geologischer Zeit
begreifbar zu
machen. Oben: ein
Tal zwischen
Vulkanen in
Zentralfrankreich
(aus Scrope:
Memoir, 1827). Das
Dorf steht auf einem
alten Lavastrom, im
Hintergrund ein
Kegel und Krater.
Unten: das Bove-Tal
in der Nähe des Ätna
auf Sizilien, das
einen tiefen Eindruck
auf Lyell machte; eine
Tafel aus seinen
Principles of
Geology.

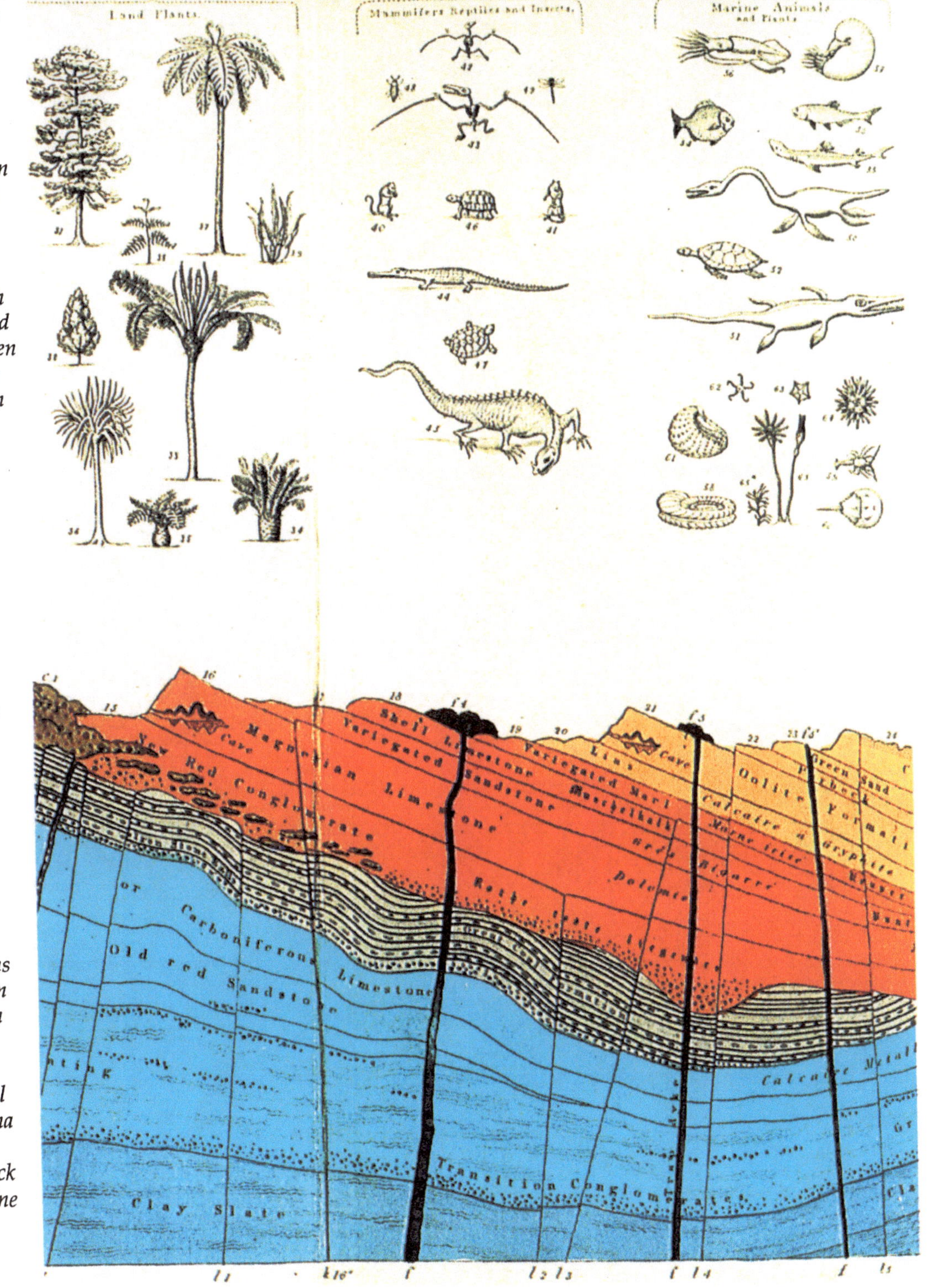

95

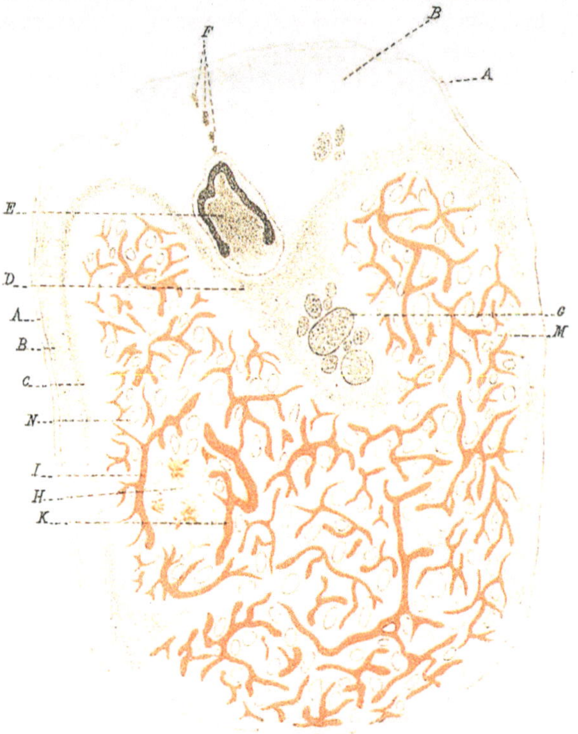

F
B
A
E
D
A 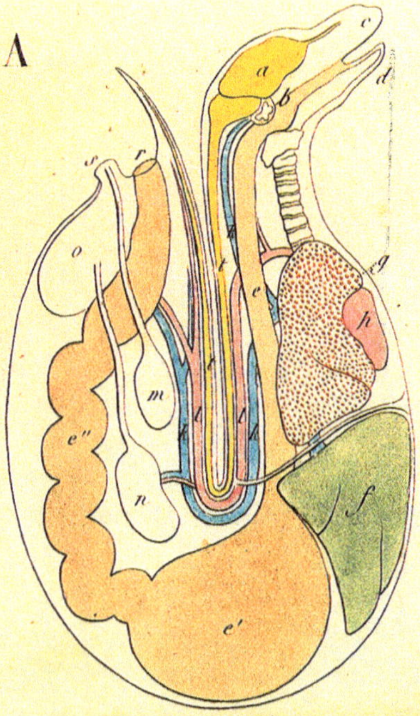
B
C
N
I
H
K
G
M
3.
A
C
B
D
D
4.

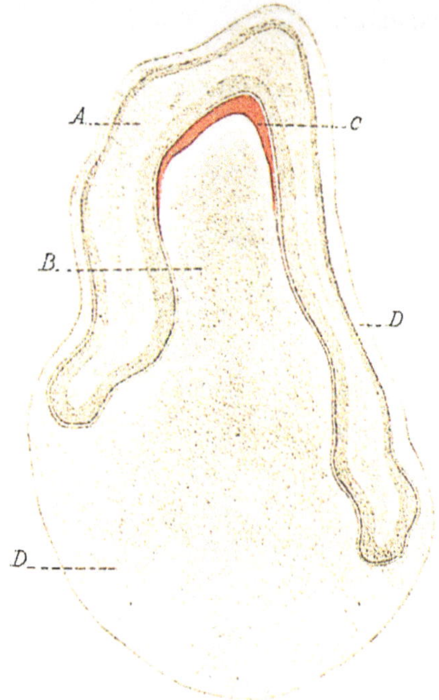

Ann. der Sc. nat. Tom 19
Pl. 12.
A
B

einbrechen und die die Ökonomie der Natur durcheinanderbringen. Lamarck jedoch konnte keine plötzlichen Unterbrechungen im normalen Gang der Ereignisse akzeptieren. Für ihn waren die Naturprozesse graduell und kontinuierlich über eine gewaltige Zeitspanne hinweg abgelaufen. Als Argument gegen irgendwelche plötzlichen Revolutionen verwies er auf die Tatsache, daß viele fossile Muscheln zu Arten gehören, die heute noch leben. Und viele ausgestorbene Muscheln gehören zu Gattungen, die noch ähnliche, lebende Formen aufweisen. Die aufgetretenen Veränderungen konnten also nicht so radikal gewesen sein.

Abgesehen von einigen größeren Säugetieren, die durch Eingriffe des Menschen verschwunden sind, waren nach Lamarcks Ansicht keine Arten ausgestorben. Für ihn waren Arten keine stabilen Einheiten, und daher hatten sich fossile Arten zu den jetzt lebenden weiterentwickelt. Viele Forscherkollegen von Lamarck konnten eher das Aussterben als die Evolution gelten lassen. Von dieser Warte aus schienen die Zeugnisse eindeutig für Cuvier und gegen Lamarck zu sprechen. Denn die immer häufiger auftauchenden Fossilienfunde wurden als Beweise dafür verwendet, daß Lamarck irrte, wenn er das Aussterben leugnete, und nicht, daß er mit seinen Evolutionsgedanken recht hatte.

Das Werk von Cuvier zeigte auch, daß es keine Seinskette gibt, in der sich Organismen im Laufe der Zeit nach oben bewegen wie es Lamarcks Theorie forderte. Durch Anwendung seiner anatomischen Regeln konnte Cuvier eine viel bessere Klassifikation des Tierreichs aufstellen. Eine bessere Klassifikation wurde dringend benötig, da Linnaeus die grundlegenden Tiergruppen ungenügend erfaßt hatte. Seine Gruppierungen waren im Vergleich zu denen von John Ray kein Fortschritt. Die nützlichsten Merkmale für eine allgemeine Klassifikation waren für Cuvier solche, die bei allen großen Tiergruppen relativ stabil sind. In der Praxis fand er das Nervensystem als das Merkmal mit geringster Variabilität, das deshalb für die Klassifikation der grundlegenden Tiergruppen am hilfreichsten war. Seine Klassifikationen erschienen 1817 in dem vierbändigen Werk *Le Regne Animal*.

In der Einleitung erklärte Cuvier, daß es «vier prinzipielle Formen oder vier allgemeine Pläne gibt, nach denen offensichtlich alle Tiere – falls man das so ausdrücken darf – modelliert worden sind»: Wirbeltiere (Vertebrata), Weichtiere (Mollusca), Gliedertiere (Articulata) und radialsymmetrisch geformte Tiere (Radiata). Bei jeder dieser vier Formen sind die verschiedenen Körperteile ganz unterschiedlich koordiniert, und jede repräsentiert eine andere Gestaltung der Natur. Cuvier nannte sie Abteilung oder Hauptgruppe des Tierreichs.

Die Anerkennung dieser vier Gruppen bedeutete, daß die Seinskette schließlich unhaltbar war. Nie wieder würde es möglich sein, Tiere in einer linearen Reihe anzuordnen. Beispielsweise sind Kopffüßer (z.B. Tintenfisch, Sepia) derart komplexe Weichtiere, daß es wohl kaum gelänge, irgendein anderes Tier auf einer linearen Komplexitätsskala zwischen sie und die Fische zu setzen. Und das obwohl Mollusken und Vertebraten in ihrer Organisation nichts gemeinsam haben. Nur innerhalb der großen Gruppen lassen sich Abstufungen erkennen wie etwa vom Tintenfisch zur Auster oder vom Karpfen zum Menschen. Doch auch dann kann man diese Formen nicht in einer geraden Linie, die sich von der einfachsten bis zur komplexesten Form erstreckt, abbilden. Nachdem Cuvier sein Schema der Hauptgruppen 1812 zum ersten Mal veröffentlicht hatte, verlor er in *Animal Kingdom* nur ein paar ironische Bemerkungen über die «angebliche Seinskette».

Dies war jedoch noch nicht das Ende der Geschichte. Einer der wenigen Beweise für die Evolution, die Lamarck anführte, war die Entdekkung rudimentärer Zähne im Fötus des Minkwals (Finnwal), der im Erwachsenstadium zahnlos ist. Diese fötalen Zähne sind klein und brechen nie durch das Zahnfleisch, sondern bilden sich zurück. Sein Kollege am Museum in Paris, Etienne Geoffroy Saint-Hilaire, sah darin jedoch die «Einheit des Plans» bestätigt, obwohl er evolutionäre Vorstellungen nicht ablehnte. Später, in den zwanziger Jahren, entwarf er eine modifizierte Version von Lamarcks Theorie.

Die Vorstellung, daß alle Tiere nach einem gemeinsamen Plan konstruiert sind, fand in der zweiten Hälfte des 18. Jahrhunderts immer mehr Anhänger. Sie war eng verknüpft mit der Idee der Seinskette und ein wichtiger Teil der romantischen Naturphilosophie jener Zeit. Unter diesem Einfluß arbeitete Geoffroy Saint-Hilaire an einer vergleichenden Anatomie, die auf dem Prinzip der Einheit des Plans aufbaute. In bewußtem Gegensatz zu Cuviers Ansatz sollte sie eine Wissenschaft der reinen Struktur sein und klammerte funktionale Betrachtungen aus. Er verglich die Struktur sich entsprechender Skeletteile bei verschiedenen Wirbeltieren. Seine Ergebnisse wurden 1807 in einer Reihe von Abhandlungen und 1818 ausführlicher in seiner *Philosophie Anatomique* veröffentlicht.

In einem Aufsatz verglich er den Schultergürtel und das Vorderglied von landbewohnenden Wirbeltieren mit dem Brustgürtel und der Brustflosse von Fischen und beobachtete, daß sich die Knochen entsprechen. In einer anderen Abhandlung verglich er die Schädel verschiedener Arten. Er zeigte, daß bei Embryonen Ähnlichkeiten vorhanden sind, die bei ausgewachsenen Tieren nicht mehr sichtbar sind. Der Schädel von erwachsenen Fischen ist aus einer größeren Anzahl von Teilen aufgebaut als der von Krokodilen oder Säugern, aber der Unterschied verschwindet, wenn man die Schädel der Embryonen analysiert. Vergleicht man die Anzahl embryonaler Verknöcherungsstellen, zeigt sich eine enge Korre-

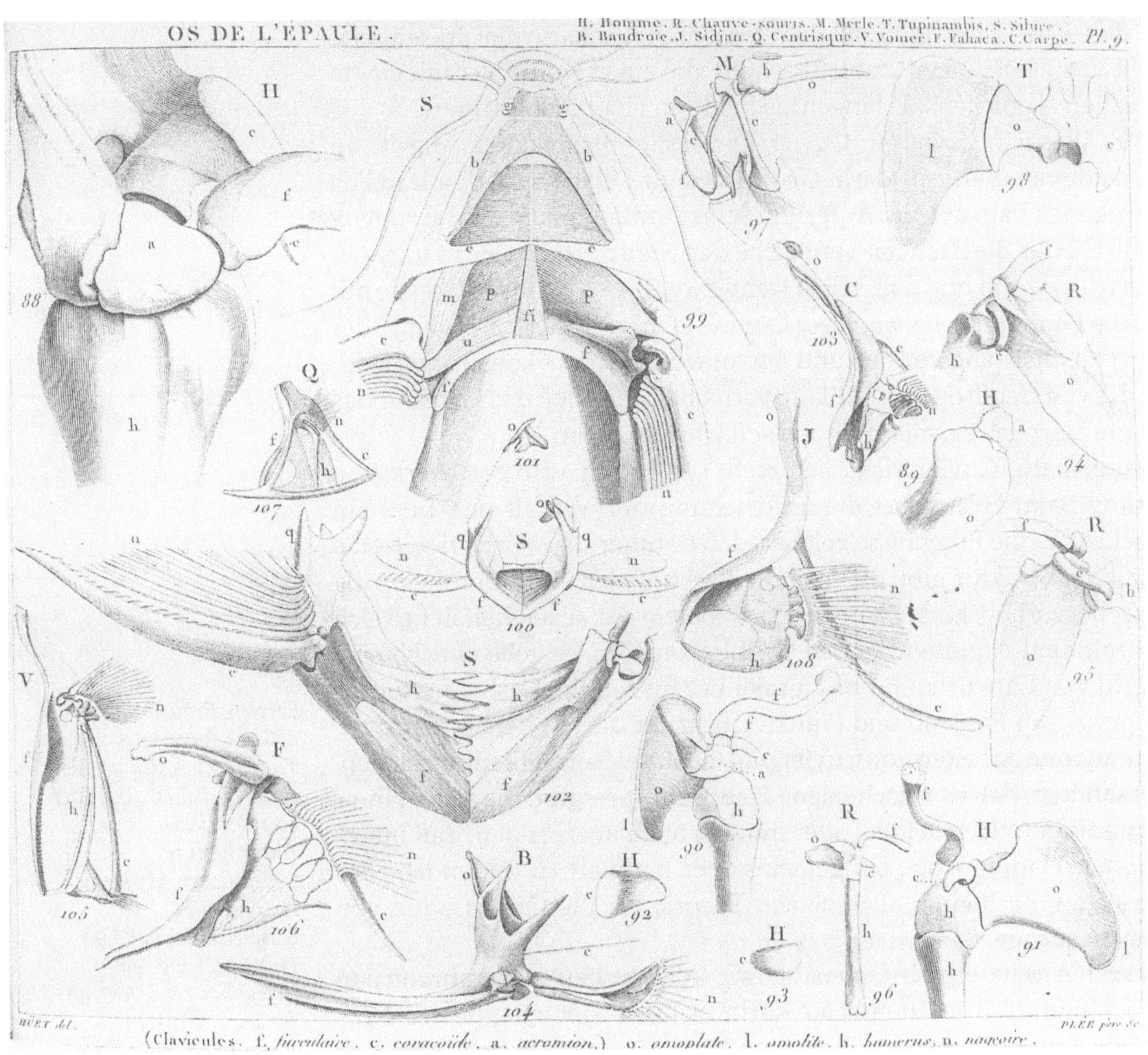

Ein Vergleich von Schulterknochen verschiedener Wirbeltiere (aus Geoffrey Saint-Hilaire: Anatomical Philosophy). *Die Art ist durch einen Großbuchstaben (z.B. C = Karpfen, H = Mensch) gekennzeichnet, die Knochen werden durch Kleinbuchstaben identifiziert (z.B. c = Coracoid, h = Humerus).*

spondenz zwischen den verschiedenen Schädeln. Es wird deutlich, daß «der Schädel aller Wirbeltiere in etwa aus der gleichen Anzahl von Teilen besteht und daß diese Teile immer die gleiche Anordnung und Beziehung haben».

Diese eleganten Ergebnisse unterstützten die Vorstellung eines klaren, einheitlichen Bauplans von Wirbeltieren. Doch Geoffroy Saint-Hilaire vertrat darüber hinaus die Ansicht, es gebe einen allen Tieren gemeinsamen Plan. Mit Hilfe einiger geschickter Argumente behauptete er, daß jeder Teil eines Insektenskeletts dem Teil eines Wirbeltierskeletts entspricht. Auch versuchte er zu zeigen, daß ähnliche Korrespondenzen in der Organisation von Wirbeltieren und Weichtieren bestehen. Er bezog sich dabei auf eine 1830 an der Wissenschaftsakademie präsentierte Arbeit von zwei jungen Naturforschern, die einen Kopffüßer mit einem Wirbeltier verglichen, als hingen sie beide an einer Nabelschnur.

Dies alles war zuviel für Cuvier. Er veröffentlichte einen Aufsatz an der Akademie und griff darin Geoffroy Saint-Hilaire und den kürzlich verstorbenen Lamarck an. Aufgrund seiner umfangreichen Erfahrungen konnte Cuvier die hastigen Vergleiche der Naturforscher leicht umstoßen. Er wies darauf hin, daß, selbst wenn zwei Typen ähnliche Organe mit ähnliche Funktionen haben, diese Organe in ihrer Beziehung zueinander unterschiedlich angeordnet und oft unterschiedlich konstruiert sind. Und die von Geoffroy Saint-Hilaire verfochtene Einheit des Plans für das gesamte Tierreich existierte für ihn schlichtweg nicht.

Damit hatte Cuvier sicherlich recht. Trotzdem war das Werk von Geoffroy Saint-Hilaire bei der Erforschung der Vielfalt der Tiere ein Fortschritt. Seine Ergebnisse zeigten, daß es unter den Wirbeltieren eine Einheit der Struktur gibt, die über die funktionalen Anforderungen, die Cuvier hervorhob, hinausgingen. Das Problem der Artenvielfalt ließ sich nicht mit dem Argument in den Griff bekommen, es gebe einfach eine Vielzahl von Entwürfen für bestimmte Lebensweisen. Deshalb versuchten Forscher in England und Frankreich später die jeweils besten Argumente aus den Arbeiten von Cuvier und Geoffrey Saint-Hilaire zu ziehen. Sie erkannten, daß es verschiedene Hauptgruppen gibt, die sich in ihrer Organisation unterscheiden, aber mußten auch anerkennen, daß innerhalb einer Hauptgruppe ein gemeinsamer Bauplan zu finden ist. Dies regte sie an, nach einer allgemeinen Theorie für die Organisation von Tieren zu suchen.

Dieser Ansatz erhielt Unterstützung aus Studien zur embryonalen Entwicklung. 1828 veröffentlichte Karl Ernst von Baer ein größeres Werk über die Entwicklung von Tieren und faßte seine Ergebnisse in vier «Gesetzen» zusammen. Er hatte mit mikroskopischen Methoden die Entwicklung vieler Arten analysiert und beobachtet, daß es nach der Befruchtung des Eies zu einer Reihe von komplexen Ereignissen kommt, wobei allmählich die zukünftigen Formen und Strukturen entstehen. Das Ei teilt sich, es bildet sich eine Zellmasse, in der sich Falten entwickeln, die sich übereinanderschieben, aufrollen und krümmen, um die grundsätzlichen Organe des Körpers zu formen. Ausgehend von dieser grundsätzlichen Skizze des Körpers verfeinern sich die Einzelheiten fortlaufend und nehmen die Strukturen an, die den Erwachsenen charakterisieren.

Die vier Gesetze Baers beschreiben die Entwicklung als einen Prozeß fortlaufender Spezialisierung, der von einem allgemeinen Grundplan ausgeht, der im frühen Embryo angelegt ist. Deshalb kann man einen

Cuviers Präparation zeigt, daß das Auge eines Tintenfisches sich von dem eines Wirbeltiers trotz der oberflächlichen Ähnlichkeit in wesentlichen Merkmalen unterscheidet. Beispielsweise hat das Tintenfischauge eine zweiteilige Linse (m), an der keine Muskeln ansetzen, um ihre Form zu ändern, und ein optisches Ganglion (f), das in den äußeren Schichten des Auges eingebettet ist.

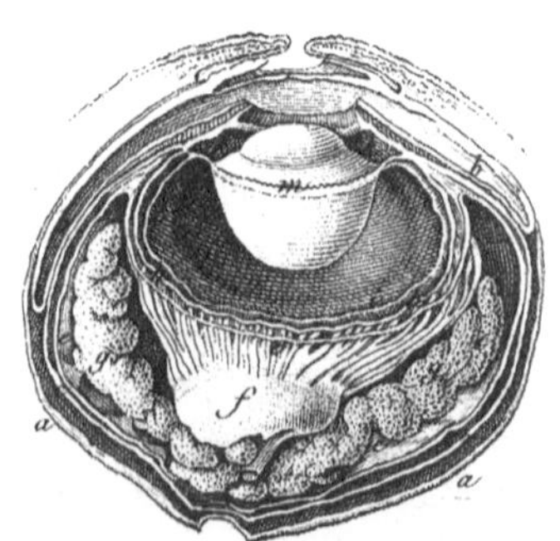

Embryo zunächst nur als Embryo eines Wirbeltiers und erst später als Vogelembryo erkennen. Das Muster der frühen Entwicklung ist nicht für alle Tiergruppen gleich. Zum Beispiel ist das frühe Entwicklungsmuster bei allen Weichtieren ähnlich, aber dieses Muster unterscheidet sich sehr von dem der Wirbeltiere, die untereinander wiederum ein ähnliches Muster haben. Die äußerst sorgfältigen Arbeiten Baers ergaben also, daß die vier von Cuvier definierten Hauptgruppen sowohl im frühen Embryonalstadium als auch im Erwachsenenstadium unterscheidbar sind. Aber seine Ergebnisse zeigten auch, daß es im frühen Entwicklungsstadium innerhalb jeder Gruppe einen allgemeinen Grundplan gibt.

Zwischenzeitlich wurden diese Fragen der Anpassung und Vielfalt des Lebens von Fragen über die Geschichte des Lebens in den Hintergrund gedrängt. Grund dafür waren drei entscheidende Entwicklungen in der Geologie, die zeitlich parallel abliefen und sich im ersten Viertel des 19. Jahrhunderts gegenseitig verstärkten. Die Geologie expandierte rasant in dieser Periode und wurde ein spannendes und professionelles Untersuchungsfeld.

Zum einen wurde zunehmend akzeptiert, daß die auf die Erdkruste wirkenden Kräfte dynamisch so zusammenwirken wie es Hutton behauptet hatte. Selbst Forscher, die die ganze Debatte zwischen Werner und Hutton spöttisch belächelten, fanden Beweise für die weitgehende Richtigkeit der Ansichten Huttons, was geologische Prozesse anbelangt. Zum anderen ergab die Erforschung von Fossilien (Paläontologie) seit Cuviers Zeiten zunehmend, daß die Erde in vergangenen Zeitaltern von Arten bevölkert gewesen war, die sich von den heute lebenden sehr unterscheiden.

Schließlich benutzte man Fossilien zur genauen Bestimmung der Gesteinschichtung und konnte ihre Wechselbeziehungen über weite Distanzen hin aufzeigen. Diese Technik, die auf den Methoden Werners aufbaute, erhielt ihre endgültige Form durch William Smith in England und durch Cuviers Kollegen Alexandré Brongniart in Frankreich. Bei der Analyse der Abfolge von Gesteinsformationen in ihrer Heimat entdeckten diese Forscher, daß jede Formation ganz charakteristische Typen von Fossilien enthielt. Durch genaue Betrachtung der Fossilien konnten Formationen unterschieden werden, die sich sehr ähnlich waren.

Smith erkannte bald, daß man mit Hilfe der Fossilien bestimmte Formationen verfolgen kann. Seine durchdachte Arbeit zeigte, daß jede Sedimentformation eine bestimmte Ansammlung von Fossilientypen enthält, wo immer man sie innerhalb einer bestimmten Region findet. Die Entwicklung dieser Technik, «Stratigraphie» genannt, ermöglichte es, Abfolgen von Gesteinen und ihre Korrelate in Europa und letztlich weltweit bestimmen zu können. Ihr Aufkommen hat mehr als alles

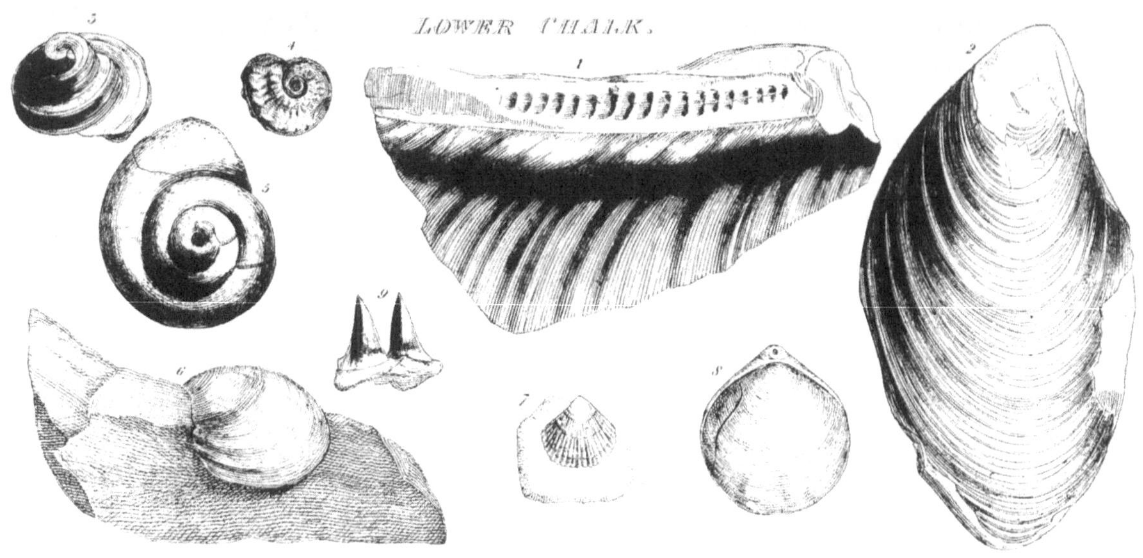

andere dazu beigetragen, die gewaltigen Zeitdimensionen der Erdgeschichte aufzuzeigen, und machte die Geologie zu einer historischen Wissenschaft.

Aufgrund dieser raschen Entwicklungen in der Geologie konnte man mit einer genauen Geschichte des Lebens beginnen, die an die gesamte Erdgeschichte gekoppelt war. Cuvier hatte in seiner Arbeit mit Brongniart eine solche Geschichte skizziert, und er erläuterte seine Vorstellungen in einer einleitenden Diskussion in *Researches on the Fossil Bones of Quadrupeds*. Diese bedeutsame Einleitung erschien als eigenes Buch in mehreren Auflagen und wurde in verschiedene Sprachen übersetzt. Die englische Ausgabe erhielt den altmodischen Titel *Essay on the Theory of the Earth*, eine Ausdrucksweise, die Cuvier immer vermeiden wollte.

Um die Gründe für das Aussterben aufeinanderfolgender Arten von Wirbeltieren herauszufinden, wandte sich Cuvier den Gesteinsformationen des Pariser Beckens zu. Einige dieser Formationen enthielten sowohl fossile Knochen von Wirbeltieren als auch fossile Weichtiergehäuse, die Gattungen von typischen Süßwasserbewohnern zuzuordnen waren. Zwischen diesen Formationen gab es andere, die fossile Gehäuse von Meeresorganismen aufwiesen. Es schien, daß die Formationen des Pariser Beckens abwechselnd Süßwasser- bzw. Meeresablagerungen enthielten. Es mußte also irgendeine Art von Änderung der relativen Meeres- und Landhöhen gegeben haben. Cuvier schloß, daß wiederholtes Überfluten durch das Meer das Aussterben der Landwirbeltiere verursacht hatte.

Der Übergang von einem Zustand in den anderen schien jeweils ganz

Fossile Schalen und Gehäuse aus der Kreidezeit (aus Smith: Strata Identified by Organised Fossils, *1816). Bei den Fossilien handelt es sich um verschiedene Weichtiere, mit Ausnahme der Haifischzähne (9).*

plötzlich abgelaufen zu sein. Cuvier vermutete, daß es lange Perioden der Ruhe gegeben hatte, die durch Intervalle schneller Änderungen unterbrochen wurden. Diese katastrophalen Änderungen, er nannte sie «Revolutionen», mußten bestimmte natürliche Ursachen gehabt haben. Was auch immer die Ursache gewesen sein mag, im Gegensatz zu Hutton konnte er sich nicht vorstellen, daß dies geologische Prozesse waren, die man heute noch beobachten kann. Cuvier wußte, daß es in den Ausläufern der Alpen stark deformierte Schichten gibt, und für ihn war dies ein Beweis für gewaltige Verschiebungen der Erdkruste. Er nahm an, daß diese Ereignisse zu den Fluktuationen des Meeresspiegels und in der Folge zum Aussterben vieler Arten geführt hatten.

Cuvier hielt es für möglich, daß die letzte dieser gewaltigen Revolutionen die gleiche war, die als Sintflut in der Bibel beschrieben wird. In England griff William Buckland (1784–1856) dieses Argument auf, um damit die Geologie vor den Anschuldigungen, sie untergrabe die Glaubwürdigkeit der Bibel, zu verteidigen. Buckland war der erste Dozent für Geologie an der Universität von Oxford. Er war ein begabter Lehrer, und viele seiner Studenten entwickelten ein dauerhaftes Interesse an Geologie. Als Beweis für die Sintflut verwies er auf das Vorkommen von oberflächlichen Schichten aus Schotter und Schlamm an Stellen, wo sie unmöglich durch Flüsse hätten abgelagert werden können. Er nannte diese Ablagerungen «Diluvium», um sie von dem gewöhnlichen Alluvium zu unterscheiden, das man in Verbindung mit Flüssen fand.

Die auffälligsten Beispiele von Diluvium fand man in Höhlen. Angefangen von der Kirkdale Tavern im nördlichen Yorkshire besuchte Buckland viele Höhlen und fand Ablagerungen, die reich an zerbrochenen, zu ausgestorbenen Tieren gehörenden Knochen waren. Er schrieb die Beschädigung der Knochen einer ausgestorbenen Hyänenart zu, die daran genagt hatte, und deren Knochen ebenfalls in den Höhlen zu finden waren. Er überprüfte diesen Punkt, indem er das Verhalten einer lebenden Hyäne im Zoo beobachtete, und hielt sich sogar eine eigene zu Hause. An die Möglichkeit, daß frühe Menschen in den Höhlen gelebt und an den Knochen genagt haben könnten, dachte Buckland nicht. Die Schlammschicht, die über den Knochen lag, identifizierte er als Sediment, das die Sintflut zurückgelassen hatte.

Buckland stellte sich die Flut nicht als allgemeines Versinken von Land unter den Meeresspiegel vor, sondern als eine Art riesige Flutwelle. So wurden schon die Schotterablagerungen und Furchen im tieferliegenden Gestein in der Nähe von Edinburgh erklärt. Auch andere Hinweise unterstützten diese Ansicht, wie etwa große Felsblöcke, die weit von ihrem Ursprungsort entfernt lagen oder U-förmige Täler, deren Form keine Ähnlichkeit mit der Form ihrer Flüsse hat. Später konnte man

Eine Vorlesung über Geologie in Oxford 1823. Der Raum ist mit typischen Objekten geschmückt, die der neuen Wissenschaft ihre Berechtigung gaben: geologische Landkarten und Schnitte hängen hinter dem Sprecher (William Buckland) und eine Reihe von Wirbeltier- und Wirbellosenfossilien liegen vor ihm.

zeigen, daß diese Phänomene auf die Wirkung von Gletschern zurückzuführen sind. In den Jahren um 1820 schien jedoch die Flutwellentheorie in Bezug auf die jüngste geologische Revolution auch jenen plausibel, die Buckland in seinen Versuchen, sie mit der Bibel in Einklang zu bringen, nicht folgten.

Cuvier achtete besonders auf die Lage der fossilen Wirbeltiere in den Schotter- und Gesteinsschichten. In seiner *Abhandlung über die Theorie der Erde* bemerkte er, daß die Verbindung fossiler Arten mit bestimmten Schichten «sehr ausgeprägt und befriedigend» ist. Seiner Meinung nach findet man Fossilien von Reptilien «viel früher, d. h. in älteren Schichten» als Säugetierfossilien. Große fossile Reptilien kamen an der Spitze der sekundären Formationen (in und unterhalb des Kalksteins) ans Tageslicht, aber es gab dort keine Säuger. Zu diesen aufregenden Entdeckungen gehörte auch der erste Fund eines Dinosauriers, von Buckland *Megalosaurus* genannt, im Jahre 1824. Im gleichen Jahr wurde das Meeres-

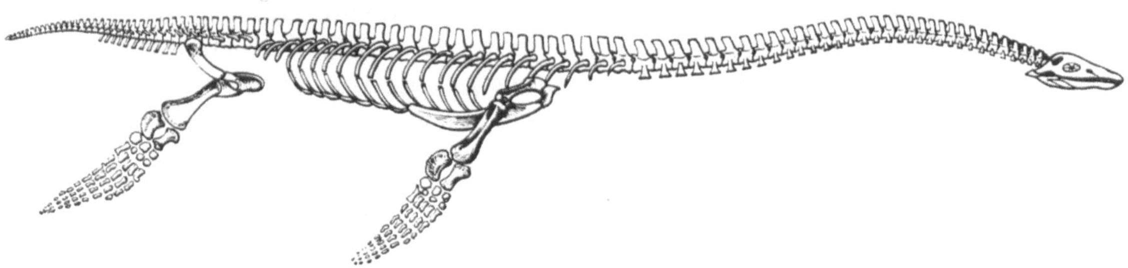

reptil *Plesiosaurus* in einem Aufsatz von Bucklands Freund William Conybeare (1787–1856) eingehend beschrieben.

Fossile Knochen von Säugern wurden nur weit über dem Kalk in Tertiärgesteinen und dem Alluvium gefunden. Cuvier verwies darauf, daß es bei diesen Fossilien «eine höchst bemerkenswerte Abfolge in der Erscheinung verschiedener Arten» gibt. Arten, die sich von lebenden Formen gewaltig unterscheiden, wie etwa die aus der Gattung *Palaeotherium*, findet man in den älteren Tertiärgesteinen, während ausgestorbene Arten, die lebenden Formen ähneln, zum Beispiel die aus der Gattung *Mastodon* oder *Megatherium*, auf das Alluvium beschränkt sind. Dieser Trend in den fossilen Überlieferungen wurde durch die Tatsache abgerundet, daß man «bislang keine menschlichen Überreste unter den fremden Fossilien entdeckt hat».

In diesem Punkt ging Cuvier etwas zu weit. Seine Versicherung, «es gibt keine menschlichen Knochen in einem fossilen Stadium», war selbst damals nicht ganz korrekt. In den zwanziger Jahren des 19. Jahrhunderts

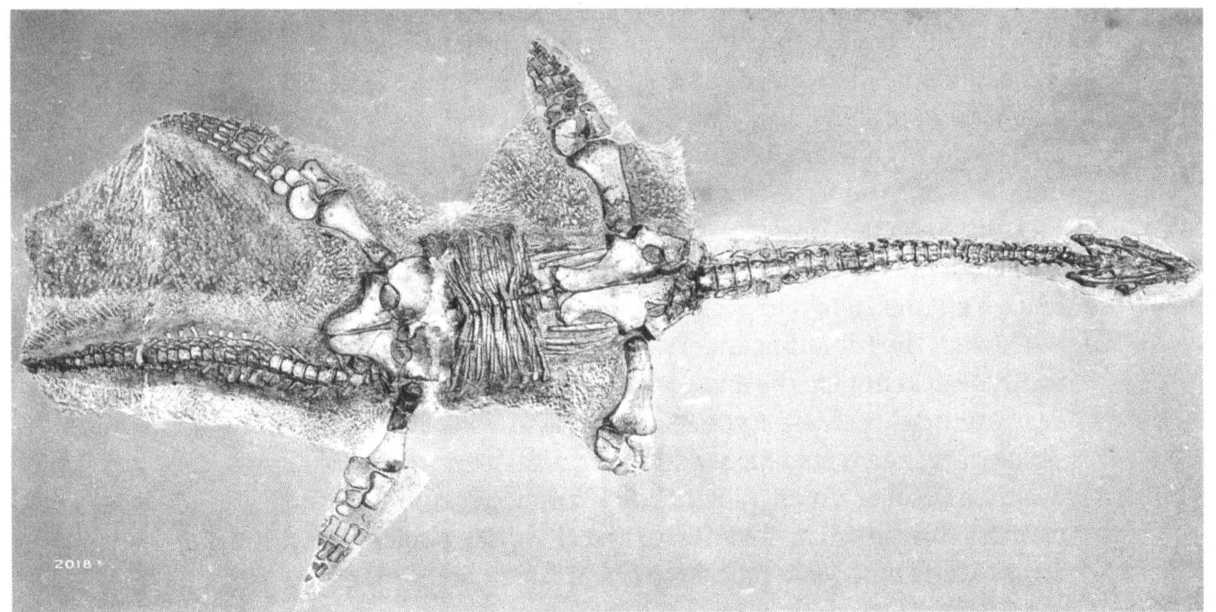

hatte man, besonders in Höhlen, Steinwerkzeuge und menschliche Knochen zusammen mit Knochen ausgestorbener Tiere gefunden. Aber sowohl Cuvier als auch Buckland taten diese Berichte beiseite und schrieben sie ungenauer Arbeit oder irgendeiner zufälligen Erhaltung zu. Sie wollten nicht anerkennen, daß die menschliche Rasse möglicherweise bis in die Ära ausgestorbener Tierarten zurückreicht. Doch hatte dies keinen Einfluß auf die gültige Feststellung, daß die fossilen Überlieferungen von Wirbeltieren einen klaren fortschreitenden Trend zeigten: Je jünger die Gesteinsformationen waren, desto größer wurde die Ähnlichkeit zwischen fossilen und lebenden Arten.

Diese Ansicht wurde auch durch Studien an fossilen Pflanzen erhärtet, die Adolphe Brongniart (Sohn des Mitstreiters von Cuvier) unternahm. In seiner 1828 veröffentlichten Arbeit *Vorläufer einer Geschichte fossiler Pflanzen* zeigte er, daß die frühen Sekundärformationen in Europa von großen Farnen und anderen einfachen Pflanzen (Kryptogamen = Sporenpflanzen) dominiert sind. Da ähnliche Formen heutzutage typisch für die Tropen sind, schloß er, daß das Klima jener Perioden heißer war als in der Gegenwart. In den späteren Sekundärformationen gewannen Pflanzen wie Pinien und Föhren (Gymnospermen = nacktsamige Pflanzen) Oberhand über die Kryptogamen. In den tertiären Gesteinen erschienen dann die komplexeren Blütenpflanzen (Angiospermen = bedecktsamige Blütenpflanzen) und dominierten die Szene. Jede dieser floralen Hauptperioden schien von der nächsten scharf abgetrennt zu sein. Der junge Brongniart zeichnete das Bild eines fortschreitenden Zuwachses an Komplexität und Vielfalt der Pflanzen.

Dieser Ansatz gipfelte im Werk von Elie de Beaumont, der die neuen stratigraphischen Methoden anwandte, um die Gebirgsbildung in Europa zu datieren. Er zeigte, daß sie zu unterschiedlichen Zeiten stattgefunden hat und oft mit abrupten Änderungen in den fossilen Arten einherging. Seine Vermutung war, daß sich plötzlich lösende Spannungen der Erdkruste für die Gebirgsbildung verantwortlich sein könnten. Solche Ereignisse könnten durchaus die Flutwellen hervorgerufen haben, an die Buckland dachte, und diese hätten mit Sicherheit einen katastrophalen Einfluß auf die Tiere und Pflanzen der entsprechenden Perioden gehabt.

Cuviers Theorie aufeinanderfolgender Revolutionen war also zu einer Synthese gekommen, die angesichts der vorhandenen Zeugnisse durchaus Sinn machte. Diese Synthese enthielt sowohl die Vorstellung einer streng gerichteten Geschichte des Lebens als auch die Vorstellung, daß diese Geschichte durch plötzliche Revolutionen unterbrochen wurde. Die Fossilbelege schienen dafür zu sprechen, daß es eine fortschreitende Entwicklung von den einfacheren Organismen in den älteren Formationen bis zu den hochkomplexen Organismen der Gegenwart gegeben hatte. Diese Entwicklung hatte anscheinend in ausgeprägten Episoden stattgefunden. Die älteren Formationen enthielten Fossilien, die an bestimmte Bedingungen angepaßt waren, und die späteren Formationen enthüllten andere Fossilien, die offensichtlich an neue Bedingungen angepaßt waren. Der Übergang von einem Stadium zum nächsten war plötzlich, und dafür waren geologische Revolutionen verantwortlich, die sich natürlicherweise aus dem physikalischen Zustand des Globus ergeben hatten.

Im Jahre 1830 jedoch veröffentlichte ein junger Mann namens Charles Lyell (1797–1875) den ersten Band seiner *Principles of Geology.* Es ist das einflußreichste Buch über Geologie, das in der ersten Hälfte des 19. Jahrhunderts erschien. Lyell faßte darin nicht nur das geologische Wissen seiner Zeit zusammen, sondern er attackierte auch die herrschende Synthese der Geologie. Als ungeheuer erfolgreiches Buch wurde *Principles of Geology* zum Dreh- und Angelpunkt einer langen Debatte über geologische Prozesse und die Geschichte des Lebens.

Lyells Interesse an Geologie wurde durch seine Teilnahme an Bucklands lebendigen Vorlesungen und durch die Lektüre von Bakewells Buch *An Introduction to Geology* angeregt, das er im Bücherregal seines Vaters gefunden hatte. Es war einer der ersten in England erschienen populären Texte, der die Ansichten Huttons vorstellte. Die biblische Schöpfungsgeschichte wurde nicht einmal erwähnt. Schon am Anfang seiner Karriere in der Geologie, wandte sich Lyell zunehmend gegen die Ansichten seines alten Lehrers, stark beeinflußt durch die Lektüre eines 1825 erschienenen Buches über Vulkane von George Scrope.

Scrope war fasziniert von Vulkanen und brach im Alter von zwanzig Jahren auf, um sie in und um Italien zu studieren. 1822 hatte er das Glück, den Ausbruch des Vesuvs beobachten zu können. Er reiste auch nach Frankreich, um die erloschenen Vulkane zu erforschen, die von Guettard

Schematischer Querschnitt durch ein Tal in der Auvergne im Zentralmassiv Frankreichs. Gezeigt werden alte Lavaströme (Basalt) auf verschiedenen Höhen über dem gegenwärtigen Talboden. Bei jeder Eruption ist die Lava in Richtung des Talbodens geflossen. Dies wird durch das Vorhandensein von Flußschotter bestätigt, der sich unter jeder Basaltschicht findet (siehe auch die Farbtafel auf Seite 94).

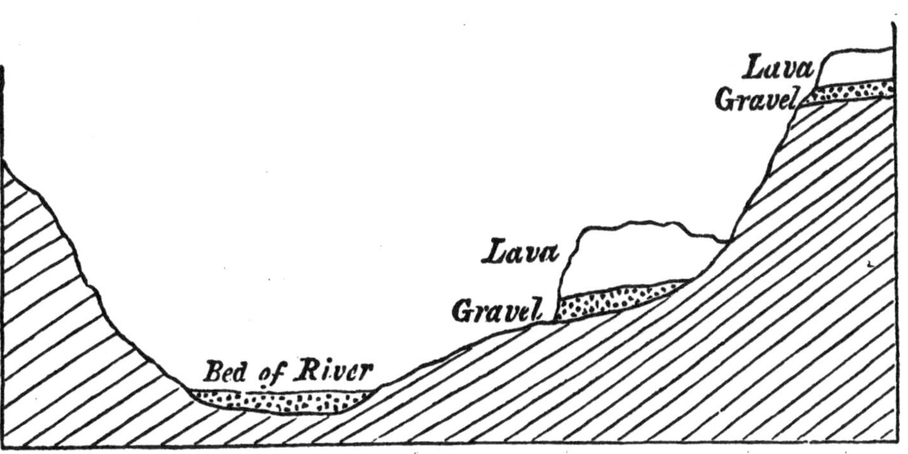

und Desmarest beschrieben worden waren. Seine eigenen Arbeiten bestätigten die Untersuchungen der beiden Franzosen. Auch Scrope war überzeugt, daß die Täler dort nicht durch eine riesige Flutwelle entstanden sein konnten, sondern, da es in dieser Region keine Gletscher gegeben hatte, durch allmähliche Erosion.

In durch Erosion zerschnittenen Regionen findet man Basaltschichten alter Lavaströme auf den verschiedensten Höhen, angefangen von den Talböden bis zu den Kuppen kleinerer Berge. Scrope erkannte, daß die Höhe des Basalts die Höhe des Talbodens zum Zeitpunkt der Eruption anzeigen mußte. Wo der Basalt hoch am Hang eines gegenwärtigen Tales vorkam, hatte der Fluß offenkundig längsseits des ausgehärteten Lavastroms ein neues Tal geschnitten. Deshalb floß er nun in einem Bett, das sich manchmal Hunderte von Metern unter dem früheren befand, das unter dem Basalt erhalten war. Selbst wenn man das erste Tal der Wirkung einer Flut zuschreiben mochte, konnte das zweite seiner Meinung nach unmöglich so entstanden sein. Das Vorhandensein von losen vulkanischen Schlacken und Tuffsteinen zeigte, daß die Landschaft seit der letzten Eruption nicht durch eine weitere Naturkatastrophe zerstört worden war.

Die von Scrope beschriebene Landschaft ließ nur die Interpretation zu, daß es während Jahrtausenden eine Interaktion von vulkanischer Aktivität und allmählicher Erosion gegeben hat. Lyell wollte der Frage nachgehen, ob das Aussterben der Fauna ebenso graduell vor sich ging wie die Aushöhlung der Täler. Zusammen mit einem Freund reiste er zum Zentralmassiv in Frankreich. Er ging davon aus, daß seine eigene Forschung die Ansichten Scropes bestätigen würden, und er wurde nicht enttäuscht.

Sie entdeckten eine reiche fossile Fauna im Flußschotter, der unter den Basaltschichten erhalten geblieben war. Diese Fossilien waren gerade von jungen Naturforschern beschrieben worden. Bei den fossilen Säugern handelte es sich ausnahmslos um ausgestorbene Arten von Gattungen, die heute noch existieren. Darunter waren Elefanten, Nashörner, Flußpferde und andere Arten, die zu Cuviers Fauna des Alluviums gehören. Doch wurden diese in Flußschotterschichten gefunden, die weit über dem gegenwärtigen Flußbett lagen, und sie waren sehr alt, wenn man die Erosion berücksichtigte, die seit ihrer Ablagerung stattgefunden hatte. Dies überzeugte Lyell, daß diese Fauna ebenso langsam und allmählich ausgestorben, wie die Täler entstanden waren.

Lyell reiste weiter nach Sizilien, wo er die Auswirkungen vulkanischer Aktivität rund um den Ätna untersuchte. Im bemerkenswerten Bove-Tal, das er auf Anraten Bucklands besuchte, konnte man einen vertikalen Schnitt durch den Berg besichtigen. Hier zeigte sich, daß der Kern des

Ätna aus vielen schräg abfallenden Lava- und Tuffschichten besteht, was dafür sprach, daß er durch aufeinanderfolgende Eruptionen entstanden war. Es gab keinen Hinweis darauf, daß die älteren Lavaströme größer waren als die jüngsten. Daher mußte der Berg über eine lange Zeit hinweg langsam gewachsen sein.

Bei der Untersuchung des Fossilinhalts der Schichten, auf denen der Ätna steht, fand Lyell, daß die überwiegende Anzahl der fossilen Weichtierschalen zu Arten gehören, die noch im Mittelmeer leben. In geologischen Zeitbegriffen mußte der Ätna jung sein, im Alter mit den oberflächlichsten Ablagerungen vergleichbar. Betrachtet man Ereignisse, die auf einer geologischen Zeitskala als plötzlich erscheinen, vor dem Hintergrund einer menschlichen Zeitskala, dann lösen sie sich in eine lange Abfolge ganz gewöhnlicher Ereignisse auf.

Lyell kehrte nach England zurück. Er wollte ein Buch schreiben, das zeigen sollte, wie alle geologischen Revolutionen auf dieselbe Weise erklärt werden können. Die biologischen und geologischen Veränderungen in der Vergangenheit könnten vermutlich aufgrund von Prozessen entstanden sein, die ebenso allmählich abgelaufen waren wie die gegenwärtigen. Zusätzlich wollte Lyell mit seinem Buch das richtige «Prinzip der Beweisführung» in der Geologie aufzeigen. Für ihn verlief der richtige Weg, Geologie zu betreiben, in den Fußstapfen von Hutton und Playfair. Dies zeigte sich bereits an dem langen Untertitel des Buches: «Ein Versuch, die früheren Änderungen in der Erdoberfläche unter Berücksichtigung heute wirkender Ursachen zu erklären».

Charles Lyells Vater hatte auf einer juristischen Ausbildung seines Sohnes bestanden, damit dieser seinen Lebensunterhalt auch mit anderen Mitteln als nur mit ererbtem Reichtum bestreiten könne. Deshalb ist nicht verwunderlich, daß die *Principles* eher im Stil eines Anwalts geschrieben wurden, der seine Sache geschickt vertritt, und weniger das gerechte Urteil eines Richters darstellen. Im ersten Band konstatierte Lyell, die Geologie sei an einem «heftigen Kampf» gegen «uralte Doktri-

Die Kraft bekannter geologischer Prozesse wird anhand Lyells eigenen Erfahrungen illustriert. Etwa zwei Jahrhunderte bevor Lyell die Gegend besuchte, wurde der Fluß Simeto durch Lavaströme des Ätna unterbrochen. In dieser Zeit hatte der Fluß ein neues Bett durch die sich erhärtende Lava geschnitten, das über 15 Meter breit und teilweise bis zu 17 Metern tief war.

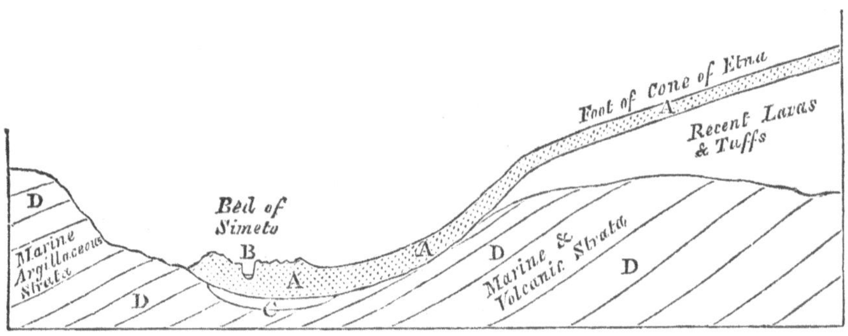

nen» beteiligt gewesen. Die Entwicklung des Gegenstandbereichs sei durch «viele Vorurteile, mit denen frühere Geologen zu kämpfen hatten» gehemmt gewesen. Diese Bemerkungen zielten darauf ab, die Geologie endgültig von biblischen Vorstellungen zu befreien. Es war auch ein Kniff, so zu tun, als ob die Ansichten seiner Kontrahenten den Fortschritt der Wissenschaft «gehemmt» hatten, sein eigener Ansatz hingegen «der Weg ist, der zur Wahrheit führt».

In diesem Zusammenhang machte Lyell einige stichhaltige, kritische Bemerkungen zu den Vorstellungen über geologische Revolutionen. Die Hauptquelle des Irrtums, so argumentierte er, ist unser mangelndes Vorstellungsvermögen dafür, wie unermeßlich lang die vergangene Zeit ist. Er verwies darauf, daß selbst ganz gewöhnliche geologische Ereignisse plötzlich und katastrophal erscheinen, wenn man sie auf einer zu kurzen Zeitskala betrachtet. Auf ganz ähnliche Weise würden die Angelegenheiten einer Nation romantisch und übermenschlich erscheinen, wenn man annehmen würde, sie seien in hundert anstatt in zweitausend Jahren geschehen.

Der erste Band sollte überwiegend mit positiven Belegen beweisen, daß gegenwärtige geologische Prozesse auch für die beobachteten Auswirkungen in der Vergangenheit verantwortlich waren. Die bekannten Wirkungen einer ganzen Reihe von geologischen Kräften wurden klug und umfassend erörtert. Dazu gehören Erosion und Verschlammung, vulkanische Eruption, Erhebungen und Absenkungen aufgrund von Erdbeben und so weiter. Hier konnte Lyell auf seine eigenen Erfahrungen zurückgreifen, die er auf seinen Reisen durch Frankreich und Italien gesammelt hatte, und konnte ebenfalls seine breite Kenntnis der geologischen Literatur unter Beweis stellen. Er stellte diese Beispiele so zusammen, daß ihre langfristige Tendenz zum Gleichgewicht betont wurde.

Im Zusammenhang mit seiner Ablehnung der plötzlichen Revolutionen in der Geologie stellte Lyell auch die Ansicht einer ausgerichteten Geschichte des Lebens in Frage. Die fossilen Überlieferungen schienen einen gerichteten Trend zu zeigen, aber für Lyell war das nur eine Illusion: Der scheinbare Fortschritt von Reptilien zu Säugern sei nur auf mangelhafte Konservierungen zurückzuführen. In einer Sekundärformation in der Nähe von Oxford wurden außerdem einige Säuger gefunden, argumentierte er, und «das ist für die Theorie der sukzessiven Entwicklung ebenso tödlich, als ob man mehrere Hundert entdeckt hätte».

Ebenso wie Hutton kam auch Lyell zu der Auffassung, die Erdgeschichte sei in einem dauerhaften Gleichgewichtszustand. Er behauptete, es gebe keine Gesamtrichtung, nicht einmal in der Geschichte des Lebens. Aber mit seinem Interesse an Prozessen achtete er insbesondere darauf,

Einige fossile Weichtiere, die charakteristisch sind für Lyells «Miozän», das auf den Arbeiten des französischen Geologen Deshayes basiert. Aus dem dritten Band der Principles of Geology.

auf welche Weise aufeinanderfolgende Arten im Lauf der Zeit ausgestorben sind. Bei der Behandlung dieser Frage stürzte er sich in eine Diskussion über Arten und ihre ökologische Verbindung zur Umwelt. Diese wichtige und schöpferische Diskussion füllte den zweiten Band der *Principles of Geology.*

Hier trug Lyell viele Zeugnisse zusammen, um zu belegen, daß Arten reale Einheiten in der Natur sind, wie es Linnaeus behauptet hatte. Der englischen Öffentlichkeit vermittelte er Lamarcks Ideen, aber nur, um sie zu kritisieren. Denn er war der Meinung, daß Arten stabile Einheiten mit einer streng begrenzten Variabilität sind. Lyell betrachtete Arten als Einheiten, die an einen gegebenen Platz in der Natur wohl angepaßt sind. Diese Anpassungen geraten aus dem Gleichgewicht, wenn geologische Prozesse allmählich die Umwelt verändern, und daher sterben Arten von Zeit zu Zeit aus. Folglich ist das allmähliche Aussterben von Arten «Teil eines konstanten und regulären Gangs der Natur».

Die ausgestorbenen Formen müssen dann durch neue Arten ersetzt werden, die an die veränderte Umwelt angepaßt sind. Diese Einführung neuer Arten behandelte Lyell ausweichend. Für ihn mußte dies ebenso schrittweise wie das Aussterben abgelaufen sein, aber wie konnte er überhaupt nicht erklären. Offenbar genügte es Lyell, diesem Thema auszuweichen, denn sein Hauptinteresse galt ja dem Nachweis, daß fossile Arten verläßliche geologische Markierungen abgeben. Aber es war eine offensichtliche Schwäche seiner Theorie, und ein paar Jahre später wurde ein junger Mann namens Charles Darwin genau darauf aufmerksam.

Im dritten Band seiner *Principles* verwandte Lyell seine Ideen zur Rekonstruktion der Tertiärformationen. Er brachte gute Belege dafür, daß das Tertiärgestein eine ungeheuere Zeitspanne repräsentieren mußte, in der fossile Arten allmählich eine Ähnlichkeit zu heute lebenden Arten entwickelten. Bei der Erforschung weiterer Formationen zeigte sich, daß viele ein anderes Alter aufwiesen als die bereits bekannten, den fossilen Inhalten und anderen Identifikationsmerkmalen nach zu urteilen. Demgemäß zeigte sich der Übergang von einer Formation zur nächsten immer weniger abrupt, je mehr Formationen man entdeckte. Cuviers plötzliche Übergänge waren also eine Illusion, weil die Sammlungen unvollständig gewesen waren. Dieser Punkt wurde durch Studien an fossilen Mollusken bekräftigt.

Innerhalb des Tertiärs unterschied Lyell vier große Formationen, die er Eozän, Miozän, älteres und neueres Pliozän nannte. In jeder fand man Arten von fossilen Weichtieren, die es nur in dieser Formation gab, aber jede enthielt auch einige Arten, die noch lebten. Der Anteil an noch lebenden Arten nimmt vom neueren Pliozän bis zum Eozän ab. Daraus wurde deutlich, daß es einen stetigen Wechsel von Arten gegeben hat. Arten, die für eine Formation typisch waren, verschwanden allmählich in späteren Formationen, genau wie eine bestimmte Generation in immer geringerem Maße in wiederkehrenden Volkszählungen vertreten ist.

Am Ende des dritten Bandes war sich Lyell sicher, daß seine geologischen Theorien zumindest für das gesamte Tertiär Gültigkeit haben, und er erläuterte kurz, wie diese Theorien auf frühere und weniger gut untersuchte Epochen ausgedehnt werden könnten. Die drei Bände der *Principles of Geology*, die erstmals zwischen 1830 und 1833 publiziert wurden, sind eine eindrucksvolle Leistung. Lyell hatte im Alleingang nicht nur den gegenwärtigen Zustand der Geologie zusammengefaßt, sondern auch eine neue theoretische Synthese vorgelegt, die vergleichbar mit der etablierten Synthese war, gegen die er ins Felde zog.

Im Nachhinein läßt sich feststellen, daß Lyells Synthese in den *Principles* aus drei verschiedenen Elementen besteht, obwohl er selbst keine solche Unterscheidung getroffen hatte. Das erste Element ist die Methode, von der Gegenwart auf die Vergangenheit zu schließen, wobei eine

Konstanz der Naturgesetze angenommen wird. Das zweite Element ist die Behauptung, daß geologische Prozesse immer graduell abgelaufen sind und nie mit größerer Intensität als in der Gegenwart. Das dritte Element ist Lyells Modell der Erdgeschichte als ausgeglichener Dauerzustand, dem irgendwelche gerichteten Trends fehlen. Logischerweise sind das drei getrennte Vorstellungen, aber Lyell warf sie unter dem Prinzip der «Uniformität» alle in einen Topf.

Nicht allen dieser drei Elemente ging es in den Debatten, die nach Erscheinen der *Principles* anhoben, gleich gut. Das erste Element, die Vergangenheit mit Hilfe geologischer Prozesse der Gegenwart zu interpretieren, wurde bereits von allen Kollegen Lyells akzeptiert. Seine Gegner leugneten weder die Korrektheit dieser Methode noch stellten sie die Kontinuität der Naturgesetze in der Geologie in Frage. Conybeare bemerkte in einer Kritik, kein wirklicher Wissenschaftler könne daran zweifeln, daß die vergangenen geologischen Ursachen nicht zumindest Ähnlichkeit mit denen haben, die heute wirksam sind. Trotz des polemischen Traras von Lyell, gab es über diese Methode, die unentbehrlich für die Forschung der Geologie und jeder anderen historischen Wissenschaft ist, keinen Streit.

Die Vorstellung jedoch, daß vergangene Änderungen in ihrer Intensität immer denen ähneln, die in der Gegenwart ablaufen, ist nicht Teil einer wesentlichen Methode. Es handelte sich um eine spezielle Theorie, die man anhand von im Feld zu sammelnden Beweisen überprüfen mußte, wie Lyells Kritiker bemerkten. Sie waren der Meinung, daß einige

Ein Gletscher und seine Gesteinsablagerungen (Moränen). Dieses Bild stammt aus einer späteren Ausgabe von Lyells Principles, *in der er die großen Wirkungen vergangener Vergletscherung anerkannte.*

geologische Phänomene nur durch Prozesse erklärt werden können, die von einer anderen Größenordnung waren als die gegenwärtig wirkenden. Aber in diesem Punkt überzeugte Lyell seine Geologenkollegen, daß zu ihrer Erklärung keine plötzlichen Revolutionen herangezogen werden müssen.

Zum Teil resultierte das Problem aus der Schwierigkeit, die gesamte Bedeutung zu erfassen, die mit dem gewaltigen geologischen Zeitmaßstab zusammenhing. Um 1830 waren sich die Teilnehmer der Debatte einig, daß es sich um lange Zeitperioden handeln muß. In seiner Abhandlung *Geology und Mineralogy* sprach Buckland von «Millionen von Millionen Jahren». Und Conybeare nannte das Alter von «einigen Billiarden von Jahren», was für Fossilien enthaltende Gesteinsformationen selbst nach heutigen Maßstäben viel zu viel ist. Aber er behauptet trotzdem noch immer, daß große geologische Ereignisse plötzlicher und heftiger gewesen sein mußten als in jüngeren Zeiten. Er erkannte nicht den glättenden Effekt, den die von ihm akzeptierte Zeitskala auf scheinbar plötzliche Ereignisse, die in den Gesteinen belegt sind, haben mußte. Lyell verstand diesen Punkt und erläuterte ihn in den nächsten Ausgaben der *Principles*. Entsprechend konnte er mit seinem Argument und seinen Beispielen überzeugen.

Ein weiteres Problem war, daß einige Befunde nicht zu Lyells Theorie zu passen schienen, wie etwa jene Phänomene, die bald im Zusammenhang mit Gletschern erklärt werden sollten. Zuerst wies Lyell die Gletschertheorie des Schweizer Naturforschers Louis Agassiz zurück. Der Hauptgrund könnte gewesen sein, daß Agassiz (1807–73) seine Theorie an Elie de Beaumonts Theorie der plötzlichen Erhebung der Alpen knüpfte. Buckland hatte jedoch keine Einwände und war bald davon überzeugt, daß Gletscher jene Auswirkungen erklärten, die er früher einer großen Flutwelle zugeschrieben hatte.

Als Agassiz 1840 nach England reiste, gingen er und Buckland zusammen auf «Gletscherjagd», und sie fanden viele typische Spuren früherer Vergletscherung im schottischen Hochland. Buckland konnte Lyell wenig später davon überzeugen, daß es in England Gletscher gegeben hatte. «Als ich ihm eine schöne Gruppe von Moränen zwei Meilen vom Haus seines Vaters entfernt zeigte,» erinnerte sich Buckland, «hat er es sofort akzeptiert und sah darin die Lösung für eine Reihe von Schwierigkeiten, die ihn sein ganzes Leben in Verlegenheit gebracht hatten.»

Die Entdeckung der ausgedehnteren Vergletscherung in der Vergangenheit zeigt, wie sich widersprechende Ansichten über das Tempo geologischer Veränderungen mit der Zeit immer weniger voneinander abwichen. Die Gletschertheorie basierte darauf, daß man von gegen-

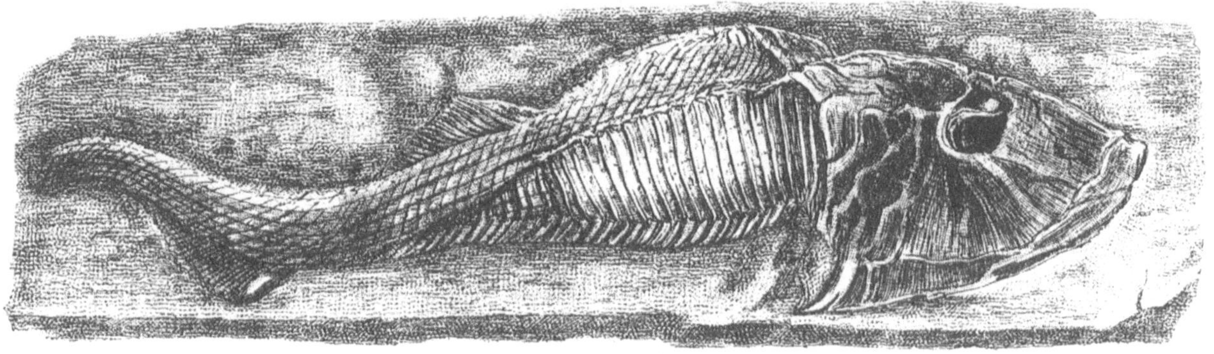

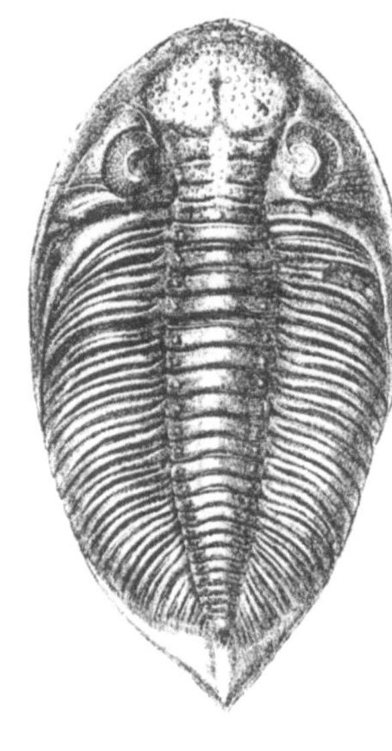

Der seltsam gepanzerte Fisch Cephalaspis, *typisch für das Devon, tauchte aber im späten Silur zum ersten Mal als Fossil auf.*

Ein Trilobit, eines der ausgestorbenen fossilen Gliedertiere, die typisch für Murchinsons Silur sind.

wärtigen Prozessen auf vergangene Wirkungen schließen kann. Der Vorstoß und Rückzug des Eises war graduell, genauso wie es Lyell behauptet hatte. Aber die Vorstellung eines Eismantels, der ganz Europa überzog, Täler erzeugte und eine ganze Fauna auslöschte, war eine weit größere Katastrophe als alles, was in der ersten Auflage der *Principles* stand. Insgesamt war Lyell also mit dem zweiten Element seiner Synthese erfolgreich, aber es handelte sich um ein abgemildertes und beweglicheres Konzept des graduellen Wandels, das allgemein akzeptiert wurde.

Das dritte Element in Lyells Synthese, sein Modell des dauerhaften Zustands der Erde und des Lebens, wurde entschieden zurückgewiesen. Hier verlor er die Unterstützung von Freunden wie Scrope, der dachte, Lyell sei damit zu weit gegangen. Scrope erkannte, daß die Kontinuität der Naturgesetze überhaupt nicht durch die Annahme in Frage gestellt wird, die Erde sei «durch mehrere fortschreitende Stadien der Existenz hindurchgegangen». Lyell konnte dies nicht einsehen und leugnete deshalb, daß es irgendeine historische Richtung gab, nicht einmal in den fossilen Überlieferungen. Diese Behauptung verwunderte andere Geologen sehr, denn das Gewicht der Belege sprach eindeutig dagegen. Conybeare fühlte sich in einem Brief an Lyell, zu der Bemerkung veranlaßt, daß «einer von uns eine getönte Brille tragen muß».

Als Conybeare 1841 diesen Brief schrieb, wurde Lyells Position tatsächlich unhaltbar. Der Beweis kam aus den Bemühungen, eine allgemein gültige Abfolge von Gesteinsformationen zu definieren. Zu diesem Zweck wurde es üblich, Gruppen von Formationen zu definieren, die in verschiedenen Regionen erkannt werden konnten. Man nannte diese Gruppen Systeme, und sie waren eine nützliche Einheit, um Gesteine auf einer Ebene zu klassifizieren, die zwischen den lokalen Formationen und den breiten Kategorien des Primärs, Sekundärs und Tertiärs stand. An der Spitze der Sekundär-Reihe definierte man eine «Kreide»-Gruppe, die anhand der charakteristischen Kalkablagerungen einfach unterschieden

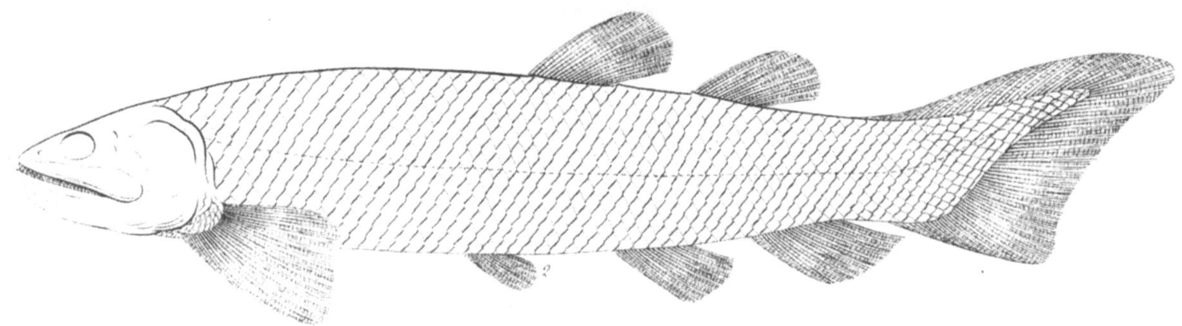

werden konnte. Die Basis der Sekundär-Reihe bildete die «Karbon»-Gruppe, die ihren Namen 1822 von Conybeare und Phillips erhielt. Zu dieser Gruppe gehörten die charakteristischen und ökonomisch bedeutsamen Kohleflöze.

Unterhalb der Karbonformationen kamen die Übergangsgesteine, die die Sekundär-Reihe mit den Primärgesteinen verknüpften. Die Übergangsgesteine waren eine vielversprechende Herausforderung für die neuen stratigraphischen Methoden. Eine Aussicht war die Möglichkeit, daß sie die frühesten Fossilien enthielten, und daß damit die Geschichte des Lebens bis zu den Anfängen zurückverfolgt werden konnte. Unter anderen befaßten sich auch die beiden britischen Geologen Roderick Murchison und Adam Sedgwick mit den Übergangsgesteinen. Bei ihren sommerlichen Erkundungsreisen in den 1830er Jahren arbeiteten sie in einer Gegend mit geeigneten Gesteinen an der Grenze zwischen England und Wales.

Murchison fand eine Region, wo die bekannte Abfolge von Formationen des Karbons bis hinunter zu den Übergangsreihen verfolgt werden konnte. Diese Schichten enthielten eine reichhaltige und charakteristi-

Rekonstruktion des Knochenfisches Osteolepis *durch Agassiz. Er fand diese Gattung in Schichten des Devons in Großbritannien und anderswo.*

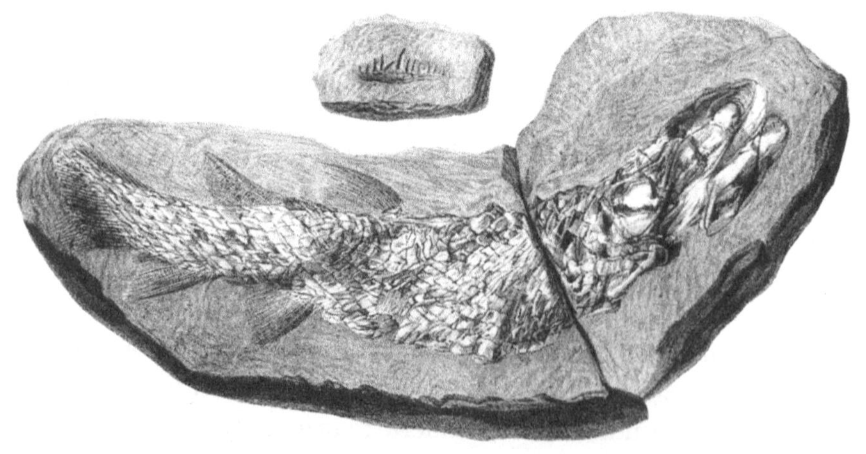

Ein Exemplar von Osteolepis *aus dem alten roten Sandstein zeigt die Art der Funde, auf denen die Rekonstruktion basierte.*

sche fossile Fauna, die aus wirbellosen Tieren, wie zum Beispiel Trilobiten, bestand. Nur in den jüngsten Schichten gab es Wirbeltiere. Murchison nannte diese Gruppe 1835 formal «Silur», nach einem Stamm aus dem walisischen Grenzland. Zwischenzeitlich hatte Sedgwick in Nordwales eine Gesteinsabfolge entdeckt, die offensichtlich unter dem Silur stand. In einem 1836 gemeinsam mit Murchison veröffentlichten Aufsatz nannte er diese in Anlehnung an das lateinische Wort für Wales (Cambria) «Kambrium».

1839 nannten Sedgwick und Murchison zusätzliche Formationen zwischen dem Karbon und Silur nach den Kalksteinvorkommen in der gleichnamigen Grafschaft «Devon». Diese Schichten, die Fossilien von seltsam gepanzerten Fischen und wirbellosen Tieren enthielten, waren Gegenstand großer Kontroversen, ehe man ihren Platz anerkannte. Doch die Gültigkeit des Devons wurde bestätigt, als Murchison nach Kontinentaleuropa und Rußland fuhr. Er fand dort unzerstörte Schichten, welche dieselben Abfolgen von Fossilien enthielten wie die im Silur, Devon und Karbon in England. Über der Schicht mit typischen Fossilien des Karbons fand er dicke Gesteinsakkumulationen mit charakteristi-

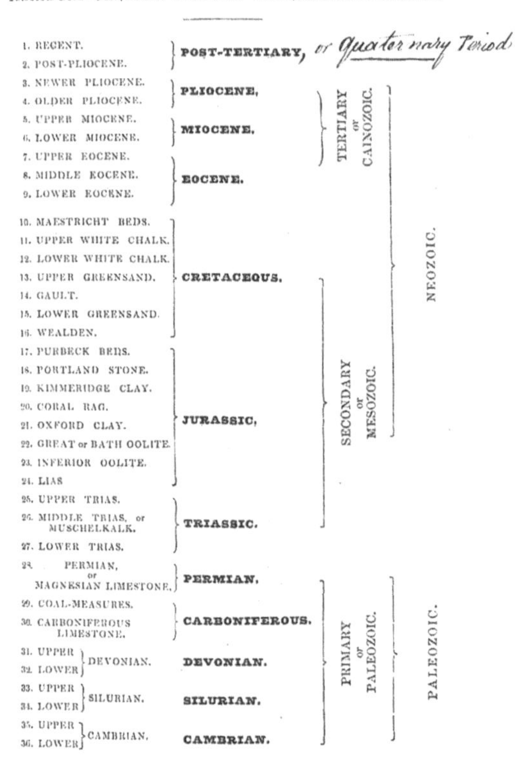

Tabelle der wichtigsten britischen Gesteinsformationen (links) und ihre Klassifikation in geologische Perioden und Erdzeitalter (rechts). Obwohl die Abbildung aus Lyells Antiquity of Man von 1863 stammt, waren die Fakten für eine solche Tabelle schon vor 1850 bekannt.

schen Fossilien, darunter einige große Reptilien. Murchison gab diesen Formationen 1841 nach der russischen Stadt am westlichen Rand des Ural den Namen «Perm».

Diese Arbeit bestätigte, daß es in der Geschichte des tierischen Lebens zu einer Reihe von fortschreitenden Änderungen gekommen ist. Die Fossilien des Perms bewiesen erneut, daß dem «Zeitalter der Säuger» im Tertiär ein «Zeitalter der Reptilien» im Sekundär vorausgegangen war. Dem wiederum vorausgegangen war ein «Zeitalter der Fische» im Devon, was Louis Agassiz durch seine Studien an fossilen Fischen eindeutig belegt hatte. Murchinsons Arbeit zeigte zweifelsfrei, daß es sogar noch eine früheres Zeitalter der Wirbellosen gegeben hatte, lange bevor die ersten Wirbeltiere erschienen waren. Wenn man diese wirbellosen Fossilien in tiefere Schichten weiterverfolgte, so verloren sie sich irgendwann, und man fand kristallines Gestein ohne irgendwelche Fossilien. Es schien also alles darauf hinzudeuten, daß man die fossilen Überlieferungen bis zu ihrem definitiven Anfang zurückverfolgen konnte.

Zu Beginn der 1840er Jahre hatte man einen breiten Überblick über die fossilen Überlieferungen gewonnen. Die Hauptabteilungen dieser fortschreitenden Reihe benannte John Phillips, ein Neffe von William Smith. 1841 schlug er vor, die großen Zeitabschnitte in der Erdgeschichte als «Paläozoikum» (= Erdaltertum), «Mesozoikum» (= Erdmittelalter) und «Känozoikum» (= Erdneuzeit) zu bezeichnen. Diese Klassifikation ersetzte bald die früheren Kategorien Übergang, Sekundär und Tertiär. Der Begriff Tertiär blieb als Name für das Hauptsystem im Känozoikum erhalten.

Nachdem diese Skizze der Geschichte des Lebens vorlag, war die nächste Frage, was dies alles zu bedeuten habe. Die übliche Ansicht war, daß Veränderungen bei Arten durch Veränderungen in der Umwelt bestimmt werden. Die aufeinanderfolgenden Faunen und Floren waren an die gerichteten Änderungen angepaßt, die auf der physikalischen Erde stattgefunden haben. In dieser Theorie war die menschliche Art so etwas wie ein Spezialfall, der vom Rest der Schöpfung getrennt ist. Louis Agassiz hatte eine etwas andere Meinung dazu. Er sah in der Aufeinanderfolge der fossilen Wirbeltiere die Entfaltung eines göttlichen Planes, der direkt und in gewissem Ausmaß unabhängig von den Änderungen der Umwelt zur Erscheinung des Menschen führte.

1844 veröffentlichte schließlich Robert Chambers (1802–71) anonym die *Vestiges of the Natural History of Creation*. Er behauptete, daß der göttliche Plan auf eine elegante Weise realisiert werden könne, wenn die Arten einer geologischen Periode zur Entstehung der Arten der nächsten Periode beitragen, und zwar durch einen Prozeß der modifizierten Fortpflanzung oder in einem Wort: durch Evolution. Für ihn waren Theorien wie die von Lamarck und Geoffroy Saint-Hilaire geeignet, die neuen Daten der Naturgeschichte zu interpretieren. Das Buch von Chambers war Populärwissenschaft des 19. Jahrhunderts: attraktiv, erfolgreich, mit einer großen Leserschaft und ziemlich ungenau. Obwohl von allen Seiten getadelt, half das Buch doch, die «Artenfrage» ins Zentrum des Geschehens zu rücken.

ON

THE ORIGIN OF SPECIES

BY MEANS OF NATURAL SELECTION,

OR THE

PRESERVATION OF FAVOURED RACES IN THE STRUGGLE
FOR LIFE

By CHARLES DARWIN, M.A.,

FELLOW OF THE ROYAL, GEOLOGICAL, LINNÆAN, ETC., SOCIETIES;
AUTHOR OF 'JOURNAL OF RESEARCHES DURING H. M. S. BEAGLE'S VOYAGE
ROUND THE WORLD.

LONDON:
JOHN MURRAY, ALBEMARLE STREET.
1859.

5
Die Artenfrage

«Ich glaube nicht, daß ich jemals ein Fisch war», sagte Tancred als
Antwort auf eine entstellte Darstellung der Evolution der jungen Lady
Constance. Aber sie antwortete: «Alles ist bewiesen: durch die Geologie,
weißt Du.» Es gibt nur ein Buch, das Benjamin Disraeli in seinem 1847
veröffentlichten Roman *Tancred* zu diesem Dialog animiert haben kann:
Robert Chambers' *Vestiges of the Natural History of Creation*. Die Szene
macht deutlich, welche Aufregung Chambers populäre Darstellung der
Evolution in den *Vestiges* hervorrief, um so mehr, als das Buch anonym
erschienen war. Chambers hatte Schaden für sein blühendes Verlagsge-
schäft befürchtet, wenn er als Autor bekannt geworden wäre.

Die wissenschaftliche Gemeinschaft dankte ihm seine Leistungen
überhaupt nicht, sondern deckte ihn mit einem Schwall von Beschimp-
fungen ein. Vor allen Dingen störten sich Wissenschaftler an den Unge-
nauigkeiten des Buches, das jegliche Sorgfalt vermissen ließ. Sie wurden
nicht dazu verleitet, seine Ideen ernst zu nehmen, wenn sie beispielsweise lasen, daß die Säuger aus den Vögeln über das Schnabeltier evolviert
sind. Obwohl die «Artenfrage» durch die *Vestiges* in jedermanns Bewußt-
sein kam, hat das Buch doch kaum zur Lösung dieses Problems beigetragen.

In Wirklichkeit wurde die Artenfrage durch Lyells Diskussion in Band
2 der *Principles of Geology* ausgelöst. Er skizzierte dort zunächst die
Lamarckschen Ansichten, daß sich Organismen in einem konstanten Fluß
befinden, wobei sich eine Art fortwährend in eine andere wandelt. Im
Gegensatz dazu vertrat Lyell die Ansicht, daß Arten reale Einheiten und
ausreichend stabil sind, um geologische Markierungspunkte darzustellen. Er behandelte die innerhalb einer Art an verschiedenen Orten auftretende geographische Variation, und diejenige Variation, die auftritt,
wenn Arten an neuen Standorten eingeführt werden. Diese Belege sprachen für Variation, wiesen aber darauf hin, daß sie quantitativ eng
begrenzt ist und «unbegrenzte Abweichungen, seien es Verbesserungen
oder Verschlechterungen, verhindert werden».

Lyell schenkte auch den Kreuzungsexperimenten von Koelreuter und
anderen Aufmerksamkeit. Deren Ergebnisse zeigten, daß es natürliche

Mechanismen gibt, die normalerweise die Kreuzung zwischen Arten verhindern, und daß experimentell erzeugte Hybriden sich nicht selbst vermehren können. «Aus den obigen Betrachtungen ergibt sich», folgerte er, «daß Arten eine reale Existenz in der Natur haben, und daß jede Art zum Zeitpunkt ihrer Schöpfung mit Eigenschaften und einer Organisation ausgestattet wurde, durch die sie jetzt unterscheidbar ist.» Dieser Schluß deckte sich weitgehend mit dem von Linnaeus ein Jahrhundert zuvor gezogenen.

Wie Linnaeus betrachtete auch Lyell die Beziehung zwischen einer Art und ihrer Umwelt, an die sie angepaßt ist. Das Vorhandensein von «charakteristischen botanischen und zoologischen Provinzen» war für ihn ein wesentlicher Faktor. Dies ergab, daß eine bestimmte Zusammensetzung von Arten auf eine bestimmte Region auf der Erdoberfläche beschränkt ist. Es schien tatsächlich so zu sein, daß jede Art abhängig ist von örtlichen Umweltbedingungen und von anderen Arten, mit denen sie im Naturhaushalt interagiert.

Gleichzeitig hatten viele Arten, besonders Pflanzen, die Fähigkeit, sich

Titelseite des Buches von Robert Chambers, das das öffentliche Interesse an der Artenfrage anheizte. Es gab viele Spekulationen darüber, wer der Autor sein könnte, aber seine Identität wurde erst in der zwölften Auflage (1884) nach dem Tode Chambers preisgegeben.

sehr weit auszubreiten. Ihr Verbreitungsgebiet mußte also entweder durch ihre ökologischen Bedürfnisse oder durch irgendeine physikalische Barriere begrenzt sein. Anhand der Arbeiten von Botanikern konnte man sogar voraussagen, wo man auf zukünftigen Forschungsreisen Grenzen für die Pflanzenausbreitung finden würde. In Australien hatten Naturforscher «zwei wesentliche Zentren australischer Vegetation» ausgemacht, die an den entgegengesetzten Enden des Kontinents, an der Ost- und Westküste, lagen. Lyell sagte ziemlich korrekt voraus, daß die beiden Extreme durch eine Art physikalischer Barriere, «wie etwa einen großen Sumpf, eine Wüste oder eine hohe Bergkette» getrennt sein müßten.

Die Belege der geographischen Verbreitung ergaben also, daß eine bestimmte Art ihr Verbreitungsgebiet nur soweit ausdehnen kann, wie es physikalische Barrieren, günstige Umweltbedingungen und die Interaktionen mit anderen Arten zulassen. Die gleichen Faktoren, dachte Lyell, können auch die Ursache sein, wenn die Verbreitung einer Art zurückgeht oder sich gar in nichts auflöst. Lebende Organismen standen augenscheinlich in einem fortwährenden «Kampf ums Dasein», wobei Erfolg zur Ausweitung des Verbreitungsgebietes und Mißerfolg zu dessen Verkleinerung führt. Lamarck konnte keine natürlichen Mechanismen des Aussterbens erkennen. Aber Lyell sah klar, daß gerade die Tatsache der Anpassung an bestimmte biologische und physikalische Bedingungen bedeutet, daß eine Art vom Aussterben bedroht ist, wenn sich diese Bedingungen ändern.

Lyell betrachtete es als erwiesen, daß sich Bedingungen laufend ändern, weil die von ihm angeführten geologischen Kräfte die Erdoberfläche fortwährend neu gestalten. Die sich daraus ergebenden Änderungen, beispielsweise des lokalen Klimas oder der Ausbreitungsbarrieren, bewirken, daß eine Art nach der anderen ausstirbt. Wenn man kontinuierlichen Wandel im Verlauf der geologischen Zeitalter für gegeben nimmt, dann kann man aus ökologischen Gründen erwarten, daß Arten kontinuierlich aussterben. In Lyells Worten: «Das aufeinanderfolgende Aussterben von Tieren und Pflanzen könnte Teil des konstanten und regulären Gangs der Natur sein.» Wenn dem so ist, müßte man «natürlich untersuchen, ob es irgendwelche Mittel gibt, mit denen diese Verluste wettgemacht werden können».

Auf diese Frage hatte Lyell keine befriedigende Antwort. Er deutete nur an, daß «neue Tiere und Pflanzen von Zeit zu Zeit erschaffen werden», um diejenigen zu ersetzen, die ausgestorben sind. Und er beließ es bei der Bemerkung, es handle sich dabei ebenso um einen Teil des regulären Naturablaufs wie beim Aussterben. Im Gegensatz zum Aussterben konnte Lyell nämlich keinerlei bekannte Ursachen anführen, die zur Entstehung einer neuen Art führen konnten. Er nahm nur an, daß die Entstehung einer neuen Art so selten vorkommt, daß man sie wahrscheinlich niemals beobachten kann. Dieses Argument hat eine verblüffende Ähnlichkeit mit denen, die seine Gegner zur Verteidigung der plötzlichen Revolutionen anführten.

Trotzdem war die Theorie Lyells bedeutsam, denn sie veränderte die Standpunkte in der Artendebatte. Sie überwand die falsche Alternative von Aussterben versus Evolution, welche die Auseinandersetzung zwischen Cuvier und Lamarck gekennzeichnet hatte. Statt dessen sah man im Aussterben ein Routineereignis, das durch die anhaltenden geologischen und ökologischen Prozesse erklärt werden konnte. Daraus ergab sich zumindest die Möglichkeit, den Ursprung der Arten auf ähnliche Weise herleiten zu können. Darüber hinaus führte Lyell viele richtige Bestandteile in die Diskussion ein, wie etwa Variabilität, geographische Verbreitung und der Kampf ums Dasein. Aus all dem folgte, daß enge Verknüpfungen zwischen den Problemen, die sich aus der Geschichte des Lebens und denen, die sich durch Anpassung und Vielfalt ergeben, vorhanden sein müssen.

Den modernen Leser wird vielleicht verwirren, daß Lyell davon spricht, Arten seien durch Schöpfung entstanden, und zugleich meint, Arten könnten im regulären Gang der Natur ihren Ursprung haben. Heutzutage wird das Wort «Schöpfung» oft als Synonym für «spezielle Schöpfung» verwendet, womit die getrennte Schöpfung jeder einzelnen Art durch die göttliche Macht gemeint ist. Selbstverständlich beinhaltete der Schöpfungsgedanke, als man zwischen 1830 und 1860 die Artenfrage diskutierte, daß die natürliche Welt einen göttlichen Ursprung hat. Aber innerhalb dieser allgemeinen Sichtweise konnte man durchaus die Frage stellen, inwieweit der Ursprung der Arten auf natürliche Ursachen zurückzuführen sei. Man konnte fragen, ob Gott durch natürliche Ursachen wirkte, was man oft intermediäre oder sekundäre Ursachen nannte, oder ob ein direkterer Ausdruck göttlicher Macht notwendig war, den Ursprung der Arten zu erklären.

Einen bemerkenswerten Beitrag in dieser Argumentation lieferte der Astronom Sir John Herschel. Seine wissenschaftlichen Interessen waren breitgefächert, was in jenen Tagen nicht ungewöhnlich war. Er schrieb ein populäres Buch über das Wesen der Wissenschaft, das 1831 unter dem Titel *Preliminary Discourse on the Study of Natural Philosophy* erschien und ein großer Erfolg wurde.

In seinem Buch erläuterte Herschel, wie gute Wissenschaft sein sollte. Er erkannte, daß wissenschaftliche Theorien oder Gesetze im allgemeinen zwei Funktionen haben: Sie beschreiben, wie die natürliche Welt ist, und sie erklären, wie es dazu kam. Zunächst kann man die Welt durch

"But with regard to the material world, we can at least go so far as this—we can perceive that events are brought about not by insulated interpositions of Divine power, exerted in each particular case, but by the establishment of general laws."

WHEWELL : *Bridgewater Treatise.*

"To conclude, therefore, let no man out of a weak conceit of sobriety, or an ill-applied moderation, think or maintain, that a man can search too far or be too well studied in the book of God's word, or in the book of God's works; divinity or philosophy; but rather let men endeavour an endless progress or proficience in both.'

BACON : *Advancement of Learning.*

«empirische Gesetze» ordnen, welche die beobachteten Regelmäßigkeiten beschreiben, aber nicht erklären. Dann gibt es die «ursächlichen Gesetze», welche die beobachteten Regelmäßigkeiten in den Beziehungen von Ursache und Wirkung zu erklären suchen. Bei der Bildung ihrer Hypothesen sollten Wissenschaftler immer auf diese zweite, «höhere» Art von Gesetz zuarbeiten und nach wahren Ursachen (*verae causae*) suchen, die wir aus unserer Erfahrung ableiten.

Nach Veröffentlichung seines Buches war Herschel mit der Kartierung des südlichen Himmels am Kap der Guten Hoffnung beschäftigt. Von dort aus schrieb er an Lyell und lobte dessen Standpunkt in den *Principles of Geology* als gutes Beispiel für die Suche nach wahren Ursachen. In diesem Zusammenhang machte Herschel auch scharfsinnige Kommentare zu «dem Mysterium der Mysterien, die Ersetzung ausgestorbener Arten durch andere». Seiner Meinung nach sollte der Ursprung der Arten ebenso auf natürliche Ursachen zurückzuführen sein wie ihr Aussterben. Wer anders denkt, verfügt über ein «unzulängliches Bild des Schöpfers», da «wir in dieser Sache, wie auch in allen anderen seiner Werke, immer darauf verwiesen werden, daß er durch eine Reihe intermediärer Ursachen arbeitet». Wenn wir jemals die Entstehung neuer Arten beobachten könnten, dann würde man das als «natürlichen und nicht als wundersamen Prozeß» erkennen.

Aber Herschel fügte sofort hinzu, daß «wir keinen Hinweis auf irgendeinen tatsächlich stattfindenden Prozeß haben, der zu einem solchen Resultat führen könnte». Diesen Punkt betonten Forscher, die einem natürlichen Ursprung der Arten widersprachen, wie etwa William Whewell aus Cambridge, ein weiterer Wissenschaftler mit breitgefächerten Interessen und großer Kompetenz. Whewell hatte ausreichende Kenntnisse in Geologie, um Lyells *Principles* überprüfen zu können, und er schrieb auch über Wissenschaftsgeschichte und -philosophie. Sein Wissenschaftsverständnis glich dem Herschels.

In der Artenfrage unterschied sich Whewell jedoch von Herschel, weil er glaubte, daß man angesichts der Beweislage unbekannte Ursachen anführen müsse. Ein Grund dafür war der offensichtliche Fehler Lyells, die Einführung neuer Arten nicht in sein System der von der Vergangenheit bis heute gleich wirkenden Ursachen integriert zu haben. Ein anderer Grund war die hervorragende Anpassung der Arten an ihre Lebensweisen. Niemand konnte bislang eine natürliche Ursache für Anpassung nennen, und es schien noch immer angemessen, Anpassung einem göttlichen Entwurf zuzuschreiben. Obwohl die Wissenschaft gezeigt hatte, daß die Beziehungen von Ursache und Wirkung die allgemeine Regel waren, behauptete Whewell, es gebe nach unserer Erfahrung keine Ursachen, die gut angepaßte Arten erzeugen könnten.

Dies war der Stand der Dinge, als Charles Darwin (1809–82) die Bühne betrat. Darwins Karriere als Naturforscher begann auf Umwegen. Naturwissenschaft stand damals noch nicht auf dem Lehrplan in Großbritannien, und Charles' Vater schickte ihn auf die Universität nach Edinburgh, wo er eine medizinische Ausbildung erhalten sollte. Als daraus nichts wurde, schickte man ihn auf die Universität Cambridge, wo er zum Geistlichen erzogen werden sollte, aber auch das war nicht von Erfolg gekrönt. Darwin erinnerte sich später: «Was die akademischen Studien betraf, waren die drei Jahre, die ich in Cambridge verbrachte, ebenso verschwendete Zeit wie die Zeit in Edinburgh und in der Schule.»

Aufgrund seines großen Interesses an Wissenschaft wurde Darwin jedoch bald in die wissenschaftliche Gemeinschaft eingeführt. Sein Vetter William Darwin Fox machte ihn mit John Henslow, einem Professor für Botanik, bekannt. Henslow war ein begabter Wissenschaftler, der Vorlesungen in Botanik hielt, botanische Ausflüge veranstaltete und einmal pro Woche einen Tag der offenen Tür für seine Studenten abhielt. Auf diesen wöchentlichen Wissenschaftsabenden lernte Darwin einige der führenden Wissenschaftler seiner Tage kennen, unter anderem Sedgwick und Whewell. Henslow überredete Darwin zum Studium der Geologie und arrangierte, daß Sedgwick ihn auf eine geologische Forschungsreise nach Wales mitnahm. Die Älteren erkannten anscheinend das wissenschaftliche Talent des jungen Darwins und gaben sich einige Mühe, ihn zu ermutigen und sein Talent zu fördern.

Männer wie Henslow, Sedgwick und Whewell waren Teil eines wachsenden Netzwerkes intelligenter Forscher, die sich sehr um das Wohlergehen der Wissenschaft kümmerten. Sie taten dies, indem sie Vorlesungen in ihren Spezialgebieten hielten, forschten und an Treffen wissenschaftlicher Gesellschaften teilnahmen. Diese Gesellschaften bildeten

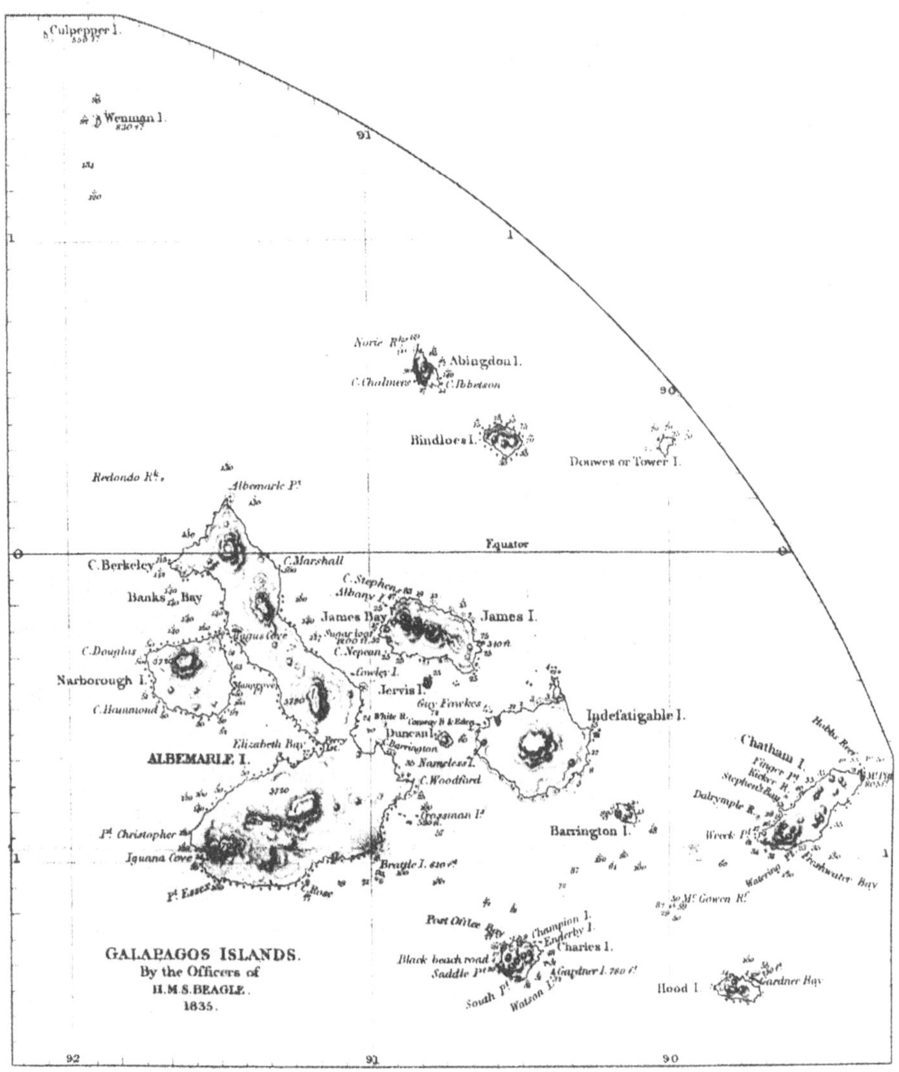

eine wichtige Struktur für die wissenschaftliche Gemeinschaft, durch die jemand wie Darwin ermutigt und gefördert werden konnte. Es ist interessant, wie dieses Netzwerk funktionierte, als ein gewisser Kapitän Fitzroy einen Naturforscher suchte, der ihn auf einer Forschungsreise um die Welt begleiten sollte. Fitzroy fragte den Hydrographen der Kriegsmarine, Kapitän Beaufort, der wiederum den Mathematiker Peacock in Cambridge bat, jemanden zu empfehlen. Peacock fragte Henslow um Rat, der Darwin empfahl, einen seiner Lieblingsstudenten.

Unter dem Kommando von Kapitän Fitzroy stach die H.M.S. *Beagle* im Dezember 1831 von Plymouth aus in See und kehrte erst im Oktober 1836 zurück. Auf der beinahe fünf Jahre dauernden Reise erwies sich Darwin als tatkräftiger und fähiger junger Mann. Er trug an den Orten, die er besuchte, umfassende Sammlungen von Tieren, Pflanzen, Fossilien und Gesteinen zusammen. Er arbeitete ununterbrochen an seiner Geologie und war bei seiner Rückkehr ein kompetenter und origineller Geologe geworden. Er wurde auch mit vielen Tatsachen über die Verbreitung von Lebewesen in Raum und Zeit konfrontiert, die nicht so einfach zu interpretieren waren wie die geologischen Phänomene.

Als Darwin 1836 zurückkehrte, wurde er als aktives neues Mitglied der wissenschaftlichen Gemeinschaft begrüßt. Er wurde ein fester Freund von Lyell, nachdem er auf seiner Reise von «der wundervollen Überlegenheit, wie Lyell Geologie behandelt» überzeugt worden war. Man ermutigte ihn, sich der Geological Society anzuschließen, wissenschaftliche Aufsätze zu publizieren und einen populären Bericht seiner Reise zu verfassen. Mit soviel freundlicher Unterstützung konnte er sich in professioneller Manier an die Auswertung der wissenschaftlichen Aufgaben machen, die auf der Reise entstanden waren. In dieser Periode, während der Darwin das Material von der *Beagle* auswertete, debattierten Herschel, Lyell und Whewell über die Artenfrage. Es hätte keine klarere Einladung für Darwin geben können, die Artenfrage aufzugreifen.

Wenn Lyells Prinzipien der graduellen Änderung für geologische Prozesse und für das Aussterben von Arten gültig waren, wie entstanden dann neue Arten? Darauf richtete sich Darwins Aufmerksamkeit im Zusammenhang mit der Diskussion seiner Kollegen und der Auswertung des *Beagle*-Materials. Im Juli 1837 begann er sein erstes Notizbuch über die «Transmutation der Arten», ein Begriff für Evolution, den Whewell geprägt hatte. Wahrscheinlich war Darwin schon überzeugt, daß neue Arten aus vorher existierenden evolvieren, bevor er sein Notizbuch begann. Es gibt einige aufschlußreiche Randbemerkungen in Darwins Kopie der fünften Auflage des zweiten Bandes (erschienen im März 1837) von Lyells *Principles*. Neben Lyells Behauptung, daß eine «unbestimmte Abweichung … verhindert wird», schrieb er: «Wenn das wahr wäre, adios Theorie.»

In seinem ersten Notizbuch über Arten war Darwin überzeugt, daß die Evolution einer Art in eine andere einige wichtige Beobachtungen erklären könnte, die er in Südamerika gemacht hatte, z.B. warum ausgestorbene Formen, die er als Fossilien gefunden hatte, scheinbar riesige Verwandte von lebenden Formen in derselben Region sind. Er hatte beispielsweise große fossile Gürteltiere und Faultiere in Südamerika gefunden, wo ähnliche Arten noch vorkamen.

Evolution kann auch das wohlbekannte Phänomen der «Stellvertreterarten» erklären, daß sich nämlich über einen großen Kontinent hin ähnliche Tierarten sukzessiv ersetzen. Der südamerikanische Strauß aus der Gattung *Rhea* wurde durch den Ornithologen John Gould nach

Eine Illustration aus Darwins Abhandlung der Beagle-Reise, die vier Finkenarten zeigt, die er auf den Galapagos-Inseln gefunden hatte. Er war beeindruckt, wie sehr sich diese Arten in der Schnabelform und -größe unterscheiden. 1: Geospiza magnirostris; 2: Geospiza fortis; 3: Camarhynchus parvulus; 4: Certhidia olivacea.

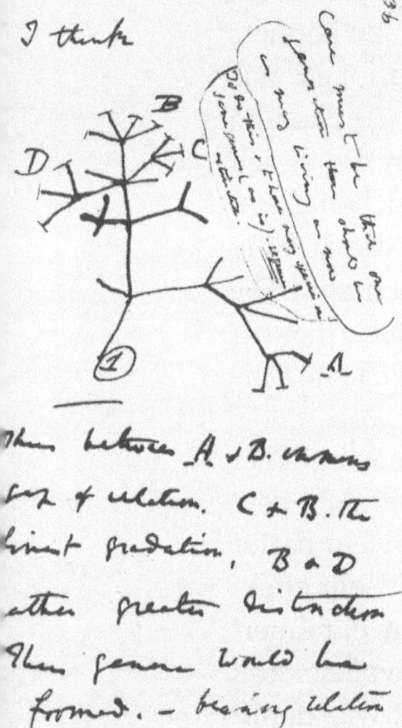

Eine Seite aus Darwins Notizbuch von 1837, die sein Baumdiagramm der Evolution abbildet. 1 ist die Ursprungsart. Evolutionäre Zweige, die ausstarben, enden einfach, während diejenigen, die zur Entstehung überlebender Arten beigetragen haben, mit einer Kreuzlinie enden. Diese noch überlebenden Arten fallen in vier Gruppen, A, B, C und D, von denen jede eine Gattung bildet.

Darwin benannt. Erst nachdem die Reisenden einen davon zum Abendessen verspeist hatten, erkannte Darwin dessen Bedeutung und packte die Überreste schleunigst zusammen, um sie nach London zu schicken (siehe Seite 165).

Evolution würde auch erklären können, warum die Tiere des Galapagosarchipels den an der südamerikanischen Küste lebenden ähnelten, obwohl diese vulkanischen Inseln eine ganz andere Umwelt als das Festland darstellen. Diese Ähnlichkeit wird verständlich, wenn man die Idee des evolutionären Wandels mit Lyells Vorstellung der Ausbreitungsfähigkeit einer Art kombiniert. Gelegentlich sind vermutlich ein paar Individuen vom Festland auf die Inseln gekommen, wo ihre Abkömmlinge allmählich modifiziert wurden, was langsam zur Entstehung neuer Arten führte. Daher findet man auf ozeanischen Inseln «die Typen des Kontinents, wenngleich die Arten alle anders sind». Dasselbe Prinzip würde die Unterschiede zwischen Vögeln auf den getrennten Inseln des Archipels erklären können.

Darwin zeigte, daß seine Theorie auch auf andere Themen anwendbar war, wie etwa das Muster der Klassifikation. In einer Welt, die kontinuierlich durch geologische Prozesse verändert wird, werden einige Arten so variieren, daß sie sich an die neuen Umstände anpassen und dann neue Arten bilden. Andere schaffen die Anpassung nicht, sterben aus und hinterlassen Lücken zwischen den übriggebliebenen Arten. Daher finden wir heute im Artensystem große Lücken zwischen einigen Arten und Gattungen, nicht aber zwischen anderen. In «evolutionären» Worten: «die lebenden Organismen bilden einen Baum mit *unregelmäßiger Verästelung*». Ende 1837 schrieb Darwin schließlich, daß seine Theorie zu einer Suche nach den Ursachen führen muß: «Durch unseren Glauben an Transmutation und geographische Gruppierungen müssen wir alle Anstrengungen unternehmen, um die Gründe der Änderungen zu entdecken – die Art und Weise der Anpassung.»

Arten können sich vielleicht von einer Art in eine andere weiterentwickeln, aber das entscheidende Problem für Darwin war, wie sie sich verändern, um an neue Bedingungen angepaßt zu werden. Denn Organismen sind oft wunderbar an ihre Lebensweise angepaßt, und Darwin war sehr beeindruckt von diesen Anpassungen. Darwin kannte auch das Argument der Schöpfungsverfechter, wonach Anpassung aufgrund bekannter natürlicher Ursachen nicht erklärbar ist. Und er war umgeben von älteren Kollegen, wie Sedgwick und Whewell, die den Schöpfungsentwurf vehement verteidigten. Damit Evolution ein überzeugendes Konzept wurde, mußte er, dessen war sich Darwin bewußt, die natürlichen Ursachen finden, die Modifikation und Anpassung verbinden. Er mußte die «Art und Weise der Anpassung» entdecken.

Anfang 1838 begann Darwin sein zweites Notizbuch über die Artenfrage, in dem er sich diesem Problem widmete. Um es lösen zu können, benötigte er weitere Informationen über individuelle Variationen, wie diese vererbt werden und in welcher Beziehung sie zur Anpassung stehen. Dazu wandte er sich an Tier- und Pflanzenzüchter, die er seit seiner Kindheit kannte. Er bemerkte, daß die Kunst erfolgreichen Züchtens darin bestand, geeignete Varianten herauszugreifen, die zufällig entstehen, und daß solche Variationen typischerweise sehr klein sind. Die Züchter verwenden keine Mißbildungen oder auffällige Spielarten für ihre Zucht. Ausgehend von dieser domestizierten Welt, entwickelte Darwin eine Analogie zu der natürlichen Welt.

Der Gedanke, daß natürliche Kontrollen selektiv auf die Mitglieder einer Art wirken können, war Züchtern und Naturforschern nicht neu. Sir John Sebright, ein berühmter Taubenzüchter, sagte, daß «ein harter Winter oder Futterknappheit alle guten Auswirkungen einer sehr effektiven Selektion zeigt, indem die Schwachen und Kranken eliminiert werden». Solche Passagen, die eine Vorstellung von natürlicher Selektion enthalten, finden sich in etlichen anderen Texten. Gemeint war damit aber ein durch die Vorsehung bestimmter Mechanismus, damit Arten oder Rassen in ihrem Typ erhalten bleiben. Aus Darwins Notizbüchern wird deutlich, daß er sich der Analogie zwischen künstlicher und natürlicher Selektion nicht sicher war, bis er im September 1838 Thomas Malthus' *An Essay on the Principle of Population* las.

Ein Satz fiel Darwin ganz besonders auf. Malthus schrieb, daß die menschliche «Population sich ohne Kontrolle alle 25 Jahre verdoppelt oder in einem geometrischen Verhältnis zunimmt». Bei begrenztem Nahrungsangebot muß diese exponentielle Zunahme, wie wir es heute nennen, zu einem verzweifelten Kampf ums Dasein unter den Mitgliedern der Population führen. Aufgrund dieser quantitativen Behauptung über menschliches Populationswachstum konnte Darwin sehen, was für eine unerbittliche und starke Macht der Existenzkampf in Tier- und Pflanzenpopulationen sein muß. Denn die meisten können viel schneller wachsen als die menschliche Population.

Darwin schloß daraus sofort, daß unter solchen Umständen jede Variation, die einem Individuum irgendeinen Vorteil über seine Gefährten gibt, dazu neigt, erhalten zu werden, während jede nachteilige Variation dazu tendiert, eliminiert zu werden. Der Kampf ums Dasein übt also eine große selektive Wirkung aus, analog zu dem Züchter, der wünschenswerte Varianten heraussucht. Auf diese Weise würden Populationen von Organismen allmählich so modifiziert, daß sie an ihre Umwelten angepaßt sind. Aufgrund der von Malthus angesprochenen exponentiellen Wachstumsrate von Populationen konnte Darwin leicht sehen, daß der Kampf ums Dasein eine mächtige selektive Kraft sein muß, die auf natürliche Populationen wirkt.

«Hier hatte ich nun zumindest eine Theorie, mit der ich arbeiten konnte», schrieb Darwin später. Nachdem er eine Ursache für adaptiven Wandel entdeckt hatte, machte er sich sogleich daran, sie in eine vollständig ausgearbeitete Evolutionstheorie einzuflechten. Gegen Ende 1838 las Darwin Herschels *Preliminary Discourse*, die er als Student schon einmal gelesen hatte, sowie Arbeiten von Whewell. Wenn er ihren Anleitungen zur wissenschaftlichen Methode Folge leistete, konnte er seine neuen und kontroversen Vorstellungen so darlegen, daß sie den Kriterien professioneller Wissenschaftler entsprachen. Der Begriff der natürlichen Selektion entsprach eindeutig Herschels Anforderung an eine wahre Ursache, die auf Erfahrung basiert. Die Variabilität von Organismen und die Wirksamkeit von Selektion kannte man aufgrund der Erfahrungen von Züchtern und konnte deshalb auf die selektive Kraft des Kampfes ums Dasein auch bei natürlichen Populationen schließen.

Darwin entschloß sich, diese Vergleichsmöglichkeit voll auszunutzen. Er las nicht nur die führenden Abhandlungen über Züchtung, sondern begann selbst mit der Taubenzucht, eine Liebhaberei, die in der Familie lag. Während Darwin seine Theorie entwickelte, versuchte er sie auf weitere Themen anzuwenden. Denn Whewell betonte, daß man eine gute Hypothese an ihrer Fähigkeit erkennen kann, eine Vielzahl von Tatsachen miteinander zu verknüpfen, die bislang zusammenhanglos erschienen. Darwin griff diesen Ansatz auf und behauptete, daß Evolution durch natürliche Selektion eine Unmenge an Tatsachen aus früher zusammenhangslosen Arbeitsgebieten erklären könne.

Auf diese Weise baute er die grundsätzliche Struktur seines Arguments auf. Ausgehend von seiner Erfahrung mit künstlicher Selektion kam Darwin auf den Kampf ums Dasein und die natürliche Selektion in der freien Natur zu sprechen. Dann zeigte er, daß eine Vielzahl von Phänomenen mit dieser Evolutionstheorie durch natürliche Selektion erklärt werden konnte. Der Evolutionsansatz wurde erstmals 1842 skizziert und dann 1844 ausführlicher in einem etwa 200 Seiten langen *Essay* behandelt.

In diesem Stadium vertraute sich Darwin dem fähigen Botaniker Joseph Hooker an, der bald zu einem engen Freund wurde. Hooker las den *Essay*, war aber nicht überzeugt, obwohl er ihn wohlwollend betrachtete. Noch weit entfernt von einer Veröffentlichung lag der *Essay* daraufhin einige Jahre unberührt in Darwins Schreibtisch. Darwin war sich sehr wohl bewußt, daß seine Theorie eine Herausforderung für lang gehegte wissenschaftliche Annahmen war, wie etwa der grundsätzlich beschränkten Variabilität, und daß viele sie auch unvereinbar mit religiösen

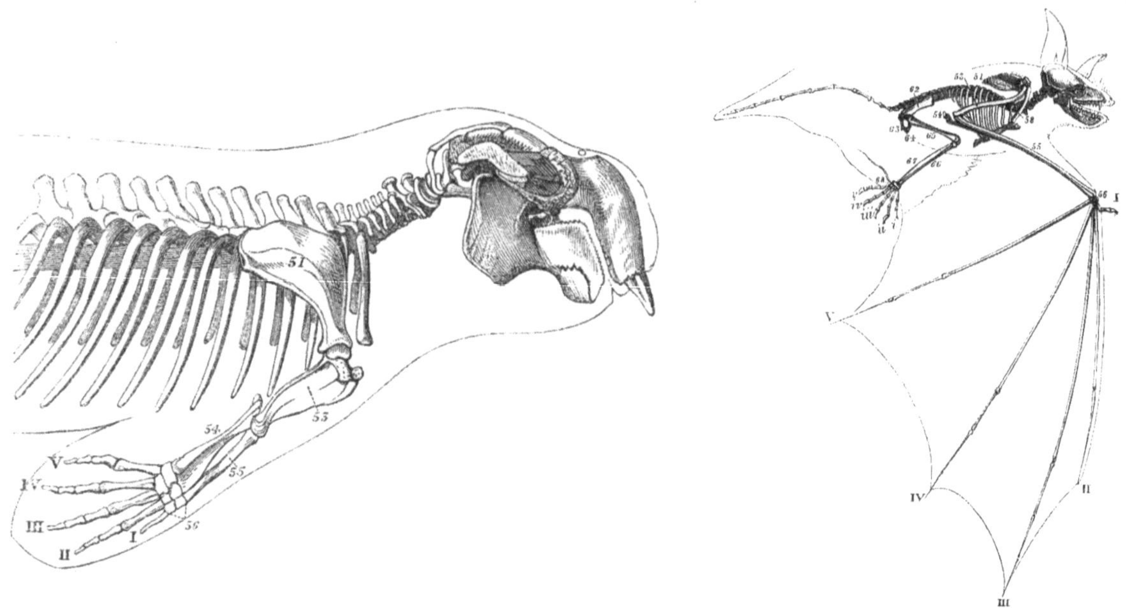

Begründungen finden würden. Deshalb konnte die Theorie nur überzeugen, wenn sie durch eine Unmenge detaillierter, in langen Forschungszeiten gewonnene Beweise unterstützt wurde. Zudem war gerade Robert Chambers' *Vestiges* veröffentlicht worden, dessen amateurhafter Ansatz dem Evolutionsproblem nicht weiterhalf. Das Aufsehen, das die *Vestiges* ausgelöst hatten, überzeugte Darwin, daß sein Werk von ganz anderer Güte sein mußte.

Einige Wissenschaftler hatten jedoch etwas mehr Sympathie für die *Vestiges*. Richard Owen (1804–92) zum Beispiel schrieb dem unbekannten Autor einen freundlichen Brief und teilte mit, er hätte das Buch mit «Freude und Gewinn» gelesen. Er schrieb weiter, daß die Entdeckung natürlicher Ursachen für die Entstehung neuer Arten von seinen Forscherkollegen begierig aufgenommen würde. Owen selbst arbeitete als vergleichender Anatom in der Tradition Cuviers, den er 1830 kennengelernt hatte. Er benutzte die Methoden Cuviers zur Rekonstruktion fossiler Tiere und analysierte die ausgestorbenen Säuger, die Darwin aus Südamerika mitgebracht hatte. Es war auch Owen, der entschied, daß die Fossilien *Iguanodon* und *Megalosaurus* eine eigene Ordnung innerhalb der Reptilien darstellen. Diese Ordnung nannte er *Dinosauria* (griechisch für «schreckliche Echse»), und er wurde damit zum Namensgeber der Tiere, die von allen ausgestorbenen am berühmtesten werden sollten.

In seinen Arbeiten der frühen 1840er Jahre entwickelte Owen einige wichtige Ideen. Er übernahm Cuviers Ansicht, daß Organismen Einheiten mit adaptiven Mechanismen sind, und konnte dies mit dem Gedanken des

Zwei Zeichnungen aus Owens Buch On the Nature of Limbs *(1849), welche die Homologien der Vorderbeinknochen zeigen. Im Buch sind homologe Knochen durchgängig mit derselben Zahl bezeichnet: 51 = Scapula; 53 = Humerus; 54 = Radius; 55 = Ulna; 56 = Carpalia. Die Finger und Zehen sind durch römische Zahlen bezeichnet, wobei I der Daumen ist. Links: das Skelett einer Seekuh, rechts: das Skelett einer Fledermaus.*

göttlichen Entwurfs in Einklang bringen. Doch war für ihn auch Geoffroy Saint-Hilaires Vorstellung von einem allgemeinen Grundbauplan berechtigt, solange man Vergleiche nur innerhalb einer großen Gruppe, wie etwa den Wirbeltieren, anstellte. Owens präzise Arbeiten zeigten, daß sich in den Skeletten von Säugern, die an unterschiedliche Lebensweisen angepaßt sind, genau die gleichen Knochen finden. Diese Knochen ließen sich auch in den Skeletten anderer Klassen von Wirbeltieren erkennen. Zum Beispiel stimmten der Vorderbeinknochen einer Eidechse, der Vorderbeinknochen eines Maulwurfes, die Flosse einer Seekuh und der Flügel einer Fledermaus in einem Verhältnis von 1:1 überein.

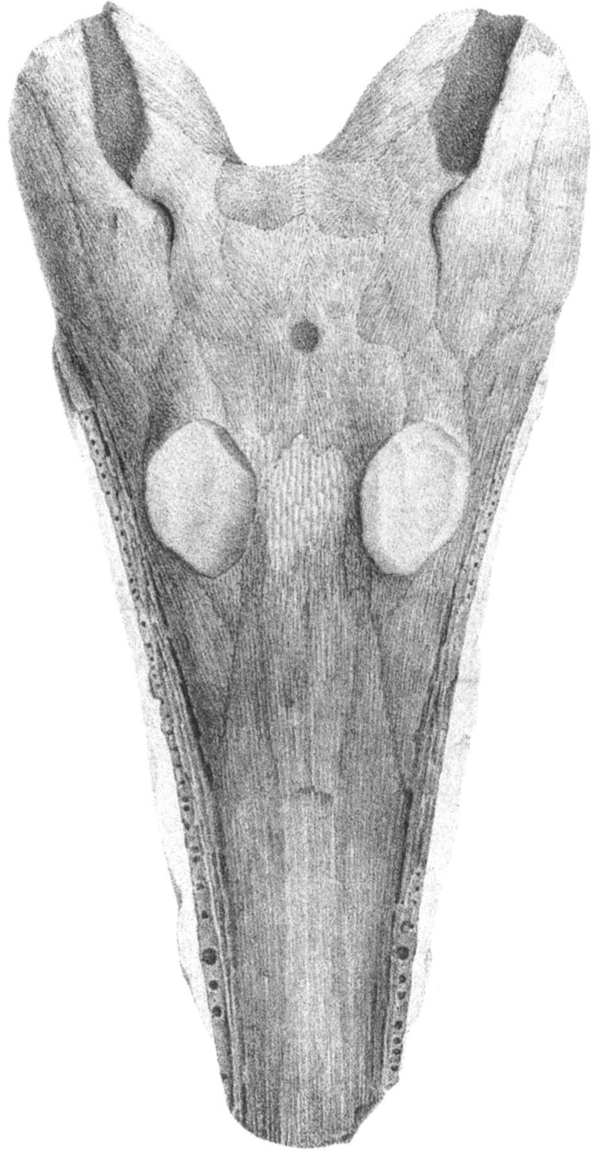

Der Kopf eines Labyrinthodontiers aus dem Karbon, abgebildet in einer Monographie aus dem Jahre 1847. Diese Fossilien waren die ältesten landbewohnenden Wirbeltiere, die man gefunden hatte. Zunächst wurden sie als Reptilien klassifiziert, später aber als Amphibien erkannt.

Owen prägte den Begriff «Homologie» für diese Übereinstimmung der Struktur bei verschiedenen Tieren. Er analysierte diese Homologien sehr sorgfältig und publizierte seine Ergebnisse 1848 in *The Archetype and Homologies of the Vertebrate Skeleton*. Nach Owens Ansicht ließen sich Homologien nicht durch die Annahme erklären, sie seien dazu da, entsprechenden Funktionen zu dienen. Das Vorhandensein von identischen Knochen in den Vordergliedern vieler Wirbeltiere konnte kaum in der speziellen Anpassung an unterschiedliche Lebensweisen begründet sein. Die Prinzipien Cuviers konnten zwar Unterschiede zwischen diesen Gliedern erklären, aber nicht ihre zugrundeliegende Ähnlichkeit.

Diese Schwierigkeit wurde mit den von Geoffroy Saint-Hilaire dargelegten Grundsätzen überwunden. Für Owen waren alle Tiere innerhalb jeder großen Gruppe Modifikationen eines einzigen Bauplanes, den er «Archetyp» nannte. Der Wirbeltier-Archetyp beispielsweise verkörpert den allgemeinen Plan, nach dem alle Wirbeltiere, lebende und ausgestorbene, entsprechend den adaptiven Bedürfnissen jeder Art modifiziert wurden. Er dachte, Gott hätte diesen Archetyp geplant und die verschiedenen Modifikationen entworfen, die ihn an die verschiedenen Lebensweisen anpaßten. Obwohl Owen Chambers Vorstellung einer göttlich geplanten Evolution nicht ablehnte, war er selbst mit der Idee des Archetyps als abstraktem Plan Gottes zufrieden.

In den fünfziger Jahren des 19. Jahrhunderts studierte Owen die fossilen Überlieferungen intensiver und konnte eine wichtige Revision zur Vorstellung des Fortschritts in der Geschichte des Lebens beisteuern. Daß die fossilen Überlieferungen auf breiter Basis fortschreitend sind und aufeinanderfolgend Wirbellose, Fische, Reptilien und zuletzt Säuger dominierten, wurde fast von allen anerkannt. Neue fossile Belege überzeugten Owen, daß er nun gute Gründe für ein graduelles Fortschreiten innerhalb jeder Wirbeltierklasse anführen konnte. Bei den Reptilien wurde der erste der großen «Labyrinthodontia» im Karbon Deutschlands entdeckt. Owen interpretierte sie zu Recht als primitive Formen, die in einer Reihe von Punkten Ähnlichkeit mit Fischen und modernen Amphibien hatten. Die Labyrinthodontier existierten vor den Dinosauriern und gaben so als erste Zeugnis von einem allmählichen Fortschritt in der Gruppe der Reptilien.

Aber die neuen Beweise paßten nicht in das einfache Modell des geradlinigen Forschritts, das sich Chambers geborgt hatte, um Evolution zu schildern. Man konnte beispielsweise aus der großen Vielfalt fossiler Fische nicht erkennen, daß diese eine evolutionäre Beziehung zu den Reptilien haben, insbesondere weil die große Ausbreitung von Knochenfischen erst stattfand, als die Reptilien schon lange ihre getrennte Entwicklung genommen hatten. Das wahre Bild schien zu sein, daß viele

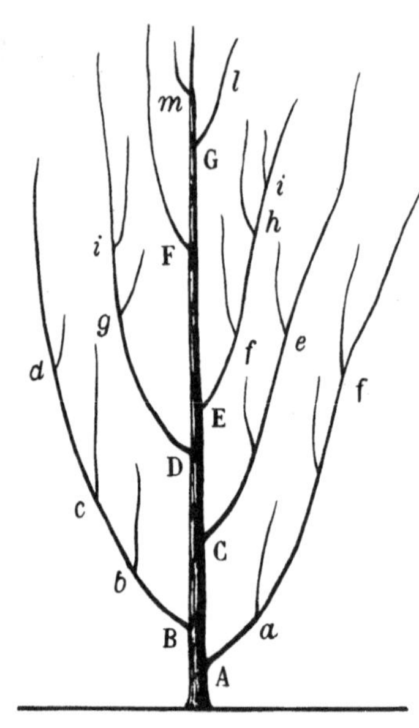

Die Geschichte des Lebens in Form eines Baumes dargestellt; eine Abbildung aus dem preisgekrönten Aufsatz von Bronn. Die Zweige stellen die Hauptgruppen von Organismen dar, wie etwa die Wirbeltierklassen, und der Punkt, an dem der Zweig den Stamm verläßt, korrespondiert mit dem ersten Auftreten der Gruppe in den fossilen Überlieferungen.

kombinierte Merkmale bei altertümlichen Tieren später bei verschiedenen modernen Formen getrennt wurden. Innerhalb der Säugerklasse war Cuviers *Palaeotherium* aus dem Eozän ein gutes Beispiel dafür. In der fossilen Geschichte der Säuger konnte man einen Prozeß der Spezialisierung erkennen, wobei sich Füße, Hörner und Zähne allmählich vom allgemeinsten oder archetypischen Zustand weiterentwickelten.

Owen kam zum Schluß, daß dies der normale Trend in den fossilen Überlieferungen der Wirbeltiere ist. Die generalisiertesten oder archetypischen Formen wurden allmählich durch verschiedene Entwicklungslinien ersetzt, die eine zunehmende Spezialisierung für die unterschiedlichen Lebensweisen aufwiesen. Die Aufeinanderfolge fossiler Formen konnte nicht mehr als Abfolge völlig neuer Typen betrachtet werden, die perfekt an aufeinanderfolgende Umwelten angepaßt waren, noch als lineare Reihe, die zu höheren Formen führte. Eher schienen die großen Gruppen in einer allgemeinen Form entstanden zu sein, auf die dann immer weiter verfeinerte Formen folgten, die an verschiedene Lebensweisen angepaßt waren.

Owen war nicht der einzige, der ein solches Bild der fossilen Überlieferungen zeichnete. In England betonte William Carpenter (1813–85) denselben Trend in der dritten Auflage seiner berühmten *Principles of Physiology* (1851). Sich hauptsächlich auf die fossilen Belege der Wirbellosen beziehend, zitierte er das Beispiel der Echinodermen (Stachelhäuter). Die ersten bekannten Echinodermen gehörten zu den Cystoidea, einer Gruppe, die sich durch «eine höchst außergewöhnliche Kombination von Merkmalen der übrigen Gruppen» auszeichnete. Seine Aufmerksamkeit galt auch den Parallelen zwischen diesem Trend und der Vorstellung Baers über die von einem allgemeinen Körperplan hin zu spezialisierten Strukturen führende Entwicklung.

In Deutschland kam Heinrich Bronn in einem preisgekrönten Aufsatz über die Geschichte des Lebens zu ähnlichen Folgerungen. Bronn (1800–62) begann seinen Aufsatz mit ausführlichen Datentabellen zur Verbreitung der Fossilien in den verschiedenen Gesteinsformationen. Anhand dieser Daten konnte er zeigen, daß das Aussterben alter Arten und die Einführung neuer Arten immer vorgekommen ist. Auch wenn Unterschiede in der Geschwindigkeit auftraten, hatte es nie den Fall gegeben, daß alle Arten ausgestorben waren und komplett durch neue Arten ersetzt wurden. Die lebende Welt entwickelte sich allmählich bis zum gegenwärtigen Zustand, und es gab dabei zwei Haupttendenzen. Die erste war ein gradueller Fortschritt in der Organisation, wobei spätere Organismen dazu neigen, komplexer zu sein als frühere; die zweite war die Anpassung von Organismen an ihre Umwelt, wodurch die Entwick-

lung des Lebens in eine Vielzahl getrennter Linien aufgespalten wurde, von denen jede auf ihre eigene Weise fortschritt.

Zusammen betrachtet ergaben diese beiden Tendenzen eine Geschichte des Lebens, die einem Baum gleicht, dessen Äste sich im Verlauf des allgemeinen Aufstiegs immer weiter verzweigen. Bronn scheute sich nicht, die grundlegende Frage zu stellen, welche «kreative Macht» die Einführung dieser neuen Arten zu verantworten hat. Der Begriff «kreative Macht» bedeutet nicht, daß Bronn an die spezielle Schöpfung glaubte, sondern er lehnte diese Doktrin ausdrücklich ab. Er glaubte statt dessen, daß diese kreative Macht etwas Ähnliches sei wie die physikalischen Kräfte der Schwerkraft oder die chemische Affinität. Bronn bedachte die Möglichkeit der Evolution, wie sie Lamarck oder andere vertraten, aber er lehnte sie mangels Beweisen ab. Er konnte nicht ein einziges fossiles Zeugnis dafür finden, daß sich eine Art allmählich in eine andere gewandelt hat.

Zwischenzeitlich begann Alfred Wallace (1823–1913), der ebenfalls über Arten und ihre Abfolge nachdachte, sich für die neuen Arbeiten über die fossilen Überlieferungen zu interessieren. Wallace war beeindruckt von der Plausibilität des allgemeinen Argumentationsschemas in den *Vestiges* und ließ sich von den Mängeln nicht abschrecken. Er erinnerte sich später: «Mir war klar, daß die *Vestiges* keine Erklärung für den Prozeß

Zwei Illustrationen aus dem Reisebericht von Wallace (The Malay Archipelago). Eine zeigt eine epiphytische Orchidee, die man in dieser Gegend überall findet, die andere zeigt eine Primelart, die offensichtlich auf einen einzigen Bergrücken beschränkt ist. Als er seine Evolutionstheorie entwickelte, untersuchte Wallace solche Rätsel der geographischen Verbreitung.

der Änderung von Arten lieferten.» Aber die Ansicht, daß solcher Wandel bewirkt würde «durch die bekannten Gesetze der Fortpflanzung, schien mir völlig befriedigend und als erster Schritt hin zu einer vollständigeren und erklärenden Theorie ausreichend».

Im Gegensatz zur breiten Öffentlichkeit, die sich nur über Chambers' Buch aufregte, wollte Wallace etwas tun. Gemeinsam mit seinem engen Freund Henry Bates reiste er nach Südamerika, in der Hoffnung, Exemplare zu finden, die Licht auf die Entstehung der Arten werfen würden. Wallace war auf seinen Reisen beeindruckt von der Art und Weise wie Arten geographisch über große Gebiete verbreitet sind. Er bemerkte beispielsweise in mehreren Fällen, daß man unterschiedliche, aber nahe verwandte Arten an den gegenüberliegenden Ufern großer Flüsse findet. Wallace sah, daß man solche Situationen durch Evolution erklären konnte.

Später unternahm Wallace eine weitere Expedition zum malaiischen Archipel, wo er sich erneut mit der geographischen Verbreitung von Tieren befaßte. Die Notizbücher von Wallace aus dieser Zeit zeigen, daß er sehr von Lyells *Principles of Geology* beeinflußt war, die er kurz nach den *Vestiges* gelesen hatte. Für ihn lag auf der Hand, daß Lyells geologische Lehrsätze nach einer Entwicklungstheorie in der Biologie riefen. Seiner Meinung nach war die lebende Welt, ebenso wie die physikalische Erde, durch eine unaufhörliche Folge immer noch wirkender Ursachen entstanden.

Wallace akzeptierte Lyells Ansicht über die geologischen Ursachen, verband sie aber mit einer gerichteten Sichtweise hinsichtlich der fossilen Überlieferungen. Sein Wissen über Fossilien schöpfte er aus dem vierbändigen Werk *Abhandlung über Paläontologie* von Francois Pictet, das zwischen 1844 und 1846 veröffentlicht wurde. Eine überarbeitete Fassung erschien ein Jahrzehnt später. Pictet (1809–72) zeigte ebenso wie Bronn und Owen, daß sich die heutige Fauna graduell entwickelt hat. Niemals waren alle Arten ausgestorben und durch völlig neue ersetzt worden. Er stellte ebenfalls fest, daß es einen generellen Plan gibt, nach dem fossile und lebende Arten geformt sind, aber je älter die Fossilien, desto größer sind die Unterschiede gegenüber lebenden Formen. Fossile Arten existierten während eines begrenzten geologischen Zeitraums, wobei sie aber nie vollständig fehlten.

Wallace erkannte, daß man Pictets Ergebnisse einfach erklären konnte, wenn die späteren Arten eine evolutionäre Beziehung zu den früheren hatten. Er wollte ein Buch schreiben, welches das Artenproblem lösen sollte, indem es die Beweise der Fossilien und der geographischen Verbreitung zusammenbrachte. Aber 1854 wurde er durch einen Aufsatz des Naturforschers Edward Forbes zum Handeln angestachelt. Forbes leugnete den Forschritt in der Geschichte des Lebens und setzte die Idee der «Polarität» an dessen Stelle. Wallace schrieb eine Erwiderung, um zu zeigen, daß alle Tatsachen viel einfacher mit seinem eigenen Gesetz über die Einführung neuer Arten erklärt werden konnten.

In diesem Aufsatz aus dem Jahre 1855 veröffentlichte Wallace viele seiner Ideen, die sich in seinen Notizbüchern angesammelt hatten. Er verglich die Beweise der Geographie und Geologie so, als ob er ein Bild über die Verbreitung der Arten in Raum und Zeit gewinnen wollte. Er verwies darauf, daß man die am nächsten verwandten Tierarten im natürlichen Klassifikationssystem in eng benachbarten Örtlichkeiten findet. Wo Länder durch eine physikalische Barriere, wie etwa eine Bergkette oder ein Meer, getrennt sind, findet man nahe verwandte Gattungen oder Arten oft auf beiden Seiten dieser Barriere. Um diesen Punkt zu untermauern, verwies Wallace auf Inselfaunen, die mit den Faunen des nächstgelegenen Festlands Ähnlichkeit haben, aber nicht identisch sind. Er zitierte die Fälle der Galapagos-Inseln und Sankt Helena, die er aus Darwins Berichten kannte.

Was die Beweise der Geologie anbelangt, folgte Wallace dem Ansatz Pictets in der Beschreibung der graduellen und fortlaufenden Änderungen in den fossilen Überlieferungen. Er faßte diese Tendenzen zusammen, indem er sagte, daß die Verbreitung der lebenden Welt in der Zeit «ihrer gegenwärtigen räumlichen Verbreitung sehr ähnlich ist». Wenn also innerhalb einer bestimmten Familie Arten zeitlich nahe beieinander liegen, das heißt in derselben geologischen Periode auftreten, dann sind sie sich ähnlicher als jene Arten, die zeitlich weiter auseinanderliegen. Aufgrund der kombinierten Tatsachen der Geologie und Geographie war es offenkundig, daß sehr ähnliche Arten räumlich und zeitlich nahe beieinander standen. Daher konnte man das Auftreten neuer Arten mit dem Gesetz von Wallace zusammenfassen: «Jede neue Art entstand (in örtlicher und zeitlicher Übereinstimmung) aus einer vorher existierenden nahe verwandten Art.»

Seine Ansichten formulierte er im Sinne von Herschels empirischem Gesetz: Beschrieben wird, wie die Dinge sind, aber sie werden nicht zu erklären versucht. Ebenfalls in Übereinstimmung mit Herschel benutzte Wallace die Sprache der Schöpfung, ließ aber keinen Zweifel aufkommen, daß er einen natürlichen Mechanismus für den Ursprung der Arten ins Auge faßte. Die lebende Welt von heute, so erklärte er, «ist eindeutig durch einen natürlichen Prozeß des graduellen Aussterbens und der Entstehung von Arten aus den letzten geologischen Perioden zustande gekommen». Und obwohl es Wallace nicht so ausdrückte, war es die Evolution, die er als natürlichen Prozeß im Hinterkopf hatte. Dieser

Eine Tafel aus Darwins Monograph *über die Entenmuscheln, die Arten der Gattung* Chthamalus *zeigt. Variation innerhalb einer einzelnen Art zeigen 1a bis 1d. Die Erforschung der Entenmuscheln brachte Darwin eine klare Vorstellung von natürlicher Variation.*

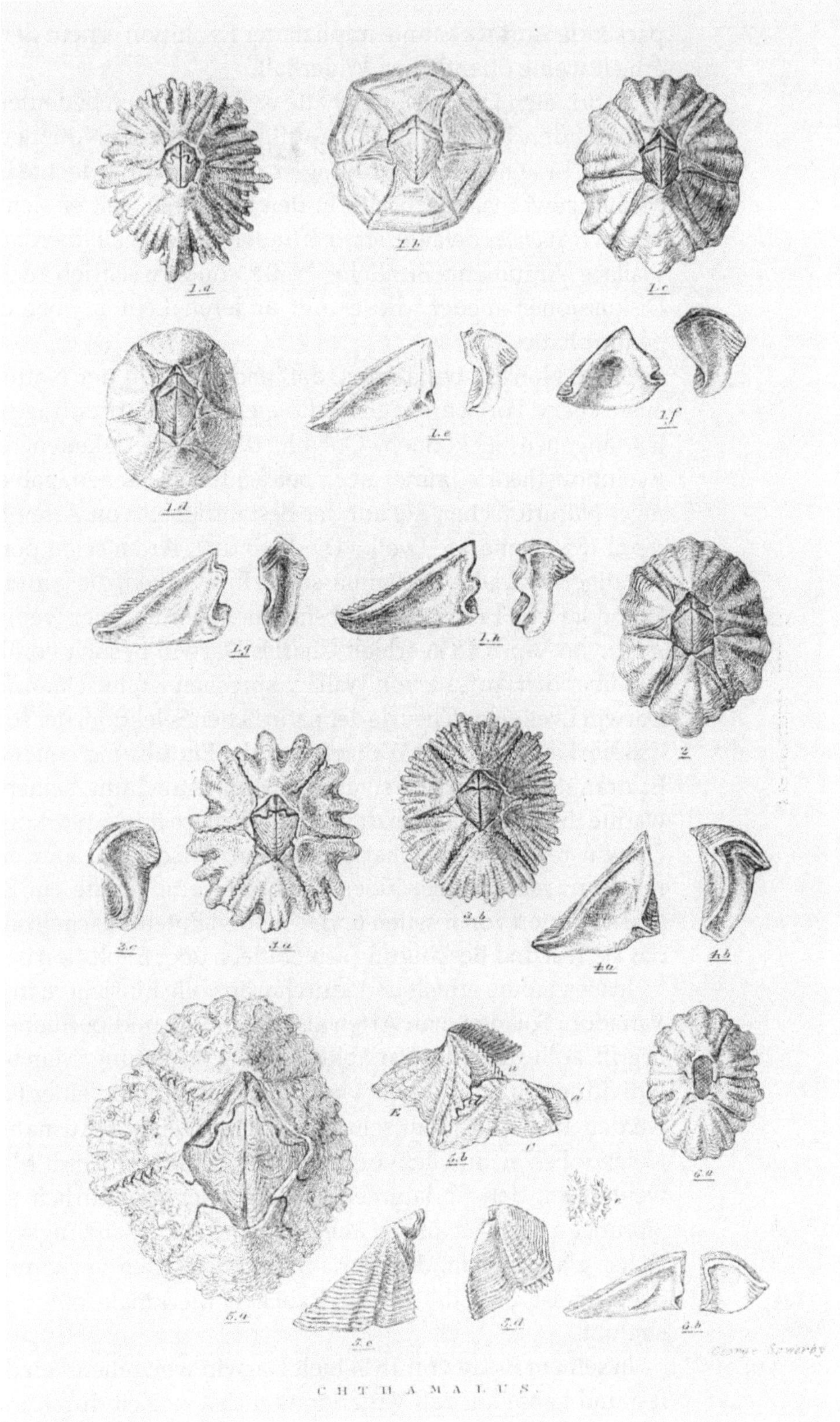

packende Aufsatz bahnte implizit der Evolution erneut den Weg, aber er erhielt wenig öffentlichen Widerhall.

In privaten Diskussionen hatte er jedoch einen bedeutenden Einfluß, insbesondere auf Lyell, der daraufhin ein eigenes Notizbuch über Arten begann. In seinen Aufzeichnungen zur Artenfrage dachte Lyell über den Meinungswechsel nach, der in den 25 Jahren, seit er sich mit Arten in seinen *Principles* befaßte, stattgefunden hatte. Lyell überdachte nicht nur Wallace' Argumente Punkt für Punkt, sondern schrieb auch die privaten Diskussionen nieder, die er mit anderen Leuten über dieses Thema geführt hatte.

Diese Notizen bestätigten, daß nach Ansicht der Naturforscher nun ausreichend Fortschritte gemacht seien, um die Artenfrage wissenschaftlich angehen zu können. Obwohl die Schwierigkeiten für irgendeine Evolutionstheorie immer noch beträchtlich schienen, gab es immer weniger Naturforscher, die auf der Beständigkeit von Arten beharrten. Im April 1856 bemerkte Lyell: «Die Meinung, Arten seien permanente, beständige, invariable und umfassende Individuen, die von einem einzigen Paar oder von Protoplasten abstammen, wird immer weniger haltbar.»

Am 16. April 1856 erhielt Charles Darwin Besuch von Lyell, der mit ihm über den Aufsatz von Wallace sprechen wollte. Daraufhin erläuterte Darwin Lyell seine Theorie der natürlichen Selektion, der sofort erkannte, daß sie das Gesetz von Wallace über die Einführung neuer Arten erklärt. Er drängte Darwin zur schnellen Veröffentlichung seiner Theorie und warnte ihn offensichtlich davor, daß Wallace ihm zuvorkommen könnte. Darwin reagierte unsicher auf diesen Ratschlag, denn er befand sich mitten in seiner Arbeit über Arten. Er hatte gerade ein Buch über die Klassifikation von fossilen und lebenden Entenmuscheln abgeschlossen, das als Test und Bestätigung seiner Ideen über Evolution bedeutsam war.

Insbesondere erhielt er dadurch wertvolle Einsichten in die Natur der Variation. Solange man Arten als beständige und permanente Einheiten begriff, zollte man der Variabilität wenig Beachtung. Man betrachtete die Individuen einer Art etwa wie Zinnsoldaten, die in einer Form gegossen werden und alle identisch sind, bis auf einige Ausnahmen, die auf kleinere Fehler im Gießvorgang zurückzuführen sind. Man nahm also weithin an, daß Variationen zufällig oder unnatürlich sind, weil die Störungen ihren Ursprung außerhalb des Fortpflanzungssystems haben. Daher glaubte man, daß Variabilität eher selten vorkommt und unbedeutsam ist und die grundsätzlichen Merkmale einer Art nicht beeinflußt.

In seinem Essay von 1844 hielt Darwin weitgehend an dieser Ansicht fest und nahm an, daß Variation von Zeit zu Zeit durch Störungen, wie etwa geologische Änderungen, ausgelöst wird. Aber seine ausführlichen

Ein auffälliges Beispiel einer domestizierten Taubenrasse: die «Englische Kropftraube» (aus Darwin: Variation of Animals and Plants under Domestication). Darwin sah sich bei Tauben-züchtern um, um Beweise für Variation und Selektion zu finden, und verwendete dieses Material wirkungsvoll in Origin.

Studien an Entenmuscheln, die er zwischen 1846 und 1854 ausführte, zeigten ihm, daß Variabilität ein normales Merkmal von Tierarten ist. Diese eigenhändig durchgeführte Untersuchung lehrte ihn mehr als jegliches Lesen oder Nachdenken, daß es in natürlichen Populationen viel Variation gibt. Auch gab es Variation bei allen Teilen des Körpers, und sie war nicht nur auf unbedeutende Strukturen beschränkt, die wenig Gewicht bei der Klassifikation hatten. Aus seinen Erfahrungen als Sammler kannte Wallace bereits das Ausmaß an Variation, und da er keine formale Ausbildung in Biologie hatte, neigte er dazu, die Dinge so zu nehmen, wie er sie vorfand. Und er fand eine Unmenge an Variation bei den Tausenden von Insekten, die er in Südamerika und auf dem malaiischen Archipel gesammelt hatte. Wallace war sich sicher, daß Variation eine natürliche Folge des Fortpflanzungsprozesses ist und keiner speziellen Erkärung bedurfte. Daß es ein reichhaltiges Angebot an Variation gibt, stand für ihn außer Zweifel.

Als Wallace seine Reisen im malaiischen Archipel fortsetzte, kämpfte er mit der entscheidenden Frage, welche Ursachen dazu führen könnten, daß sich eine Art in eine andere verwandelt. Er las alle möglichen Aufsätze über Themen wie Vielfalt oder den Kampf ums Dasein, aber wie schon im Falle Darwins war der eigentliche Auslöser Malthus. Anfang 1858, als ihn ein Malariaanfall zu Bette zwang, dachte Wallace darüber nach, wie sich Arten ändern können. Er erinnerte sich an die Arbeit von Malthus, die er vor langer Zeit gelesen hatte, und an die dort beschriebenen Kontrollen des menschlichen Populationswachstums. Ihm wurde klar, daß solche Kontrollen bei sich viel schneller vermehrenden Tierpopulationen viel wirksamer sein mußten.

Dann hatte er plötzlich den Einfall, daß die aufgrund solcher Kontrollen beseitigten Individuen jene sein mußten, die am wenigsten gut an ihre Umwelt angepaßt waren. Wenn man davon ausgeht, daß es in jeder Generation einen Vorrat an neuen Variationen gibt, dann folgte daraus, daß es auch Änderungen geben würde, die eine Art an veränderte Bedingungen anpaßt. Irgendwann wird eine gänzlich neue Art aus der alten entstehen, wenn sich die Organisation des Tieres graduell entsprechend der sich ändernden Umwelt modifiziert. Als sein Fieberanfall vorbei war, hatte Wallace die Kernpunkte der Theorie durchdacht. An den nächsten Abenden verfaßte er einen kurzen Aufsatz und sandte ihn an Darwin, von dem er wußte, daß er am Artenproblem arbeitete.

Darwin war verblüfft. Nach dem Besuch von Lyell im Jahre 1856 hatte er versucht, eine Kurzfassung seiner Theorie zu formulieren, aber die Versuche bald abgebrochen. Statt dessen begann er an einem Buch zu schreiben, das den Titel *Natural Selection* hatte. Er hatte bereits elf Kapitel fertiggestellt, als Wallace' kurzer Aufsatz im Juni 1858 eintraf. Der Aufsatz nannte natürliche Selektion als eine Ursache für den Wandel einer gut angepaßten Art in eine andere. Diese Argumentation hatte große Ähnlichkeit mit Darwins Gedanken. «Wenn Wallace meine MS-Notizen 1842 abgeschrieben hätte», schrieb Darwin an Lyell, «hätte er keine bessere Zusammenfassung liefern können.»

Lyell und Hooker kamen zu Hilfe. Sie veranlaßten, daß der Aufsatz von Wallace gemeinsam mit einem Aufsatz von Darwin vor der Linnean Society gelesen wurde. Darwins Beitrag bestand aus Ausschnitten aus dem *Essay* von 1844 und aus einem langen Brief an seinen Freund Asa Gray, der ein führender Botaniker in den Vereinigten Staaten war. Die beiden Aufsätze wurden ordnungsgemäß verlesen und erschienen 1858 im Journal der Gesellschaft (siehe Seite 16). Darwin ging kurz darauf mit Schwung daran, eine Zusammenfassung seines großen Buches zur sofortigen Veröffentlichung vorzubereiten. Daraus wurde ein Band, den wir als *On the Origin of Species* kennen; er wurde 1859 publiziert.

Das endgültige Produkt war das lange Warten wert, wie Asa Gray erkannte, als er ein Exemplar erhalten hatte. Er schrieb an Darwin: «Zwanzig Jahre sind meines Erachtens nicht zuviel Zeit, um ein solches Buch zu schreiben.» All die Jahre, seit seinen Notizbüchern über Arten, hatte er darauf verwendet, die Anwendung der Theorie detailliert auszuarbeiten. Darüber hinaus war der ganze Aufbau des Buches geschickt an die zeitgenössischen Naturforscher gerichtet. Entsprechend dem grundsätzlichen, 1844 ausgearbeiteten Plan schlug Darwin natürliche Selektion als Ursache der Evolution vor und wandte diese Theorie dann auf ein weites Feld moderner Forschungen an. Auf diese Weise lieferte *Origin of Species* eine aktuelle Synthese der jüngsten Ergebnisse in vielen Bereichen und zeigte, wie man diese durch Evolution erklären und vereinigen konnte.

Darwin skizzierte den Plan seiner Erörterungen in einer kurzen Einleitung zu *Origin of Species*. Dort erklärte er, daß ein Naturforscher über das Studium der Vielfalt sehr wohl zu dem Schluß kommen könne, Arten seien aufgrund von Evolution und nicht aufgrund spezieller Schöpfung entstanden. Aber dieser Schluß würde unbefriedigend bleiben, wenn man nicht zeigen könne, wie Arten im Verlauf der Evolution an ihre Umstände angepaßt worden sind. Welche Herausforderung Anpassung darstellte, illustrierte das Beispiel eines Spechts, der daran angepaßt ist, Insekten unter der Baumrinde zu erhaschen, ein Beispiel, das John Ray zwei Jahrhunderte zuvor gebracht hatte. Der Ausgangspunkt war also, eine Ursache für evolutionären Wandel aufzuzeigen, die für die Entstehung einer gut angepaßten Art verantwortlich ist. Im Hinblick auf diese Ursache schrieb Darwin: «Ich bin überzeugt, daß natürliche Selektion das wichtigste, wenn auch nicht ausschließliche Mittel der Modifikation ist.»

Er stürzte sich sogleich in eine vierzigseitige Betrachtung über künstliche Züchtung, um eine Diskussionsgrundlage zu diesem Thema zu schaffen. Am Beispiel der Tauben zeigte er, daß die künstlichen Züchtungen so sehr voneinander abweichen, daß man sie als unterschiedliche Arten oder sogar Gattungen bezeichnen würde, wenn man sie in der freien Natur fände. Alle diese Züchtungen stammen jedoch mit sehr großer Wahrscheinlichkeit von einer einzigen Vorläuferart, der Felsentaube, ab. Das Mittel, mit dem man solche vielfältigen Formen erzeugen konnte, war die sorgfältige Auswahl geeigneter Variationen, die zufällig entstanden sind. Ähnliche Variationen gibt es auch in der freien Natur, was Darwin anhand einiger Beispiele aus dem Tier- und Pflanzenreich zeigte, und sie ist nicht auf unbedeutende Strukturen beschränkt, wie viele Naturforscher geglaubt hatten.

Darwin erklärte dann, daß der Kampf ums Dasein in der Natur dem selektierenden Züchter in der domestizierten Welt entspricht. Die selektive Wirkung dieses Kampfes entsteht aufgrund der Tendenz natürlicher Populationen, mit einer exponentiellen Rate zu wachsen. Dies war «die Doktrin von Malthus, die in weit größerem Ausmaß auf das ganze Tier- und Pflanzenreich angewendet werden konnte». Daß Populationen tatsächlich exponentiell anwachsen, sah man anhand der dramatischen Zunahme von Kühen, Pferden und Schafen, die man in Amerika und Australien eingeführt hatte. Es war jedoch offensichtlich, daß die Populationen wilder Arten nicht bedeutend anwachsen können, weil «die Welt sie nicht tragen würde». Die allgemeine Beobachtung lehrt uns, daß die Anzahl an Individuen bei den meisten Arten von Jahr zu Jahr mehr oder weniger konstant ist.

Normalerweise werden also mehr Individuen geboren, als überleben können, und die Mitglieder einer Population konkurrieren untereinander um beschränkte Ressourcen. Wenn es ein bestimmtes Ausmaß an Variation gibt, dann werden einige in diesem Kampf ums Dasein erfolgreicher sein als andere. Diese besser angepaßten Tiere «werden die größte Chance haben, sich im Kampf ums Leben zu behaupten; und aufgrund des starken Prinzips der Vererbung werden sie im großen und ganzen Nachkommen produzieren, die ähnliche Merkmale haben». Langfristige Veränderungen kommen also nicht einfach durch Variationen zustande, sondern durch natürliche Selektion, die jene Varianten akkumuliert, die sich als vorteilhaft erweisen. Dies führt zu wichtigen Modifikationen in der Struktur, wodurch lebende Organismen «in die Lage versetzt werden, untereinander zu konkurrieren, wobei der am besten angepaßte Organismus überlebt».

Wenn natürliche Selektion über eine lange Zeit wirksam ist, dann wird das unter den Abkömmlingen jeder erfolgreichen Art zu einer Divergenz

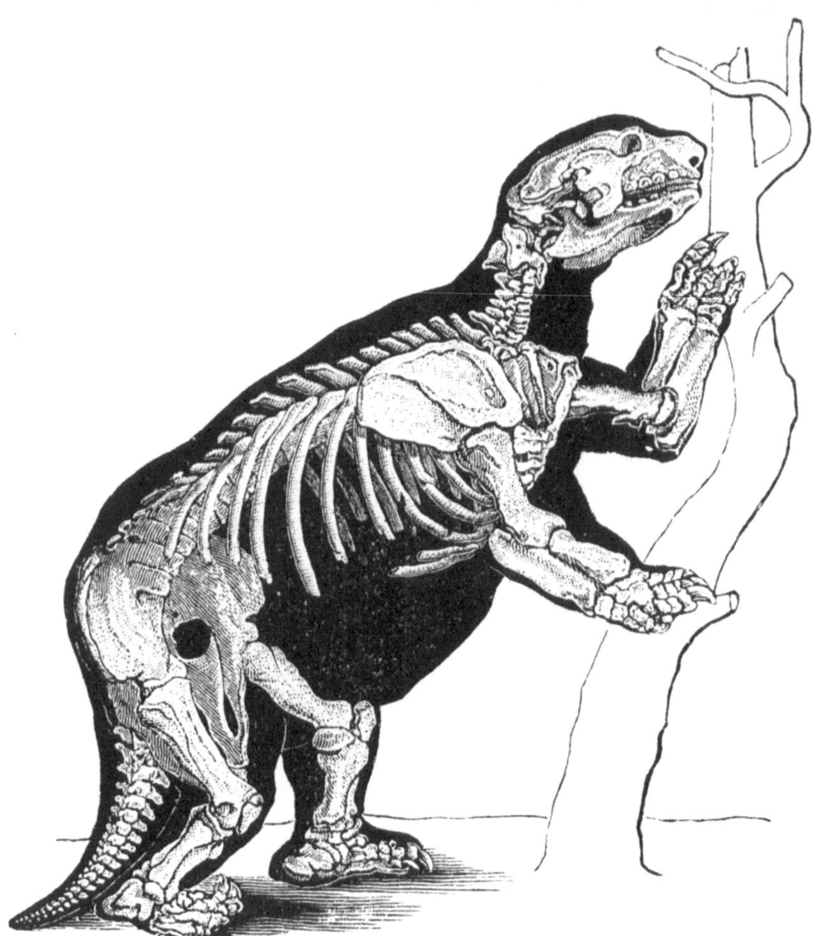

Das Skelett von Mylodon, *einem fossilen, riesigen Faultier, das Darwin in Südamerika gefunden hatte. Diese Rekonstruktion durch Owen zeigt die Ähnlichkeiten zu lebenden Faultieren, die nur in Südamerika vorkommen.*

in der Struktur führen. Denn je unterschiedlicher die Abkömmlinge einer Art werden, desto eher werden sie die neuen ökologischen Möglichkeiten nutzen und sich vermehren können. Und «umso mehr Lebewesen können ihren Lebensunterhalt im selben Gebiet finden, je mehr sie sich in der Struktur, den Gewohnheiten und der Konstitution unterscheiden, wovon wir uns überzeugen können, wenn wir uns die Bewohner irgendeines kleinen Gebietes ansehen». Wenn die Abkömmlinge einer erfolgreichen Art divergieren und sich auf unterschiedliche Lebensweisen spezialisieren, werden eine Reihe von verwandten Arten ausgebildet. Fortgesetzte Divergenz führt dann zusammen mit dem Aussterben der weniger angepaßten Formen zu einem Verzweigungsmuster der Arten und Gattungen.

Nachdem er gezeigt hatte, auf welche Weise natürliche Selektion eine Ursache für evolutionären Wandel und Anpassung sein kann, konnte Darwin seine Theorie testen. Ob sie wirklich in der Lage war, die breitgefächerten Probleme der Biologie erklären zu können, mußte anhand «der allgemeinen Tendenz und der Bilanz der Beweise beurteilt werden, die in den folgenden Kapiteln dargestellt werden». Eine reizvolle Seite von *Origin of Species* war, daß Darwin nicht vorgab, seine Theorie sei ohne Probleme. Im Gegenteil, er zeigte sie auf und versuchte, sich mit ihnen auseinanderzusetzen, ehe er sich den positiven Belegen zuwandte.

Beispielsweise war für ihn «die Mangelhaftigkeit der geologischen Beweise» ein gravierendes Problem. Wenn sich die Arten, die heute die Welt bewohnen, aus anderen Arten entwickelt haben, die ausstarben, dann sollte man erwarten, daß sich zahlreiche Übergangsformen als Fossilien erhalten haben. Aber Darwin gab offen zu: «Die Geologie offenbart zweifellos keine solche fein abgestufte organische Kette; und dies ist vielleicht der offensichtlichste und gewichtigste Einwand, der gegen meine Theorie vorgebracht werden kann.» Als Antwort auf Lyell argumentierte er, daß in Gesteinsformationen keine kontinuierlichen Ablagerungen vertreten sind und Fossilisierung ein seltenes Ereignis ist. Außerdem entstehen neue Arten zumeist als lokale Varianten. Deshalb werden Übergangsstadien noch unwahrscheinlicher als Fossilien erhalten bleiben. Aus diesen Gründen konnte man eine fein abgestufte Reihe von fossilen Formen nicht erwarten.

Sieht man von solchen Schwierigkeiten einmal ab, lieferte die Evolutionstheorie durch natürliche Selektion neue und vernünftige Erklärungen für viele aktuelle Arbeitsergebnisse aus den verschiedensten Forschungsgebieten. Die fossilen Überlieferungen zeigten, daß sich Arten so verändert hatten, wie es die Theorie erfordert, wobei neue Arten langsam und aufeinanderfolgend hinzukamen. Und die Theorie konnte erklären, warum eine Form, je älter sie ist, sich normalerweise umso deutlicher von

Das Skelett eines Grönlandwals, der 1861 zum ersten Mal beschrieben wurde. Wären die Origin *illustriert gewesen, wäre dies ein perfektes Beispiel, denn es zeigt sowohl Homologie in den Vorderbeinknochen (vgl. Darstellung auf Seite 132) als auch rudimentäre Strukturen der Hinterbeine. Die rudimentären Knochen des Beckengürtels und des Hinterbeins werden in Detailvergrößerung gezeigt (unten); Pubis (a'), Ischium (a) und Femur (b) können als getrennte Knochen unterschieden werden.*

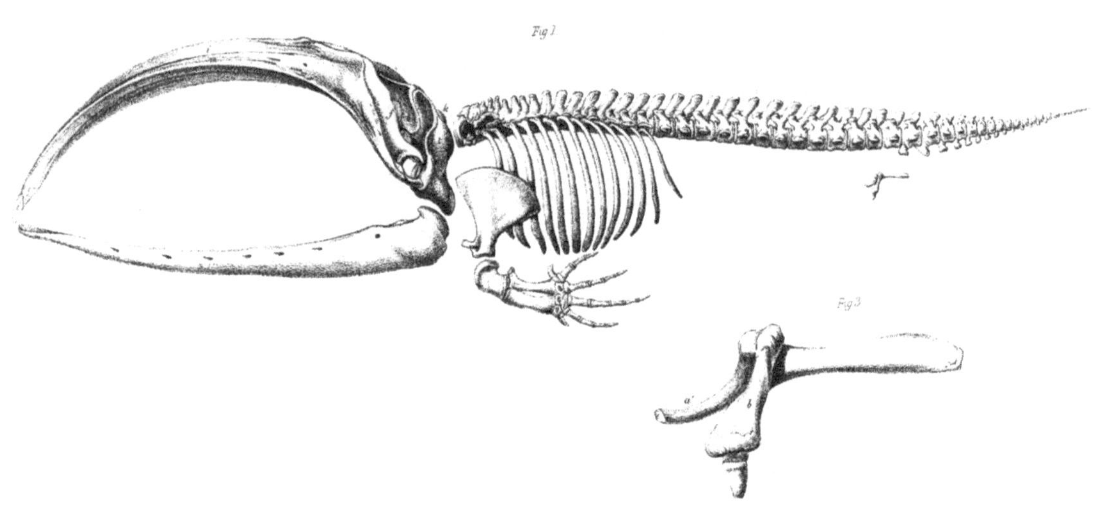

lebenden Formen unterscheidet, was Owen und andere bereits erkannt hatten. Die kontinuierliche Divergenz durch natürliche Selektion gab Aufschluß über kombinierte Merkmale vieler alter und ausgestorbener Formen, die bei den spezialisierteren, moderneren Formen getrennt vorliegen. «Denn je älter eine Form ist», erklärte Darwin, «desto näher verwandt, und daher ähnlicher, wird sie dem allgemeinen Vorfahren der Gruppen sein, die sich seither weit auseinander entwickelt haben.»

Auf ähnliche Weise können auch die eindrucksvollen Tatsachen der geographischen Verbreitung durch Evolution und Migration erklärt werden. Eine erfolgreiche Art wird zunächst in einer Gegend evolvieren, sich dann ausbreiten und diversifizieren und zur Entstehung einer Reihe von nahe verwandten oder entsprechenden Arten in einem großen Gebiet führen. Daher treten Gattungen und Familien von Organismen oft lokal auf, und verschiedene zoologische und botanische Bereiche werden durch große Migrationsschranken voneinander getrennt. Dieser anhaltende Prozess erklärt die Verwandschaftsbeziehungen, die Stellvertreterarten verbindet, die in unterschiedlichen Regionen eines Kontinents leben, und auch, warum die lebenden Arten eine Beziehung zu den ausgestorbenen Arten haben, die früher denselben Kontinent bewohnten.

Solche Entwicklungen lassen sich an ozeanischen Eilanden wie den Galapagos-Inseln sehr deutlich ablesen. Diese besitzen eine Fauna und Flora, die ähnlich der des nächstgelegenen Festlands, aber nicht völlig identisch ist. Einige der beweglicheren Festlandarten werden irgendwann die neu entstandenen Inseln erreichen, und sie werden sich dort zu neuen Arten entwickeln, die besser an die lokalen Bedingungen angepaßt sind. Diese Prozesse könnten erklären, warum ozeanische Inseln nur von relativ wenigen Arten bevölkert sind, von denen die meisten ansonsten nirgendwo gefunden werden. Sie würden auch erläutern, warum Amphibien und terrestrische Säuger auf den Inseln fehlen sollten, obwohl selbst die isoliertesten Inseln ihre eigenen Fledermausarten besitzen.

Außerdem kann Evolution durch natürliche Selektion das Lebensdiagramm erklären, das man in der Hierarchie der Klassifikation sieht, wo Gruppen anderen Gruppen untergeordnet sind. Divergente Evolution würde genau zu einem solchen Verzweigungsmuster führen. In ihrer Suche nach einem natürlichen System der Klassifikation haben daher «Naturforscher unbewußt nach der Gemeinsamkeit der Abstammung gesucht. Dies ist die versteckte Bande, und nicht irgendein unbekannter Schöpfungsplan.» Auf die gleiche Art und Weise kann Evolution Homologie ganz einfach erklären, indem sie an die Stelle eines mysteriösen Archetyps einen gemeinsamen Vorfahren setzt. Das Vorhandensein homologer Knochen im Vorderbein eines Pferdes, im Flügel einer Fledermaus und in der Flosse einer Robbe ist auf die Vererbung von einem gemeinsamen Vorfahren zurückzuführen. «In meiner Theorie», sagte Darwin schlicht, «wird die Einheit des Typs durch die Einheit der Abstammung erklärt.»

Wo schließlich Tierarten aufgrund ihrer Erwachsenenstruktur in dieselbe Klasse eingeordnet werden, wird die Ähnlichkeit ihrer Embryonen elegant durch Evolution erklärt. Als Regel gilt, daß die detaillierten Unterschiede zwischen Arten in einer Klasse eher relativ spät in der Entwicklung erscheinen. Im Verlaufe der Evolution wird natürliche Selektion immer mehr solcher Unterschiede bei den Erwachsenen hinzufügen, aber dieser Prozeß läßt die Embryonen relativ unberührt. Daher bleibt der Embryo ein «mehr oder minder undeutliches Bild der gemeinsamen Elternform jeder großen Tierklasse».

Hier war Darwin besonders angetan, daß er die rudimentären Strukturen erklären konnte, die beim Embryo oft deutlich ausgeprägt sind, beim Erwachsenen aber teilweise oder gänzlich verschwinden. Beispiele sind die fötalen Zähne in den Kiefern von Bartenwalen (siehe Seite 96) und die Überreste von seitlichen Zehen an den Beinen von Pferden. Diese rätselhaften Fälle wurden bis dato häufig damit erklärt, sie seien entworfen worden, «um das Schema der Natur zu vervollständigen». Aber evolutionär ließ sich ihr Ursprung einfach herleiten: Sie waren verkümmerte Überbleibsel von Teilen, die früher bei Vorläuferarten vollständig ausgebildet waren. Man kann rudimentäre Teile, schrieb Darwin, «mit den Buchstaben in einem Wort vergleichen, die beim Buchstabieren noch erhalten sind, aber in der Aussprache nutzlos werden, die aber als Anhaltspunkt bei der Suche nach der Herleitung des Wortes dienen».

Im letzten Kapitel bemerkte Darwin, daß «der ganze Band ein einziges zusammenhängendes Argument» sei, und er half dabei, die Hauptfäden zusammen zu spinnen. Die Breite und Stichhaltigkeit dieses Arguments zeichneten *Origin of Species* aus und machen das Buch selbst heute noch zu einem faszinierenden Leseerlebnis. Indem er jüngere Ergebnisse so vieler verschiedener Forschungsbereiche zusammenbrachte, und vieles davon schien zunächst nicht günstig für seine Theorie zu sein, überzeugte Darwin auf eine Art und Weise von der Evolution, wie das nie zuvor der Fall war. *Origin of Species* war sowohl auf dem neuesten Stand als auch kurz genug, damit die Argumente ihre ganze Kraft entfalten konnten. Da das Buch in Eile geschrieben wurde, enthielt es keine Berge von Daten, noch war es mit Fußnoten vollgespickt. Die Logik seiner Argumente, die Breite seiner Synthese und die angenehme Länge waren ausschlaggebend für die überwältigende Wirkung, die Darwins Buch erzielte.

THE GEOGRAPHICAL

DISTRIBUTION OF ANIMALS

WITH A STUDY OF
THE RELATIONS OF LIVING AND EXTINCT FAUNAS
AS ELUCIDATING THE
PAST CHANGES OF THE EARTH'S SURFACE.

BY

ALFRED RUSSEL WALLACE,

AUTHOR OF "THE MALAY ARCHIPELAGO," ETC.

WITH MAPS AND ILLUSTRATIONS.

IN TWO VOLUMES.—VOLUME II.

London:

MACMILLAN AND CO.

1876.

6

Der Stammbaum des Lebens und die natürliche Selektion

«Wie unglaublich dumm auch, nicht daran gedacht zu haben!» war Thomas Huxleys Reaktion, als er *On the Origin of Species* zum ersten Mal las. Das war im November 1859, während er eine Klausur beaufsichtigte. Er erkannte sogleich, daß Darwins Theorie die Artenfrage lösen konnte. Huxley (1825–95) war damals ein junger Zoologe, der sich einen Namen in vergleichender Anatomie gemacht hatte. Er hatte seine Karriere ein Jahrzehnt zuvor an Bord des Schiffes *Rattlesnake* begonnen, wo er wirbellose Tiere untersuchte, die nahe an der Meeresoberfläche treiben. Er lernte Darwin kurz nach seiner Rückkehr von der Reise mit der *Rattlesnake* kennen und die beiden Männer waren zum Zeitpunkt der Veröffentlichung von *Origin of Species* enge Freunde.

An Huxley kann man die Wirkung von *Origin of Species* recht gut verdeutlichen, weil ihm Darwins Vorstellungen kaum bekannt waren, bevor er das Buch gelesen hatte. Er begann sich in den 1850er Jahren mit der Artenfrage zu beschäftigen und lehnte die Vorstellung der speziellen Schöpfung, wie sie Agassiz und andere vertraten, bald ab. Er schenkte auch Owens abstrakten Archetypen kaum Beachtung, die für ihn «verbaler Hokuspokus» waren. Obwohl Huxley überzeugt war, daß es möglich sein müsse, den Ursprung neuer Arten wissenschaftlich erklären zu können, beeindruckten ihn Lamarcks Evolutionstheorie oder spätere Abwandlungen davon überhaupt nicht. Seine Ablehnung von Evolution wurde in einer wüsten Kritik an einer der späteren Ausgaben von den *Vestiges* deutlich.

Als jedoch *Origin* erschien, war er sofort von diesem «vortrefflichen Buch» fasziniert, das alle vorhandenen Daten in den Griff bekam. Hier war endlich eine Theorie, die neues Licht auf die bedrückenden Fragen warf. «Wenn notwendig, gehe ich dafür auf den Scheiterhaufen», schrieb er, volle Unterstützung signalisierend, soweit es die Kapitel über die geologische und geographische Verbreitung der Arten betraf. Er war nicht ganz so überzeugt von den Kapiteln über natürliche Selektion, schrieb aber: «Du hast eine wahre Ursache für die Entstehung von Arten aufgezeigt.»

Darwin war sehr erfreut, daß Huxley seine Ansichten unterstützte. Als er seinen *Origin* in aller Eile zusammenzimmerte, wurde Darwin klar, daß er auf die Einschätzung von Lyell, Hooker und Huxley größten Wert legen würde. Aufgrund der großen praktischen Erfahrung und des scharfsinnigen Denkens dieser Freunde würde deren Urteil ein entscheidender Test sein. Tatsächlich priesen alle drei *On the Origin of Species* als eine außergewöhnliche Arbeit. Sie waren ebenfalls vom zentralen Argument überzeugt und akzeptierten die Evolutionstheorie.

In der breiteren Öffentlichkeit der Naturforscher löste das Erscheinen des Buches starke Reaktionen aus. Im Jahre 1860 erschienen zahlreiche Kritiken, viele waren ziemlich feindlich gesinnt. Natürlich waren die Kritiker gewohnt, die Sachen ganz anders zu sehen als Darwin, und sie waren daher überrascht von seinen kühnen neuen Ideen und dem kompromißlosen Eintreten für Evolution. Aber es schien, als wären sie bereit für die Evolution, obwohl vor 1859 kaum einer diese Idee unterstützt hatte. Darwin gewann die Oberhand, und zwar in bemerkenswert kurzer Zeit. Innerhalb eines Jahrzehnts bekannten sich die meisten Naturforscher in der englischsprachigen Welt zu Darwins Evolutionsideen.

Als er 1872 seine letzte Ausgabe von *On the Origin of Species* veröffentlichte, konnte Darwin befriedigt feststellen: «Die Lage hat sich völlig verändert, und fast jeder Naturforscher erkennt das große Prinzip der Evolution an.» Was für einen Aufruhr diese Umgestaltung in jenen Tagen hervorrief, veranschaulicht eine Erinnerung des Physiologen Sir Charles Sherrington. 1873 überredete ihn seine Mutter, *Origin of Species* in den Sommerurlaub mitzunehmen: «Damit wird Dir die Tür zum Universum geöffnet!»

Naturforscher akzeptierten Evolution, weil sie sich auf die Probleme anwenden ließ, mit denen sie in ihrer täglichen Arbeit konfrontiert waren. Angesichts der Vielfalt des Lebens ergaben sich oft selbst auf den einfachsten Ebenen Probleme, denn es war häufig schwierig, zwischen wirklichen Arten und lokalen Rassen zu unterscheiden. Und diese Schwierigkeit wuchs mit den Studien, anstatt geringer zu werden. Dies hätte nicht geschehen dürfen, wenn jede Art mit einer charakteristischen und dauerhaften Struktur getrennt erschaffen worden wäre, wie es seit Linnaeus die vorherrschende Meinung war. Es hätte im Gegenteil möglich sein müssen, Arten anhand von Kriterien wie anatomischen Unterschieden und beidseitiger Sterilität nach Kreuzungen eindeutig zu unterscheiden.

Der Physiologe William Carpenter gehörte zu jenen, die 1860 eine Kritik über *Origin of Species* schrieben. Er erkannte, daß Arten nicht so scharf definiert sind, wie sie es sein müßten, wenn sie speziell erschaffen worden wären. «Die Naturforscher haben sich viel zu lang an die Doktrin der ‹Permanenz der Arten› gehalten», schrieb er. «Ihre Kataloge werden immer mehr belastet mit diesen hypothetischen ‹getrennten Schöpfungen›.»

Im Gegensatz dazu, bemerkte Carpenter, erkennen die besten Naturforscher, daß «man keiner Art eine reale Existenz in der Natur zuschreiben kann, bis nicht ihre *Variationsbreite in Raum und Zeit* bestimmt ist». Eine derartige Studie der britischen Blütenpflanzen hatte kürzlich die Anzahl wirklicher Arten um etwa ein Viertel vermindert. Hier war Darwins Werk von «höchstem Wert», da es ein neues Prinzip einführte, das diese Variabilität gut erklären konnte. Carpenter neigte also sehr dazu, Darwins These zu akzeptieren, zumindest für Gruppen ähnlicher Organismen.

Natürlich lehnten einige Naturforscher solche Gedanken ab und hielten an der früheren Ansicht fest, daß jede Art getrennt erschaffen wurde.

Zwei gegensätzliche Kritiken über den Origin, *die 1860 erschienen. Die* Westminster Review *veröffentlichte ein außergewöhnliches Stück Schreibkunst von Huxley, in dem er Darwin vehement verteidigte.* The Spectator *brachte eine Kritik von Sedgwick, der «rasend vor Empörung» (Darwin) über das Buch war.*

On the Origin of Species, by means of Natural Selection ; or the Preservation of favoured Races in the Struggle for Life. By CHARLES DARWIN, M.A. London. 1860.

MR. DARWIN'S long-standing and well-earned scientific eminence probably renders him indifferent to that social notoriety which passes by the name of success ; but if the calm spirit of the philosopher have not yet wholly superseded the ambition and the vanity of the carnal man within him, he must be well satisfied with the results of his venture in publishing the " Origin of Species." Overflowing the narrow bounds of purely scientific circles, the " species question" divides with Italy and the Volunteers the attention of general society. Everybody has read Mr. Darwin's book, or, at least, has given an opinion upon its merits or demerits; pietists, whether lay or ecclesiastic, decry it with the mild railing which sounds so charitable ; bigots denounce it with ignorant invective ; old ladies, of both sexes, consider it a decidedly dangerous book, and even savans, who have no better mud to throw, quote antiquated writers to show that its author is no better than an ape himself; while every philosophical thinker hails it as a veritable Whitworth gun in the armoury of liberalism, and all competent naturalists and physiologists, whatever their opinions as to the ultimate fate of the doctrines put forth, acknowledge that the work in which they are embodied is a solid contribution to knowledge and inaugurates a new epoch in natural history.

Nor has the discussion of the subject been restrained within the limits of conversation. When the public is eager and interested, reviewers must minister to its wants, and the genuine *littérateur* is too much in the habit of acquiring his knowledge from the book he judges—as the Abyssinian is said to provide himself with steaks from the ox which carries him—to be withheld from criticism of a profound scientific work by the mere want of the requisite preliminary scientific acquirement; while, on the other hand, the men of science who wish well to the new views, no less than those who dispute their validity, have naturally sought opportunities of expressing their opinions. Hence it is not surprising that almost all the critical journals have noticed Mr. Darwin's work at greater or less length, and so many disquisitions, of every degree of excellence, from the poor product of ignorance, too often stimulated by prejudice, to the fair and

[Vol. LXXIII. No. CXLIV.]—NEW SERIES, Vol. XVII. No. II. N N

OBJECTIONS TO MR. DARWIN'S THEORY OF THE ORIGIN OF SPECIES.

[The Archbishop of Dublin has received the following remarks, in answer to an inquiry he had made of a friend (eminent in the world of science) on the subject of Darwin's theory of the origin of species.]

Before writing about the transmutation theory, I must give you a skeleton of what the theory is :—

1st. *Species* are *not permanent; varieties* are the beginning of new species.

2d. Nature began from the simplest forms—probably from one form—the primæval *monad*, the parent of all organic life.

3d. There has been a continual ascent on the organic scale, till organic nature became what it is, by one continued and unbroken stream of onward movement.

4th. The organic ascent is secured by a Malthusian principle through nature,—by a battle of life, in which the best in organization (the best varieties of plants and animals) encroach upon and drive off the less perfect. This is called the theory of *natural selection.*

It is admirably worked up, and contains a great body of important truth ; and it is eminently amusing. But it gives no element of strength to the fundamental theory of transmutation ; and without specific transmutation natural selection can do nothing for the general theory. The flora and fauna of North America are very different from what they were when the Pilgrim Fathers were driven out from old England; but, changed as they are, they do not one jot change the collective fauna and flora of the actual world.*

5th. We do not mark any great organic changes *now*, because they are so slow that even a few thousand years may produce no changes that have fixed the notice of naturalists.

6th. But time is the agent, and we can mark the effects of time by the organic changes on the great geological scale. And on every part of that scale, where the organic changes are great in two contiguous deposits of the scale, there must have been a corresponding lapse of time between the periods of their deposition—perhaps millions of years.

I think the foregoing heads give the substance of Darwin's theory; and I think that the great broad facts of geology are directly opposed to it.

Zwei erwähnenswerte Beispiele sind Darwins früherer Lehrer Adam Sedgwick und der Schweizer Naturforscher Louis Agassiz, der jetzt in Amerika lebte. Mit der geographischen Vielfalt des Lebens konfrontiert, behauptete Agassiz weiterhin, daß jede Art speziell erschaffen worden sei und zwar in genau der Umwelt, in der man sie noch findet. Jede Art wurde so erschaffen, daß sie an ihre zugedachte Umwelt selbst in solchen Details wie der Populationsgröße paßte. Aufgrund dieses Prinzips mußte Agassiz ein neues Schöpfungswunder selbst für bestimmte lokale Rassen herbeizitieren. Für Carpenter machte es mehr Sinn, daß Gott durch natürliche Gesetze wirkte, wenn neue Arten eingeführt wurden. Sicherlich erwies sich Gottes Macht und Glorie deutlicher in Naturgesetzen als durch ein Bombardement von wundersamen Eingriffen.

Wie Lyell feststellte, verhalf die völlige Absurdität der Position von Agassiz Darwins Ansichten zum Durchbruch. Lyells eigener Glaube an die getrennte Schöpfung jeder Art wurde vor allem durch die Beweise der Pflanzen und Tiere erschüttert, die in von Europäern kolonialisierte Länder eingeführt worden waren. In bestimmten Fällen verwilderten die Tiere, und manche waren so erfolgreich, daß sie einheimische Arten verdrängten. Solche Situationen zeigten eindeutig, daß nicht jede Art einzigartig für ihre gegenwärtige Umwelt erschaffen wurde, wie Agassiz dachte. Die Tatsache, daß einige Arten bei geeigneten Gelegenheiten gedeihen und sogar in nicht einheimischen Gegenden die Oberhand gewinnen konnten, war mit Darwins Ansichten viel besser in Einklang zu bringen.

Bezüglich der geographischen Verbreitung von Pflanzen und Tieren wurde den Forschern bald bewußt, daß Evolution Sinn in ihre Arbeiten bringen konnte. Hooker war einer der ersten, der die neuen Ideen in seinen Untersuchungen über die regionalen Floren der Welt anwandte. In den einführenden Bemerkungen zu seinem Werk *Die Flora Tasmaniens* merkte er an, daß Naturforscher, die Arten als unveränderliche Schöpfungen betrachteten, keine Übereinstimmung darüber fänden, wieviele Arten von Blütenpflanzen es gibt. Wenn aber Darwin recht hatte, dann mußte es zwangsläufig zweifelhafte Fälle geben zwischen lokalen Varietäten und eigenständigen Arten.

Hooker fand Darwins Ansichten auch dadurch bestätigt, daß Pflanzenarten und -gattungen in der Regel auf bestimmte geographische Gebiete beschränkt sind. Diese Ordnung ist das natürliche Ergebnis, wenn die Arten jeder Gattung von einem gemeinsamen Vorfahren abstammen und sich dann von einem gemeinsamen Mittelpunkt aus in verschiedene Richtungen ausgebreitet haben. Tatsächlich war die Ordnung der Pflanzen überall in der Welt so, wie zu erwarten, wenn unab-

> *Zwei Tafeln aus Wallace'* Geographical Distribution of Animals, *die den Gegensatz zwischen Tieren aus dem orientalischen und australischen Raum zeigen. Links: eine Auswahl von Tieren, die charakteristisch für Borneo sind, darunter ein Tarsier (Halbaffe),* Tarsius bancanus *(oben links), ein Spitzhörnchen,* Ptilocercus lowii *(Mitte links), und ein Tapir,* Tapirus indicus *(Mitte rechts). Rechts: Wallace' Auswahl von Tieren aus Neuguinea, die in Kontrast zu denen aus Borneo gesetzt werden sollten, darunter ein Baumkänguruh,* Dendrolagus inustis *(oben links), ein Lori (Halbaffe),* Charmosyna papou *(oben rechts), und ein Baumeisvogel,* Tanysiptera galatea *(untere Bildmitte).*

A FOREST IN BORNEO, WITH CHARACTERISTIC MAMMALIA.

SCENE IN NEW GUINEA, WITH CHARACTERISTIC ANIMALS.

lässig graduelle Änderungen stattgefunden haben, «die im Laufe der Zeit zu den höchst abweichenden Formen geführt haben».

Neue Beweise dieser Art stellte Wallace für Tiere zusammen. Einige seiner besten Daten hatte er während seines langen Aufenthalts auf den Inseln Südostasiens, die den malaiischen Archipel bilden, zusammengetragen. Dort fand er, daß sich in der Mitte des Archipels die charakteristischen Tiere des tropischen Asiens mit den typischen Tierarten Australiens treffen. Während seines Aufenthalts entdeckte er diese drastischen Änderungen der Fauna, und er veröffentlichte 1859 und 1860 Berichte darüber. Aus der Verbreitung von Vögeln schloß er, daß die Trennungslinie zwischen den beiden Faunen zwischen den Inseln Bali und Lombok, die nur ein paar Kilometer auseinanderliegen, verlaufen mußte.

Er war erstaunt, daß die beiden Faunen nicht durch größere physikalische oder klimatische Barrieren getrennt waren. «Solche Tatsachen», schrieb er, «können nur mit enormen Veränderungen der Erdoberfläche erklärt werden». Wenn es jetzt keine Barriere gab, dann mußte es in der Vergangenheit eine gegeben haben, damit die Evolution dieser unterschiedlichen Faunen erklärbar war. Aufgrund der Geographie des Kontinentalschelfs unter der See wußte Wallace, daß die beiden Faunen mit zwei unterschiedlichen Kontinentalbereichen verknüpft waren. Er nahm an, daß sich diese Kontinente erhoben hatten und dann versunken waren: Erst im 20. Jahrhundert fand man heraus, daß sie sich tatsächlich angenähert hatten.

Einige Jahre später, im Jahre 1876, faßte Wallace den neuen Ansatz in einem großen zweibändigen Buch mit dem Titel *The Geographical Distribution of Animals* zusammen. Darin zeigte er, daß die gegenwärtige Verbreitung von Tieren auf der Erde nicht «völlig auf die Unterschiede im Klima und der Vegetation zurückzuführen ist». In vielen Fällen weisen die Länder Ähnlichkeiten im Klima und der physikalischen Geographie auf und besitzen doch ganz unterschiedliche Arten von Tieren. Diese Situation kann man nur verstehen, wenn es in der Vergangenheit Änderungen gegeben hat, sowohl was die Lebewesen als auch die Struktur des Landes und der Ozeane betraf. Die gegenwärtige Verbreitung von Arten ist «das Ergebnis und die Folge aller früherer Veränderungen der Erde und ihrer Bewohner». Wallace berücksichtigte deshalb sowohl die Verbreitung der fossilen Tiere, als auch der Hauptgruppen der lebenden Landtiere.

Mit Hilfe dieses neuen, kühnen Ansatzes konnte er viele rätselhafte Fälle der Verbreitung erklären, wie etwa den der Familie der Kamele. Lebende Arten der Kamele sind auf Wüsten, von der Mongolei bis zur Sahara, beschränkt, während die nahe verwandten Lamas nur in den Bergen und Wüsten Südamerikas vorkommen. Man fand jedoch kamelartige Fossilien, die als evolutionäre Vorfahren gelten konnten, in Gesteinen des Pliozäns in Nordamerika. Die Vorfahren der Kamelfamilie erschienen also «in einer Region, wo sie heute nicht mehr vorkommen, deren Lage aber so ist, daß die jetzt weit getrennt lebenden Formen von ihnen abstammen konnten». Auf diese Weise konnte Wallace die Evolutionstheorie mit Erfolg auf die Probleme der Verbreitung der Tiere auf der Erde anwenden.

Darwin begrüßte dieses Buch mit «uneingeschränkter Bewunderung» und versicherte Wallace, daß es «eine umfassende und sichere Begründung für alle zukünftigen Forschungen über Verbreitung» gelegt habe. Die Vielfalt des Lebens, sowohl in der Klassifikation als auch in der Geographie, machte Sinn, wenn man sie als Ergebnis der Evolution betrachtete. Dies implizierte, daß es in der Geschichte des Lebens bedeutsame Änderungen gegeben haben mußte, und direkte Beweise für Än-

Eine Rekonstruktion des Archaeopteryx *aus dem späten 19. Jahrhundert, die auf den beiden damals bekannten Exemplaren basiert. Die reptilischen Merkmale des Vogels, wie etwa der bezahnte Kiefer und der lange knöcherne Schwanz, werden deutlich gezeigt. Die Detailvergrößerung (unten), welche die an jedem Schwanzwirbel ansetzenden Federpaare zeigt, wurde aus Owens ursprünglicher Beschreibung übernommen.*

derungen fanden sich in den fossilen Überlieferungen von Tieren und Pflanzen. Die Geschichte des Lebens, wie sie sich in den fossilen Überlieferungen darstellt, ist deshalb der entscheidende Test für Darwins Evolutionstheorie.

Eine typische Reaktion auf die Theorie in diesem Zusammenhang kam von Francois Pictet, dem Autor der angesehenen *Abhandlung über Paläontologie*. Dieses Buch war für Wallace äußerst hilfreich, als er 1855 seinen Aufsatz über die Einführung neuer Arten schrieb. In einer Kritik lobte Pictet 1860 *Origin of Species* als umfassendes Werk, das sich wohltuend von der «normalen Routine» abhebt. Er war durchaus bereit, «die meisten Tatsachen und Ideen» zu akzeptieren, die sich in *Origin of Species* fanden, aber nur bis zu einem gewissen Punkt.

Es war eine Sache zu akzeptieren, daß individuelle Variation, auf die natürliche Selektion wirkt, zum Entstehen neuer Arten mit verhältnismäßig ähnlicher Form führen kann. Es war aber eine ganz andere Sache, zu sehen, wie große Gruppen von Organismen, die sich in ihrer Organisation sehr unterscheiden, aufgrund derselben Mechanismen entstanden sein könnten. Jedenfalls fehlte in den fossilen Überlieferungen jeder Hinweis auf solche graduellen Übergänge. Pictet sagte, er könne Makroevolution nicht akzeptieren, solange er keine direkten Beweise dafür habe, daß die großen Änderungen so zustande gekommen seien, wie Darwin behauptete.

Er anerkannte aber, daß Darwin indirekte Beweise hatte vorlegen können, deren «Bedeutung real und unbezweifelbar» sei. Die Theorie lieferte «bewundernswerte Erklärungen» für einen Grundbauplan der rudimentären Organe und für die Ordnung der Arten und Gattungen in der natürlichen Klassifikation. Die Theorie konnte die Ähnlichkeit zwischen fossilen Arten in aufeinanderfolgenden Formationen ebensogut erklären wie die manchmal zu sehende Parallele zwischen den fossilen Überlieferungen und der Entwicklung im Embryo. Schließlich ließ sich Pictet doch von den indirekten Beweisen überzeugen. 1864 hatte er die Makroevolution akzeptiert, und zwei Jahre später schrieb er einen Aufsatz über fossile Fische, der die Evolutionstheorie unterstützte.

In seiner Kritik hatte Pictet erklärt, daß sich Darwins Vorstellungskraft «viel schneller entfaltet hat als meine», indem sie die Evolutionstheorie so weit entwickelte. Ähnlich erging es Carpenter und vielen anderen Naturforschern. Es war keineswegs so, daß sie die Evolutionsidee gänzlich ablehnten, sondern vielmehr mußte sich ihre Vorstellungskraft allmählich erweitern, damit sie sich mit der Evolution anfreunden konnten. Nichts trug mehr zu dieser Bewußtseinserweiterung bei als die Entdeckung von fossilen Formen, die zwischen den bereits bekannten standen. Die fossilen Überlieferungen sind auf einer detaillierten Ebene vielleicht zu unvollständig, um den Wandel einer Art in eine andere zu dokumentieren, hatte Darwin behauptet. Aber es herrschte weitgehende Übereinstimmung darüber, daß sie vollständig genug waren, um eine breite Skizze der Geschichte des Lebens zu liefern, insbesondere für die Wirbeltiere. So sollte es möglich sein nachzuprüfen, ob die fossilen Formen so aufeinander folgten, wie es Darwins Theorie forderte.

Noch war die Tinte kaum trocken, mit der die ersten Kritiken über *Origin of Species* geschrieben worden waren, als eine fossile Entdeckung die neue Theorie deutlich bestätigte, wie es ihre Verfechter so kaum hatten erhoffen können. 1860 fand Hermann von Meyer eine fossile Feder in den Kalksteinbrüchen von Solnhofen in Bayern, die berühmt für ihre hervorragenden Lithographiesteine waren. Da dieses Gestein besonders feinkörnig war, eignete es sich nicht nur hervorragend als Druckplatte für Lithographien; auch Fossilien blieben dank dieser Beschaffenheit sehr gut erhalten. Die Solnhofener Ablagerungen stammten aus dem Jura, waren also viel älter als alle Vogelfossilien, die man bis dahin kannte. Nachdem Meyer überzeugt war, daß es sich um eine echte Feder handelte, gab er ihrem Besitzer den Namen *Archaeopteryx* (griechisch für «alter Flügel»).

Im folgenden Jahr fand man in denselben Steinbrüchen ein fast vollständiges Skelett mit Federn. Dieses bemerkenswerte Exemplar eines *Archaeopteryx* wurde unter hohen Kosten vom Britischen Museum erworben, dessen naturgeschichtliche Sammlung jetzt von Richard Owen betreut wurde. Er veröffentlichte 1863 eine Beschreibung des Skeletts und betonte, daß es sich «eindeutig um einen Vogel» handelte. Gleichzeitig bemerkte er, daß einige Merkmale bei lebenden Vögeln nur im Embryonalstadium vorkamen und daß «eine nähere Verbindung zum allgemeinen Wirbeltier-Typ» bestand. Insbesondere hatte das Skelett einen langen knöchernen Schwanz mit einem Federpaar an jedem Wirbel, und die Vorderglieder hatten getrennte Zehen mit Krallen. Weitere Untersuchungen schienen zu zeigen, daß es auch Zähne hatte, was bestätigt wurde, als 1877 noch besser erhaltene Exemplare in Solnhofen gefunden wurden.

Als Huxley diese Beschreibung las, erkannte er bald, daß Owens archetypischen Ausdrücke ohne weiteres in evolutionäre Begriffe übersetzt werden konnten. Die generalisierten oder embryonalen Merkmale, wie etwa der lange Schwanz, getrennte Zehen und bezahnte Kiefer waren schlicht reptilisch. Der *Archaeopteryx* war deshalb eine Übergangsform, welche die Kluft zwischen Vögeln und Reptilien zu schließen half.

Darüber hinaus fand man in den Ablagerungen von Solnhofen einen kleinen, zweibeinigen Dinosaurier, *Compsognathus* genannt, der in bestimmter Hinsicht vogelähnlich war und die Lücke von der anderen Seite einigermaßen schließen konnte. In einer gemeinverständlichen Vorle-

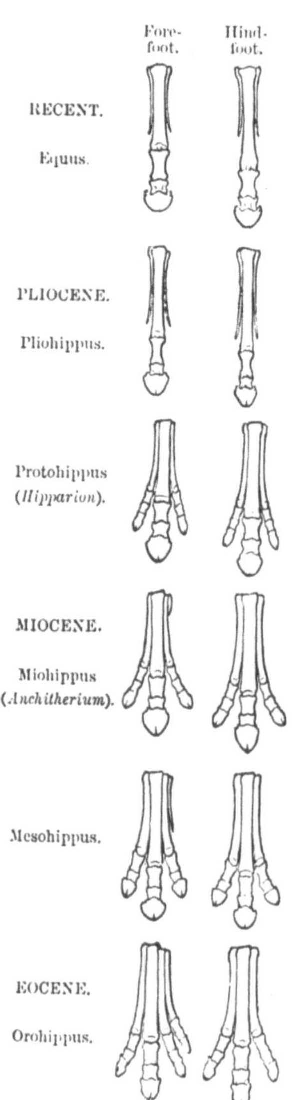

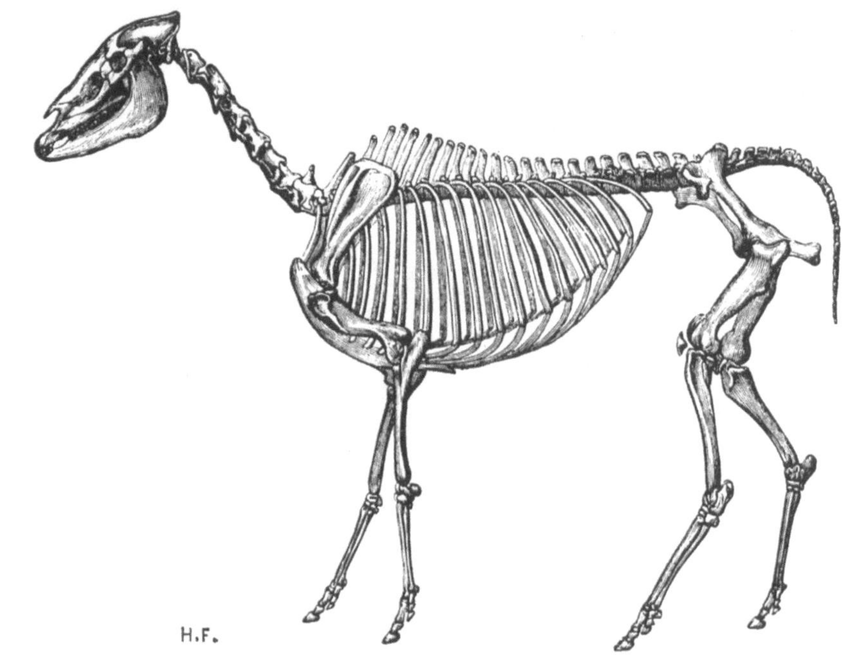

Fossile Beweise für die Evolution innerhalb der Pferdefamilie. Rechts: Gaudrys Rekonstruktion eines Skeletts des fossilen Pferdes Hipparion *aus dem Miozän; links: ein Ausschnitt aus Marshs Übersichtsdiagramm über die Hauptabstammungslinie der Evolution bei Pferden während des Tertiärs, die eine graduelle Rückbildung der seitlichen Zehen am Vorder- und Hinterfuß zeigt.*

sung sagte Huxley 1868, daß der *Archaeopteryx* und *Compsognathus* Testfälle darstellten, welche die Evolutionstheorie stark untermauerten. Das Vorhandensein eines vogelähnlichen Reptils und eines reptilähnlichen Vogels in den richtigen Schichten der fossilen Überlieferungen zeigte, daß ein evolutionärer Übergang von einer Wirbeltierklasse zur nächsten völlig plausibel war.

Eine andere Gruppe fossiler Entdeckungen, an der Huxley stark interessiert war, betraf den Familien- oder Stammbaum des Pferdes. Die ersten Entdeckungen hierzu machte Albert Gaudry, der in den 1850er Jahren mit einer französischen Expedition an fossiltragenden Gesteinen bei Pikermi in Griechenland arbeitete. Diese Gesteine enthielten viele fossile Säuger, die besonders interessant waren, da sie aus dem Miozän stammten. Dies war das Erdalter, das zwischen den beiden von Cuvier untersuchten Faunen lag, die der oberflächlichen Schotter des Pleistozäns und die der Pariser Gruben des Eozäns. Gaudry fand, daß viele dieser fossilen Säuger in ihrer Struktur eine Zwischenform zwischen den Arten darstellten, die man aus den früheren und späteren Perioden kannte. Bei weitem am besten, so fand Gaudry, ließen sich diese Zwischenformen in evolutionären Begriffen interpretieren.

Im Falle der Pferdefamilie wurden die heute lebenden Pferde und die des Pleistozäns in die Gattung *Equus* eingeordnet. Es handelt sich um hochspezialisierte Huftiere (Ungulaten), die dadurch auffallen, daß ihr Fuß zu einem einzigen, verlängerten Zeh reduziert ist. Im Gegensatz

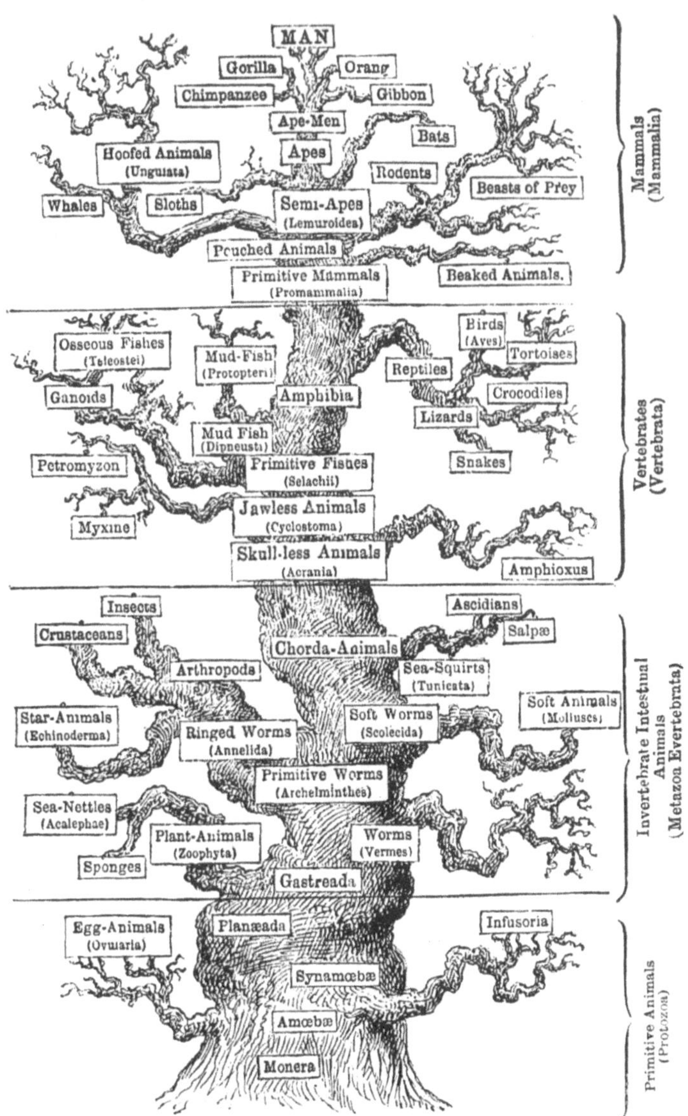

Ein Stammbaum des Lebens aus Haeckels Evolution des Menschen. *Die lebensnahe Darstellung der Zeichnung verbirgt die große spekulative Natur der gezeigten Beziehungen.*

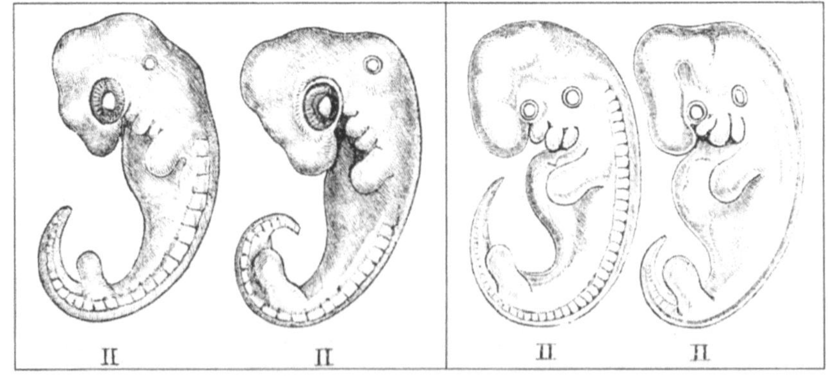

Von links nach rechts sind die Embryonen einer Schildkröte, eines Vogels, eines Kaninchens und eines Menschen in einem entsprechenden frühen Entwicklungsstadium dargestellt. Dies ist ein kleiner Ausschnitt aus Haeckels Illustration, die am häufigsten kopiert wurde.

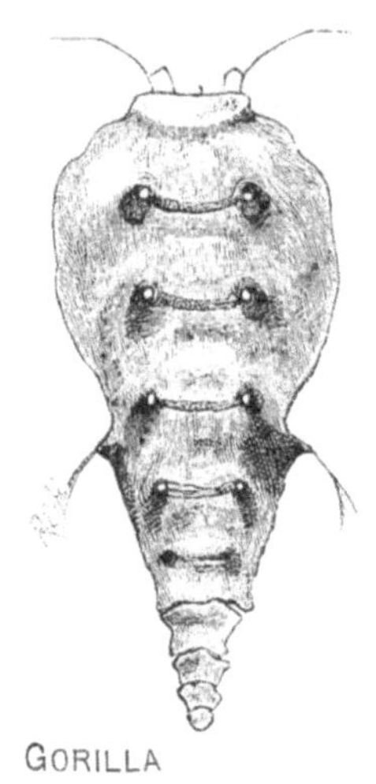

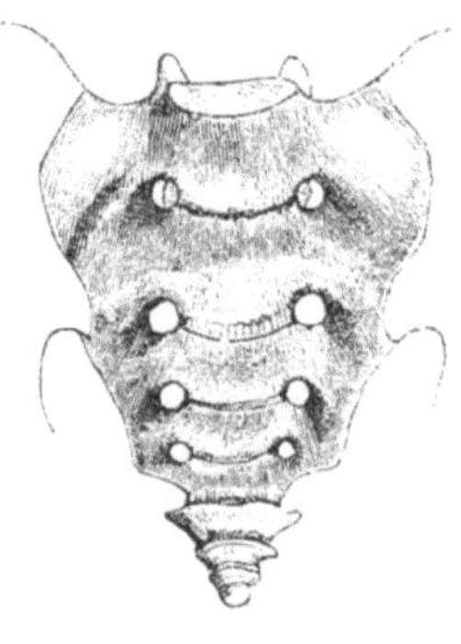

Rudimentäre Schwanzknochen in den Skeletten von Gorilla und Mensch. Tatsachen wie diese unterstützten sehr früh die Evolutionstheorie.

dazu ist Cuviers *Palaeotherium* aus dem Eozän ein viel kleinerer und generalisierterer Ungulat, der drei fast gleich lange Zehen besitzt. Bei Pikermi fand Gaudry viele Fossilien eines weniger spezialisierten pferdeähnlichen Säugetiers, *Hipparion*, das eindeutig seitliche Zehen aufwies, die aber zu klein waren, um den Boden zu berühren. Da *Hipparion* sowohl in der Struktur als auch im geologischen Zeitalter eine Zwischenform zwischen Pleistozän und Eozän war, konnte das Tier eine evolutionäre Verbindung zwischen beiden darstellen. Als Gaudry in den 1860er Jahren seine Arbeiten veröffentlichte, zeichnete er daher unter Verwendung von *Hipparion* einen vorläufigen Stammbaum der modernen Pferde in Form eines sich verzweigenden, evolutionären Baumes.

Dieser Stammbaum wurde von dem Amerikaner Othniel Marsh erweitert. Marsh hatte in Westeuropa fossile Sammlungen untersucht. Seine Suche nach ähnlichen fossilen Reihen in seinem Heimatland wurde reich belohnt. Bis 1874 hatte er eine Sequenz von Fossilien gefunden, die «jede wichtige Zwischenform» zwischen dem kleinen unspezialisierten *Orohippus* des Eozäns und dem sehr spezialisierten *Equus* von heute zeigten. Diese Sequenz verdeutlichte sowohl eine graduelle Reduktion der Seitenzehen in jeder aufeinanderfolgenden Art, als auch entsprechende Änderungen in anderen Beinknochen und in den Zähnen. In einer Vorlesung im Jahre 1877 nannte Marsh die fossilen Zwischenformen wie die Pferdesequenz und den *Aechaeopteryx* «Meilensteine», die uns über die «flachen Überreste des Golfs führen, der früher als unpassierbar galt». Es konnte keinen Zweifel mehr daran geben, daß es eine Evolution gegeben hatte. Sie lieferte «einen Schlüssel zu den Mysterien des vergangenen Lebens auf der Erde».

Zwischenzeitlich erwuchs aus der Erregung über die Evolution der Gedanke, einen vollständigen Stammbaum aller Tiere und Pflanzen zu zeichnen. In Deutschland griff Ernst Haeckel (1834–1919) diese Idee enthusiastisch auf. Er hatte in den 1860er Jahren eine Reihe populärer Bücher geschrieben. Im folgenden Jahrzehnt wurden diese unter Titeln wie *Die Geschichte der Schöpfung* und *Die Evolution des Menschen* ins Englische übersetzt. Mehrere der von Haeckel in diesen Büchern geprägten Worte und Bilder sind heutzutage ein Gemeinplatz in der Biologie. Für ihn führte die Evolution des Lebens von den einfachsten vorstellbaren Organismen über 21 Stufen bis zum modernen Menschen als Endprodukt. Er illustrierte die vorgeschlagenen evolutionären Sequenzen, indem er Familienbäume konstruierte, die oft wundervoll als lebensnahe Zeichnungen ausgeführt wurden.

Innerhalb dieses allgemeinen Schemas der Dinge entwickelte Haeckel den Begriff des «Phylum» (griechisch für «Stamm»), um alle Arten, die von einem gemeinsamen Vorfahren abstammen, unterzubringen. Um die

Abfolge ihrer Evolution von dieser Elternform zu benennen, führte er den Begriff «Phylogenie» ein. Den Begriff «Ontogenie» führte er ein, um die Entwicklung des Individuums vom befruchteten Ei bis zum Erwachsenen innerhalb jeder Art zu bezeichnen. Daß es gewisse Parallelen in der Entwicklung eines Individuums und in der Abfolge von Formen in den fossilen Überlieferungen gibt, kannte man seit langem von den Wirbeltieren. Darwin nahm diese Parallele vorsichtig in *On the Origin of Species* auf, denn die Ontogenie mußte in gewissem Maße die Phylogenie widerspiegeln.

Die Vorstellung, daß ein Individuum die Stadien der Evolution seiner Art durchläuft, während es sich vom Ei zum Erwachsenen entwickelt, wurde von Haeckel kühn übernommen. Für ihn war die «Ontogenie eine kurze und komprimierte Rekapitulation der Phylogenie». Man konnte also sagen, daß der menschliche Embryo in den neun Monaten im Mutterleib den ganzen Gang der Evolution rekapitulierte: Er beginnt als einzelne Zelle bei der Befruchtung, und nach ein paar Wochen entspricht seine Organisation der von einfacheren Wirbeltieren. Kiemenschlitze, die typisch für Fische sind, erscheinen für eine gewisse Zeit in der Kopfregion; auch das Rückgrat bildet sich und verlängert sich über die Hinterbeine in einen Schwanz, der typisch ist für die meisten Wirbeltiere.

Haeckel konnte auch zeigen, daß es in diesem frühen Stadium wenig Unterschiede zwischen den Embryonen eines Vogels, eines Hundes und eines Menschen gibt: Sie alle ähneln einem vereinfachten Wirbeltier. Erst in einem späteren Stadium erscheinen Unterschiede. Die Erforschung der Embryonen erbrachte also gute Beweise für die gemeinsame Abstammung aller Wirbeltiere, einschließlich des Menschen. Wo man die embryonalen Zeugnisse mit dem Studium von Fossilien oder rudimentären Organen vergleichen konnte, wurde das besonders deutlich. Zum Beispiel steht das Vorhandensein eines langen Schwanzes beim menschlichen Embryo in Einklang mit der Tatsache, daß der erwachsene Mensch rudimentäre Schwanzknochen besitzt. Kombiniert verweisen diese beiden Beweisstücke sehr stark darauf, daß ein Wirbeltier-Vorfahre mit Schwanz zum Stammbaum des Menschen gehört.

Haeckel glaubte, die Rekapitulation könne einen beinahe untrüglichen Schlüssel für die evolutionäre Abstammung des Tierreiches liefern. Die Embryologie würde demnach der Phylogenie als fester Rahmen dienen, in den man die fossilen Beweise einarbeiten konnte, sobald sie verfügbar waren. Wo es keine wissenschaftlichen Hinweise gab, benutzte er seine eigene kreative Logik, um die Lücke zu füllen. Aber es wurde bald klar, daß die Rekapitulation auf der detaillierten Ebene nicht hielt, was Haeckel sich von ihr versprochen hatte, und um die Jahrhundertwende verlor diese Theorie ihren Reiz. Die meisten Zoologen gaben sich damit zufrieden, die Embryologie als Beweis für die Evolution im Allgemeinen zu zitieren, ohne zu erwarten, daß sie detaillierte Informationen zur Phylogenie lieferte.

Auch in anderer Hinsicht geriet Haeckel sehr ins Schwärmen. In seinen Büchern wurde Evolution zu einer umfassenden Philosophie, die weit über alles hinausging, was sich in *On the Origin of Species* fand. In England wurde Evolution durch den Modephilosophen jener Tage, Herbert Spencer, auf ähnliche Weise aufgegriffen. Er übernahm Darwins Theorie einfach und baute sie als biologischen Teil in sein eigenes philosophisches System des kosmischen Prinzips der «Entwicklung» ein. Er war es, der den Begriff «Überleben der Tauglichsten» geprägt hat, um den Prozeß der natürlichen Selektion zu beschreiben. Zu jener Zeit wurden die Verallgemeinerungen von Haeckel und Spencer mit großem Respekt aufgenommen und selbst von Leuten wie Huxley begrüßt. Als er 1868 seine Vorlesung über *Archaeopteryx* hielt, war Huxley ein strammer Verfechter der kosmischen Evolution Spencers, doch in seinem späteren Leben zog er diese Unterstützung zurück.

Haeckel sah es von Anfang an als gesichert an, daß Menschen im evolutionären Schema der Dinge enthalten sind. Zusätzlich zu den embryonalen Zeugnissen, die er vorlegte, gab es in den 1860er Jahren weitere Beweislinien, die diesen Schluß nahelegten. Eine davon war die vergleichende Anatomie, und Huxley führte sie ins Feld, als er 1863 *The Man's Place in Nature* publizierte. Huxley schrieb, Wissenschaftler hätten endlich ein klares Bild von den Primaten erhalten, der zoologischen Gruppe, in die Linnaeus die menschliche Art eingeordnet hatte. Die Primaten, die den Menschen am meisten ähnelten, seien die Menschenaffen, große

Unten links: Überreste des Originalexemplars eines Neandertalers, wie sie im späten 19. Jahrhundert im Heimatmuseum in Bonn gezeigt wurden.

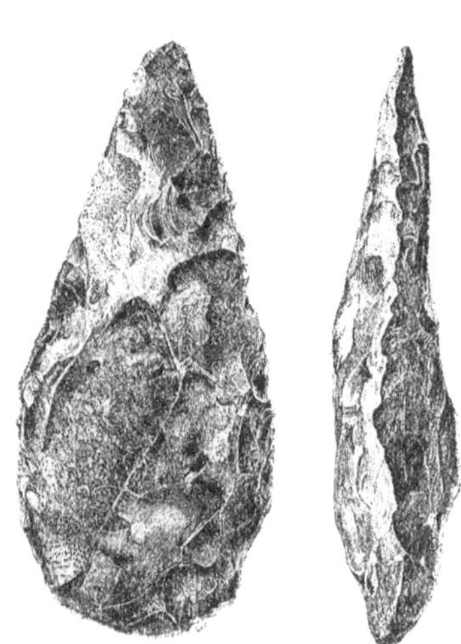

Unten rechts: Eine Steinaxt, die in der Nähe von St. Acheul in Frankreich gefunden wurde. Diese Abbildung aus Lyells Antiquity of Man *zeigt dasselbe Stück in Frontal- und Seitenansicht.*

schwanzlose Tiere. Man konnte vier verschiedene Menschenaffen klar unterscheiden: die Gibbons und Orang-Utans in Asien, und die Schimpansen und Gorillas in Afrika.

Huxley verglich die Körperstruktur dieser Menschenaffen mit derjenigen der Menschen und beachtete insbesondere das Skelett und das Gehirn. Er zeigte, daß es keine Körperteile gibt, die einzigartig für Menschen sind, nicht einmal das Gehirn – ein Punkt, an dem er mit Richard Owen zusammengeprallt war. Sicherlich gab es Unterschiede zwischen einem Menschenaffen und einem Menschen, aber diese waren tatsächlich geringer, als die entsprechenden Unterschiede zwischen einem Menschenaffen und einem Affen. Huxley bestätigte: «Im Bereich der Hirnstruktur unterscheidet sich der Mensch weniger vom Schimpansen oder dem Orang-Utan, als diese sich von den Affen unterscheiden.» Der Vergleich anderer Körperteile erzählte dieselbe Geschichte. Anatomisch konnte zwischen Mensch und Menschenaffen keine genauere Grenzlinie gezogen werden als zwischen Menschenaffen und Affen.

Im gleichen Jahr, in dem Huxleys Buch erschien, widmete sich auch Charles Lyell der menschlichen Art, und zwar in dem Buch *The Geological Evidences of the Antiquity of Man.* Hier folgte er einer anderen Beweislinie, die von den Steinwerkzeugen herrührte, die Menschen in früherer Zeit hergestellt hatten. Solche Werkzeuge hatte man seit Jahrhunderten ausgegraben, und einige Funde waren sorgfältig beschrieben worden, aber man rechnete ihnen keine besondere Bedeutung zu. Der erste, der sie systematisch sammelte, war ein französischer Zollbeamter mit dem Namen Boucher des Perthes (1788–1868). Er suchte in Kiesgruben um Abbeville an der Somme nach Fossilien und entdeckte 1838 eine Steinaxt, die zweifelsfrei von Menschen gemacht war. Als er weiter suchte, fand er zu seinem Entzücken weitere Steinwerkzeuge und brachte sie in Verbindung mit den Knochen von Mammuts, Wollnashörnern und anderen ausgestorbenen Arten.

Als Boucher de Perthes 1846 einen ausführlichen Aufsatz über seine Arbeit veröffentlichte, wollten ihm zunächst nur wenige Leute glauben. Aber 1854 wurden ähnliche Steinäxte beschrieben, die man bei St. Acheul bei Amiens etwas weiter oben im Sommetal gefunden hatte. Viele Geologen besuchten daraufhin die beiden Fundstätten, unter ihnen auch Lyell, der 1859 anreiste. Die eigenhändige Erfahrung sowie die Bestätigungen anderer Experten überzeugten ihn von der Echtheit dieser Funde. Es gibt, schrieb er in *Antiquity of Man*, «eine wundervolle Anzahl von Steinwerkzeugen eines sehr alten Typs, die in unzerstörten Schichten zusammen mit den Knochen von ausgestorbenen Vierbeinern vorkommen». Es konnte kein Zweifel mehr daran bestehen, daß Menschen in viel

Heliconius Thelxiope.

Heliconius Melpomene.

früheren Perioden auf der Erde gelebt hatten, als dies Geologen bisher angenommen hatten.

Eine weitere Beweislinie, die in dieselbe Richtung deutete, war das Vorkommen von menschlichen Knochen in fossilisiertem Zustand. Lyell und Huxley verwendeten ihr ganzes Können darauf, diese jungen Funde zu bewerten, von denen einer ganz besonders berühmt wurde. Er bestand aus Fragmenten eines menschlichen Skeletts, das Steinbrucharbeiter in einer Höhle im Neandertal in Deutschland ausgegraben hatten. Im Anschluß an ihre Beschreibung im Jahre 1858 wurden diese Überreste als Neandertaler bekannt und wurden über Jahre zum Mittelpunkt von Kontroversen und Spekulationen. Die Umstände seiner Entdeckung machten eine genaue Datierung dieses Fundes unmöglich, aber Lyell stimmte zu, daß er tatsächlich sehr alt sei und wahrscheinlich zur ausgestorbenen Fauna des Pleistozäns gehöre.

Der Schädel der Neandertaler-Überreste unterschied sich von jeder heute lebenden menschlichen Gruppe. Er wies hervorstehende Augenbrauenwülste und eine fliehende Stirn auf, und er war klein, was ihm insgesamt ein affenartiges Aussehen verlieh. Tatsächlich war nie ein Menschenschädel gefunden worden, der mehr Ähnlichkeit mit Menschenaffen hatte. Huxley berichtete in *Man's Place in Nature* in einer ausführlichen vergleichenden Untersuchung über das Fossil. Obwohl es vergleichsweise alt und affenähnlich war, konnte sich Huxley nicht dazu durchringen, es als intermediäre Form zwischen Menschenaffen und Menschen zu betrachten. Der entscheidende Faktor war das Gehirn, das auf über 1'000 cm^3 geschätzt wurde, was durchaus im Rahmen des modernen Menschen lag, und doppelt so groß war wie das des größten Menschenaffen.

Wo Huxley zögerte, sprang ein Geologe namens William King ein. Der Neandertaler sei ein früher Vorgänger des Menschen, erklärte er, aber er sei aufgrund seines gedrungenen Schädels nicht zu moralischen oder rationalen Vorstellungen fähig gewesen. Daher gehörte der Neandertaler eindeutig nicht zur menschlichen Art, und 1864 ordnete King ihn einer neuen Art zu, dem *Homo neanderthalensis*. Dies war eine kühner Zug: Niemand hatte zuvor jemals daran gedacht, eine eigenständige Art zum fossilen Vorfahren des Menschen zu machen. Natürlich traf diese Interpretation auf harten Widerstand anderer Experten, die annahmen, daß dieses Individuum innerhalb der historischen Zeit gelebt hatte. Die Besonderheiten des Schädels führten sie auf Idiotie oder einen Fall von Rachitis zurück, und am liebsten hielten sie ihn für den Schädel eines an Rachitis leidenden Idioten. Das Exemplar selbst war zu unvollständig und zu schlecht datierbar, um das Thema abschließen zu können.

Aber das machte nichts. Die kombinierten Beweise der Anatomie und Embryologie sowie der Steinwerkzeuge und der Fossilien hatten das Bild des Menschen effektiv erschüttert, das Cuvier ein halbes Jahrhundert zuvor gezeichnet hatte. Man konnte nicht mehr länger sagen, daß die Menschen zeitlich von den jüngsten ausgestorbenen Arten getrennt waren. Noch konnte man die Meinung aufrechterhalten, daß wir uns von lebenden Arten aufgrund einer einzigartigen Struktur unterscheiden. Das neue Bild ergab ohne Zweifel, daß der Mensch Teil der Natur ist und nicht über ihr steht. Darwin, der sich früher zurückgehalten hatte, fühlte sich nun frei genug, seine Gedanken auch auf dieses Thema auszuweiten. Sein Buch *The Descent of Man and Selection in Relation to Sex* erschien 1871.

Bei dieser ganzen Angelegenheit gab es einen wichtigen Punkt, in dem Darwin seine zeitgenössischen Forscherkollegen nicht überzeugen konnte. Sie konnten nicht akzeptieren, daß natürliche Selektion der Hauptmechanismus der Evolution ist, obwohl seine Theorie der natürlichen Selektion doch offensichtlich die gesamte Evolutionstheorie unterstützte. Wie er es vorausgesehen hatte, fiel es den anderen leichter, Evolution zu akzeptieren, als sie sahen, daß er eine neue Ursache für Evolution entdeckt hatte, an die zuvor niemand gedacht hatte. Trotzdem bezweifelten die meisten Naturforscher, daß natürliche Selektion all das bewirken konnte, was Darwin behauptete.

Wiederum ist Huxley ein gutes Beispiel für die allgemeine Reaktion. Seiner Meinung nach hatte sich Darwin mit «unnötigen Schwierigkeiten» beladen, indem er darauf bestand, daß natürliche Selektion immer langsam und graduell wirkt. Nach Huxleys Meinung kann Evolution dann und wann auch in plötzlichen Sprüngen geschehen. Er hielt auch immer daran fest, daß man zur Unterstützung der Theorie in der Lage sein muß, durch Selektion getrennte, sich nicht mehr fruchtbar miteinander fortpflanzende Arten zu züchten. Huxley hatte also Vorbehalte hinsichtlich der Rolle der natürlichen Selektion, obwohl er Darwin bewunderte und verteidigte. Darwin hatte umgekehrt Vorbehalte gegenüber Huxleys Verständnis der natürlichen Selektion. Nachdem er 1860 einen Vortrag von

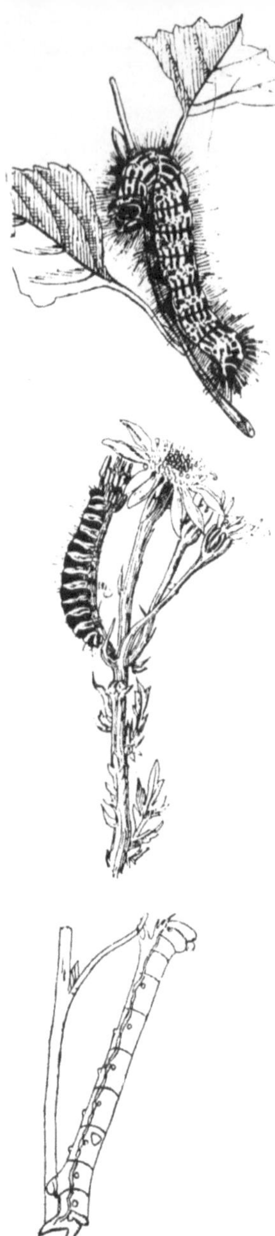

Lebensgroße Zeichnungen von Schmetterlingsraupen (aus Poulton: The Colours of Animals*). Der Mondvogel (*Pygaera bucephala, *oben) und der Jakobskrautspinner (*Callimorpha jacobaeae, *mitte) zeigen eine Warnfärbung, wohingegen der Birkenspanner (*Biston betularia, *unten) getarnt ist (vgl. die Farbtafel auf Seite 168).*

Tanagra Darwini

Zwei südamerikanische
Vogelarten, die nach
Darwin benannt wurden
und von John Gould in
Zoology of the Voyage
of H.M.S. Beagle
illustriert wurden. Links:
Rhea darwinii, *den*
Darwin vom Eßtisch für
die wissenschaftliche
Beschreibung rettete.
Oben: Tanagra darwinii,
beschrieben anhand eines
einzigen Exemplars, das
auf einem Kaktus in
Maldonado gefangen
wurde.

Rhea Darwinii.

Eucalyptus urnigera, H.f.

<
Die Blätter, Blüten und
Früchte des Baums
Eucalyptus urnigera
(aus Hooker: Flora of
Tasmania, 1860). Er
stellte fest, daß Eukalyptus-
arten hauptsächlich auf
Australien beschränkt
sind, und schloß daraus,
daß die wesentlichen
Charakteristika der
Pflanzenverbreitung durch
die Evolutionstheorie
erklärt werden können.

Beispiele für Mimikry
unter Schmetterlingen,
1862 von Bates
beschrieben. Bei jedem
Paar von Schmetterlingen
ist der untere (4a, 6a, 7a,
8a) eine Art der Familie
Heliconiidae, die sehr
kräftig gefärbt und
unschmackhaft sind.

Der obere (4, 6, 7, 8) ist
eine Leptalis-Art, Familie
Pieridae, die aussehen wie
der einzeln dargestellte
Leptalis nehemia (5).
Bates folgerte daher, daß
die Pieriden Heliconiiden
nachahmen.

Tarnung und Warnfärbung bei den Raupen britischer Spanner. Pygaera bucephala *(oben)* und Callimorpha jacobaeae *(unten links)* zeigen Warnfärbung. Die Birkenspannerraupe Biston betularia *(unten rechts)* ist getarnt und ähnelt sowohl in Farbe als auch in Form einem Zweig ihrer Futterpflanze.

Huxley über Evolution gehört hatte, sagte er: «Als Darstellung der Doktrin scheint mir die ganze Vorlesung ein Fehlschlag zu sein.» Und er fügte hinzu: «Er vermittelte keine richtige Vorstellung von natürlicher Selektion.»

Zum Teil lag Darwins Problem daran, daß ihm direkte Beweise für die Veränderung der Arten in der freien Natur durch Selektion fehlten. So stark sein Beweis auch war, er war indirekt. Er gründete auf der Tatsache, daß Selektion bei der domestizierten Züchtung effektiv eingesetzt wird, und auf dem Argument, daß der Kampf ums Dasein in der freien Natur eine selektive Wirkung haben muß. So weit, so gut, aber dies genügte nicht, um jeden davon zu überzeugen, daß Evolution hauptsächlich durch natürliche Selektion zustande kam.

Es gab jedoch einige neue Arbeiten, die ziemlich nahe an Beweise für eine natürliche Selektion in der freien Natur kamen, z.B. die Entdeckung der Mimikry durch Henry Bates, der zusammen mit Wallace in Südamerika gewesen war. Bei der Erforschung der Insekten lenkte er sein Augenmerk am Amazonas besonders auf leuchtend gefärbte Schmetterlinge der Familie Heliconiidae. Seine interessanteste Entdeckung war, daß eine «mimetische Analogie» zwischen einigen Arten der Heliconiidae und bestimmten Arten von Schmetterlingen aus ganz anderen Familien, wie etwa den Pieridae, bestand. Eigentlich sind die Pieridae eher schlichte weiße Schmetterlinge, aber Bates fand mehrere Arten, die bestimmten Arten der Heliconiidae in «der äußeren Erscheinung, Form und Farbe» glichen. Die Ähnlichkeit war so groß, daß man sie unmöglich unterscheiden konnte, «wenn sie in ihren heimischen Wäldern herumflatterten».

Bates bemerkte, daß jeder Nachahmer unter den Pieridae auf denselben Landstrich beschränkt ist wie die Art der Heliconiidae, der er ähnelte. Eine weitverbreitete Art, wie etwa *Leptalis theonoe*, ahmte verschiedene Arten der Heliconiidae in verschiedenen Gegenden nach. In diesem Fall war die mimetische Art in eine Anzahl geographischer Rassen unterteilt, die oft durch intermediäre Formen verbunden waren. Aus solchen Tatsachen schloß er, daß Mimikry eine Anpassung war, wobei der Nachahmer Schutz vor Freßfeinden erlangte, die ihn fälschlicherweise für einen aus der Familie Heliconiidae hielten. Die letzteren hatten eindeutig den Vorteil, daß sie in großer Anzahl gemächlich durch den Wald fliegen konnten, ohne von insektenfressenden Tieren belästigt zu werden. «Sie sind vermutlich unschmackhaft», sagte Bates, der einen unangenehmen Geruch bemerkte, als er die Schmetterlinge anfaßte.

Durch welchen Prozeß konnte diese Mimikry entstehen? Sie konnte nicht durch lokale physikalische Bedingungen verursacht sein, denn Arten wie *Leptalis theonoe* ahmten manchmal zwei unterschiedliche Arten der Heliconiidae in derselben Gegend nach. Sie konnte auch nicht

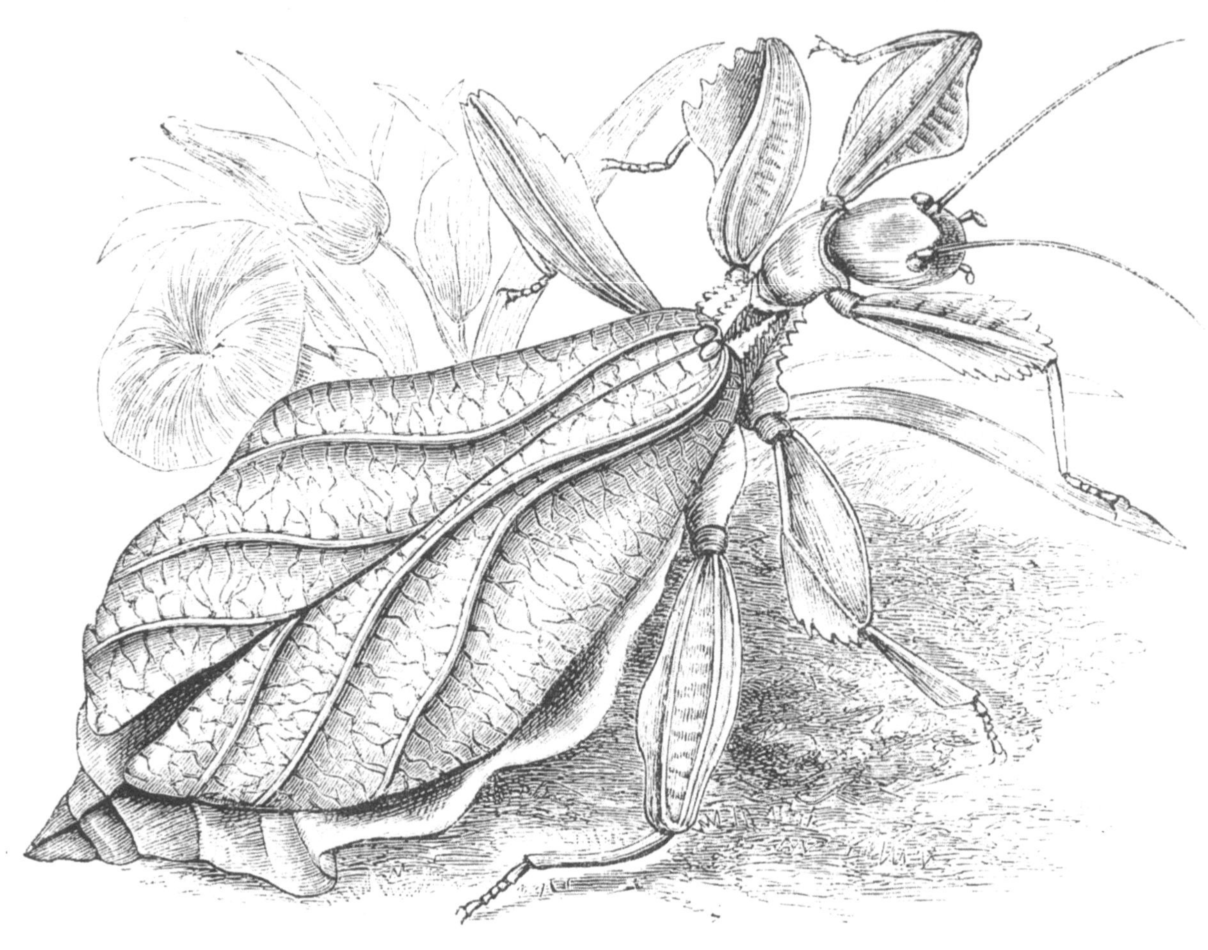

sprunghaft entstanden sein, weil die Genauigkeit der Nachahmung in unterschiedlichem Maße ausgeprägt war. Es mußte irgendein aktives Prinzip am Werke sein, das solche genauen, jeweils auf die speziellen geographischen Örtlichkeiten zugeschnittene Ähnlichkeiten entwickeln konnte. «Dieses Prinzip kann nichts anderes als natürliche Selektion sein», folgerte Bates, «wobei die selektierenden Kräfte die insektenfressenden Tiere sind, die jene Spielarten oder Varianten allmählich zerstören, die den Heliconiidae nicht ausreichend ähnlich sind, um sie zu täuschen.» Daher liegt der Schlüssel zur Bildung neuer Anpassungen oder Arten in den «zahlreichen kleinen Schritten natürlicher Variation und Selektion». Als dieser Aufsatz 1862 erschien, war Darwin verständlicherweise hoch erfreut.

Die Geschichte ging eine Stufe weiter, als Darwin einige Jahre später seine Theorie der «sexuellen Selektion» entwickelte. Er zog in Betracht, daß die leuchtenden Farben von Tieren bei der Balz von Nutzen sind,

Ein Stabinsekt, das einem Blatt gleicht (aus Mivart: Genesis of Species). Mivart bezweifelte, daß natürliche Selektion die Anfangsstadien in der Evolution solcher Ähnlichkeiten erklären kann.

und daß ihr Zustandekommen dadurch erklärt werden kann, daß Weibchen fortwährend die Männchen mit den leuchtendsten Farben auswählen. Aber dann entdeckte er, daß einige Raupen leuchtende Farben besitzen, obwohl sie überhaupt kein Geschlechtsleben haben. Er erwähnte das Problem gegenüber Bates, der sagte: «Du solltest besser Wallace um Rat fragen.» Beinahe postwendend brachte Wallace die Theorie der Warnfärbung zur Sprache. Was ihn zu dieser Theorie brachte, war die Einsicht, daß die leuchtende Farbe für diese auffallenden Raupen ein Schutzmechanismus und kein sexueller Schmuck ist.

Wallace fand heraus, daß die meisten Raupenarten eine Tarnfärbung haben, die sie davor schützt, von Vögeln 'erkannt' zu werden, die sie in großer Zahl fressen. Die leuchtend gefärbten Arten müssen deshalb irgendeinen anderen Schutz haben, der es ihnen erlaubt, so auffallend zu sein. Da unschmackhafte Schmetterlinge, wie etwa die Heliconiidae, leuchtend gefärbt sind, schien es wahrscheinlich, daß die leuchtend gefärbten Raupen ebenfalls unschmackhaft sind. Darüber hinaus muß die starke Färbung als Warnung für die Vögel dienen, damit die Insekten in Ruhe gelassen werden, und nicht etwa halb aufgefressen und dann zurückgewiesen werden. Wallace schloß daraus, daß alle leuchtend gefärbten Raupen Vögeln widerlich schmecken, während alle unauffälligen Arten gerne gefressen würden.

«Bates hatte völlig recht», schrieb Darwin dankbar zurück. «Du bist der Mann, an den man sich bei einer Schwierigkeit wenden soll. Ich habe noch nie etwas Geistreicheres gehört als Deinen Vorschlag, und ich hoffe, Du wirst in der Lage sein zu zeigen, daß er wahr ist.» Naturforscher konnten beweisen, daß die Voraussage von Wallace korrekt war, als sie sie an zahmen Vögeln und Eidechsen überprüften. Die Warnfärbung und die Mimikry zeigten also, daß die Farben der Tiere Anpassungen an ihre Umwelten sind, und diese adaptiven Farben machten ganz offensichtlich Sinn hinsichtlich der natürlichen Selektion. Das ganze Thema wurde von Wallace und Edward Poulton vor Ende des Jahrhunderts ziemlich detailliert ausgearbeitet.

Trotzdem reichte dies nicht aus, einen Meinungsumschwung herbeizuführen. Das Hauptproblem war, daß Darwins Zeitgenossen sich nicht vorstellen konnten, wie natürliche Selektion in der Lage war, etwas wirklich Neues zu schaffen. Das ständige Entfernen von weniger gut angepaßten Individuen kann bestehende Anpassungen modifizieren oder verbessern, aber wie konnte ein solcher Prozeß neue Anpassungen erschaffen?

Diese Schwierigkeit betonte Pictet in seiner Kritik des *Origin of Species* von 1860 deutlich. Er schrieb, daß «normale Erzeugung» und natürliche Selektion einfach nicht ausreichend erscheinen, um den Ursprung neuer Typen von Organismen zu erklären. Zusätzlich zu den Kräften der normalen Erzeugung und Variation mußte es eine «kreative Kraft» geben, die im Laufe der Zeit neue Typen produzieren konnte. Pictet stimmte mit Bronn darin überein, daß man diese kreative Kraft zwar nicht kennt, aber daß sie nicht übernatürlich ist. Ausdrücklich lehnte er die Ansicht ab, das Erscheinen jedes neuen Typs in den fossilen Überlieferungen sei das Ergebnis göttlichen Eingreifens. Pictet gab zwar zu, daß natürliche Selektion einige Änderungen produzieren kann, daß sie sich aber nicht als die kreative Kraft qualifiziert.

Eine ähnliche Meinung vertrat Lyell, der die Theorie der natürlichen Selektion nie akzeptierte, trotz eines langen und faszinierenden Briefwechsels mit Darwin. In seinen Aufzeichnungen zur Artenfrage verglich Lyell die Situation mit den drei Sinnbildern der hinduistischen Gottheit, mit Brahma, dem Schöpfer, Vishnu, dem Erhalter und Siva, dem Zerstörer. «Natürliche Selektion wird eine Kombination der beiden letzten sein», äußerte er, «aber ohne den ersten oder die kreative Kraft können wir uns nicht vorstellen, daß die anderen eine Funktion haben.»

Aber es war gerade der Kernpunkt von Darwins Position, daß natürliche Selektion die kreative Kraft der Evolution ist. Er versuchte Lyell zu überzeugen, daß es nur einer Menge an Variation und dem lang fortgesetzten Werk der natürlichen Selektion bedürfe, damit neue Typen von Organismen entstehen. Züchter können ihre Vieh- oder Taubenrassen verbessern, indem sie aus ergiebigen Variationen selektieren, ohne daß es dazu irgendeiner anderen kreativen Kraft oder Macht der Anpassung bedarf. Darwin konnte nichts erkennen, was einen entsprechenden Prozeß der Verbesserung in der Evolution einschränken würde. Es gab keinen Grund, warum irgendeine zusätzliche Kraft eingreifen sollte. Unter der Voraussetzung, daß es eine einfache archetypische Kreatur gab, schrieb Darwin bezüglich der Wirbeltiere: «Ich glaube, daß natürliche Selektion die Entstehung jedes Wirbeltieres erklären kann.»

1871 veröffentlichte St. George Mivart unter dem Titel *The Genesis of Species* ein Kompendium, das die wesentlichsten Einwände gegen natürliche Selektion zusammenfaßte. Wie schon andere vor ihm akzeptierte auch Mivart (1827–1900) die Evolution, bezweifelte aber Darwins Mechanismen. Er stimmte zu, daß es natürliche Selektion in der freien Natur gibt, und daß sie alltägliche Beispiele des evolutionären Wandels erklären kann, doch um etwas wirklich Neues erklären zu können, so fügte er hinzu, «muß sie durch irgendein anderes Naturgesetz oder noch unentdeckte Gesetze ergänzt werden».

Der aufschlußreichste Punkt, den Mivart nannte, war, «daß ‹natürliche Selektion› die beginnenden Stufen nützlicher Strukturen nicht erklären kann». Er zitierte Beispiele wie den langen Hals der Giraffe, die Barten von Walen und die detailgenaue Ähnlichkeit einiger Insekten mit anderen Objekten. Mit Sicherheit konnten solche komplexen Anpassungen nicht mit der Erhaltung und Kumulierung kleiner aufeinanderfolgender Variationen begonnen haben. Wie könnte natürliche Selektion die ersten Stufen solcher Strukturen produzieren, bevor sie ausreichend entwickelt sind, um ihrem gegenwärtigen Zweck zu dienen?

Darwin erkannte die Kraft dieses Einwands und ging in der sechsten Auflage seines *Origin of Species* (1872) darauf ein. Für viele von Mivarts Beispielen konnte er zeigen, daß man abgestufte Zwischenformen zwischen dem Anfangsstadium und einem hochentwickelten Stadium fin-

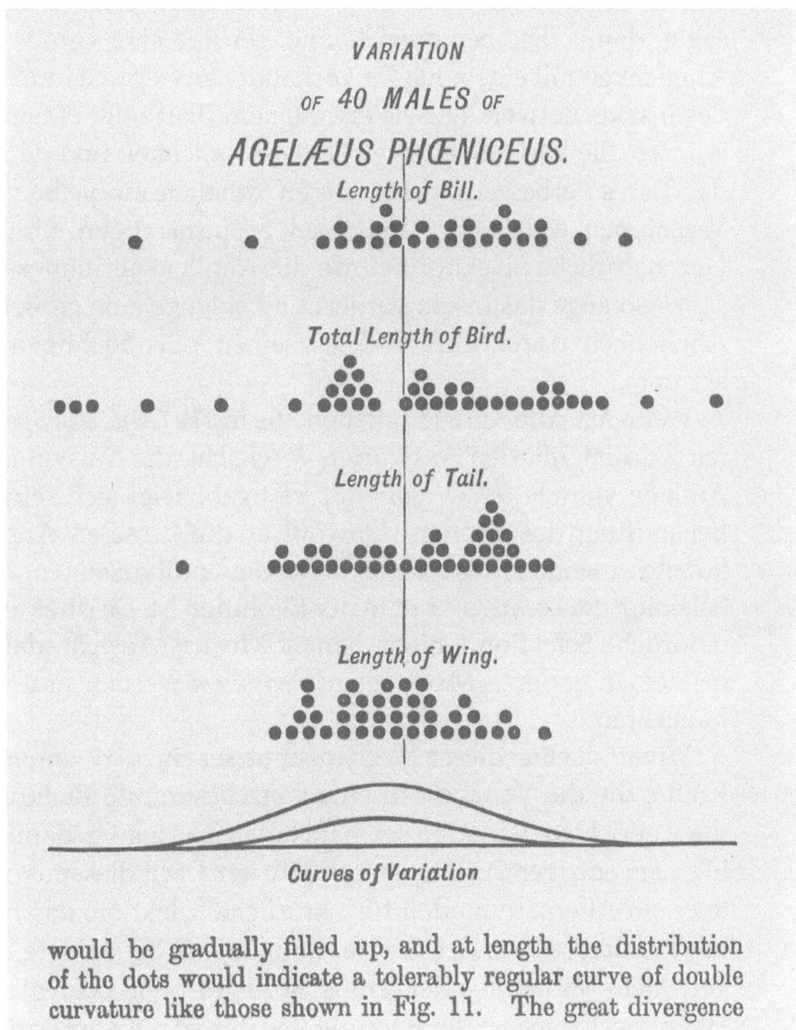

would be gradually filled up, and at length the distribution of the dots would indicate a tolerably regular curve of double curvature like those shown in Fig. 11. The great divergence

Eines der Diagramme von Wallace zur Variation in natürlichen Populationen. Oben: Körperausmaße von 40 Rotschulterstärlingen (Agelaeus phoeniceus) in den USA. Jeder Punkt stellt einen Vogel dar, der in entsprechendem Abstand links oder rechts von der Medianlinie plaziert ist. Unten: eine statistische Kurve der Variation, die zum darüberliegenden Diagramm passen müßte, wenn eine große Anzahl von Vögeln vermessen würde.

would be gradually filled up, and at length the distribution of the dots would indicate a tolerably regular curve of double curvature like those shown in Fig. 11. The great divergence

den kann. Da es tatsächlich solche intermediären Stufen gibt, konnte die Evolution dieser komplexen Strukturen von Anfang an durch natürliche Selektion entstanden sein. Dies war manchmal von einem Funktionswechsel begleitet, da Strukturen, die sich ursprünglich für eine bestimmte Funktion entwickelt hatten, später für eine andere Funktion konvertiert werden konnten. Ein bemerkenswertes Beispiel, das er zitierte, war die Umwandlung der Schwimmblase zu Lungen im Verlauf der Wirbeltierevolution.

Das Beispiel der Insekten, die sich schützen, indem sie Ähnlichkeit mit einem Gegenstand annehmen, konnte leicht erklärt werden. Darwin sagte, damit dies beginnen könne, sei nur eine «grobe und zufällige Ähnlichkeit mit einem häufig vorhandenen Gegenstand» in der Umwelt des Insekts notwendig, wie etwa einem Blatt oder einem Zweig. Dann würden alle Variationen, welche die Ähnlichkeit und damit den Schutz des Tieres verbessern, dazu neigen, erhalten zu bleiben, während alle Variationen, welche die Ähnlichkeit beeinträchtigen, eliminiert würden. Und natürliche Selektion würde die Ähnlichkeit immer weiter verbessern, «solange das Insekt variiert und solange eine größere und bessere Ähnlichkeit dazu führt, daß es seinen scharfsichtigen Feinden entkommt».

Wenn man die Schwierigkeiten, die in *The Genesis of Species* aufgeworfen wurden, mit den Antworten vergleicht, die Darwin in der sechsten Auflage von *On the Origin of Species* gab, zeigt sich seine meisterliche Behandlung des Themas. Obwohl er die besseren Argumente hatte, konnte er seine Zeitgenossen nicht davon überzeugen, daß natürliche Selektion die kreative Kraft in der Evolution ist. Da direktere Beweise für natürliche Selektion fehlten, behielt Mivarts Ansicht, daß sie durch irgendeinen anderen Mechanismus ergänzt werden muß, große Anziehungskraft.

Mivart dachte, dieser Mechanismus sei eine Art «innere, angeborene Kraft», die die Variation in eine ganz bestimmte Richtung treibt, und diese gerichtete Variation sei manchmal groß genug, damit aus einer Art in einem einzigen Sprung eine andere wird. Mit diesem Vorschlag brachte er ein Alternativmodell für natürliche Selektion, das bis weit ins 20. Jahrhundert verwendet wurde. Zunehmend betrachtete man entweder gerichtete Variation oder große Sprünge oder beides zusammen als Hauptmechanismen der Evolution, während man der natürlichen Selektion nur eine untergeordnete Rolle beimaß.

Das entscheidende Thema war hier die Natur der Variation. Darwin erkannte, daß Variation bestimmte Eigenschaften haben muß, damit natürliche Selektion eine kreative Rolle in der Evolution spielen kann. Die wesentliche Anforderung war, daß Variation häufig vorkommt, denn um effektiv zu sein, braucht ein Selektionsmechanismus viel Rohmaterial, aus dem er auswählen kann. Aufgrund seiner Erfahrungen mit Entenmuscheln und Tauben wußte Darwin, daß sich Mitglieder einer Art in vielen Einzelheiten voneinander unterscheiden. Er betonte, daß das Ausmaß dieser Variationen gering ist. Variationen, die groß genug sind, um eine Art in einem einzigen Sprung zu generieren, würden natürliche Selektion unnötig machen.

Darwin behauptete auch, daß Variationen in alle Richtungen gehen, und daß es keine Präferenz für eine nützliche Richtung gibt. Obwohl laut Darwin natürliche Selektion auf «zahlreiche, aufeinanderfolgende leicht günstige Variationen» wirkt, war es ein wesentlicher Bestandteil seiner Theorie, daß Variationen an sich weder günstig noch ungünstig sind. Sie ergeben sich einfach, und ihre günstigen oder ungünstigen Eigenschaften zeigen sich nur im Konkurrenzkampf des Lebens. Darwin vertrat also die Ansicht, daß Variationen geringfügig, häufig und ungerichtet sind. Folglich besteht die einzige Möglichkeit zur Entwicklung einer neuen Struktur oder Art in der langsamen kumulativen, sich über Generationen erstreckenden Selektion der Variationen, die zufällig in diese Richtung gehen. Die meisten Zeitgenossen Darwins zögerten, der natürlichen Selektion diese kreative Rolle zuzuschreiben, weil sie diese Ansicht über Variation nicht teilten.

Bei diesem Thema konnte sich jedoch auch Darwin nie völlig von den alten Ansichten lösen. Er kam immer wieder auf die Vorstellung zurück, daß Variation irgendwie unnatürlich ist, und daß die äußeren Bedingungen des Lebens sowohl die Menge als auch die Richtung der Variabilität innerhalb einer Art beeinflussen. Bis zur sechsten Auflage waren in *Origin of Species* relativierende Sätze zu finden wie: «falls Variationen auftreten, die nützlich für irgendein organisches Wesen sind…». Aber Wallace, der solche Bedenken nicht hatte, schrieb ihm, «es wäre besser, alle diese einschränkenden Ausdrücke wegzulassen». Statt dessen solle Darwin behaupten, daß «Variationen aller Art immer bei sämtlichen Merkmalen jeder Spezies auftreten, und daß deshalb günstige Variationen immer vorhanden sind, wenn sie gebraucht werden». Dies ist, betonte Wallace, «die große Tatsache, die Modifikation und Anpassung an Bedingungen fast immer möglich macht».

Im selben Brief aus dem Jahr 1866 gab Wallace Darwin noch einen weiteren Ratschlag. Er verwies darauf, daß diejenigen, die sich neu mit dem Thema befassen, oft den Gedankenfehler machen, der Begriff natürliche Selektion impliziere irgendeine Art von bewußter Auswahl durch eine personifizierte «Natur». Er glaubte, diese falsche Auffassung könne vermieden werden, wenn man Herbert Spencers Begriff «Überleben der Tauglichsten» als Synonym für natürliche Selektion verwendete. Darwin folgte diesem Rat in den nächsten Auflagen von *Origin of Species*, und der Begriff «Überleben der Tauglichsten» wurde Teil unserer Sprache, nicht immer ohne Verwirrung zu stiften. Was jedoch Variation anbelangt, änderte Darwin seine Wortwahl nicht merklich in dem Sinne, wie es Wallace vorgeschlagen hatte.

Für Wallace wurde der Umriß der Ideen deutlicher. Im Gegensatz zu jenen, die darauf bestanden, daß Variation in der freien Natur vergleichsweise selten ist, verwies er weiterhin auf die große Variabilität, die man in wilden Populationen findet. Eine gute Begründung lieferte er 1889 in seinem populären Buch über Evolution durch natürliche Selektion, dem er den einfachen Titel *Darwinism* gab. Mit Hilfe spezieller Diagramme stellte er quantitative Messungen der Variation in natürlichen Populationen von Reptilien, Vögeln und Säugern dar. Diese Methode zeigte, daß es immer Variation gegeben hat, und zwar in nicht gerade geringem Maße. Bei jedem einzelnen Körperteil variierten Individuen normalerweise um bis zu 20% vom Mittelwert.

So wichtig dieser Beweis auch war, er allein reichte nicht aus, um die Frage der Variation abschließend behandeln zu können. Denn er berücksichtigte nicht, in welchem Ausmaß Variation vererbt wurde. Um das Bild zu vervollständigen, mußte man also die Ursachen der Variation und der Vererbung verstehen. Ungefähr vierzig Jahre lang, von der Erstveröffentlichung von *Origin of Species* an gerechnet, war dies die größte Lücke in der Evolutionstheorie. In *Origin of Species* selbst begnügte sich Darwin damit, auf das «starke Prinzip der Vererbung» zu verweisen, und umging damit alle Fragen nach deren Mechanismen. Aber ihm war immer bewußt, daß die Kenntnis des Vererbungsmechanismus notwendig war, um die Evolutionstheorie zu vervollständigen.

Sein Bedürfnis, das System der Ursachen zu vervollständigen, wurde so stark, daß er eine «provisorische Hypothese» aufstellte, um zu erklären, wie Vererbung funktioniert. Diese Theorie, «Pangenese» genannt, wurde 1868 in der Arbeit *The Variation of Animals and Plants Under Domestication* veröffentlicht. Die grundlegende Idee war, daß winzige Partikel, Gemmulen oder «Pangene» genannt, von jedem Teil des Erwachsenenkörpers abgegeben werden. Diese Pangene gelangen über das Kreislaufsystem zu den Fortpflanzungsorganen, wo sie in die Keimzellen (= die Eier und Spermien bei Tieren) eingebaut werden. Diese Zellen, aus denen sich die Nachkommen entwickeln, enthalten also Vererbungspartikel, die von allen Teilen der elterlichen Körper produziert werden. Folglich werden die Eigenschaften der Nachkommen den Zustand der Eltern bei der Empfängnis widerspiegeln.

Diese Theorie versuchte Vererbung als Teil des Fortpflanzungs- und Entwicklungsprozesses zu beschreiben, was der traditionelle Ansatz war.

176

Darwin blieb der alten Vorstellung verhaftet, daß Vererbung irgendetwas involviert, was von den Eltern produziert und dann an die Nachkommen weitergegeben wird. Eine solche Theorie kann natürlich erklären, wie erworbene Mermale vererbt werden können, eine Vorstellung, die nach wie vor von den meisten Naturforschern als Tatsache angesehen wird. Veränderungen, die während der Lebenszeit eines Erwachsenen in irgendeinem Teil seines Körpers auftreten, beeinflussen die Pangene und werden somit an die nächste Generation weitergegeben. Darwin akzeptierte dies, glaubte aber nicht, daß der überwiegende Teil der Variation auf diese Weise bestimmt wird. Normalerweise resultiert Variation aus Pangenen, die zufällig aufgrund äußerer Bedingungen verändert wurden und auf die Fortpflanzungsorgane einwirken.

Die Pangenese war eine wohldurchdachte Theorie der Vererbung, aber ihr war nur ein kurzes Leben beschieden. Sie regte Untersuchungen über die Verknüpfung zwischen Evolution und Vererbung an, und aufgrund dieser Ergebnisse war sie bald überholt. Unter jenen, die die Theorie überprüften, war Darwins Vetter Francis Galton (1822–1911). Er machte Bluttransfusionen zwischen reinrassigen Kaninchen, die unterschiedliche Fellfarben hatten. Dann züchtete er mit den infusionierten Tieren, um zu sehen, ob sich beim Nachwuchs die Farbe der anderen Rasse zeigte; dies hätte geschehen müssen, wenn Pangene im Blut zirkulierten. Aber die Nachkommen zeigten keine Abweichung von der elterlichen Fellfarbe, womit Galton seine Zweifel an der Pangenese bestätigt fand.

Die Konstanz der menschlichen Rassen unter verschiedensten geographischen Bedingungen überzeugte Galton davon, daß vererbbare Merkmale über viele Generationen hinweg unverändert übertragen werden. Er war sich sicher, daß die Vererbung nicht nur über die Eltern, sondern über alle Vorfahren erfolgte. Eine Konsequenz dieser Art von Vererbung war, daß das Erbmaterial in einem befruchteten Ei unverändert von einer Generation an die nächste weitergegeben wurde. Es konnte nicht aufgrund lokaler Bedingungen so durch die Eltern beeinflußt werden, wie sich das Darwin und frühere Naturforscher dachten. Dies bedeutete, daß Merkmale, die Eltern zu Lebzeiten erworben hatten, nicht in bedeutsamem Ausmaße weitervererbt werden konnten.

Galton begann, Vererbung auf der Populationsebene zu untersuchen, und er verwandte dazu neue statistische Methoden wie die Techniken der Korrelation und Regression. Wenn man in Begriffen einer Population dachte, konnte man sehen, daß Vererbung und Variation schlicht zwei Seiten einer Medaille sind. Variation ist keine Kraft, die der Vererbung widerspricht, sondern stellt einfach die Erhaltung einer Variationsbreite von Merkmalen innerhalb einer Population dar, die von entfernten Vorfahren vererbt wurde. Der Nachwuchs kann sich von den Eltern unterscheiden, einfach weil er ein Merkmal aufweist, das von einem weiter entfernten Vorfahren stammt, und nicht weil die lokalen Bedingungen das genaue Kopieren der elterlichen Merkmale gestört haben. Diese Auffassung führte dazu, daß man Vererbung als Prozeß verstand, den man unabhängig von den Details der Fortpflanzung analysieren konnte.

Hinsichtlich der Grundlage der Vererbung teilte Galton Darwins Ansicht, daß sie durch Partikel bewirkt sein muß, die während der Fortpflanzung in den Keimzellen vorhanden sind. Aber er versuchte nicht, mehr darüber in Erfahrung zu bringen, wie genau sich die Vererbungsübertragung vollzieht. Er blieb bei der Populationsgenetik, was einer ganzen Generation von Biologen Nutzen brachte. Einsichten in die Grundlagen der Vererbung kamen statt dessen aus dem Bereich mikroskopischer Zelluntersuchungen, ein Feld, mit dem Darwin und Galton nicht vertraut waren. Diese Einsichten sollten die Biologie insgesamt einen großen Schritt vorwärts bringen, aber in der Evolutionsforschung führten sie zunächst nur zu Kontroversen und Konfusionen.

7
Ein reiches Erbe

Manchmal im Leben wird uns die Antwort auf eine quälende Frage angeboten, aber wir erkennen die Lösung im ersten Moment nicht als solche. Sie scheint das Problem sogar noch schlimmer zu machen. Genau dies geschah um die Jahrhundertwende in der Evolutionstheorie durch die Vererbungsforschung. Darwin hatte versucht, das Problem der Anpassung mit der Theorie der natürlichen Selektion zu lösen. Dies traf nur teilweise auf die Gegenliebe anderer Naturforscher, und man entwickelte eine Reihe anderer Alternativen. Zur Klärung des Problems wurde eine vollständig ausgearbeitete Vererbungstheorie benötigt. Aber als dies zum ersten Mal erreicht war, führte das nicht zur Klärung des Evolutionsprozesses, sondern stiftete noch mehr Verwirrung.

Während Galton statistische Methoden anwendete, um Vererbung auf der Populationsebene zu erforschen, warfen mikroskopische Zelluntersuchungen Licht auf die mögliche Grundlage der Vererbung. Robert Hooke war der erste gewesen, der zwei Jahrhunderte zuvor Zellen unter dem Mikroskop untersucht und ihnen in *Micrographia* ihren Namen gegeben hatte. Mikroskopische Untersuchungen wurden jedoch lange vernachlässigt. Anfang des 19. Jahrhunderts kamen die Zellen aufgrund der theoretischen Probleme der Physiologie und mit dem Aufkommen besserer Mikroskope wieder buchstäblich in den Brennpunkt des Interesses.

Diese Untersuchungen wurden hauptsächlich in Deutschland durchgeführt. Der erste große Schritt vorwärts war die Zelltheorie von Matthias Schleiden und Theodor Schwann von 1838/39. Ihre mikroskopischen Beobachtungen ergaben, daß alles pflanzliche und tierische Gewebe aus Zellen besteht. Die weitere Erforschung zeigte, daß jede Zelle aus drei grundsätzlichen Komponenten besteht: der äußeren Membran, dem darin enthaltenen Zellinhalt und einem zentralen Kern (Nukleus).

Man beobachtete auch den Zellteilungsprozeß, den Rudolph Virchow in seine Zelltheorie einbaute. 1858 behauptete er, daß Zellen nur aufgrund der Zellteilung aus vorher bestehenden Zellen entstehen und sich nicht aus einer strukturlosen Flüssigkeit herauskristallisieren, wie Schwann angenommen hatte. 1875 konnten andere Forscher zeigen, daß

THE
EVOLUTION THEORY

BY

Dr. AUGUST WEISMANN

PROFESSOR OF ZOOLOGY IN THE UNIVERSITY OF FREIBURG IN BREISGAU

TRANSLATED WITH THE AUTHOR'S CO-OPERATION

BY

J. ARTHUR THOMSON

REGIUS PROFESSOR OF NATURAL HISTORY IN THE UNIVERSITY OF ABERDEEN

AND

MARGARET R. THOMSON

ILLUSTRATED

IN TWO VOLUMES

VOL. II

LONDON
EDWARD ARNOLD
41 & 43 MADDOX STREET, BOND STREET, W.

1904

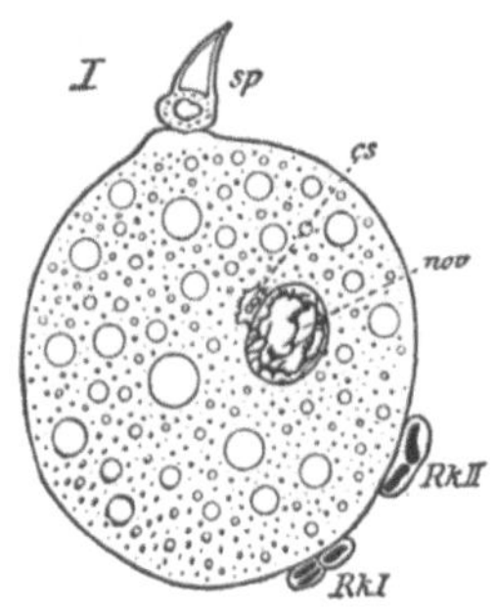

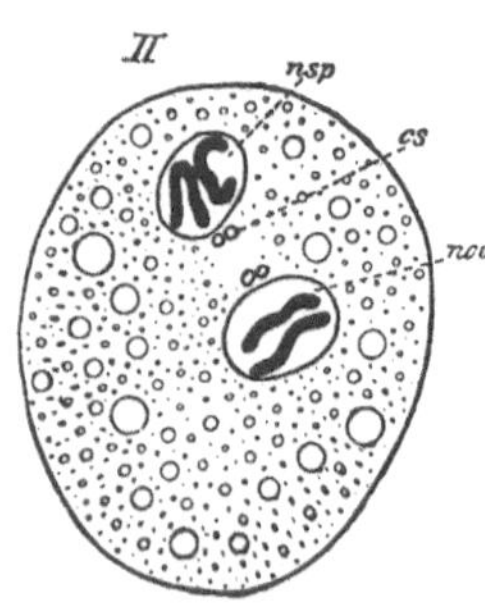

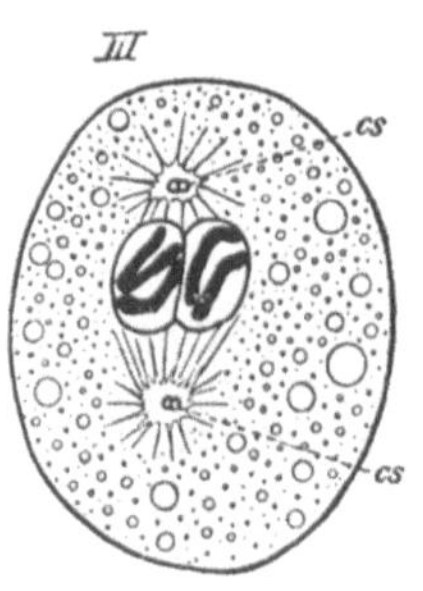

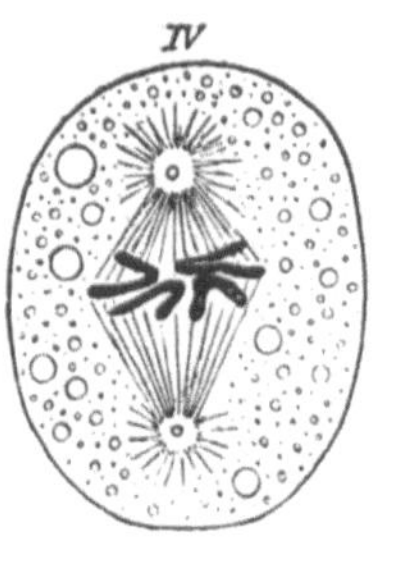

Befruchtung eines Eies des Nematodenwurms Ascaris. *Der Kern des Samens verschmilzt mit dem des Eies (Stadium III). Die erste embryonale Zellteilung (Stadium IV) (aus Weismann:* Das Keimplasma). *Samenzelle (sp); Centrosom (cs); Eizellkern (nov); Samenzellkern (nsp).*

sich während des Zellteilungsprozesses auch jeder Zellkern aus einem vorher vorhandenen Zellkern bildet. Im Anschluß an den Nachweis, daß Ei und Spermium jeweils einzelne Zellen sind, ergab sich, daß es die Kerne dieser Zellen sind, die sich bei einer Befruchtung vereinigen. Daher mußte es der Kern sein, der die Erbgrundlagen von einer Generation zur nächsten übertrug.

An diesem Punkt nahm sich August Weismann (1834–1914) der Sache an. Er hatte sich in der Mikroskopie bereits einen Namen gemacht. Als er wegen nachlassender Sehkraft nicht mehr am Mikroskop arbeiten konnte, richtete er seine Aufmerksamkeit auf die Probleme der Vererbung und Evolution. Ab 1880 veröffentlichte er eine Reihe von Diskussionen über Vererbung, die in seinem Buch *Das Keimplasma* gipfelten. Er erkannte, daß Darwins Theorie der Pangenese nicht in Einklang zu bringen war mit dem, was man über Zellteilung wußte. Das Erbmaterial oder «Keimplasma» befand sich offensichtlich im Kern der «Keimzellen», den Eiern und Spermien (auch Gameten genannt). Daher mußte das Keimplasma aus der Teilung von vorher existierenden Zellen stammen und konnte kein Extrakt oder Produkt des ganzen Körpers sein.

Weismann war der Meinung, daß das Keimplasma eine besondere chemische Substanz sein mußte, die ein Teil des Zellkerns bildete. Wie er betonte, war seine Theorie «auf der Vorstellung begründet, daß Vererbung durch die Übertragung einer Substanz mit einer bestimmten chemischen und vor allem molekularen Konstitution stattfindet». Es war diese molekulare Struktur des Keimplasmas, die eine Keimzelle befähigte, unter «geeigneten Bedingungen zu einem neuen Individuum derselben Art zu werden». Er glaubte, daß das Keimplasma in viele Einheiten, die «Determinanten», aufgeteilt ist, von denen jede die Entwicklung eines bestimmten Körperteils kontrolliert.

Aufgrund dieser Theorie konnte man neue Beobachtungen des Kerns einer sich teilenden Zelle sofort verstehen. Der Kern enthielt ein Material, das «Chromatin», das sich mit Hilfe neuer synthetischer Farben stark färbte. Wenn sich eine Zelle zu teilen begann, wurde das Chromatin in einer Anzahl von stabförmigen «Chromosomen» (griechisch für «gefärbte Körper») konzentriert. Während sich die Zelle teilte, verdoppelten sich die Chromosomen durch Längsspaltung; ein Chromosomensatz ging dann auf jede Tochterzelle über und bildete dort den Teil eines neuen Kerns. Weismann verwies darauf, daß dieser komplexe Mechanismus, den man später Mitose nannte, nur existiert, um das Chromatin auf eine regelmäßige und symmetrische Weise zu teilen. Dies zeigte, daß das Chromatin der wichtigste Bestandteil des Kerns ist, und deshalb «muß das Chromatin die Erbsubstanz sein».

Wenn dem so ist, folgerte Weismann, dann werden die Keimzellen durch eine Zellteilung gebildet, ohne daß sich die Chromosomen verdoppeln. Dies würde zur Entstehung von Ei- und Spermazellen führen, die nur die Hälfte der normalen Chromosomenanzahl besitzen. Die Fusion von Ei und Sperma bei der Befruchtung würde dann die Chromosomenzahl wiederherstellen, die nun für die weitere Entwicklung des Embryos durch normale mitotische Teilung bereit steht. Diese Idee wurde in den späten 1880er Jahren bestätigt, als man die spezielle Art der Teilung mikroskopisch beobachtet hatte, die zur Bildung von Keimzellen führte. Dabei findet eine anfängliche Duplikation der Chromosomen statt, auf die zwei Teilungen ohne Verdoppelung folgen. Man nennt dies Reduktionsteilung oder «Meiose». Alle diese neuen Befunde unterstützten die Theorie, daß Vererbung auf einer chemischen Substanz basiert, die im Kern enthalten ist.

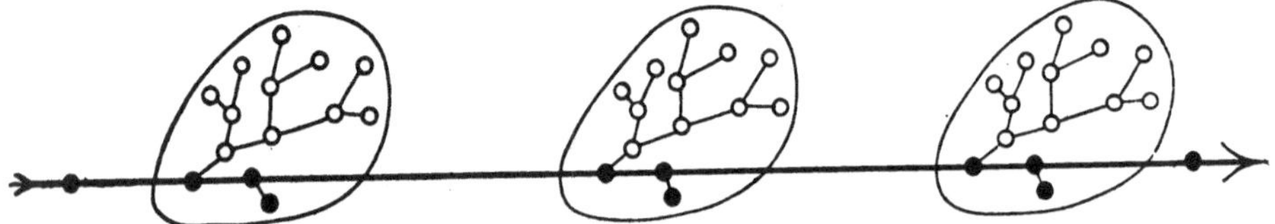

Das Diagramm illustriert die über Generationen fortlaufende Kontinuität des Keimplasmas. Individuen aufeinanderfolgender Generationen (große Ovale) werden aus Körperzellen (weiße Kreise) aufgebaut, aber Keimzellen (schwarze Kreise) bilden eine separate Zellinie, die nicht vom Rest des Körpers abstammt.

Während Weismann versuchte, seine Keimplasmatheorie zu entwikkeln, überlegte er fortwährend, welche Konsequenzen das für die Evolution haben würde. Von Anfang an war er überzeugt, daß natürliche Selektion die Ursache für evolutionären Wandel ist, und dies brachte ihn dazu, die Warnfärbung und Mimikry bei Insekten zu studieren. Seine Ansichten wurden durch mikroskopische Beobachtungen untermauert, die er bei bestimmten kleinen Meerestieren, den Hydromedusae, gemacht hatte. Dort fand er heraus, daß die Embryonalzellen, die zur Entstehung von Keimzellen führen, schon früh eine andere Entwicklung durchmachen. Sie tragen nicht zum Wachstum des restlichen Körpers bei, sondern bilden eine völlig getrennte Zellteilungslinie. Damit schien die Möglichkeit auszuscheiden, daß vom Körper erworbene Merkmale durch die Keimzellen an die nächste Generation weitergegeben werden.

Die Übertragung von vererbbaren Merkmalen hatte deshalb keine Beziehung zum Wachstum des Organismus, was Galton bereits aus anderer Perspektive festgestellt hatte. Und wie Galton unternahm auch Weismann ein Experiment, um diese Schlußfolgerung zu überprüfen. Er schnitt Mäusen, Generation nach Generation, die Schwänze ab und zeigte, daß es keinerlei Tendenz gab, daß diese Verstümmelungen vererbt würden. Bis dahin hatte man eine Vererbung von Verstümmelungen für möglich gehalten, was die Vererbbarkeit erworbener Merkmale beweisen sollte. Andere Studien bestätigten Weismanns Ergebnisse, und in seinem letzten Buch *Die Evolutionstheorie* von 1904, konnte er zuversichtlich feststellen: «Wir können diese Art von ‹Beweis› nun als erledigt betrachten.»

Weismann lehnte die Vererbung erworbener Merkmale aus einem weiteren Grund ab: Er konnte sich keinen Prozeß vorstellen, durch den so etwas geschehen konnte. Um vererbt werden zu können, muß die Vergrößerung eines stark beanspruchten Muskels sich irgendwie im Keimplasma widerspiegeln, das nicht aus Muskel besteht. Die Veränderung im Körper muß in diesem Fall in eine ganz andere Art von Veränderung im Keimplasma verwandelt werden, «was gleichbedeutend wäre mit der Annahme, ein auf Englisch verfaßtes Telegramm nach China würde dort in chinesischer Sprache ankommen». Diese Analogie verdeutlicht Weismanns Einsicht, daß es bei der Vererbung nicht auf einen Fluß von Materie oder Energie, sondern von Information ankommt. Und es schien kein Mechanismus vorstellbar, wie Information vom Körper in Information im Keimplasma übersetzt werden kann.

Wenn körperliche Modifikationen, die während des Wachstums erworben wurden, nicht vererbt werden können, dann muß Variation ungerichtet sein. Normale Variation, so erklärte Weismann, kommt aufgrund der Mischung von Determinanten im Keimplasma zustande, die sich bei der sexuellen Fortpflanzung mischen. Neue Variationen können nur durch Änderungen in der Molekularstruktur des Keimplasmas entstehen, was durch zufällige Duplikationsfehler zustande kommt. Aber der Körper hat keine Kontrolle über solche unvorhergesehenen Ereignisse, und die neuen Variationen entstehen rein zufällig. Natürliche Selektion ist daher der einzige Faktor, der Erbgutänderungen im Lauf der Evolution eine adaptive Richtung geben kann. Für Weismann war natürliche Selektion aus diesen Gründen als Ursache der Evolution «völlig ausreichend».

Die dogmatische Weise, wie er diese Ansicht vertrat, half jedoch nicht, daß diese Sichtweise generell akzeptiert wurde. Sein Ansatz führte eher dazu, daß sich die Bedenken derer versteiften, die Zweifel an der Rolle der natürlichen Selektion in der Evolution hatten. Ein prominentes Beispiel dafür war der Philosoph Herbert Spencer, der 1893 einen Aufsatz gegen die Ansichten Weismanns schrieb. Spencer schrieb, Weismanns Beweise seien unschlüssig, und bestand darauf, daß Variationen durch die Vererbung erworbener Merkmale eine günstige Richtung gegeben werden kann. Es wuchsen also zwei gegensätzliche Gruppen heran: die strikten Darwinisten, für die natürliche Selektion völlig ausreichend war, und die Lamarckisten, die für die Vererbung erworbener Merkmale und andere Mechanismen der Evolution eintraten.

Ein gutes Beispiel eines Lamarckisten war der Amerikaner Edward Cope (1840–97), der einen dauerhaften Beitrag zu unserer Vorstellung der

Wirbeltierevolution beigesteuert hat. Die Wirbeltier-Zeitschrift *Copeia* erhielt ihren Namen in Anerkennung seiner Leistungen, die vor allem in der Entdeckung und Interpretation vieler neuer Fossilien bestanden. Copes mit großer Energie betriebene Suche nach neuem Material führte zu seiner berühmten Rivalität mit Othniel Marsh bei der Erforschung der fossilen Schätze des amerikanischen Westens.

Beim Studium der zeitlichen Abfolge dieser Fossilien folgte Cope einer natürlichen Tendenz, die evolutionären Trends zu vereinfachen, indem er sie als gerade Linien betrachtete. Zum Beispiel hatte er in den frühen Gesteinen des Eozäns ein fossiles Säugetier entdeckt, das er *Phenacodus* nannte. Dieses besaß einen Fuß mit fünf Zehen, von denen jeder anstelle einer Kralle einen Huf hatte. Seine generalisierte Struktur und frühe Herkunft bedeutete, daß es dem gemeinsamen Vorfahren aller Huftiere nahegestanden haben könnte. Von diesem Ausgangspunkt schienen sich Strukturen wie Hörner, Zähne und Füße in einer geordneten Bahn entwickelt zu haben, was an das regelmäßige Entwicklungsmuster beim Embryo erinnerte. Außerdem gab es ähnliche Änderungen in anderen Evolutionslinien.

Die Füße wurden beispielsweise durch eine Verbindung der Knöchelknochen und durch eine Reduktion der Anzahl der Zehen verstärkt, was unabhängig bei getrennten Gruppen stattfand. Diese Reduktion führte zu nur zwei Zehen bei Kamelen und Hirschen und zu dem einzelnen Zeh in der berühmten Pferdereihe, die von Marsh beschrieben wurde. Ein solches Evolutionsmuster, das sich Schritt für Schritt linear weiterentwickelte, konnte nach Copes Meinung nicht durch natürliche Selektion erklärt werden. Die Selektion von zufälligen Variationen sollte in einem uneinheitlichen Muster resultieren, so daß diese regelmäßigen Trends aufgrund irgendeines anderen Mechanismus entstanden sein mußten. Er kam zu dem Schluß, vielleicht durch den Einfluß Spencers, daß die Vererbung erworbener Merkmale zu einer linearen Evolution führt.

Da seine fossilen Zeugnisse diese Interpretation zu erfordern schienen, nahm Cope wenig Notiz von Beweisen aus der Vererbungsforschung, wie sie Weismann vortrug. Es gab jedoch andere, die das neue, von Galton und Weismann geschaffene Klima anregend für weitere Studien fanden. Wenn die Mechanismen der Befruchtung, die für Vererbung verantwortlich sind, so einfach und präzise sind, sollte sich das nicht in regelmäßigen Mustern der Vererbung widerspiegeln? Und wenn das Keimplasma sich zufälligerweise verändert, würde sich das nicht als Diskontinuität im Vererbungsmuster zeigen? In den 1890er Jahren gingen mehrere Forscher von dieser neuen Sichtweise aus an die Probleme der Vererbung heran und stellten die Probleme des Wachstums und der Entwicklung zurück.

Der fossile Säuger Phenacodus *aus dem Eozän, den Cope entdeckt hatte. Das Skelett ist fast vollständig und zeigt die charakteristischen Merkmale der frühesten Huftiere.*

Einer von ihnen war der britische Zoologe William Bateson (1861–1926), der seine Karriere in vergleichender Anatomie begonnen hatte. Er hatte gehofft, Licht auf den Ursprung der Wirbeltiere werfen zu können, indem er die einfache, wurmähnliche Kreatur *Balanoglossus* untersuchte. Irgendwann wurde ihm klar, daß dies ein zweckloses Unterfangen war, weil die verfügbaren Daten auf verschiedene Weise interpretiert werden konnten, ohne daß es eine Möglichkeit gegeben hätte, sich zwischen ihnen zu entscheiden. Auf der Suche nach einem fruchtvolleren Ansatz zur Erforschung der Evolution wandte er sich dem Rohmaterial für Evolution zu, den Variationen. Das Ergebnis dieser Arbeiten war die Publikation *Materials for the Study of Variation* (1894).

Die Evolutionsforschung, so Bateson, sollte die Tatsachen der Variation untersuchen. «Variation», schrieb er, «ist das wesentliche Phänomen der Evolution. Variation *ist* tatsächlich Evolution.» Bateson vertrat die Ansicht, daß es zwei Arten von Variation gibt, die er «kontinuierliche» und «diskontinuierliche» Variation nannte. Der erste Begriff zielte auf leichte individuelle Unterschiede ab, welche die Variationskurve für eine Art abgeben, wie in den von Wallace betonten Fällen. Der letztere Begriff meinte auffallende Unterschiede, die nicht Teil der normalen Variationsbreite sind. In *On the Origin of Species* stützte sich Darwin auf kontinuierliche Variation als Basis für graduelle Evolution durch natürliche Selektion. Aber Bateson sah die diskontinuierliche Variation als Grundlage für Evolution durch plötzliche Sprünge. Er drückte es so aus: «Arten sind diskontinuierlich; könnte die Variation, durch die Arten entstehen, vielleicht nicht auch diskontinuierlich sein?»

Die Beweise für diese Ansicht stammten aus einer Fülle von Material, das Bateson über natürliche Arten zusammengetragen hatte. Er zitierte eine Vielzahl von Fällen, wo man zwei oder mehrere verschiedene Formen derselben Art gefunden hatte, ohne irgendein Zeichen einer Zwischenform. Solche Fälle waren besonders deutlich, wo es Unterschiede in der Anzahl von ähnlichen Teilen gab, wie in der Anzahl der Blütenblätter bei einer Blume oder in der Anzahl von Körpersegmenten. Zwischenformen waren bei diesen numerischen Unterschieden schlichtweg unmöglich. Außerdem waren solche Variationen etwa von derselben Größenordnung wie jene, die Arten voneinander unterschied. Daraus folgte, «daß die Diskontinuität der Arten aus der Diskontinuität der Variation resultiert». Mit anderen Worten: eine neue Art entsteht sprunghaft durch eine neue Variation.

Diese Ansicht war natürlich nicht gänzlich neu, aber Bateson trieb sie weiter als die früheren Naturforscher. Bateson realisierte, daß jede der diskontinuierlichen Variationen jeweils als getrennte Einheit vererbt werden muß, wenn sie die Rolle spielen soll, die er ihnen zuschrieb. Dies weckte sein Interesse an dem Vererbungsmechanismus von Variationen. In den 1890er Jahren begann er deshalb mit einer Reihe von Experimenten, in denen er Individuen einer Art mit diskontinuierlichen Variationen kreuzte, um herauszufinden, wie diese vererbt werden.

Ein weiterer Forscher, der zu dieser Zeit Züchtungsexperimente unternahm, war der holländische Botaniker Hugo de Vries (1848–1935). Er hatte ein gutes Grundwissen in Chemie, als er mit genetischen Untersuchungen begann, und war immer schon an der Übertragung von Erbmerkmalen und an Evolution interessiert. 1889 veröffentlichte er das Buch *Intrazelluläre Pangenesis*, in dem er Darwins Ansichten über Vererbung im Rahmen der neuen Erkenntnise der Zellforschung abwandelte. Insbesondere entwickelte er die Vorstellung einer Erbeinheit, die jedem Merkmal einer Art unterliegt. Im Rahmen der Evolution, sagte de Vries, kann man sehen, daß die Eigenschaften einer Art nicht unteilbar sind, sondern in eine große Zahl von Merkmalseinheiten aufgetrennt werden können. Jede von diesen muß auf einen einzelnen Erbfaktor zurückzuführen sein, der mehr oder weniger unabhängig von den anderen ist. Diese Faktoren «sind die Einheiten, welche die Vererbungsforschung zu untersuchen hat», ebenso wie die Physik und Chemie auf dem Studium der Atome und Moleküle aufbauen.

De Vries nannte diese Erbeinheiten nach Darwins ursprünglicher

Theorie Pangene und behauptete, daß jedes Pangen variieren und unabhängig von den andern vererbt werden kann. Hier unterschied er sich von Weismann, der unabhängige Einheiten innerhalb des Keimplasmas nie ganz billigen konnte. Wenn die Pangene unabhängige Einheiten sind, dann sollte es möglich sein, daß man jedes durch aufeinanderfolgende Generationen mit Hilfe von Züchtungsexperimenten verfolgen kann. 1892 begann de Vries daher mit der Züchtung einiger gewöhnlicher Pflanzenarten, wobei er Individuen kreuzte, die sich in einem auffallenden Merkmal unterschieden. Ebenso wie Bateson in England fand er bald heraus, daß dabei ein konsistentes Vererbungsmuster entstand.

Im Herbst 1899 hatte de Vries ein ähnliches Muster bei etwa 30 verschiedenen Arten und Rassen erhalten. Er war überzeugt, ein allgemeines Gesetz für die Vererbung von Merkmalen gefunden zu haben, und begann mit den Vorbereitungen zur Veröffentlichung seiner Ergebnisse. Als er dabei die Literatur durchschaute, entdeckte er zu seinem Erstaunen, daß jemand seine Ergebnisse vorweg genommen hatte. Mehr als 30 Jahre zuvor, im Jahre 1866, war ein Mönch namens Gregor Mendel zu denselben Schlußfolgerungen gekommen, aber man hatte seine Arbeit übersehen.

Es gibt wohl nur wenige Menschen, die posthum einen Beitrag zur Wissenschaft leisten, aber Mendel (1822–84) war einer davon. Er wurde bei Franz Unger in Botanik ausgebildet, der schon vor Darwin eine Form von Evolution vertrat. Offensichtlich war Mendel an der Frage interessiert, ob man neue Arten durch Hybridisierung bestehender Arten erzeugen kann. So begann er Kreuzungsexperimente mit der Erbse, die als geeignete Pflanze für Hybridisierungen bekannt war. Zunächst identifizierte er sieben Merkmale, die als deutliche Alternativenpaare existieren, wie etwa lange oder kurze Stiele, glatte oder runzlige Samen, Beispiele für das, was Bateson später diskontinuierliche Variation nannte. Mendel wählte sie so aus, daß er die Vererbung der Merkmale durch mehrere Generationen hinweg einfach verfolgen konnte.

Mendel begann mit Pflanzen, die sich für jedes der sieben Merkmale reinerbig fortpflanzten; dann kreuzte er zwei Pflanzen, die sich in einem Paar alternativer Merkmale unterschieden und überprüfte die Nachkommen. Er fand heraus, daß in der ersten Generation (F_1) alle Pflanzen nur einem Elternteil ähnlich waren. Wenn beispielsweise lang- und kurzstielige Pflanzen gekreuzt wurden, dann waren alle F_1-Pflanzen langstielig. Mendel nannte das Merkmal, das in der F_1-Generation erschien, «dominant» und das alternative Merkmal, das scheinbar verschwunden war, «rezessiv». Er vermehrte diese Hybriden durch Selbstbefruchtung und ließ die Samen bis zur ausgewachsenen Pflanze heranwachsen; so erzeugte er eine zweite Hybridgeneration (F_2).

In dieser zweiten Generation entdeckte Mendel, daß die rezessiven

Merkmale erschienen, und daß das Verhältnis von dominanten zu rezessiven Merkmalen 3:1 betrug. Über dieses Verhältnis konnte er sich sicher sein, da er mit einer sehr großen Anzahl von Pflanzen arbeitete. Im Falle der Samenform beispielsweise wurden 7324 Samen von 253 Pflanzen gesammelt, und es ergaben sich 5474 glatte und 1850 runzlige Samen (ein Verhältnis von 2.96:1). Hier hörte er nicht auf, sondern produzierte eine dritte Generation (F_3), indem er viele Pflanzen der F_2-Generation selbstbefruchtete. Alle Pflanzen, die von runzligen Samen gezogen wurden, vermehrten sich für dieses Merkmal reinerbig, ebenso wie ein Drittel der Pflanzen, die aus runden Samen gezogen wurden. Die anderen beiden Drittel der von glatten Samen gezogenen Pflanzen ergaben glatte und runzlige Samen im Verhältnis von 3:1.

Mendel erklärte dieses regelmäßige Vererbungsmuster durch die Annahme, daß die F_1-Generation erbliche «Elemente» für beide der alternativen Merkmale besitzt. Das rezessive Merkmal war maskiert, aber stand dennoch für eine Vererbung in die nächste Generation zur Verfügung. Dann gab es eine unabhängige Mischung der beiden Elemente bei der Bildung der F_1-Keimzellen, so daß in der F_2-Generation vier mögliche Kombinationen auftreten konnten. Drei dieser Kombinationen würden das dominante Element tragen und so das Verhältnis 3:1 verursachen. Als er 1866 darüber schrieb, blieb Mendel verständlicherweise ziemlich unbestimmt über seine vererbbaren «Elemente», und es ist schwer zu sagen, welche Bedeutung er seinen Ergebnissen zugemessen hat.

Aber de Vries und Bateson schien 1900 alles völlig klar angesichts des neuen Wissens in der Zellforschung. Die 3:1-Verhältnisse konnten nur so erklärt werden, daß jedes Merkmal durch eine einzelne Vererbungseinheit im Keimplasma von einer Generation zur nächsten vererbt wird. Diese Einheit muß in zwei alternativen Formen entsprechend dem Paar der alternativen Merkmale existieren. Das befruchtete Ei oder die «Zygote», die durch die ursprüngliche Kreuzung gebildet wurde, erhält dann eine Erbeinheit für beispielsweise Hochwüchsigkeit (T) von einem Elternteil und für Kurzwüchsigkeit (t) vom anderen. Die F_1-Pflanze, die aus dieser Zygote wächst, trägt also beide Einheiten (Tt), die sich trennen müssen, wenn die Keimzellen gebildet werden. Jede Keimzelle trägt dann nur eine Einheit, entweder T oder t, und die F_2-Zygoten werden zwei Einheiten für vier mögliche Kombinationen von T und t tragen (TT, Tt, tT und tt). Auf die gleiche Weise lassen sich die Verhältnisse von hoch- zu kurzwüchsigen Pflanzen in F_3 bestimmen.

Bateson nannte diese Trennung der Erbeinheiten im Verlauf der Keimzellbildung «Segregation», und er erkannte, daß dies der springende Punkt in Mendels Arbeit war. Es war die Segregation, welche die bestimmten Verhältnisse bei der Vererbung von Merkmalen und die Dis-

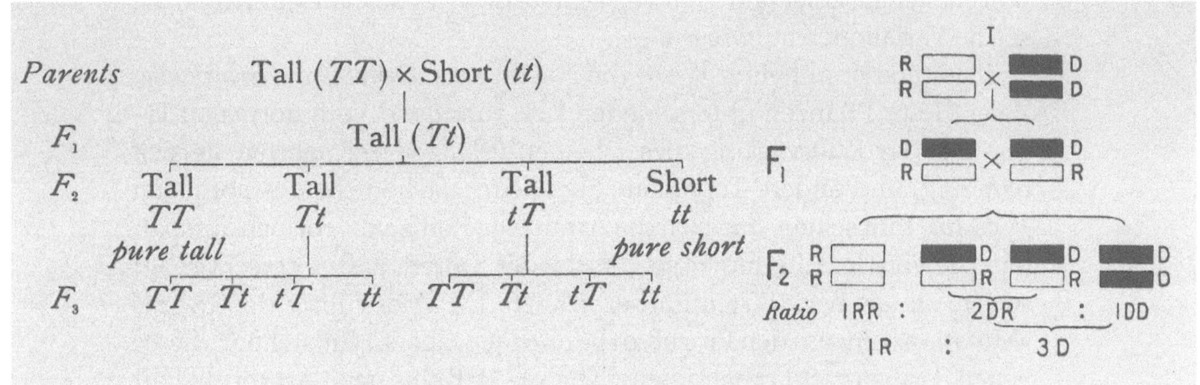

Zwei Diagramme, die das Mendelsche Vererbungsmuster zeigen (aus William Bateson: Mendel's Principles of Heredity*). Links: das Ergebnis aus Kreuzungen zwischen hohen und niederen Erbsenpflanzen in der üblichen Darstellungsweise. Rechts: die numerischen Folgen der Segregation; jede Zygote ist durch ein Balkenpaar dargestellt, wobei die schwarzen Balken die dominanten, die weißen die rezessiven Allele sind.*

kontinuität der Variation verursachte. Daß jedes Merkmal in einer Zygote durch nur zwei Einheiten repräsentiert ist, die jeweils von einem Elternteil abstammen, und daß diese getrennt bleiben, das war die neue Idee, welche die Erforschung der Vererbung revolutionierte. Bateson sah sofort, daß mit dieser Entdeckung die Möglichkeit entstanden war, Ordnung in ein Forschungsfeld zu bringen, in dem vorher soviel Verwirrung geherrscht hatte.

Bateson führte unter anderem verschiedene Schlüsselbegriffe ein, einschließlich des Begriffs «Genetik» für diese neue Wissenschaft der Vererbung. Die gepaarten Erbeinheiten, die sich voneinander segregieren, nannte er «Allelomorphe», was später zu «Allele» verkürzt wurde. Eine von zwei Keimzellen gebildete Zygote, die beide dasselbe Allel tragen, nannte er «Homozygote» (wie etwa *TT* oder *tt*), und eine mit zwei verschiedenen Allelen «Heterozygote» (*Tt*). Bateson trat mit großer Energie für die Sache der Genetik ein, und Wissenschaftler begannen Kreuzungsexperimente mit einer Vielzahl von Pflanzen- und Tierarten. Man fand ein Mendelsches Vererbungsmuster bei allen von ihnen und konnte es sogar für komplexe Fälle nachweisen, die auf den ersten Blick keinem einfachen Muster zu folgen schienen. Ein Überblick über diese neuen Arbeiten füllte ein dickes Buch mit dem Titel *Mendel's Principles of Heredity*, das Bateson 1909 veröffentlichte (siehe Farbtafel auf Seite 225).

Unterdessen war de Vries enttäuscht darüber, daß Mendel ihm zuvorgekommen war, und war offensichtlich nicht mehr so begeistert von dem neuen Forschungsfeld. Jedenfalls war er mehr daran interessiert, wie neue Arten gebildet werden, und das Mendelsche Vererbungsmuster schien kein Licht auf diese Frage zu werfen. Mit Bateson stimmte er darin überein, daß es zwei Arten von Variation gibt, und daß kontinuierliche Variation nie dazu führen kann, eine Art in eine andere zu verwandeln, nicht einmal unter intensivem Selektionsdruck. Eine neue Art muß aufgrund einer plötzlich auftauchenden, neuen, diskontinuierlichen Variation entstehen. Über Jahre hinweg achtete de Vries deshalb auf Arten, die solche Variationen aufwiesen.

1886 fand er auf einer Wiese die Nachtkerze, *Oenothera larmarckiana*. Zwei dieser Pflanzen unterschieden sich auffallend vom normalen Typus. Bei der Kultivierung dieser beiden Pflanzen vermehrten sie sich reinerbig, und andere Typen tauchten beim Nachwuchs des normalen Typs auf. Ihm schien, daß sich die Art in eine Reihe von Formen aufspaltete, die von der Elternform so verschieden waren, daß es gerechtfertigt schien, sie als neue Arten zu bezeichnen. De Vries führte den Begriff «Mutation» ein, um den Prozeß zu bezeichnen, der zur Entstehung dieser neuen Formen geführt hatte. Seine Theorie, daß eine neue Art sprunghaft aufgrund solcher Mutationen entsteht, wurde zwischen 1901 und 1903 als zweibändiges Werk unter dem Titel *The Mutation Theory* veröffentlicht.

Später wurde nachgewiesen, daß es sich bei der Nachtkerze um eine sehr ungewöhnliche Hybridart handelt, und daß de Vries' Mutationen überhaupt keine Mutationen waren. Er hatte über hundert andere Arten untersucht, die sich nicht wie die Nachtkerze verhielten, aber er tat das mit der Bemerkung ab, sie befänden sich in einer «immutablen Periode». Obwohl seine Theorie nur auf einer einzigen außergewöhnlichen Art aufbaute, lenkte sie die Aufmerksamkeit auf die Frage nach dem Ursprung neuer Vererbungseinheiten. Unter der Annahme, daß die Erbübertragung von zahlreichen getrennten Einheiten beeinflußt wird, muß jede neue Einheit, die zu den bereits vorhandenen hinzukommt, eine andere Ausprägung bilden. «Das Auftreten einer neuen Einheit bedeutet eine Mutation», schrieb er. Und er zog eine klare Trennungslinie zwischen diesen vererbbaren Mutationen und von der Umwelt verursachten bloßen «Fluktuationen», die nicht vererbbar sind.

Bald wurde klar, daß man diese Idee in die Mendelsche Sichtweise der Vererbung einflechten konnte. Sind sie einmal entstanden, dann können neue Mutationen auf normalem Weg vererbt werden, und es gab keinen Grund, warum sie nicht dauerhaft sein sollten, wenn sie nicht direkt schädlich sind. Ihr endgültiges Schicksal würde durch natürliche Selektion bestimmt, welche die weniger gut angepaßten dieser neuen Formen ausmerzen würde. Aber da man sich vorstellte, daß völlig neue Arten durch Mutation entstehen können, folgte daraus, daß natürliche Selektion nur eine Nebenrolle in der Evolution spielt. Mutation war für alle bedeutsamen Änderungen in der Evolution verantwortlich, indem sie neue genetische Diskontinuitäten hervorbrachte.

Nach dieser Sichtweise haben Anpassung und natürliche Selektion keinerlei Bedeutung beim Ursprung neuer Arten. Angesichts der neuen Erkenntnisse erklärte Bateson, daß die kreative Rolle der natürlichen

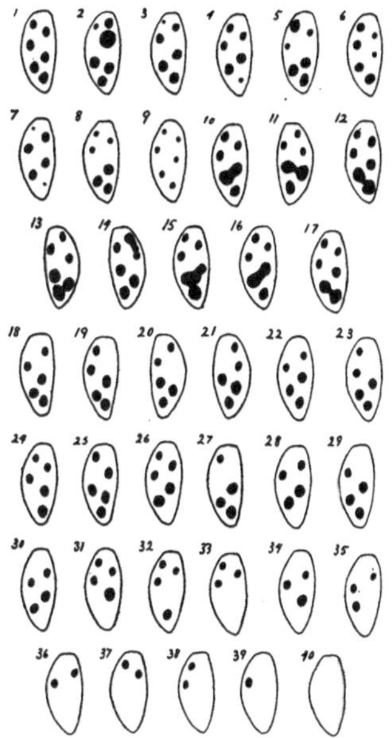

Variation im Punktemuster beim Marienkäfer Hippodamia convergens. *Das häufigste Muster ist (1). Dieses Diagramm hatte Vernon Kellogg erstellt, der betonte, daß diese Art von Variation weder als kontinuierlich noch als diskontinuierlich klassifiziert werden konnte.*

Selektion, die ihr Wallace, Weismann und andere zugeschrieben hatten, «endgültig abgelehnt werden muß». Die Vorstellung, Evolution fände durch die graduelle Akkumulation kleiner Änderungen bei einer großen Zahl von Individuen statt, «erweist sich aufgrund der genetischen Studien sofort als falsch». In den USA wurde die Theorie von de Vries umgehend von Thomas Morgan aufgegriffen, der damals am Beginn seiner Karriere in der Genetik stand. Sein 1903 veröffentlichtes Buch *Evolution and Adaptation* schrieb der Selektion keine bedeutende Rolle zu: der Verlauf der Evolution wird in erster Linie durch die Art der auftretenden Mutationen bestimmt.

Es ist nicht überraschend, daß man diese Ansichten als vollständige Alternative zu Darwins Theorie der natürlichen Selektion betrachtete. Viele Naturforscher, die im Freiland Arten und ihre Varietäten untersuchten, konnten über die Vorstellung, daß sich neue Arten sprunghaft bilden, nur lachen. Sie sahen überall Beweise für Anpassung und graduelle Variation und dachten gar nicht daran, sich aus dem Konzept bringen zu lassen. In einem Brief an seinen Freund Edward Poulton bezeichnete Wallace 1904 Mutation als «miserablen Fehlschlag einer Theorie». Und Poulton selbst spottete in einer Einleitung zu einem Essayband 1908 über die Vorstellung der Mutation ohne Selektion. Das darwinistische Lager befand sich also in einem Kampf an mehreren Fronten – gegen die Lamarckisten auf der einen und gegen die Mendelianer auf der anderen Seite.

Die wesentliche Schwäche der Mendelschen Position war nach Ansicht der Feldforscher, daß sie keine Erklärung für kontinuierliche Variation abgab. Die neuen Techniken ließen sich gut auf diskontinuierliche Variation anwenden, aber offensichtlich nicht auf kontinuierliche Variation, die Naturforscher als die wichtigste in der Evolution betrachteten. Dies führte dazu, daß einige Naturforscher die allgemeine Anwendbarkeit der Mendelschen Vererbungsregeln bezweifelten. In ihrem Buch über *Evolution and Animal Life* (1907) schrieben die beiden Naturforscher David Jordan und Vernon Kellog, daß die Mendelschen Gesetze «unter keinen Umständen auf alle Fälle und Kategorien der Vererbung zuträfen». Beispiele kontinuierlicher Variation mußten ihrer Ansicht nach mit «etwas anderem als dem Mendelschen Prinzip» erklärt werden. Den Weg aus der Sackgasse lieferte bald die genetische Forschung, die Licht auf die Natur der kontinuierlichen Variation warf.

Der dänische Biologe Wilhelm Johannsen (1857–1927) arbeitete mit der Gartenbohne *Phaseolus vulgaris*. Diese Pflanzen sind normalerweise selbstbefruchtend und daher weitgehend homozygot. Johannsen untersuchte statistisch alle Abkömmlinge von 19 selbstbefruchteten Pflanzen. In diesen «reinerbigen Linien» variierten die Bohnen innerhalb einer gewissen Bandbreite kontinuierlich, und er züchtete Pflanzen aus sowohl den größten als auch den kleinsten Bohnen. Er fand heraus, daß die Variation unter den Nachkommen praktisch identisch war, ungeachtet der Größe der Elternbohne, und daß diese Variationsbreite in aufeinanderfolgenden Generationen konstant blieb. Dies zeigte, daß die genetische Konstitution von allen Bohnen einer reinerbigen Linie gleich sein mußte. Die Variationen in der Bohnengröße waren offensichtlich Fluktuationen aufgrund unterschiedlicher Umweltbedingungen und wurden nicht vererbt.

Angesichts dieser neuen Ergebnisse führte Johannsen eine Reihe neuer Begriffe ein. 1909 prägte er den Begriff «Gen», eine Verkürzung von de Vries' Pangenen, um die Einheit der Vererbung zu benennen. Daraus leitete er das Wort «Genotyp» für die Gesamtsumme der Gene in einer Zygote ab. Und als Gegenstück zum Begriff Genotyp führte er den Begriff «Phänotyp» für die körperlichen Eigenschaften eines Organismus ein. Diese Terminologie erleichterte die wichtige Unterscheidung zwischen der genetischen Ausstattung eines Organismus und seiner physischen Erscheinung. Diese Unterscheidung war eigentlich indirekt in den Theorien von Weismann und de Vries enthalten, aber die neue Theorie traf sie ganz explizit. Die neuen Begriffe halfen also beim Verständnis des Evolutionsprozesses und insbesondere der Rolle der kontinuierlichen Variation.

Man konnte in diesem Sinne sagen, daß die größten und die kleinsten Bohnen innerhalb einer reinerbigen Linie denselben Genotyp haben, aber aufgrund von Unterschieden in ihrer Umwelt unterschiedliche Phänotypen entwickelt haben. Mischte man alle Bohnen zusammen, so schien, wie Johannsen zeigte, die gesamte Population nur einen einzigen Phänotyp mit einer nur flachen Variationskurve zu haben. Aber tatsächlich zeigten verschiedene reinerbige Linien verschiedene Mittelwerte in der Bohnengröße. Da diese sich reinerbig fortpflanzten, mußten sie verschiedene Genotypen widerspiegeln. Die gesamte Population bestand also aus mehreren verschiedenen Genotypen, aber die Unterschiede zwischen ihnen wurden aufgrund der durch die Umwelt verursachten Variation ihrer Phänotypen ausgeglichen. Das Ergebnis war eine kontinuierliche Variation in der Bohnengröße, welche die unterliegenden genetischen Unterschiede maskierte.

1909 konnte der schwedische Biologe Nilsson-Ehle diese Ansicht anhand seiner Arbeiten an Weizen untermauern. Als er die Vererbung der Kornfarbe untersuchte, entdeckte er, daß die rote Farbe in der Intensität variierte, rot aber immer dominant über weiß war. Familien, die aus Kreuzungen zwischen Roten und Weißen entstanden, fielen in drei Gruppen, in denen die F_1-roten in der F_2-Generation Rote und Weiße in den

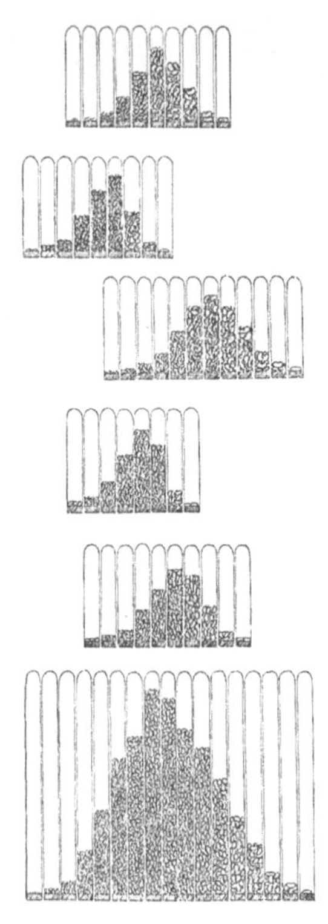

Johannsens reinerbige Linien der Gartenbohne Phaseolus. *Die Abbildung zeigt fünf verschiedene reinerbige Linien und eine Population (unten), die durch ihre Vermischung gebildet wurde. Die Bohnen sind entsprechend ihrer Länge in Klassen eingeteilt, und jede Klasse befindet sich in einer separaten Glasröhre. Identische Größenklassen sind untereinander angeordnet. Die separaten Linien unterscheiden sich im Mittelwert der Bohnenlänge; wenn sie aber vermischt werden, ergeben sie eine Population mit einer geglätteten Variationskurve.*

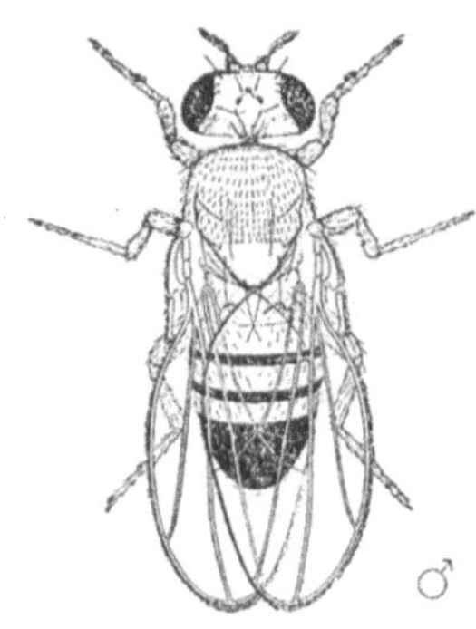

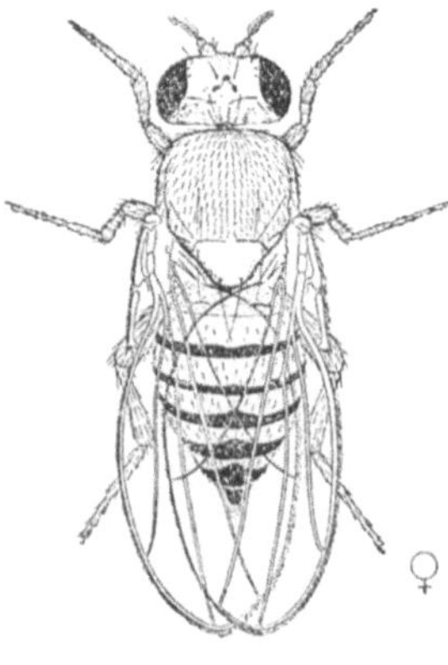

Die Fruchtfliege Drosophila. *Zeichnungen eines Männchens und eines Weibchens (aus Thomas Morgan:* The Physical Basis of Heredity).

Verhältnissen von entweder 3:1, 15:1 oder 63:1 ergaben. Nilsson-Ehle zeigte, daß man diese Ergebnisse so interpretieren kann, wenn es drei getrennte Gene gibt, von denen jedes den roten Effekt produzieren konnte. Wenn drei Gene unabhängig segregieren, beispielsweise A, B und C, dann kann eine rein weiße Kornfarbe nur in Pflanzen erscheinen, die homozygot rezessiv für alle drei Gene sind (aabbcc). Wenn nur eines dominant ist, würde das ausreichen, um das Korn rot zu färben. Aber die Intensität der Farbe und der Anteil von roten Körnern in der F_2-Generation steigt mit der Anzahl dominanter Gene an.

Aus diesen Ergebnissen wurde klar, daß kontinuierliche Variation in Größe oder Farbe in Mendelschen Begriffen erklärt werden kann, wenn ein Merkmal durch multiple Gene produziert wurde. Ihr Zusammenwirken wird in abgestuften Phänotypen resultieren, wobei sich jeder ein wenig vom anderen unterscheidet. Während des Wachstums werden diese Unterschiede durch Umwelteinflüsse abgeschwächt und ergeben eine kontinuierliche Variationskurve. Es gab deshalb keine wesentliche Unterscheidung zwischen kontinuierlicher und diskontinuierlicher Variation; die genetische Basis war für beide dieselbe.

Johannsens Arbeit mit reinerbigen Linien zeigte, daß die umweltbedingte Variation nicht vererblich ist. Nur Unterschiede, die auf dem Genotyp basieren, werden an die nächste Generation weitergegeben. Dies war ein weiterer starker Beweis gegen die Vererbung erworbener Merkmale, aber Johannsen glaubte, dies würde auch gegen natürliche Selektion sprechen. Wenn natürliche Selektion auf kontinuierliche Variation wirkt, dann kann sie die Natur der Genotypen nicht verändern; sie kann nur den einen oder anderen Genotyp in der Population bevorzugen. Wo es keine Unterschiede im Genotyp gibt, kann Selektion keinen Einfluß auf die Vererbung haben. Deshalb ist Selektion von Mutationen abhängig, die neues genetisches Material verfügbar machen, wenn daraus durch Selektion bedeutende evolutionäre Änderungen entstehen sollen.

Unter Mutation verstand Johannsen «Änderung, Verlust oder Zuwachs von Bestandteilen des Genotyps». Mutationen so aufzufassen, bedeutete jedoch, insbesondere im Zusammenhang mit kontinuierlicher Variation, daß sie viel kleiner sein können, als die großen Diskontinuitäten, die de Vries sich vorgestellt hatte. Daß dies zutrifft, zeigte Thomas Morgan 1909 mit seinen Untersuchungen an der Fruchtfliege *Drosophila*. In einer seiner reinerbigen Kreuzungslinien erschien ein weißäugiges Männchen unter den normalerweise rotäugigen Fliegen. Dieses weißäugige Männchen wurde mit rotäugigen Weibchen gepaart, und beim Nachwuchs wurde dann die Augenfarbe überprüft. Obwohl in der F_1-Generation alle rotäugig waren, tauchten in der F_2-Generation erneut weißäugige Männchen auf, was zeigte, daß für die weiße Augenfarbe ein rezessives Allel verantwortlich war. Daher mußte die Eigenschaft «weiß-äugig» durch eine plötzliche Änderung im Gen für rote Augenfarbe entstanden sein.

Morgan verwendete absichtlich den von de Vries geschaffenen Begriff «Mutation» für diesen Ursprung eines neuen Allels durch eine plötzliche Änderung in einem einzelnen Gen. Damit bezog sich das Wort Mutation auf viel kleinere Änderungen im Genotyp als die von de Vries bei *Oenothera* beobachteten Veränderungen. In Morgans «Fliegenraum» an der Columbia University wurden die *Drosophila*-Fliegen zu Hunderttausenden gezüchtet. Bei der genauen Untersuchung dieser Fliegen entdeckten er und seine Kollegen einen stetigen Strom neuer Mutationen, die bei diesen gezüchteten Fliegen natürlicherweise auftraten. Die Entdeckung, daß geringe Mutationen unter normalen Bedingungen regelmäßig auftreten, war der Schlüssel zu den Mendelschen Vererbungsmechanismen. Sie ebnete ebenfalls den Weg zu einem besseren Verständnis der Evolution aufgrund natürlicher Selektion.

Mit diesen neuen Einsichten in die Natur kontinuierlicher Variation und Mutation wurde eine Versöhnung der darwinistischen und mendelianischen Ansichten möglich. Nicht daß dies Bateson oder de Vries akzeptiert hätten; auch Morgan tat es zunächst nicht. Im Hintergrund jedoch begannen andere zu überlegen, wie man diese beiden Ansichten vereinen könne. Ein Präzedenzfall war der britische Zoologe Edwin Goodrich (1869–1946), der in Oxford arbeitete. Sein Spezialgebiet war die vergleichende Anatomie, aber er war auch mit den neuen Arbeiten in der Genetik vertraut und machte sich Gedanken darüber, welche Bedeutung diese für die natürliche Selektion hatten. Schon 1912 veröffentlichte er ein populäres Buch mit dem Titel *The Evolution of Living Organisms*, das 1924 in erweiterter Fassung mit einem leicht veränderten Titel erschien.

Goodrich erklärte darin, daß die Rolle der Variation in der Evolution nur im Rahmen der Vererbung verstanden werden könne. Man weiß, schrieb er, daß die Erbsubstanz von einer Generation zur nächsten im Kern der Keimzellen weitergegeben wird, möglicherweise in den Chromosomen. Der Organismus, der sich aus einem befruchteten Ei entwickelt, könnte dann aufgrund zwei ganz unterschiedlicher Ursachen variieren: entweder durch Änderungen in der Erbsubstanz oder durch Umwelteinflüsse während des Wachstums. Variationen der ersten Art, «Mutationen» genannt, könnten von der nächsten Generation geerbt werden. Die letzteren, die er lieber «Modifikationen» nannte als «erworbene Merkmale» oder «Fluktuationen», könnten, soweit man wisse, nicht vererbt werden.

Die Mendelschen «Vererbungsgesetze», die durch Kreuzung von Individuen, die sich in irgendeinem leicht zu erkennenden Merkmal unterschieden, erarbeitet wurden, führten zu dem Schluß, daß es eine Erbeinheit für jedes Merkmal gibt: Jede Einheit oder jedes Gen bleibt unabhängig von den anderen, so daß verschiedene Allele in den Keimzellen eines hybriden Individuums segregieren können. Alle diese Arbeiten schienen Weismanns Ansicht zu bestätigen, daß körperliche Modifikationen nicht vererbt werden und damit keinen Einfluß auf den Verlauf der Evolution haben. Damit blieben ungerichtete Mutationen in den Genen als letzte Quelle für vererbliche Variationen übrig. Deshalb hatte diese neue genetische Forschung, fern davon die Gültigkeit der natürlichen Selektion in Frage zu stellen, «definitiv die einzige rivalisierende Theorie widerlegt»: die der Lamarckisten.

Die neuen Arbeiten stärkten auch den Standpunkt der natürlichen Selektion, wie Goodrich betonte, indem sie zeigten, daß es keine glatte und einfache Unterscheidung zwischen kontinuierlicher und diskontinuierlicher Variation gibt. Wie die Arbeiten von Nilsson-Ehle zeigten, tritt kontinuierliche Variation vor allem dann auf, wenn ein Merkmal durch verschiedene Gene, und nicht nur durch eines kontrolliert wird. Natürliche Selektion kann mit den geringen, für kontinuierliche Variation typischen Unterschieden wirkungsvoll arbeiten, weil sie eine genetische Basis haben. Und vorausgesetzt es gibt das Angebot an Mutationen, wie es Morgan beim Studium der *Drosophila* entdeckt hatte, dann könnte natürliche Selektion unbegrenzt adaptive Veränderungen akkumulieren.

Um zu zeigen, daß Selektion tatsächlich an kleinen individuellen Unterschieden ansetzt, verwies Goodrich auf Ergebnisse der Feldforschung. Er zitierte die Zunahme einer dunklen Art des Birkenspanners im industriellen Norden Englands und die Arbeit des amerikanischen Zoologen Bumpus über den Haussperling. Bumpus hatte 136 Sperlinge aufgesammelt, die ein Schneesturm außer Gefecht gesetzt hatte. Davon erholten sich 72, die anderen verendeten. Beim Vermessen der Vögel fand er heraus, daß die Überlebenden im Durchschnitt stämmiger gebaut waren als jene, die starben. Die aufgrund ihres Körperbaus besser an die Kälte angepaßten Individuen hatten also überlebt, und die anderen wurden eliminiert. Es war ein klares Beispiel dafür, daß Selektion auf kleine individuelle Unterschiede wirkt.

Sehr viel weiter konnte die Diskussion über natürliche Selektion und Vererbung zu jener Zeit nicht gehen. Goodrich selbst trug nichts mehr zur weiteren Entwicklung dieser Diskussion bei; er war vollständig von seinen Arbeiten über vergleichende Anatomie und Embryologie in Anspruch genommen. Dieser Forschungszweig war damals auf seinem Höhepunkt und lieferte einen wesentlichen Beitrag zum Studium der Evolution. Denn kombiniert mit den neuen fossilen Beweisen machte er

Evolution als Erklärung für die Geschichte und Vielfalt des Lebens durch und durch plausibel. Welche Zweifel auch immer über die Mechanismen bestanden, unbestritten war nun für Biologen, daß Evolution stattgefunden hatte. Diese Tatsache stand genauso fest, sagten Jordan und Kellogg in *Evolution and Animal Life*, wie die Form der Erde oder die Struktur des Sonnensystems: «Die Erde ist rund, die Planeten bewegen sich um die Sonne, und Arten von Organismen stammen von anderen Arten ab.»

Mehr als jede andere Forschung trug das vergleichende Studium der lebenden und fossilen Wirbeltiere dazu bei, der Evolution so viel Überzeugungskraft zu verleihen. Wer um die Jahrhundertwende Wirbeltierstrukturen untersuchte, konnte auf ein reiches Erbe sorgfältiger Studien zurückgreifen, die bis auf Cuvier und weiter zurückgingen. Damit konnte man Beziehungen und Homologien sehr genau herausarbeiten, nicht nur im Bereich des Skeletts, sondern auch für andere Teile des Körpers. War irgendein Vergleichsspunkt bei den Erwachsenenformen verwirrend, wurde er oft klar, wenn man die embryonalen Formen analysierte. Dieser detaillierte Strukturvergleich erbrachte ein übereinstimmendes Bild, das die Ansicht, daß alle Wirbeltiere von einem gemeinsamen Vorfahren abstammen, bestätigte. Anhand dieser Informationen konnte man auch den vermutlichen Evolutionsverlauf bei den Wirbeltieren verfolgen.

In Haeckels Worten bilden Erwachsene, Embryonen und Fossilien «drei Ahnendokumente», aus denen der Verlauf der Evolution abgeleitet werden kann. Während Goodrich und seine Zeitgenossen dies akzeptierten, distanzierten sie sich von Haeckels Gedanken über Rekapitulation. Es war nicht länger haltbar, daß die embryonale Entwicklung die Erwachsenenstadien von Vorfahrenarten rekapitulierte. Die Kiemenschlit-

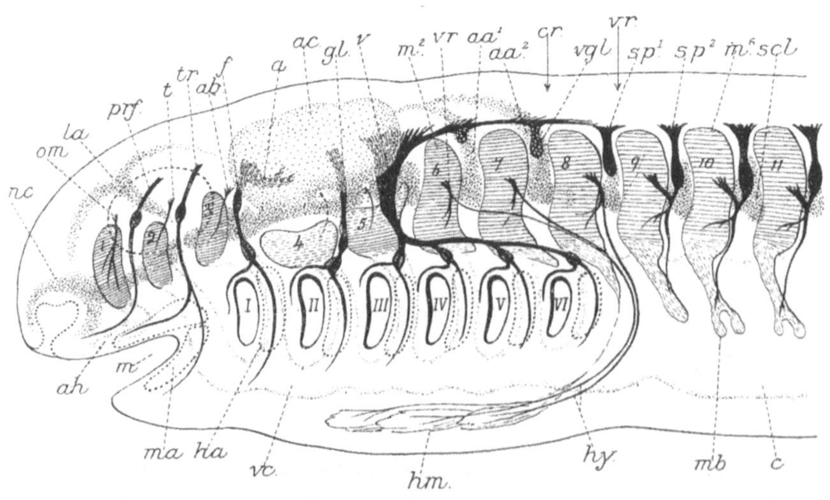

Diagramm von Goodrich, das die Kopfsegmente eines Haiembryos zeigt. Jedes Segment ist durch einen Muskelblock charakterisiert, der schraffiert und numeriert ist. Die Nerven sind schwarz, knorpelige Skelettelemente sind gepunktet dargestellt. Die Kiemenschlitze sind mit römischen Zahlen durchnumeriert.

ze, die bei einem Säugerembryo auftreten, korrespondieren offensichtlich mit den Kiemenschlitzen des Fischembryos und nicht mit den Kiemen des erwachsenen Fisches. Viele andere Strukturen, die typisch für Fische sind, werden überhaupt nicht rekapituliert. In Wahrheit schienen die embryonalen Stufen einiger Vorfahrenstrukturen einfach als formbildende Reize in der Entwicklung bewahrt zu bleiben. Dies bedeutete, daß Embryonen zwar wertvolle Hinweise über die evolutionären Beziehungen, aber keine definitiven Informationen über die Erwachsenenformen der Vorfahren geben können.

Man findet wohl kaum eine bessere Auslegung von Haeckels drei Ahnendokumenten als jene, die sich mit dem Wirbeltierkopf beschäftigt. Die Struktur des Kopfes bei einem erwachsenen Wirbeltier ist wegen des Mundes, speziellen Sinnesorganen (Nase, Augen, Ohren) und der schützenden Schädeldecke sehr kompliziert. Aufgrund dieser Merkmale ist der Kopf deutlich anders gestaltet als der Rest des Körpers, besonders bei den komplexeren Wirbeltieren. Wenn jedoch die Evolutionstheorie stimmt, dann muß dieser Zustand aus einem einfacheren entstanden sein, wo sich der Kopf vom Rest des Körpers nur geringfügig unterschied. Sobald einmal ein charakteristischer Kopf entstanden war, mußten sich seine Merkmale fortlaufend modifiziert haben, vom Fisch zum Reptil, und vom Reptil zum Säuger.

Ende des 19. Jahrhunderts ging man dieses Problem mit einer Theorie über den segmentären Aufbau des Kopfes an. Man wußte bereits, daß der restliche Körper eines Wirbeltieres aus einer Reihe von wiederholten Einheiten oder Segmenten aufgebaut ist. Diese Segmentation verschwindet in der komplexen Organisation des Erwachsenen größtenteils, obwohl sie in der Anordnung der Rippen, Wirbel und Spinalnerven offensichtlich ist. Aber es gibt keine Spur von Segmentation im Kopf eines erwachsenen Wirbeltieres.

Als man jedoch die Entwicklung des frühen Embryos bei mehreren Arten untersuchte, fand man heraus, daß der Kopf tatsächlich aus einer Anzahl von Segmenten besteht. In diesem frühen Stadium ist der sich entwickelnde Kopf Teil einer vollständigen Reihe von Segmenten, die vom vorderen zum hinteren Ende des Körpers verlaufen. Jedes Segment konnte in erster Linie anhand einer Gruppe sich entwickelnder Muskeln, Somite genannt, erkannt werden, die man, vorne beginnend, durchnumerierte.

Über jedem Somiten konnte man einen segmentzugehörigen Nerv finden, der vom sich entwickelnden Gehirn ausging und sich in getrennte dorsale und ventrale Nervenwurzeln teilte. Die ventrale Wurzel innerviert den Somiten, während die dorsale Wurzel andere Strukturen innerhalb ihres Segments versorgt. Die Kiemenschlitze entwickeln sich unter-

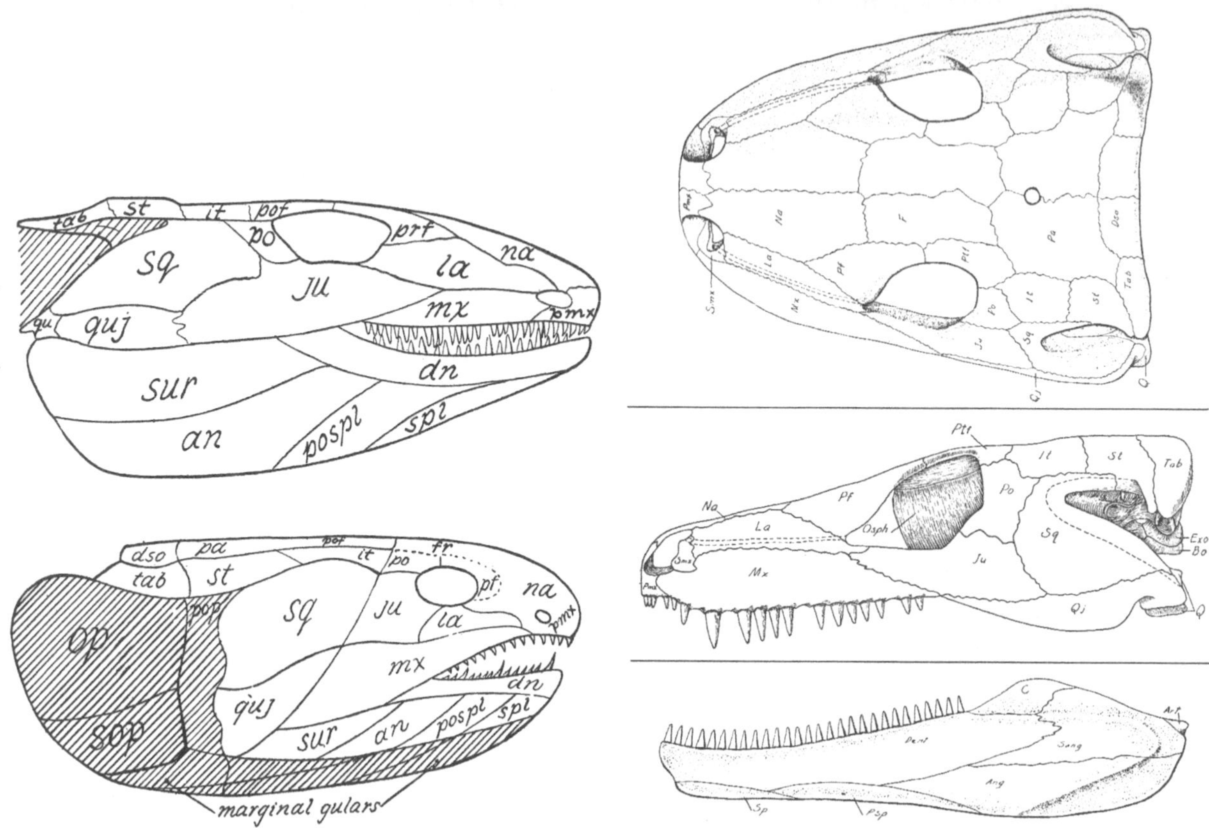

halb der Somiten in der Kopfregion, wobei jeder Schlitz vom nächsten durch ein Gewebeband, den Kiemenbogen, getrennt ist. Ein großer Ast einer dorsalen Nervenwurzel führt durch jeden dieser Kiemenbögen und zeigt, daß sie mit der Segmentierung des Körpers korrespondieren. Innerhalb jedes Kiemenbogens entwickelt sich auch ein unterstützendes Knorpelelement. Goodrich rundete seine Arbeit 1918 mit einem Aufsatz über die Entwicklung des Kopfes beim Embryo eines Hundsfisches ab. Darin wurde detailliert gezeigt, wie jedes Kopfsegment eine Reihe von Teilen enthält, die man bis zu ihrem erwachsenen Zustand verfolgen konnte.

All dies diente dem Nachweis, daß sich der gesamte Körper eines Wirbeltieres von einem allgemeinen segmentären Plan aus entwickelt. So komplex er auch ist, der Kopf entwickelt sich aus Segmenten, wie denjenigen im restlichen Körper. Die Vorstellung, daß Wirbeltiere ein einfaches, gleichförmig segmentiertes Tier als gemeinsamen Vorfahren haben, wurde also aufrechterhalten. Zusätzlich waren diese Arbeiten eine gute Basis, um die Evolution des Kopfes innerhalb der Wirbeltiere zu verfolgen.

Oben links: Schädel eines fleischflossigen Fisches (unten) und eines frühen Amphibs (oben). Diese zuerst 1929 erschienenen Zeichnungen wurden gemacht, um das Muster der Schädelknochen zu zeigen. Korrespondierende Knochen in den beiden Schädeln sind mit denselben Buchstaben bezeichnet.

Oben rechts: Der Schädel und der Unterkiefer von Seymouria, einem frühen Amphib. Diese Zeichnungen aus dem Jahr 1939 zeigen, wieviele Details man von einem gut erhaltenen Fossil erhalten kann.

Die Forschungen zu diesem Thema machten damals rasche Fortschritte, hauptsächlich durch die Analyse der Knochenmuster in fossilen Schädeln. Man konnte die Details herausarbeiten, weil eine Verbindungslinie oder Naht auftritt, wo zwei Knochen in der Entwicklung aufeinandertreffen, und diese konnte man an gut erhaltenen Fossilien noch erkennen. Als neues und komplexeres fossiles Material beschrieben wurde, wurde es möglich, den Evolutionsverlauf von einer Wirbeltierklasse zur nächsten mit immer größerer Zuversicht nachzuzeichnen.

Man fand eine übereinstimmende Anordnung in den äußeren Schädelknochen von frühen landbewohnenden Wirbeltieren. Dieses Knochenmuster, das Ähnlichkeit mit dem lebender Reptilien und Säuger hat, fand man auch bei Knochenfischen einer noch früheren Periode. Zu den wesentlichen Elementen dieses Musters gehörte ein Ring von etwa fünf Knochen um die Augenhöhle. Darunter gab es einige vorstehende Knochen entlang der unteren Kante des Schädels, welche die Zähne trugen. Die Schädeldecke wurde aus einigen großen, paarigen Knochen gebildet, die sich in der Mittellinie trafen, und es gab eine variable Anzahl «temporärer» Knochen an der Seite des Kopfes hinter der Augenhöhle.

Die frühesten Fossilien, die ein solches Muster der Schädelknochen aufwiesen, waren die Knochenfische des mittleren Devons. Schon in diesem frühen Stadium ihrer Geschichte waren die Knochenfische in zwei Gruppen geteilt, die strahlenflossigen und die fleischflossigen Fische. Während die erste Gruppe Flossen hatte, die durch parallele Strahlen unterstützt wurden, hatte die zweite Flossen, die durch eine zentrale Knochenlinie gestützt wurden. Der Unterschied zwischen den beiden Gruppen war bereits Mitte des 19. Jahrhunderts bekannt, als Agassiz seine detaillierten Studien an fossilen Fischen durchführte. Später erkannten Zoologen, daß die Anordnung der Knochen in den Fleischflossen der Ausgangspunkt für die Evolution von Beinknochen in landbewohnenden Wirbeltieren gewesen sein könnte. Diese Vorstellung wurde zusätzlich durch die Anordnung der Schädelknochen bestätigt.

Der bekannteste Strahlenflosser war *Osteolepis*, von denen Agassiz mehrere Arten beschrieb. Als spätere Forscher den Schädel des *Osteolepis* untersuchten, konnten sie einige Knochen finden, die mit Schädelknochen landbewohnender Wirbeltiere homologisieren. Dies traf insbesondere für Knochen um die Augenhöhle und am Hinterteil des Schädels zu. Am Vorderteil des Schädels gab es eine ziemlich verwirrende Anordnung kleiner Knochen, die manchmal zu einem Schutzschild verschmolzen waren. Dennoch waren die Homologien im allgemeinen klar.

Die ersten Wirbeltiere, die das Wasser verließen, waren die durch Richard Owen benannten labyrinthodonten Amphibien. Über die Jahre wurde überall in der Welt eine Vielzahl solcher Amphibien aus den

Gesteinen des Karbons und des Perms geborgen. Unter den Fossilfunden waren überwiegend Schädel, die offensichtlich zu flachen, schwer gebauten Köpfen gehörten, vergleichbar denen von Krokodilen (siehe Seite 133). Diese Schädel waren vollständig mit Knochen bedeckt und hatten lediglich für die beiden Augen und die beiden Nasenlöcher bedeutende Öffnungen.

In dieser Hinsicht ähnelten sie den fleischflossigen Fischen, aber sie unterschieden sich in ihren Proportionen. Bei den Fischen war der Teil des Schädels vor den Augen relativ kurz und der Teil hinter den Augen relativ lang. Bei den Labyrinthodontiern waren diese Proportionen umgekehrt. Der Schädel vor den Augen war sehr vergrößert, während er dahinter verkürzt war, und auch die relativen Größen der Knochen in den beiden Regionen waren entsprechend verändert. Mit Ausnahme

Restaurierte Skelette von zwei Gattungen fossiler Wirbeltiere, die zuerst von Edward Cope benannt wurden. Beide Formen lebten während des Perms in Nordamerika. Erypos (oben) war eines der späteren labyrinthodonten Amphibien, und Dimetrodon (unten) war ein frühes Reptil.

einiger abhanden gekommener Knochen bei den Labyrinthodontiern war das Knochenmuster der beiden Fossilgruppen ähnlich. Aufgrund dieser und anderer Ähnlichkeiten akzepierte man allgemein, daß die Labyrinthodontier aus den fleischflossigen Fischen evolviert sind.

Als man weitere geeignete Lagerstätten fand, kamen einige bemerkenswert vollständige und guterhaltene Fossilien ans Tageslicht. Anhand dieser Funde konnte man die Struktur vieler ausgestorbener Wirbeltiere in allen Einzelheiten beschreiben und vergleichen. Ein solcher Fund war der Labyrinthodontier *Seymouria*, den man in Gesteinen in Texas nahe der Stadt Seymour entdeckt hatte; 1904 wurde er beschrieben. Das gesamte Skelett dieses Tieres war erhalten, und selbst Details wie die Durchtrittsöffnungen im Hirnschädel für jeden der Gehirnnerven waren zu erkennen. Ein anderes Detail war der Steigbügel, das Gehörknöchelchen, welches das Trommelfell mit der Ohrkapsel an der Seite des Hirnschädels verbindet. Die Ohrkapsel wurde offensichtlich von der auffallenden Kerbe an der Schädelhinterseite getragen und war ein neues Merkmal der Amphibien.

Ein Vergleich von Einzelheiten wie diesen ergab den Eindruck, der Schädel und die Zähne von *Seymouria* seien recht typisch für Labyrinthodontier. Mehrere Merkmale der Gliedmaßen und der Wirbelsäule hatten jedoch mehr Ähnlichkeit mit denen früherer Reptilien, und zunächst klassifizierte man *Seymouria* als Reptil. Obwohl es diese Mischung aus amphibischen und reptilischen Merkmalen aufwies, lebte *Seymouria* im frühen Perm. Dies war in geologischer Zeit zu spät, um ein Vorfahre der Reptilien zu sein, aber es half, den graduellen Übergang der beiden Wirbeltierklassen zu betonen.

Ein anderer Fund aus dem Permgestein in Texas gehörte eindeutig in die Reptilienklasse. Es handelte sich um das Tier *Dimetrodon*, das Cope ein Vierteljahrhundert vor der Entdeckung *Seymourias* beschrieben hatte. *Dimetrodon* und ähnliche Funde zeigten, wie frühe Reptilien vor dem Aufkommen der Dinosaurier aussahen. Der Struktur der Wirbelsäule und der Gliedmaßen nach zu schließen, war dieses Tier eindeutig beweglicher als die schwerfälligen Labyrinthodontier. Es hatte auch einen viel tieferen und schmaleren Schädel, was eine Anpassung für lange, starke Kiefermuskeln war, die dem Tier einen kraftvollen Biß verliehen. Außerdem gab es eine Öffnung an der Seite des Schädels hinter dem Auge, die dem kräftig gebauten Kiefermuskel Raum gab. Die Tatsache, daß es nur eine Öffnung zwischen dem postorbitalen Knochen und dem Squamosum gab, zeigte, daß *Dimetrodon* nicht mit den Dinosauriern verwandt war, die immer zwei solche Öffnungen hatten. Es war statt dessen mit einer anderen Gruppe verwandt, die als säugetierähnliche Reptilien bekannt wurden.

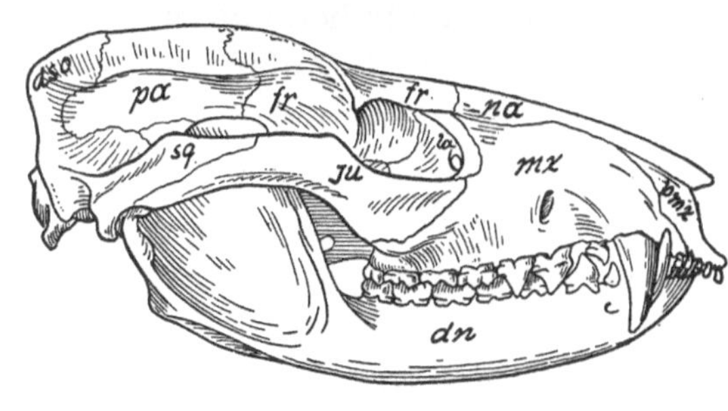

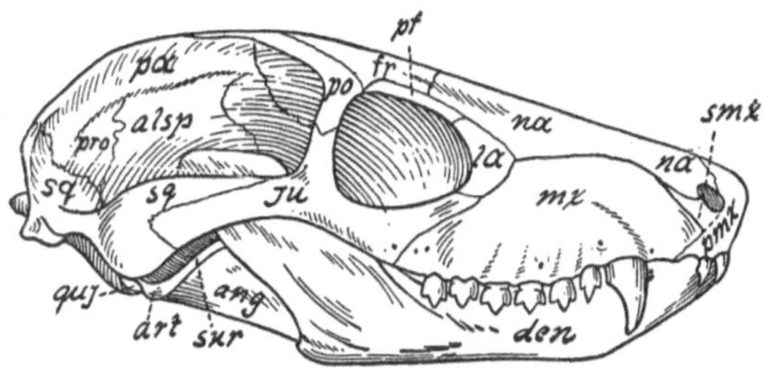

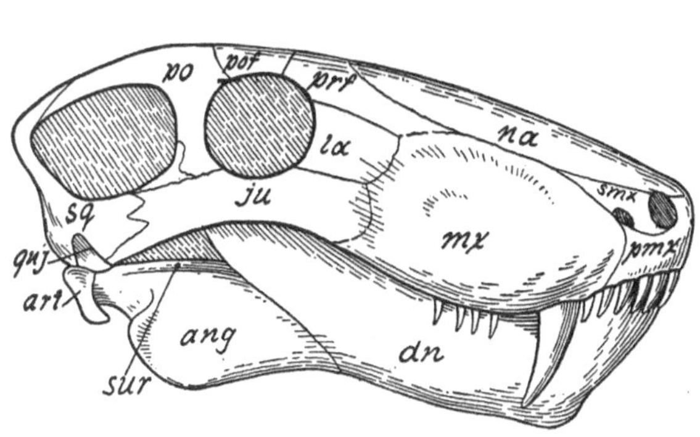

Schädel eines frühen säugetierähnlichen Reptils (unten), eines späteren säugetierähnlichen Reptils (Mitte) und eines modernen Opossums (oben). Die Zeichnungen von 1929 zeigen den graduellen Übergang von einer Form zur nächsten in der Struktur der Schädelknochen und des Unterkiefers. Korrespondierende Knochen in allen drei Schädeln tragen dieselben Buchstaben.

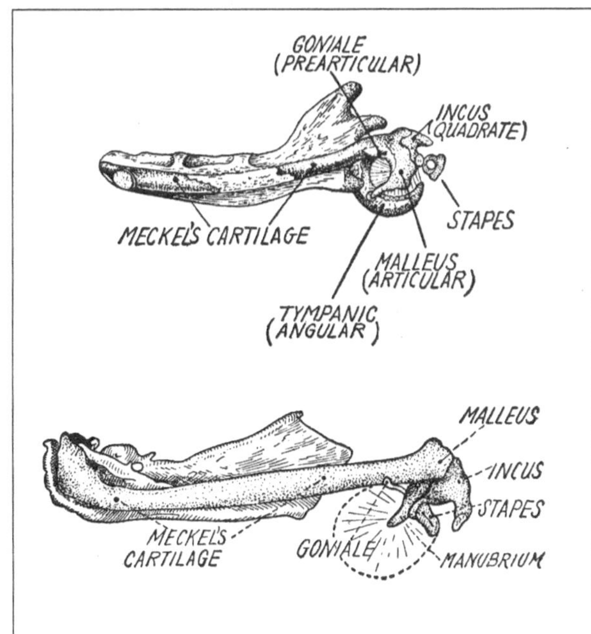

Die Geschichte dieser Tiere begann, wieder einmal, mit Richard Owen. Er beobachtete einige säugetierähnliche Merkmale an den Zähnen und Kiefern von fossilen Reptilien, die man beim Bau einer britischen Militärstraße in Südafrika gefunden und später nach London verschifft hatte. Diese bemerkenswerten Fossilien stammten aus dem späten Perm und der Trias, waren zeitlich also später als *Dimetrodon*. Dutzende Gattungen und Arten wurden hier gefunden und von Owen und anderen benannt. Doch der Mann, der ihren Platz in der Evolution herausbekam, war Robert Broom (1866–1951), ein tatkräftiger Schotte, der 1897 nach Südafrika zog. Um 1920 hatte er eine Reihe von Fossilformen zusammengetragen, die zeigten, wie diese Reptiliengruppe graduell in die Säuger evolviert ist.

Bei bestimmten dieser Reptilien wurden mehrere Skelettmerkmale immer säugetierähnlicher, wobei diese Merkmale eine aktive, fleischfressende Lebensweise widerspiegelten. Die Beine waren im allgemeinen

Der Unterkiefer im embryonalen Entwicklungsstadium eines Igels (oben) und eines Menschen (unten). Bei beiden kann man sehen, daß sich der Amboß (Incus) und der Hammer (Malleus) an der Rückseite des Meckelschen Knorpels entwickeln, genau an derselben Stelle wie das Quadratum und das Articulare bei den Reptilien.

unter dem Körper verankert, wobei die Ellenbogen nach hinten und die Knie nach vorne wiesen. Das ist eine Haltung, bei welcher der Körper vom Boden abhebt und die damit die Bewegungseffizienz bei vierfüßigen Tieren erhöht. Die Differenzierung der Zähne, die man zuerst bei *Dimetrodon* gesehen hatte, schritt soweit voran, daß bei späteren Formen charakteristische Schneide-, Eck- und Backenzähne erschienen. Eine solche Anordnung von Zähnen ist daran angepaßt, Nahrung zu zerschneiden und zu zerkauen, die dann schnell verdaut wird, womit ein hohes Niveau an Aktivität erhalten werden kann. Die Öffnung an der Seite des Schädels wurde ebenfalls vergrößert und schuf Platz für noch größere Kiefermuskeln, und der Dentalknochen im Unterkiefer wurde proportional immer größer.

Bei den meisten Reptilien besteht der Unterkiefer aus sieben oder mehr getrennten Knochen, zusätzlich zum Dentale, das die Zähne trägt. Bei den späteren säugetierähnlichen Reptilien bildete das Dentale fast den gesamten Unterkiefer, und die anderen Knochen waren klein und zusammengedrängt. Dies ergab einen stärkeren Kiefer, der dem Säugerzustand gleicht, wo das Dentale der einzige Knochen im Kiefer ist. Wie bei anderen Reptilien lag das Kiefergelenk zwischen dem Artikularknochen (Articulare) des Unterkiefers und dem Quadratknochen (Quadratum) des Schädels, aber diese Knochen waren sehr verkleinert. Folglich berührten sich beinahe das Dentale des Unterkiefers und das Squamosum des Schädels, die bei den Säugern das Kiefergelenk bilden. Daher waren diese Reptilien nur noch einen kleinen Schritt vom Zustand der Säuger entfernt, wie Broom richtig erkannte.

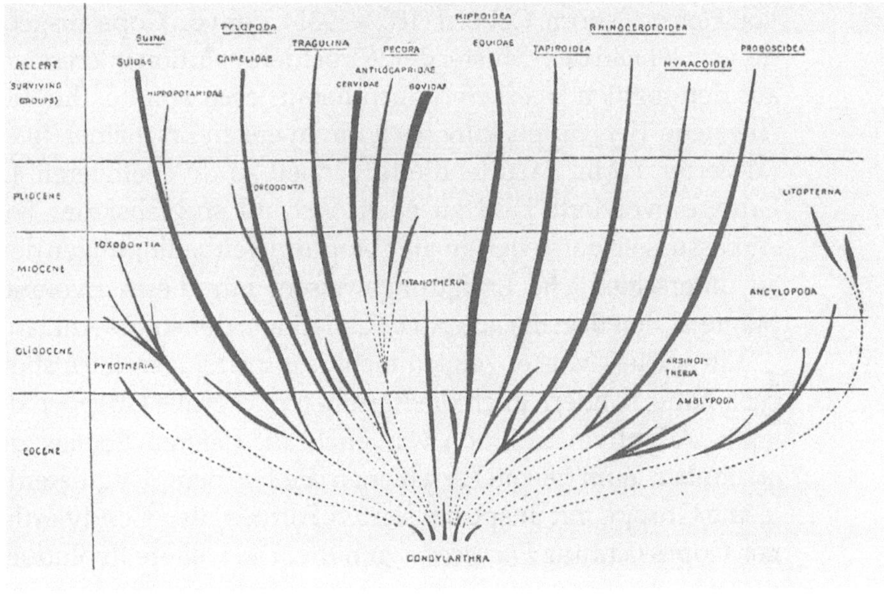

Evolution der Huftiere. Eine Zeichnung, die ihre adaptive Radiation aus einer ursprünglich unspezialisierten Gruppe, den Condylarthen aus dem Eozän, betont (aus Goodrich: Origin and Evolution of Living Organisms).

Diese fossilen Beweise ließen bezüglich des Übergangs von den Reptilien zu den Säugern einen wichtigen Punkt offen. Obwohl Säuger weniger Knochen im Unterkiefer haben als Reptilien, haben sie zwei mehr im Mittelohr, das in der Nähe des Kiefergelenks liegt. Zusätzlich zum Steigbügel, den es bereits bei Amphibien und Reptilien gibt, haben Säuger den Amboß und den Hammer, die eine Kette bilden, welche die Ohrkapsel mit dem Trommelfell verbindet. Konnten diese zusätzlichen Knochen von den jetzt überflüssigen Knochen des reptilischen Kiefers stammen?

Hier erbrachte die embryonale Forschung den Beweis, daß dies in der Tat zutrifft. Sie zeigte, daß sich der Amboß und der Hammer aus denselben knorpeligen Elementen im zweiten oder Mandibularsegment des Kopfes entwickeln, wie das Quadratum und das Articulare bei Reptilien. Diese Homologien zwischen Amboß und Quadratum und zwischen Hammer und Articulare ergaben sich aufgrund systematischer Vergleiche von sowohl erwachsenen Tieren als auch Embryonen.

Durch das vergleichende Studium von lebendem und fossilem Material wurde bis 1920 die wesentliche Abfolge der Wirbeltierevolution aufgedeckt. Es gab gute fossile Belege für die Übergänge von den Fischen zu den Amphibien über die Reptilien zu den Säugern und auch zu den Vögeln. Diese neuen Beweise wurden oft ausführlich in Büchern über Evolution oder Wirbeltierzoologie besprochen, die im beginnenden 20. Jahrhundert erschienen. Es wäre jedoch ein Irrtum, anzunehmen, daß man Evolution als einzelne, sich entfaltende Sequenz betrachtete, die zum Menschen führt. Im Gegenteil sah man die Vielfalt der Evolution auf allen Ebenen, und sie wurde immer wieder betont, besonders auch von Henry Osborn. Osborn (1857–1935), der von Cope ausgebildet wurde, war sehr an dem Muster der Wirbeltierevolution interessiert, das man aus den fossilen Überlieferungen herauslesen konnte. Ihm fiel auf, daß eine neue Tiergruppe, kurz nach ihrem ersten Erscheinen in einer generalisierten Form, dazu tendierte, schnell zu diversifizieren. Diese neue Gruppe evolvierte bald zu einer Vielzahl spezialisierter Formen, die Anpassungen darstellen an die Hauptumweltbedingungen der Erde und an unterschiedliche Ernährungsweisen. Für dieses Evolutionsmuster prägte er den Begriff «adaptive Radiation», der sofort Anklang fand.

Ein solches Muster zeigten nicht nur die Säuger, die Osborn besprochen hatte, sondern auch die Reptilien und große Gruppen der Wirbellosen. Adaptive Radiation war auch auf tieferen Ebenen der Vielfalt erkennbar. Zum Beispiel erschienen die Huftiere (Ungulaten) zuerst als kleine Gruppe mit unspezialisierten Formen, den Condylarthen, zu denen Copes Gattung *Phenacodus* gehörte. Die weitere Evolution führte zu einer Vielfalt von Huftieren, die nicht alle bis in die Gegenwart überlebt haben.

Darwin wäre über dieses neue Verständnis der Wirbeltiergeschichte erfreut gewesen, denn er hatte die Hoffnung auf die fossilen Überlieferungen aufgegeben. In *Origin* beschrieb er sie als «eine unvollständig erhaltene Geschichte der Welt», von der uns nur ein paar zerknitterte und unvollständige Seiten überliefert sind. So befriedigend das neue Wissen auch war, es war im Prinzip auf die Makroevolution beschränkt. Die feinere Ebene, wie etwa eine Art in eine andere übergeht, blieb noch immer weitgehend mysteriös. Das sollte sich jedoch bald ändern. In den nächsten drei Jahrzehnten lieferten neue Arbeiten der Genetik eine Interpretation der natürlichen Selektion, die sich in Einklang mit der Feldarbeit der Naturforscher bringen ließ. Das Ergebnis war eine neue Synthese der Evolutionstheorie.

GENETICS AND
THE ORIGIN OF SPECIES

BY

THEODOSIUS DOBZHANSKY

PROFESSOR OF GENETICS, CALIFORNIA
INSTITUTE OF TECHNOLOGY

NEW YORK : MORNINGSIDE HEIGHTS

COLUMBIA UNIVERSITY PRESS

1937

8
Synthese und Arten

Informationen, die in einem Buch veröffentlicht werden, haben nicht immer die Wirkung, die der Autor beabsichtigt hat. Gelegentlich kann ein Buch sogar Informationen enthalten, die in sich den Kern ihrer eigenen Widerlegung tragen. Genau dies geschah mit dem Buch über *Mimikry in Butterflies*, das R. C. Punnett, der bei Bateson in Cambridge arbeitete, 1915 veröffentlichte. Mit der Beschreibung der vielen, damals bekannten Fälle von Mimikry wollte Punnett die Ansichten von Bateson und de Vries über Evolution bestätigen. Er behauptete, daß sich mimetische Ähnlichkeiten nicht graduell durch natürliche Selektion gebildet haben konnten, sondern daß sie in einem einzigen Sprung durch eine große Mutation entstanden sein mußten. Aber ein Punkt in seinem Buch war der Auslöser für neue Untersuchungen, die letztlich diese ganze Ansicht umstürzten.

Es handelte sich um einen Anhang, der eine Zahlentabelle des Mathematikers H. T. J. Norton aus Cambridge enthielt. Diese Tabelle schätzte,

Percentage of total population formed by old variety	Percentage of total population formed by the hybrids	Percentage of total population formed by the new variety	Number of generations taken to pass from one position to another as indicated in the percentages of different individuals in left-hand column							
			A. Where the new variety is dominant				B. Where the new variety is recessive			
			$\frac{100}{50}$	$\frac{100}{75}$	$\frac{100}{90}$	$\frac{100}{99}$	$\frac{100}{50}$	$\frac{100}{75}$	$\frac{100}{90}$	$\frac{100}{99}$
99·9	·09	·000								
98·0	1·96	·008	4	10	28	300	1920	5740	17,200	189,092
90·7	9·0	·03	2	5	15	165	85	250	744	8,160
69·0	27·7	2·8	2	4	14	153	18	51	149	1,615
44·4	44·4	11·1	2	4	12	121	5	13	36	389
25·	50·	25·	2	4	12	119	2	6	16	169
11·1	44·4	44·4	4	8	18	171	2	4	11	118
2·8	27·7	69·0	10	17	40	393	2	4	11	120
·03	9·0	90·7	36	68	166	1,632	2	6	14	152
·008	1·96	98·0	170	333	827	8,243	2	6	16	165
·000	·09	99·9	3840	7653	19,111	191,002	4	10	28	299

wieviele Generationen es dauern würde, bis sich eine neue Mutation unter dem Einfluß von Selektion in einer Population ausgebreitet hat. Angenommen wurde, daß das durch dieses Gen kontrollierte Merkmal vollständige Dominanz zeigte, so daß die Heterozygoten nicht von der dominanten Homozygote unterschieden werden konnten. Es wurden dann getrennte Zahlen angeführt, einerseits für den Fall, wo die neue Mutation dominant war, und andererseits für den Fall, wo sie rezessiv war. In beiden Fällen wurde das Ergebnis für vier verschiedene Selektionsintensitäten berechnet, von 50% bis hinunter zu 1%.

Diese Schätzungen basierten auf Kalkulationen, die G. H. Hardy einige Jahre zuvor in Cambridge aufgestellt hatte. Hardy berechnete, wie ein Paar von Allelen, A und a, in einer großen Population verteilt wird, in der keine Selektion wirkt. Alle Mitglieder der Population müssen zu einem der drei Genotypen AA, Aa und aa gehören. Aufgrund der Mendelschen Segregation werden in allen folgenden Generationen Genotypen in konstanten Verhältnissen produziert. Sind die Allele A und a anfänglich im Verhältnis $p : q$ vorhanden, wobei $p + q = 1$ ist, dann wird die Frequenz von AA, Aa und aa in der nächsten Generation $p^2 : 2\,pq : q^2$ sein. Hardy zeigte dann, daß sich dieses Verhältnis in den nächsten Generationen nicht ändern wird. Anders ausgedrückt: die beiden Allele A und a werden von Generation zu Generation im selben Verhältnis vorhanden sein, sofern nicht eine Störung wie etwa natürliche Selektion dieses Gleichgewicht durcheinanderbringt.

Der 1908 publizierte Aufsatz von Hardy war die Grundlage für populationsgenetische Untersuchungen, und Norton gehörte zu den ersten, die diesen Ansatz anwendeten. Wenn man von der Richtigkeit des Mendelschen Vererbungsmusters ausging, konnte man mathematisch abschätzen, was mit einem bestimmten Allel in aufeinanderfolgenden Generationen einer Population geschehen würde. Nortons Tabelle zeigte, daß natürliche Selektion die Häufigkeit eines Gens innerhalb einer Population ändern konnte. Selbst ein geringer Vorteil von nur 10% oder weniger würde innerhalb von relativ wenigen Generationen zu einer substantiellen Zunahme der Frequenz eines günstigen Gens führen. Dieses Ergebnis überraschte viele, und es regte eine Fülle neuer Untersuchungen an.

Ronald Fisher (1890–1962), der sehr an der Evolutionsidee interessiert war, verfolgte in Cambridge den mathematischen Ansatz der Selektionstheorie weiter. Ab 1918 veröffentlichte er eine Reihe von Aufsätzen über die Verbreitung von Genen in Populationen, wobei er statistische Methoden benutzte, um die Wirkungen von Selektion, Mutation und genetischer Variation zu untersuchen. Er konnte zeigen, daß das Mendelsche Vererbungsmuster mit einer Theorie der allmählichen Evolution, die durch natürliche Selektion kleiner genetischer Unterschiede zustande kommt, völlig in Einklang steht. 1927 schrieb er eine direkte Erwiderung auf Punnetts Buch über Mimikry und war überzeugt, daß die Tage der großen Mutationen in der Evolution vorbei waren. «Man versteht jetzt immer besser», schrieb er, «daß die Bedeutung genetischer Entdeckungen für die Evolutionstheorie eine ganz andere ist, als die Pioniere des Mendelianismus ursprünglich dachten».

Diese neue Auffassung verbreitete Fisher 1930 in seinem Werk *Genetical Theory of Natural Selection*. Dort führte er aus, unter Berücksichtigung der Mendelschen Vererbung gebe es keine inhärente Tendenz, daß sich Variabilität im Laufe der Zeit abschwächt. Wie Hardy gezeigt hatte, ändern sich die Verhältnisse, in denen man ein Paar von Allelen findet, unter normalen Fortpflanzungsbedingungen nicht. Alternative Gene bleiben deshalb in einer Population bestehen, sofern sich ihre relativen Häufigkeiten nicht durch Zufall, durch Mutation oder durch Selektion ändern. Fishers Berechnungen ergaben, daß Selektion der bei weitem wirksamste Faktor ist, der Genfrequenzen ändern kann. Zufälliges Überleben oder Verlust von Genen kann nur in kleinen, isolierten Populationen einen signifikanten Effekt haben, und Mutationen sind zu selten, um eine große Wirkung auf Genfrequenzen ausüben zu können. Aus Untersuchungen an *Drosophila* wußte man, daß ein bestimmtes Gen selten häufiger als einmal pro 100'000 Individuen mutiert.

Demnach müssen alle Theorien, die Mutationen als die treibende Kraft der Evolution betrachten, ad acta gelegt werden. Jede hypothetische Kraft, welche die Richtung der Mutationen kontrollieren könnte, wäre ziemlich ineffektiv in der Kontrolle der Richtung evolutionärer Veränderungen. Selbst ein kleiner selektiver Nachteil könnte sie völlig außer Kraft setzen. Man konnte diesem Schluß auch nicht durch die Annahme aus dem Weg gehen, die Mendelschen Gesetze träfen auf bestimmte Vererbungsfälle nicht zu, denn auch solche zweifelhaften Fälle konnten nun in Mendelschen Begriffen interpretiert werden. Die kontinuierliche Variation der menschlichen Körpergröße beispielsweise konnte nun durch die Wirkung von mehreren, additiv wirkenden Genen erklärt werden. Das Ausmaß an Korrelation in der Körpergröße, das man bei Verwandten fand, war genau das, was man von einigen Genen mit Mendelscher Dominanz erwarten würde.

Daher war natürliche Selektion, im Gegensatz zur früheren Auffassung, die einzige Theorie evolutionärer Veränderungen, die mit den neuen Entdeckungen der Genetik im Einklang stand. Zu weitgehend gleichen Schlüssen kam unabhängig ein weiterer britischer Biologe, J. B. S. Haldane, der ähnliche Berechnungen ausführte, nachdem er Nortons Zahlen gesehen hatte. Ab 1924 verfaßte er eine Reihe von Aufsätzen über

each number occurs is the coefficient of the corresponding power in the expansion of

$$\phi(x),$$

then substituting e^t for x, we have in ϕ the generating function of the moments of the distribution. Now to advance one generation is to substitute

$$e^{x-1} \text{ for } x$$

or

$$e^{e^t-1} \text{ for } e^t$$

or

$$e^t-1 \text{ for } t;$$

if therefore μ_1, μ_2, μ_3, ... are the moments, about zero as origin, of the distribution in the earlier generation, those in the latter generation will be the coefficients of t in the expansion of

$$\mu_1\left(t+\frac{1}{2}t^2+\frac{1}{6}t^3+\ldots\right)+\frac{1}{2}\mu_2\left(t+\frac{1}{2}t^2+\ldots\right)^2+\frac{1}{6}\mu_3\left(t+\ldots\right)^3$$

$$+\frac{1}{24}\mu_4\left(t+\ldots\right)^4+\ldots$$

in powers of t; and if these are denoted by μ_1', μ_2', μ_3', ... we have the relations

$$\mu_1' = \mu_1$$
$$\mu_2' = \mu_2+\mu_1$$
$$\mu_3' = \mu_3+3\mu_2+\mu_1$$
$$\mu_4' = \mu_4+6\mu_3+7\mu_2+\mu_1$$

and so on.

Since all the moments are initially unity it is easy to see from these that μ_2 will increase proportionately to n, μ_3 to n^2, μ_4 to n^3, etc. when n is large. Moreover, since in general

$$\mu_p'=\mu_p+\frac{p(p-1)}{2}\mu_{p-1}+\ldots$$

the coefficient of n^{p-1} in μ_p is $\frac{1}{2}p$ times the coefficient of n^{p-2} in μ_{p-1}; starting therefore with $\mu_1 = 1$ we find

$$\mu_p = p!\left(\frac{n}{2}\right)^{p-1},$$

to a first approximation, when n is large.

Knowing the moments we may now infer the actual form of the

eine «mathematische Theorie der natürlichen und künstlichen Selektion». Im ersten wandte er seine Berechnungen auf einen aktuellen Fall an, die Ausbreitung der schwarzen Form des gefleckten Birkenspanners *Biston betularia* in Industrieregionen. Ein schwarzes Exemplar dieses Spanners wurde erstmals 1848 in der Nähe von Manchester gefunden, und um 1895 hatte diese Form die normale gefleckte, graue Form in diesem Gebiet fast vollständig ersetzt.

Kreuzungsexperimente zeigten, daß für die schwarze Form des gefleckten Spanners ein einziges dominantes Gen verantwortlich war. Haldane berechnete, daß die schwarze Form einen Selektionsvorteil von 30% über die graue Form haben muß, damit sich dieses Gen in so kurzer Zeit in der Population ausbreitet. Dies war ein früher Hinweis darauf, daß Selektionsintensitäten in der Natur viel größer sein könnten als die 1%, die Fisher erwähnte. Aber selbst diese niedrigere Zahl reicht aus, wie Fisher zeigte, daß sich die selektierte Form letztlich in der gesamten Population ausbreitet.

Innerhalb seiner Berechnungen zur Ausbreitung von Genen in Populationen war einer der orginellsten Beiträge Fishers seine Abhandlung über «Polymorphismen». Man versteht darunter eine Situation, in der zwei oder mehr diskontinuierliche Formen einer Art in derselben Region auftreten. Fisher zeigte, daß Selektion unter bestimmten Bedingungen ein Gleichgewicht zwischen zwei alternativen Allelen in einer Population aufrechterhalten kann. Beispielsweise kann eines der Allele bis zu einer bestimmten Frequenz einen selektiven Vorteil haben und dann nachteilig werden. Auch wenn die Heterozygoten einen selektiven Vorteil über die beiden Homozygoten haben sollten, würde daraus ein stabiles Gleichgewicht zwischen den beiden Allelen resultieren. Aufgrund solcher Interaktionen kommt es zu einem ausgeglichenen Polymorphismus, bei der sich alternative Formen in der Art über lange Perioden behaupten können. Daraus ableitend kann man also erwarten, daß natürliche Populationen ein breites Spektrum an genetischer Variation besitzen.

Ein anderer Beweis, der in dieselbe Richtung wies, war die Wirkung der Interaktion zwischen zwei getrennten Allelen. Zwei Gene A,a und B,b können sich gegenseitig im Gleichgewicht halten, wenn A in Gegenwart von B vorteilhaft, aber in Gegenwart von b nachteilig ist. Gleiches gilt *vice versa* für B. Daß Gene auf diese Art und Weise interagieren können, wurde aufgrund von Arbeiten an lebenden Tieren und Pflanzen deutlich. Während sich Fisher und Haldane nämlich mit Papier und Bleistift beschäftigten, unternahmen andere Forscher Kreuzungsexperimente, die zu einem besseren Verständnis der natürlichen Selektion verhalfen. Die schnellsten Fortschritte in der Genetik erbrachten Morgan und seine

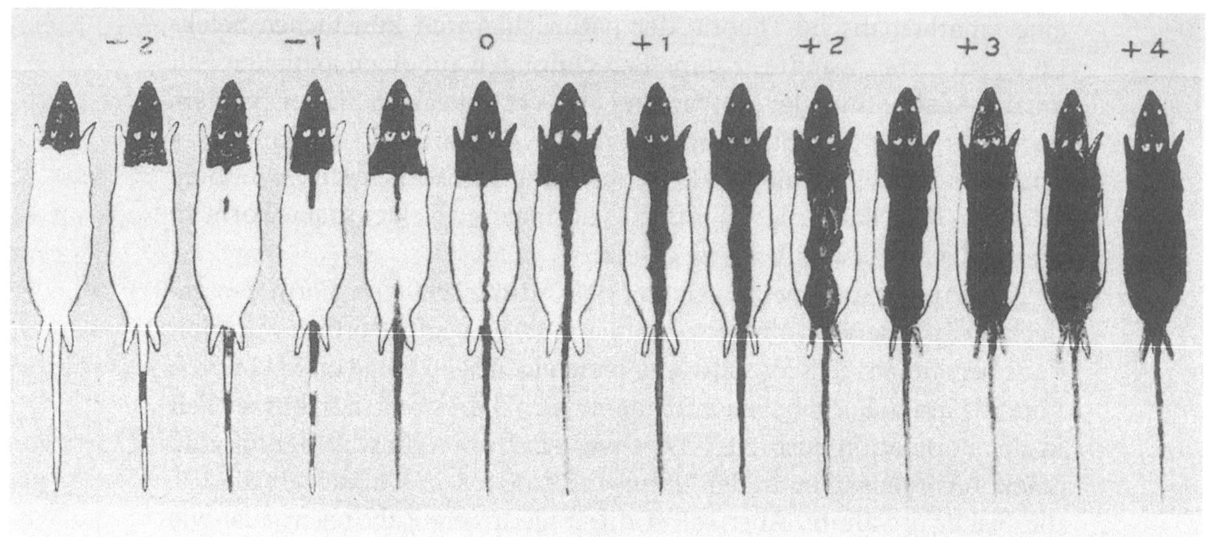

Kollegen an *Drosophila*, aber bedeutende Arbeiten wurden auch an Wirbeltieren gemacht.

Ein Forscher, der eine einflußreiche Reihe von Kreuzungsexperimenten durchführte, war William Castle (1867–1962) in den USA. Zu seinen frühen Experimenten gehörte der direkte Test, ob phänotypische Merkmale von Wirbeltieren einen Einfluß auf die Gene haben, die an die nächste Generation übertragen werden. Er transplantierte die Eierstöcke eines schwarzen Meerschweinchens in ein Albinoweibchen, dessen Eierstöcke entfernt worden waren. Dieses Albinoweibchen wurde dann mit einem Albinomännchen verpaart, aber in drei aufeinanderfolgenden Würfen gebar es nur schwarzen Nachwuchs. Als diese Ergebnisse 1911 veröffentlicht wurden, war es ein weiterer Schlag für die These von der Vererbung erworbener Merkmale.

Später erbrachte Castle starke Beweise für die Wirksamkeit von Selektion und für die Interaktion von Genen anhand von Kreuzungsexperimenten mit Ratten unterschiedlicher Fellfarbe. Er konnte zeigen, daß sich das «kapuzenhafte» schwarze und weiße Muster zur normalen grauen Farbe der wilden Ratten wie ein einfaches rezessives Merkmal verhielt. Das Kapuzenmuster war sehr variabel, und durch kontinuierliche Selektion konnte man Stämme von Ratten züchten, die fast vollständig schwarz oder fast vollständig weiß waren. Diese beiden Stämme waren ziemlich stabil, denn eine Rückselektion zum typischen Kapuzenmuster war keineswegs leichter als die ursprüngliche Selektion. Als man die beiden selektierten Stämme mit homozygoten grauen Ratten zurückkreuzte, verhielten sich die Kapuzenmuster immer noch wie einfache rezessive Merkmale. Die F_1-Generation bestand aus grauen Heterozygo-

Die Bandbreite der Fellmuster, das Castle und Phillips bei «Kapuzen»-Ratten erhalten hatten. Das normale gescheckte Muster wird auf der darüberliegenden Skala mit o bezeichnet. Positive und negative Werte verweisen auf Muster, die durch Selektion für größere bzw. kleinere Schwarzanteile entstanden sind.

ten und durch Inzucht konnte man das Kapuzenmuster in F$_2$ zurückerhalten.

Die Ratten der F$_2$-Generation hatten jedoch weniger entwickelte Kapuzenmuster als ihre Großeltern: die fast schwarzen Ratten waren weniger schwarz und die fast weißen waren weniger weiß. Daher mußten die Abweichungen vom typischen Kapuzenmuster aufgrund der Selektion einer Kombination anderer Gene entstanden sein, welche die Wirkung des Kapuzengens modifizierten. Hätte die Modifikation im Kapuzengen selbst stattgefunden, dann hätten die Kapuzenratten in der F$_2$-Generation völlig modifizierte Kapuzengene erhalten und genauso wie ihre Großeltern aussehen sollen. Offensichtlich war das Erscheinungsbild der Ratten in der F$_2$-Generation darauf zurückzuführen, daß sie gleichermaßen selektierte und nichtselektierte Modifikatoren von beiden Großelternpaaren übernommen hatten.

Dieses Resultat gehörte zu den ersten, die zeigten, daß Interaktionen zwischen Genen einen wichtigen Beitrag zum endgültigen Erscheinungsbild des Phänotyps liefern. Ein einzelnes Gen kontrolliert ein einzelnes Merkmal nicht ganz allein, sondern seine Wirkung kann durch andere Gene modifiziert werden. Andersherum betrachtet bedeutet dies, daß individuelle Gene wahrscheinlich mehr als einen Aspekt des Phänotyps beeinflussen. Diesen Effekt, Pleiotropie genannt, konnte man besonders gut an der *Drosophila* zeigen. Eine Konsequenz der Pleiotropie ist, daß sich jeder Organismus ein wenig vom anderen unterscheidet – entsprechend der besonderen Genkombination, die er trägt. Dies kann, erkannte Castle 1914 in seinem Bericht über die Kapuzenratten, für die natürliche Selektion ein großer Vorrat an Variation sein, aus dem sie schöpfen kann. Wenn diese Geninteraktionen tatsächlich auftreten, dann «hat Selektion wirklich kreative Macht, einzelne Merkmale solange zu modifizieren, bis die physiologischen Grenzen erreicht sind».

Als Castle 1919 diese Rückkreuzungsserien abgeschlossen hatte, war er sich sicher, daß Gene tatsächlich modifizierend auf die Effekte anderer Gene einwirken können. Die Idee für solche Rückkreuzungen stammte von einem seiner Studenten, Sewall Wright. Wright (1889–1988) nahm sowohl an den Experimenten mit den Kapuzenratten teil, forschte aber während seiner Zeit in Castles Labor auch detailliert an der Vererbung von Fellfarben bei Meerschweinchen. Als er ins US-Landwirtschaftsministerium wechselte, konnte er ein langfristiges Inzuchtexperiment an Meerschweinchen durchführen, und entwickelte neue Methoden zur Analyse der gewonnenen Resultate. Aufgrund dieser experimentellen Arbeiten kam Wright nicht nur zur Überzeugung, daß Selektion wirksam ist, sondern daß sie ganz besonders wirksam bei Gruppen interagierender Gene ist. Seine Experimente zeigten ihm, daß Interaktionen zwischen

Genen einen wichtigen Teil der Erbausstattung lebender Organismen darstellen.

Bei seinem Inzuchtexperiment fand er heraus, daß die ingezüchteten Familien im Verlauf der Generationen verschieden und mehr und mehr homozygot wurden. Offensichtlich gingen Gene des ursprünglich heterozygoten Stamms durch Inzucht verloren, und es war dem Zufall überlassen, welche Genkombinationen in verschiedenen Familien fixiert wurden. Ihm schien, daß durch Inzucht Zuchtlinien erzeugt werden konnten, bei denen unterschiedliche Merkmalskombinationen zufällig fixiert werden. Zuchtlinien mit wünschenswerten Kombinationen konnten dann gekreuzt werden, um die Vitalität wiederherzustellen, die während der Inzucht normalerweise verloren ging. Der rückgekreuzte Bestand hätte nun eine Kombination von wünschenswerten Merkmalen, die durch Selektion einzelner Merkmale vermutlich nie zustande gekommen wäre.

Wright vermutete, daß ähnliche Umstände zum Auftreten neuer genetischer Kombinationen in der Evolution führten. Natürliche Selektion sollte in kleineren Populationen am wirksamsten arbeiten, wo signifikante Stichprobenfehler auftraten. Ebenso wie eine begrenzte Stichprobe zu einer irrigen Vorstellung über Produktqualität oder die öffentliche Meinung führen kann, so kann eine kleine Population einen Genbestand haben, der nicht repräsentativ für die Art als Ganzes ist. Wright nahm an, daß der Genfluß zwischen benachbarten Populationen normalerweise die zufällige Fixierung oder den Verlust der Gene verhindert. Trotzdem gibt es genügend Stichprobenfehler oder «genetische Drift», die Genkombinationen ermöglichen, die nur mit geringer Wahrscheinlichkeit in größeren Populationen auftreten. Auf diese neuen Kombinationen wird natürliche Selektion dann einwirken und diejenigen herauspicken, welche die besten Geninteraktionen aufweisen, und die Art wird schneller evolvieren als bei der Selektion einzelner Gene.

Wright vertrat mit dieser Ansicht eine etwas andere Interpretation des Evolutionsprozesses als Fisher und Haldane. Diese beiden nahmen an, daß sich natürliche Selektion am wirksamsten auf einzelne Gene in großen Populationen auswirkt, die über einen entsprechend großen Vorrat an genetischer Variation verfügen. Als Wright 1931 seinen ersten längeren Aufsatz über Evolution veröffentlichte, kam es zu einigen Kontroversen sowohl hinsichtlich seiner Vorstellung von genetischer Drift, als auch bezüglich einiger anderer Punkte.

Aber trotz dieser Unterschiede und trotz ihrer unterschiedlichen mathematischen Methoden stimmten Fisher, Haldane und Wright in einigen wichtigen Schlußfolgerungen überein. Alle drei erkannten den Einfluß der natürlichen Selektion, Genfrequenzen in Populationen zu ändern, und die Unfähigkeit von Mutationen, selbst solche Änderungen zu erzeugen. Folglich lief Evolution graduell durch die Akkumulation kleiner genetischer Unterschiede ab, was im Gegensatz zu den Ansichten von Bateson und de Vries stand. Und sie bestätigten, daß die kontinuierliche Variation, die sich an vielen individuellen Unterschieden zeigt, nicht mit der zugrundeliegenden Diskontinuität der Gene in Konflikt steht.

Diese Folgerungen trug viel dazu bei, daß sich die Lücke zwischen den im Labor tätigen Genetikern und den im Feld arbeitenden Naturforschern schloß. Da die beiden Gruppen einen so unterschiedlichen Ansatz im Hinblick auf Evolution verfolgten, schien es eine Zeitlang so, als ob sie sich gedanklich wohl niemals annähern könnten. Es sei daran erinnert, daß diese Situation vor allem durch die Behauptung früher Mendelianer heraufbeschworen wurde, genetische Variation sei diskontinuierlich. Sie dachten, eine neue Art würde durch eine einzige drastische Mutation entstehen, während die Naturforscher überzeugt waren, daß der überwiegende Teil der Variation kontinuierlich und die Entstehung einer neuen Art ein gradueller Prozess ist.

Die Naturforscher kamen auf diesen Gedanken, als sie analysierten, wie eine Art geographisch variiert, wenn sie in einem großen Gebiet verbreitet ist. Solche Studien befaßten sich nicht mit der Verbreitung im globalen Maßstab, sondern mit der geographischen Variation innerhalb einer Art oder einer lokalen Gruppe von Arten. Schon im 18. Jahrhundert hatten Linnaeus und Buffon erkannt, daß sich Populationen in verschiedenen Teilen des Ausbreitungsgebiets einer Art leicht unterscheiden können. Die naheliegendste Erklärung dafür war, daß die unterschiedli-

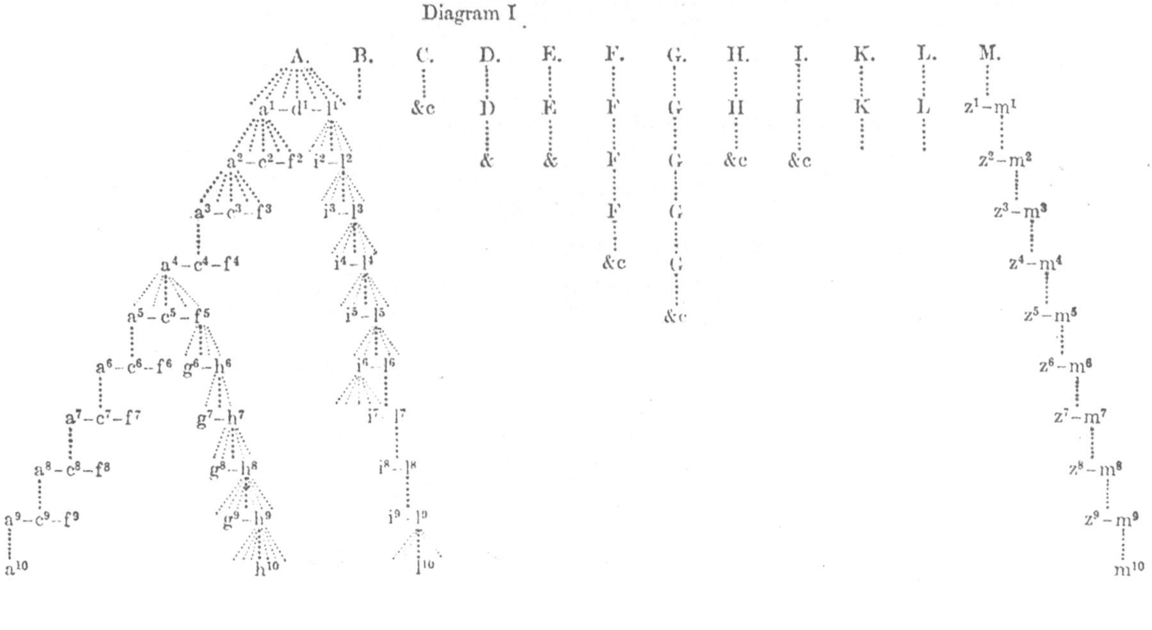

Ein Diagramm zur Artbildung aus Darwins Natural Selection. *A bis M stellen Arten einer Pflanzengattung dar, die an feuchtes (nach links) oder an trockenes Terrain (nach rechts) angepaßt werden. Im Verlaufe ihrer Evolution spaltet sich die Art A in drei neue Arten auf, während die Art M fortlaufend modifiziert wird, ohne sich aufzuspalten.*

chen Populationen in ihren entsprechenden Habitaten jeweils einem etwas anderen Klima ausgesetzt waren.

Diesem Thema wurde größere Aufmerksamkeit geschenkt, und schon 1833 erschien ein Buch von C. L. Gloger mit dem Titel *The Variation of Birds Under the Influence of Climate*. Er zeigte, daß das Federkleid von Mitgliedern einer Art, die in einem eher feuchten Klima leben, dunkler ist, als das von in trockenen klimatischen Verhältnissen lebenden. Dies wurde als «Glogers Regel» bekannt. Man fand, besonders bei Säugern, weitere Korrelationen mit dem Klima und betrachtete sie weithin als Anpassungen an lokale Bedingungen.

Als Naturforscher die Welt bereisten, bemerkten sie, daß Unterschiede innerhalb einer Art durch partielle Barrieren, welche die freie Migration einschränkten, hervorgehoben wurden. Als Folge wurde eine Art in eine Anzahl von «geographischen Rassen» oder «Unterarten» aufgegliedert, die in unterschiedlichen Örtlichkeiten lebten und durch leicht unterschiedliche anatomische Merkmale gekennzeichnet waren. Oftmals war die Entscheidung schwierig, ob man diese Rassen als getrennte Arten oder als lokale Varietäten innerhalb einer Art klassifizieren sollte. Solche Situationen beschrieb Wallace bei den Schmetterlingen des Malaiischen Archipels und Bates bei Schmetterlingen, die er an den Nebenflüssen des Amazonas fand. «Wir erhalten hier offenbar einen ersten flüchtigen Einblick, wie in der Natur eine neue Art gebildet wird», schrieb Bates in seinem Reisebuch. Obwohl er und Wallace diese geographische Variation als Beweis für Evolution ansahen, durchdachten sie nicht detailliert, wie sich eine neue Art von einer alten abspalten könnte.

Darwin widmete sich dieser Frage in seinem Buch über *Natural Selection*, indem er scharf zwischen zwei verschiedenen Klassen evolutionären Wandels unterschied. Bei der einen handelt es sich um die langsame Modifikation einer Art, während sie sich an sich ändernde Bedingungen in ihrer Umwelt anpaßt, bei der anderen um die Aufspaltung einer Art in zwei oder mehr neue Arten. Im letzteren Fall, dachte Darwin, «ist ein gewisses Maß an Isolation normalerweise beinahe unverzichtbar» für die Bildung einer neuen Art. Denn ohne Isolation würde das freie Kreuzen von Populationen, die auf unterschiedliche Art und Weise variieren, dazu führen, daß Uniformität wiederhergestellt wird, und sie sich nicht durch Selektion divergent entwickeln können.

Die beste Methode zur Isolation von Populationen ist die geographische Trennung durch irgendeine Migrationsbarriere. Darwin betrachtete es als ideal für das Entstehen neuer Arten, wenn ein großer Landstrich durch Änderungen des Meeresspiegels vorübergehend in eine Anzahl von Inseln verwandelt wird. Als er jedoch dieses Argument in *Origin of Species* anführte, betonte er die Rolle der geographischen Isolation bei der

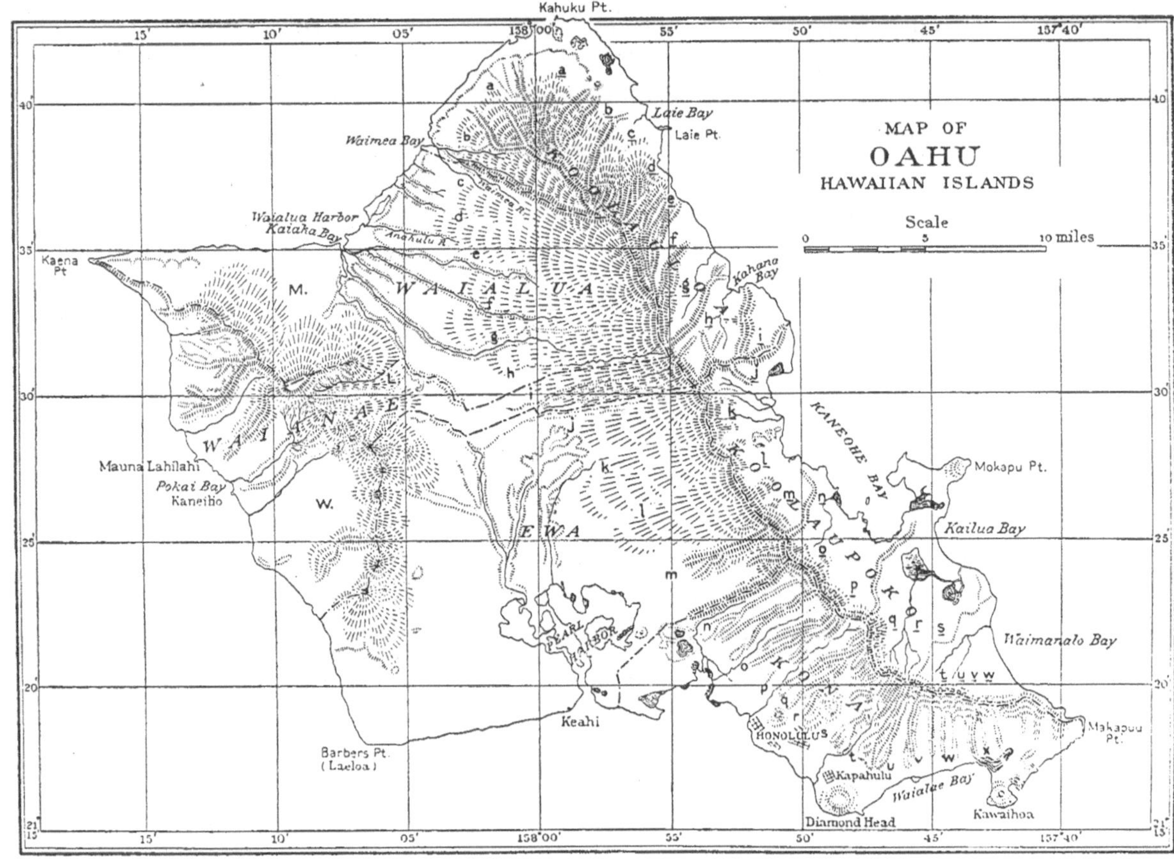

Gulicks Karte der Insel Oahu. Die Fundorte von Schneckenarten sind durch Kleinbuchstaben angezeigt. Zum Beispiel sind q, r und s kleine Täler bei Honolulu; die dort gefundenen Schneckenarten werden in der Farbtafel auf Seite 226 durch entsprechende Buchstaben wiedergegeben.

Artbildung nicht. Aus dem *Origin* ergibt sich nicht, ob er der geographischen Isolation überhaupt irgendeine Bedeutung zugeschrieben hat. Aber er machte deutlich, daß lokale Varietäten oder Unterarten das Potential besitzen, sich zu neuen Arten zu entwickeln. Er betrachtete sie als «beginnende Arten».

Nach der Veröffentlichung von *Origin* griff der deutsche Naturforscher und Entdecker Moritz Wagner die Frage der Isolation enthusiastisch auf. Auf seinen Reisen hatte Wagner (1813–1887) selbst beobachtet, daß unterschiedliche, aber nahe verwandte Arten oftmals durch Barrieren wie Flüsse oder Gebirge getrennt sind. Er war überzeugt, daß geographische Isolation wesentlich zur Artbildung beiträgt. Eine neue Art konnte sich nur bilden, wenn einige Individuen die Grenzen ihres bisherigen Ausbreitungsgebiets überschritten und lange genug von den anderen Mitgliedern ihrer Art getrennt waren. Nur eine lang andauernde Trennung von anderen Mitgliedern der Art schafft die richtige Bedingung für natürliche Selektion, um eine Population in eine neue und getrennte Art zu verwandeln. Ohne diese Isolation würde die Arbeit der

217

natürlichen Selektion fortwährend durch freie Kreuzung innerhalb der Art untergraben werden.

Nicht damit zufrieden, die Aufmerksamkeit auf diesen wichtigen Punkt gelenkt zu haben, ging Wagner daran, Migration und Isolation als vollständige Alternative zu Darwins Theorie zu propagieren. Selbst Anpassung versuchte er durch Migration zu erklären. So nahm er zum Beispiel an, daß die Eisbären von Albinos abstammen, die in schneereiche Gebiete abgewandert sind, um ihre Überlebenschancen zu verbessern. Solche Ansichten brachten Darwin 1875 dazu, auf seine Kopie eines Aufsatzes von Wagner «Erbärmlichster Unsinn!» zu schreiben. Aber trotz seiner Exzesse trugen Wagners Ansichten dazu bei, die Bedeutung der Isolation bei der Bildung neuer Arten hervorzuheben. Am Ende des 19. Jahrhundert stimmte man weithin darin überein, daß sich eine neue Art ohne die Isolation einer Population nicht bilden kann. Nicht alle Naturforscher sahen in der räumlichen Trennung den wesentlichen Faktor; einige dachten, daß eine beginnende Art ebensogut durch neue Verhaltensweisen oder durch das Besetzen neuer ökologischer Nischen isoliert werden kann.

John Gulick (1832–1923) z.B. vertrat diese letzte Ansicht. Er entdeckte etwas, was zu einem klassischen Beweisstück für die Bedeutung der geographischen Isolation werden sollte. Er untersuchte die Land-

Eine Maus der Gattung Peromyscus, die in Nordamerika beheimatet ist. Die Gattung wurde in Pionierarbeiten über die Verbreitung und Genetik von Unterarten in der Natur verwendet.

schnecken (*Achatinella*) der Hawaii-Insel Oahu, wobei er herausfand, daß die Schneckenarten außergewöhnlich lokalisiert auftraten. In den meisten Fällen ist jede Art auf ein einzelnes Tal von nicht mehr als fünf bis sechs Kilometer Ausmaß beschränkt. Eine Gattung von Schnecken ist daher in benachbarten Tälern, die durch enge Gebirgsvorsprünge getrennt sind, durch eine Abfolge von getrennten Arten repräsentiert. Er fand eine starke Korrelation zwischem dem Ausmaß der Ähnlichkeit der Arten und der Entfernung, in der sie leben, wobei sich die unähnlichsten Arten an weit auseinanderliegenden Örtlichkeiten fanden.

Tatsächlich ließen sich für jede Art sogar noch lokalisiertere Rassen finden, die nicht nur langsam ineinander übergingen, sondern auch eine Art mit der nächsten verknüpften. Die verschiedensten Arten sind auf der Insel also durch eine kontinuierliche Reihe von Zwischenformen miteinander verbunden. Dies bedeutete, daß die Trennungslinie zwischen benachbarten Arten ziemlich zweifelhaft war. Tatsächlich war es ziemlich schwierig zu sagen, wie viele Arten es wirklich gab, und spätere Forscher entschieden sich für eine weitaus geringere Anzahl von Arten.

Gulick kam natürlich zu der Auffassung, daß es der isolierende Effekt der Gebirgsvorsprünge war, der dazu führte, daß eine nahe verwandte Gruppe von Schnecken in einem so kleinen Gebiet so diversifiziert war. Die abgestufte Reihe von Formen entlang der Täler gab berechtigten Anlaß zur Vermutung, daß alle aus einer Ursprungsart durch aufeinanderfolgende Isolationen entstanden sind. Dies wiederum bedeutete, daß Isolation ein wesentlicher Faktor bei der Evolution unterschiedlicher Formen war, angefangen von Rassen bis hin zu Arten. Natürliche Selektion konnte eine Art nur in eine oder mehrere andere verwandeln, wenn die Kreuzung zwischen den evolvierenden Formen durch ihre Isolation verhindert wurde. Als Gulick 1905 die Ergebnisse seines Lebenswerks zusammenfaßte, waren andere Forscher aufgrund von Untersuchungen an Vögeln und Säugern zu ganz ähnlichen Folgerungen gekommen.

In einem größeren Maßstab zeigten diese größeren und beweglicheren Tiere ein ähnliches Verbreitungsmuster. Auch bei diesen Tieren fand man die ähnlichsten Arten wiederum in benachbarten Örtlichkeiten. Wenn zwei benachbarte Formen keine Zwischenformen waren, wurden sie als getrennte Arten klassifiziert. Wenn es Übergänge gab, wo die beiden Formen durch intermediäre Individuen verknüpft waren, bezeichnete man jede der verbundenen Formen als Unterart. Unter Forschern wurde es üblich, Unterarten von Vögeln und Säugern formell dadurch zu klassifizieren, daß man ihnen einen dritten Namen nach den beiden lateinischen Namen der Linnaeschen Nomenklatur gab.

1909 veröffentlichte beispielsweise das US-Landwirtschaftsministerium eine von W. H. Osgood verfaßte Klassifikation einheimischer Hirschmäuse der Gattung *Peromyscus*. Eine der von ihm analysierten Arten, *Peromyscus maniculatus*, findet man in ganz Nordamerika; sie hat viele geographische Rassen, die ineinander übergehen (siehe Seite 227). Er klassifizierte jede von ihnen als Unterart und gab ihr einen dritten Namen. Die im südlichen Kalifornien auftretende Rasse hieß dann *Peromyscus maniculatus gambeli*, die in der Mojave-Wüste vorkommende hieß *Peromyscus maniculatus sonoriensis* usw. (normalerweise werden solche Namen abgekürzt zu *P.m. gambeli* und *P.m. sonoriensis* und nur das erste Mal voll ausgeschrieben). Wo es keine Anzeichen für Übergänge gab, wurde die lokale Form als getrennte Art bezeichnet, wie etwa im Fall von *Peromyscus polionotus*, die man in Alabama und Florida findet.

Feldforscher, die sich alltäglich mit solchen Situationen konfrontiert sahen, hatten wenig übrig für die Vorstellungen von de Vries und Bateson, wonach eine neue Art durch eine einzige Mutation entsteht. Die Kluft zwischen ihren unterschiedlichen Standpunkten wurde mit Sicherheit durch die sich ändernde Sichtweise der Genetiker verringert. Gleichzeitig wurde die Kluft durch die andere Seite überwunden, die sich entschloß, genetische Analysen auf die Populationen anzuwenden, die sie im Freiland untersuchte. Es gibt kein besseres Beispiel für diesen Ansatz als Francis Sumner (1874–1945), ein amerikanischer Naturforscher. Er hatte schon als Student großes Interesse an Evolution und wollte einige der zentralen Probleme mit schlüssigen Beweisen erhärten. Seine Chance kam 1913, als er an der Scripps Institution in Kalifornien die geographischen Rassen von *Peromyscus* zu untersuchen begann.

Sumner fing eine große Anzahl von wilden Hirschmäusen der kalifornischen Rassen von *Peromyscus maniculatus*, vermaß und züchtete sie. Er bestätigte, daß sich lokale Rassen im Durchschnitt in solch meßbaren

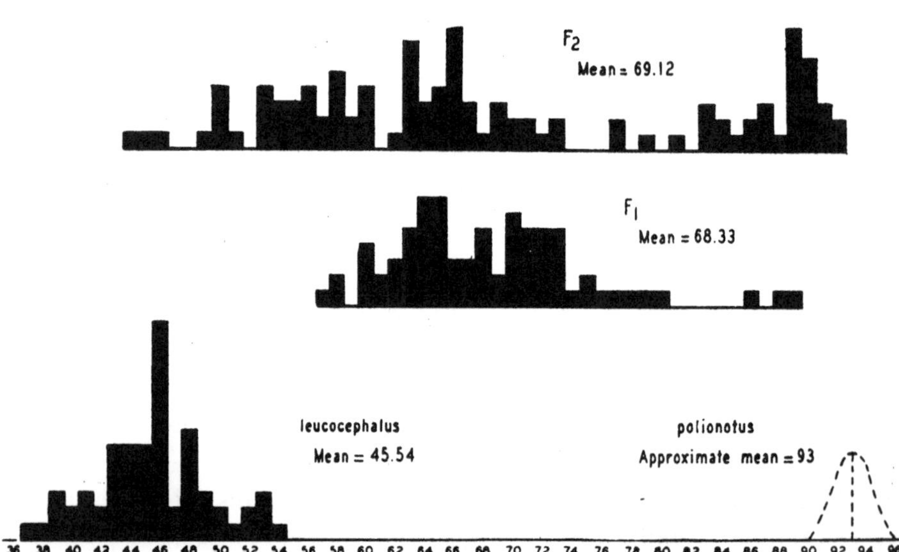

Die Vererbung der Fellfarbe bei der Hirschmaus Peromyscus polionotus, *wie sie von Sumner analysiert wurde. Die Histogramme zeigen die Verteilung der Fellfarbe bei den beiden Rassen* leucocephalus *und* polionotus *(unten), die der F₁-Generation, nachdem die beiden Rassen gekreuzt wurden (Mitte) und die der F₂-Generation (oben). Die Fellfarbe ist auf der x-Achse in einer abgestuften Skala dargestellt, wobei die helleren Töne auf der linken und die dunkleren auf der rechten Seite aufgetragen sind.*

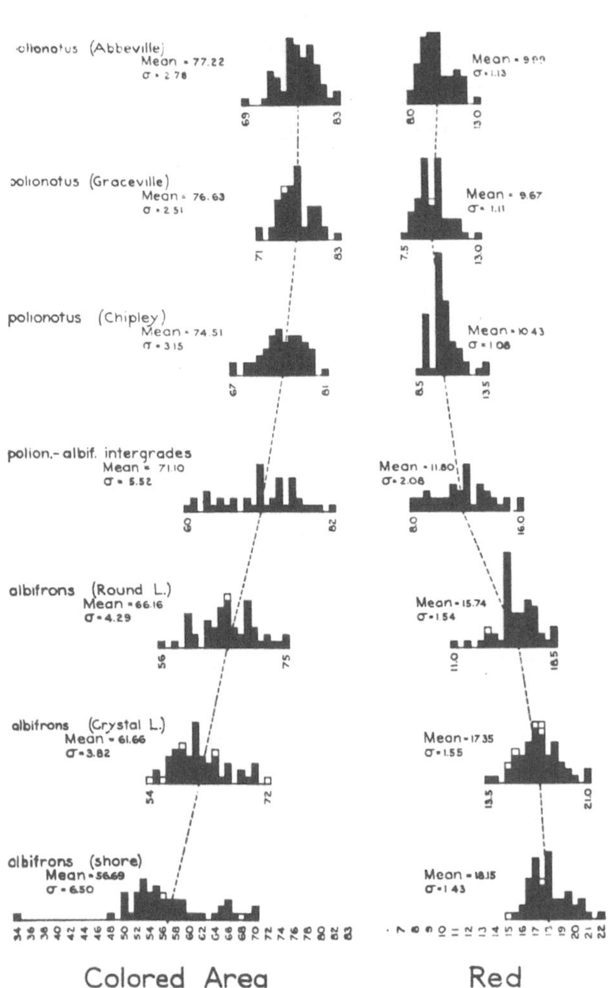

Geographische Variation der Fellfarbe bei der Maus *Peromyscus polionotus*, die an sieben Orten im Grenzgebiet zwischen den Rassen *albifrons und* polionotus *gesammelt wurden. Die Histogramme des Farbbereichs und der Schattierung (links) zeigen einen glatten Übergang von einer Rasse zur nächsten in den Werten dieser Merkmale. Werden die Mittelwerte gegen ihre tatsächliche Entfernung von der Küste aufgetragen (unten), scheint der Übergang ziemlich abrupt zu sein.

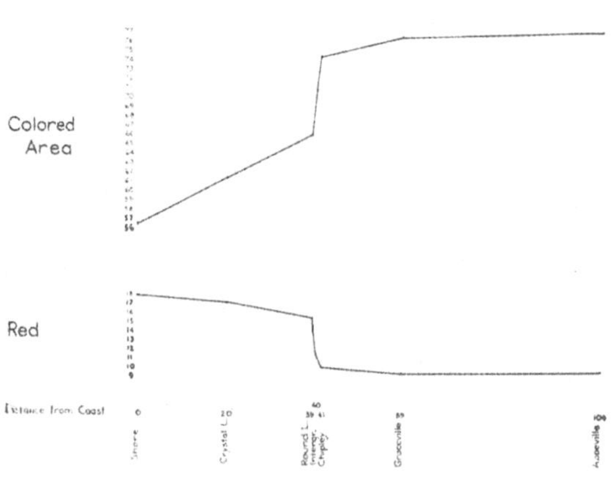

Faktoren wie Körpergröße, Körperproportionen und Fellfarbe unterscheiden. Die durchschnittlichen Merkmalsunterschiede zwischen den Rassen blieben in aufeinanderfolgenden Generationen erhalten, selbst wenn die Mäuse in einer gemeinsamen Umwelt aufgezogen wurden. Dies zeigte, daß die Unterscheidungsmerkmale geographischer Rassen genetisch bestimmt waren, und es sich nicht nur um phänotypische Unterschiede handelte, die dem Einfluß ihrer lokalen Umwelt zuzurechnen waren. Erwartungsgemäß erwiesen sich die individuellen Unterschiede als teilweise genetisch, teilweise phänotypisch bedingt und waren von derselben Art wie die Rassenunterschiede. Es gab also dunklere und hellere Rassen, mit dunkleren und helleren Individuen in jeder Rasse.

Sumner kreuzte dann unterschiedliche Rassen von *Peromyscus maniculatus*, angefangen mit *P.m. gambeli* und *P.m. sonoriensis*, und achtete insbesondere auf die Fellfarbe. Die F_1-Generation hatte eine intermediäre

Fellfarbe und schien eine Mischung aus den beiden elterlichen Rassen zu sein. Wenn diese F_1-Tiere untereinander weitergezüchtet wurden, hatte die F_2-Generation die gleiche allgemeine Erscheinung wie die F_1, zeigte aber eine etwas größere Variationsbreite. Hier gab es kein Anzeichen von Mendelschen Verhältnissen oder Dominanz, und es schien, als seien die Merkmale der beiden Rassen dauerhaft vermischt. Im Gegensatz dazu fand Sumner eine Reihe von verschiedenen «Farbmutanten», wie etwa Albinos oder Tiere mit gelbgefärbten Fellen, die sich wie einfache Mendelsche rezessive Merkmale verhielten. Er kam deshalb zur Ansicht, daß es zwei verschiedene Arten von Vererbung geben muß: eine Mendelsche Vererbung für Abarten und Mutationen und eine Art gemischter Vererbung für kontinuierliche Variation.

Obwohl er die multiple Gentheorie zur Erklärung kontinuierlicher Variation in Mendelschen Begriffen kannte, war Sumner zunächst skeptisch. Er hielt an der Lamarckschen Ansicht fest, daß die abgestuften Unterschiede zwischen Rassen durch direkte Einwirkungen der Umwelt verursacht werden. Die Fellfarbe konnte zum Beispiel auf klimatischen Einflüssen beruhen, da in Übereinstimmung mit Glogers Regel dunklere Farben in feuchteren Gebieten auftraten. Seine Ansicht erhielt aber einen «kräftigen Schock», als man auf einer nahe an der Küste von Florida gelegenen Insel, einem Gebiet mit viel Regen und hoher Luftfeuchtigkeit, eine außergewöhnlich helle Rasse entdeckte, *Peromyscus polionotus leucocephalus*. Die Inselrasse unterschied sich auffallend von der dunklen Festlandrasse *Peromyscus polionotus polionotus*, die ein großes Gebiet im nördlichen Florida und in Alabama bewohnte.

Diese Situation ließ sich perfekt mit den Analysetechniken angehen, die Sumner während seiner jahrelangen Arbeit mit *Peromyscus* entwickelt hatte. Als er *leucocephalus*- und *polionotus*-Rassen kreuzte, hatte die F_1-Generation eine Fellfarbe, die eine Mischung der beiden Rassen war. Die F_2-Generation zeigte dann aber eine viel größere Variationsbreite, wobei die extremen Fälle Fellfarben hatten, die denen der Großeltern ähnlich waren (siehe Seite 228). Dies war ein klarer Beweis für Mendelsche Segregation, und die Ergebnisse paßten so genau zu den Voraussagen der multiplen Gentheorie, daß Sumner sie jetzt anerkannte. Er schätzte, daß mindestens fünf oder sechs unabhängige Gene zu den Unterschieden in der Fellfarbe zwischen den Rassen beitragen.

Es gab eine dritte Rasse, *Peromyscus polionotus albifrons*, die heller war als *polionotus*, aber dunkler als *leucocephalus*, und die auf die südliche Küste Alabamas und auf Florida beschränkt war. Sumner kreuzte diese Rasse mit den beiden anderen und sammelte viele Exemplare an der Grenze zwischen *albifrons* und *polionotus*. Er fand heraus, daß eine Rasse fließend in die andere überging, aber daß diese Region mit Zwischenformen kleinräumig und scharf abgegrenzt war. Über eine Distanz von nur etwa 16 Kilometern änderten sich die untersuchten Populationen in ihren Rassenmerkmalen. Da es keinen vergleichbaren abrupten Klimawechsel gab, folgerte Sumner, daß der Ursprung der helleren Rassen, *albifrons* und *leucocephalus*, besser durch die Schutzfunktion ihrer Färbung erklärt werden kann. Die helleren Rassen paßten sich sehr gut an den weißen Sand an, auf dem sie lebten, und dies konnte eine Folge der natürlichen Selektion sein.

Als er 1930 seine Arbeiten über *Peromyscus* abgeschlossen hatte, war Sumner zu einigen wichtigen Schlußfolgerungen über Arten und Evolution gekommen. Ihm war klar, daß Unterschiede zwischen Unterarten in starkem Maße vererbt sind und von der Wirkung vieler unabhängiger Gene abhängen. Aus diesen Ergebnissen zog er den Schluß, «daß selbst geographische Unterteilungen einer Art nicht durch einzelne Mutationsschritte entstehen». Tatsächlich gibt es in natürlichen Populationen aufgrund der Durchmischung der vielen Gene während der sexuellen Fortpflanzung soviel genetische Vielfalt, daß eine signifikante Änderung allein durch natürliche Selektion und in Abwesenheit irgendwelcher neuer Mutationen entstehen kann. Natürliche Selektion ist deshalb, zusammen mit einem bestimmten Maß an geographischer Isolation, die wesentliche Kraft, welche die Divergenz derjenigen Rassen verursacht, die das Potential haben, sich in kontinuierlicher gradueller Evolution zu neuen Arten zu entwickeln.

Solche Schlußfolgerungen trafen sich in angenehmer Weise mit jenen, die mathematische Genetiker etwa zur selben Zeit zogen. Die Bedeutung von Sumners Werk lag darin, daß es die Genetik und die geographische Erforschung natürlicher Populationen zusammenbrachte. Niemand hatte dies zuvor getan, und es war der erste Nachweis, daß die im Labor herausgearbeiteten Mendelschen Prinzipien auf Tierpopulationen in der freien Natur anwendbar waren.

Den nächsten Schritt bei der Bildung einer Ideensynthese hatte eine ganz andere Gruppe von Forschern zu verantworten, die allerdings völlig von Sumners Thesen überzeugt war. Es handelte sich dabei um die russische Schule der Evolutionsgenetik, die vor allem durch Theodosius Dobzhansky (1900–1975) vertreten wurde. In Rußland war die Genetik von Anbeginn mit der Arbeit von Naturforschern verknüpft, und die Bedeutung der natürlichen Selektion wurde nicht angezweifelt. Unter der Leitung von Sergei Chetverikov hatte sich in Moskau in den zwanziger Jahren eine Gruppe von Genetikern gebildet, die ein besonderes Interesse an Evolution hatte. Chetverikov, ursprünglich ein Naturforscher, der sich dann der Genetik zuwandte, untersuchte die Variabilität von wilden *Drosophila*-Populationen in der Umgebung Moskaus. 1926 veröffentlichte er einen wichtigen Aufsatz über Evolution aus der Sicht der Genetik, in dem er zu ähnlichen Schlußfolgerungen kam wie Fisher, Haldane und Wright. Diese Arbeiten wurden durch die politischen Ereignisse von 1929 jäh unterbrochen, hatten zu dieser Zeit aber schon einen starken Einfluß auf Dobzhansky, der in St. Petersburg forschte.

Als Dobzhansky zu Morgans *Drosophila*-Gruppe in den USA stieß, brachte er die evolutionäre Sichtweise der russischen Forscher mit. Dieser Hintergrund versetzte ihn in die Lage, die Mißverständnisse aufzuklären, die zwischen den im Feld arbeitenden Naturforschern und den Laborgenetikern entstanden waren. Er tat dies in einem gut durchdachten Buch über *Genetics and the Origin of Species*, das 1937, zehn Jahre nach seiner Ankunft in den USA, veröffentlicht wurde. In diesem Buch faßte er die Ergebnisse der Feldarbeit und der experimentellen und mathematischen Genetik zusammen, um den Evolutionsprozeß in einem einzigen zusammenhängenden Gedankengebäude darzustellen. Dies war das erste Mal, daß ein solcher Versuch unternommen wurde, und er war sehr gut gelungen. Dieses Buch hatte in der Folgezeit einen großen Einfluß auf die verschiedensten Forscher, die Evolution bis dahin von ganz getrennten Standpunkten angegangen waren.

Dobzhansky rekapitulierte zunächst, was man bis dahin von Mutation als Quelle genetischer Variation wußte, und bezog sich dabei auf die reichen Informationen, die man diesbezüglich an *Drosophila* gewonnen hatte. Daraus wurde deutlich, daß Mutationen viele körperliche Merkmale verändern können, und daß ihre Wirkungen von drastischen Änderungen bis hin zu minimalen, kaum wahrnehmbaren Änderungen reichen. Diese Mutationen sind offensichtlich die Quelle genetischer Variation, die in natürlichen Populationen vorhanden ist und das Rohmaterial bildet, auf das natürliche Selektion einwirken kann. Dies stimmt selbst, wenn die zur Debatte stehenden Merkmale kontinuierliche Variabilität zeigen, denn diese Fälle gehen auf die Interaktion multipler Gene zurück, wie Dobzhansky sorgfältig erläuterte. Anhand von Beispielen wie Sumners Arbeiten verwies er darauf, daß die abgestuften Unterschiede zwischen geographischen Rassen deshalb ihren Ursprung in vielen kleinen Mutationen haben können.

Natürliche Selektion war für Dobzhansky nicht bloß eine mathematische Theorie, sondern auch ein Prozeß, den man bei natürlichen Populationen untersuchen konnte. Unter anderem richtete sich seine Aufmerksamkeit auf Veränderungen in der Zusammensetzung von Populationen, die in historischen Zeiten stattgefunden haben, wie etwa die Ausbreitung von schwarzen Formen verschiedener Spannerarten. Solche Änderungen können vernünftigerweise der Wirkung natürlicher Selektion zugerechnet werden. Ein Beispiel, das damals gerade bekannt wurde, betraf

> *Beispiele diskontinuierlicher Variation im Farbmuster von Spannern (aus William Bateson:* Mendel's Principles of Heredity). *Jede Art tritt in alternativen hellen und dunklen Formen auf, die nach einem einfachen Mendelschen Muster vererbt werden, wobei die dunklere Form dominant ist. Die Art* Biston betularia *(3, 4) sollte später zu einem klassischen Beispiel für evolutionären Wandel in natürlichen Populationen werden.*

1
2
3
4
5
6
7
8
9
10

25 Schneckenarten der Gattung Achatinella *von Oahu, Hawaii (1905 illustriert von John Gulick). Die Kleinbuchstaben unter jedem Gehäuse verweisen auf das Tal, in dem es gesammelt wurde (siehe Karte auf Seite 217). Man bemerke, welche Ähnlichkeiten die jeweils über- und untereinander liegenden Gehäuse haben; sie stammen aus benachbarten Gebieten.*

> *Eine 1909 veröffentlichte Karte der Verbreitung von Unterarten der amerikanischen Maus* Peromyscus maniculatus *und einiger nahe verwandter Arten. Jede Unterart ist auf ihre eigene Region beschränkt, aber es gibt einige Gebiete mit Übergängen zwischen benachbarten Unterarten, wie aus der Karte zu ersehen ist. Die Zahlen beziehen sich auf Unterarten, die auf kleine, isolierte Gegenden, in der Mehrzahl Inseln, beschränkt sind. Detaillierte Informationen wie diese waren entscheidend für das Verständnis des Artbildungsprozesses.*

P. maniculatus
P. m. arcticus
P. m. gracilis
P. m. abietorum
P. m. nubiterrae
P. m. bairdi
P. m. luteus
P. m. nebrascensis
P. m. rufinus
P. m. artemisiae
P. m. sonoriensis
P. m. gambeli
P. m. rubidus
P. m. coolidgei
P. m. oreas
P. m. oreas and austerus
P. m. austerus
P. m. macrorhinus
P. m. hylaeus
P. m. algidus
P. m. keeni
P. sitkensis
P. m. pallescens
P. m. blandus
P. m. labecula
P. m. fulvus
P. polionotus
P. p. rhoadsi
P. p. niveiventris
P. p. albifrons
Areas of intergradation
1 P. m. argentatus
2 P. m. catalinae
3 P. m. cineritius
4 P. m. clementae
5 P. m. dubius
6 P. m. eremus
7 P. m. geronimensis
8 P. m. hollisteri
9 P. m. magdalenae
10 P. m. margaritae
11 P. p. phasma
12 P. s. prevostensis
13 P. m. saturatus

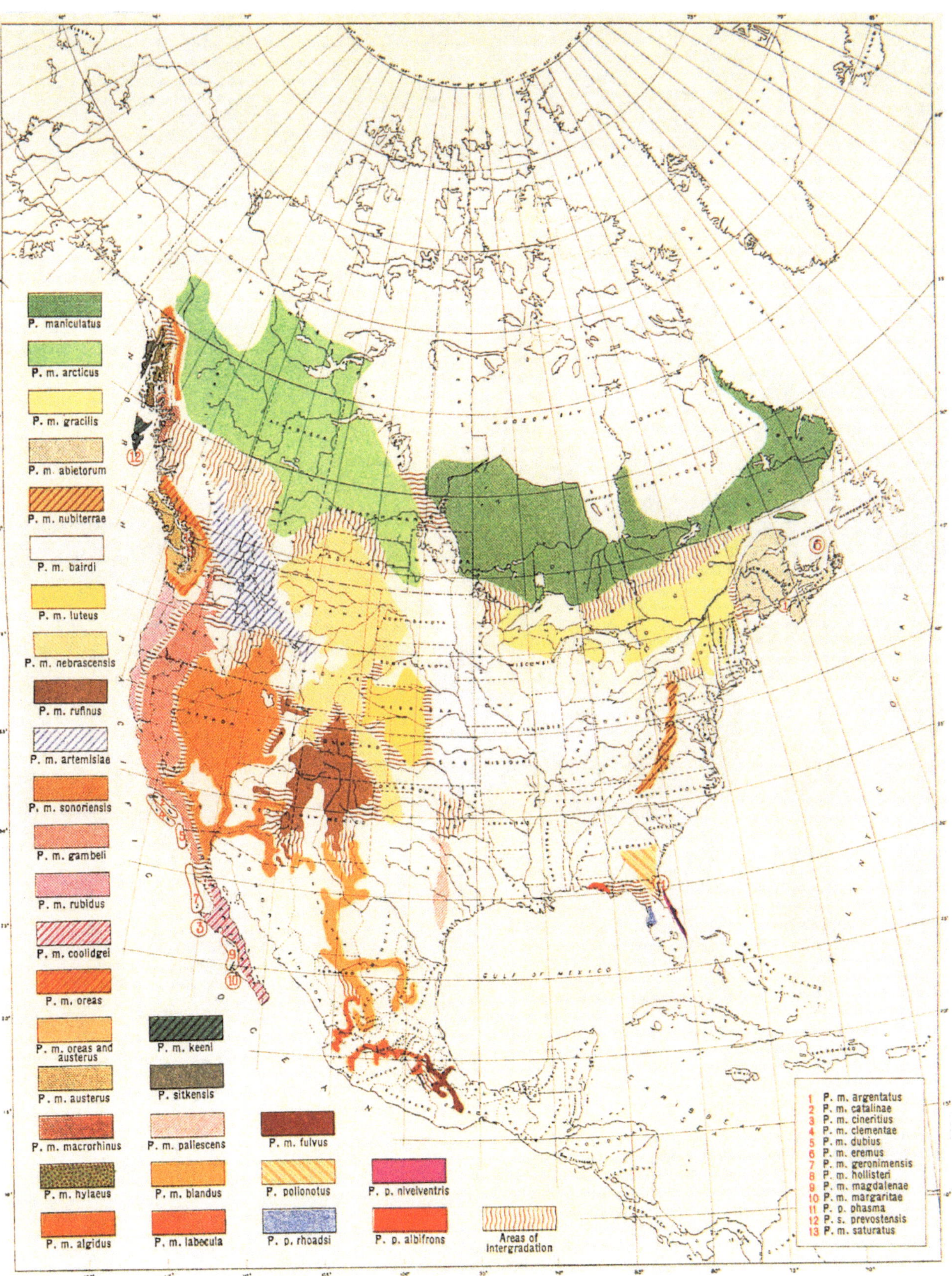

227

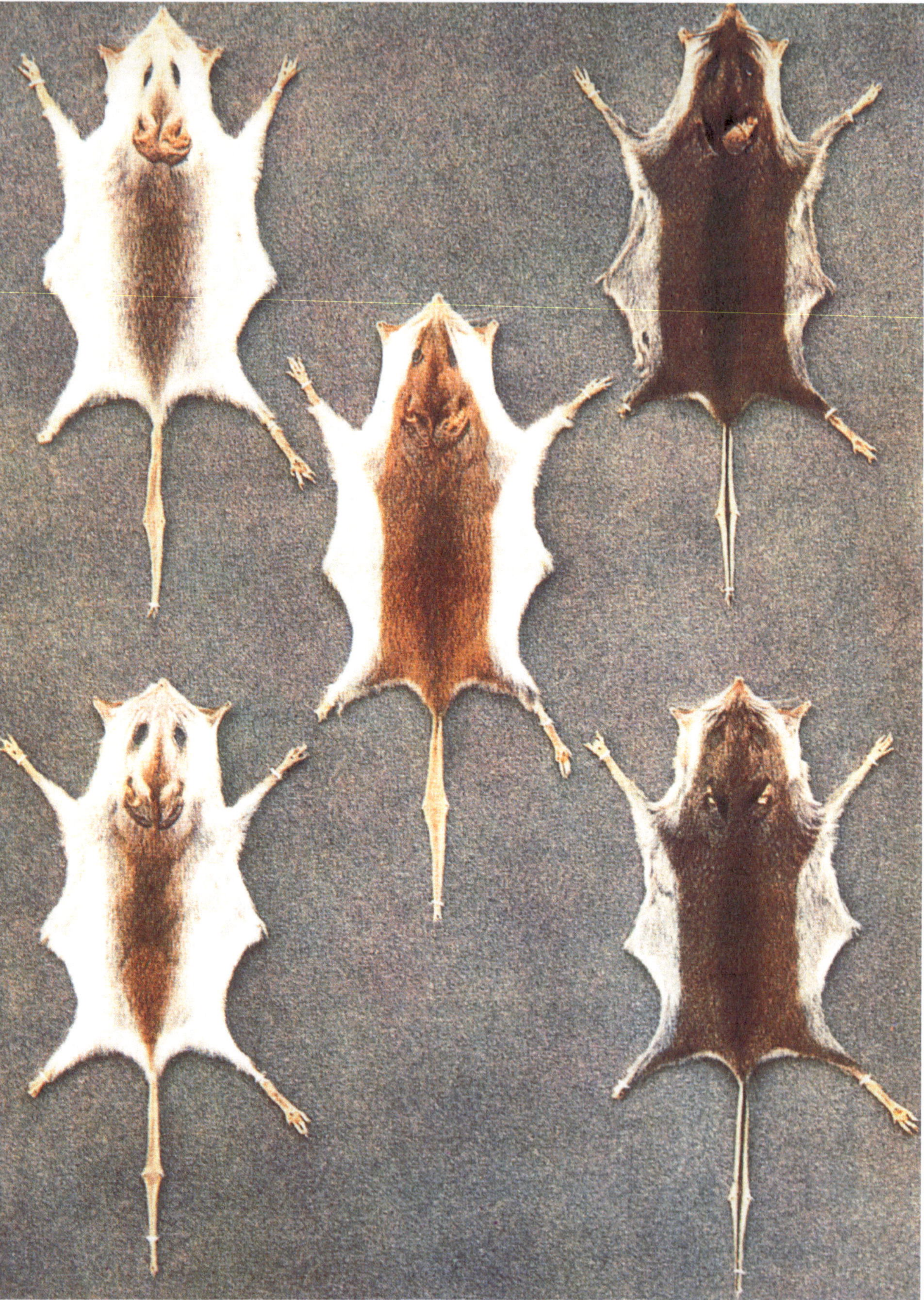

die Verbreitung von Schildlausstämmen, die resistent gegen Cyanidgas waren, das in Zitrusplantagen zu ihrer Bekämpfung eingesetzt wurde. Bei einigen Schildlausarten waren resistente Insekten zuerst an einem Ort aufgetreten, und die Resistenz hatte sich dann in den folgenden Jahren in den benachbarten Populationen ausgebreitet. Dobzhansky betrachtete diesen Fall «als den wohl besten Beweis für die Wirksamkeit der natürlichen Selektion, den man jemals erbracht hatte».

Außerdem konnten die Korrelationen, die man zwischen geographischer Variation und der lokalen Umwelt gefunden hatte, durch natürliche Selektion erklärt werden. Naturforscher hatten Korrelationen, wie die der Glogers-Regel, oft in Lamarckschen Begriffen interpretiert und nahmen an, daß sie aufgrund des Umwelteinflusses auf den Phänotyp zustande kamen. Aber die Annahme, geographische Rassen seien durch die Vererbung erworbener Merkmale entstanden, «widersprach der Gesamtsumme unseres Wissens» über Genetik. Da man jetzt die genetische Basis der kontinuierlichen Variation verstand, machte es viel mehr Sinn, diese Regelmäßigkeiten in der geographischen Variation als Anpassungen zu betrachten, die sich durch Mutation und Selektion bildeten.

Dobzhansky ging dann zu dem Problem der Entstehung neuer Arten über. Er verwies auf die bekannte Tatsache, daß sich Rassen und Arten in vielen Genen unterscheiden, und daß eine neue Art daher unmöglich in einem einzigen Mutationsschritt entstehen kann. Der Prozeß der Artbildung muß graduell sein, wobei sich charakteristische Genkombinationen im Lauf der Zeit aufbauen. Diese Genkombinationen werden zerstört, wenn sich Rassen kreuzen; daher müssen Populationen isoliert sein, damit sich entsprechende Genkombinationen bilden und erhalten können. «Artbildung ohne Isolation ist unmöglich», war Dobzhanskys Ansicht.

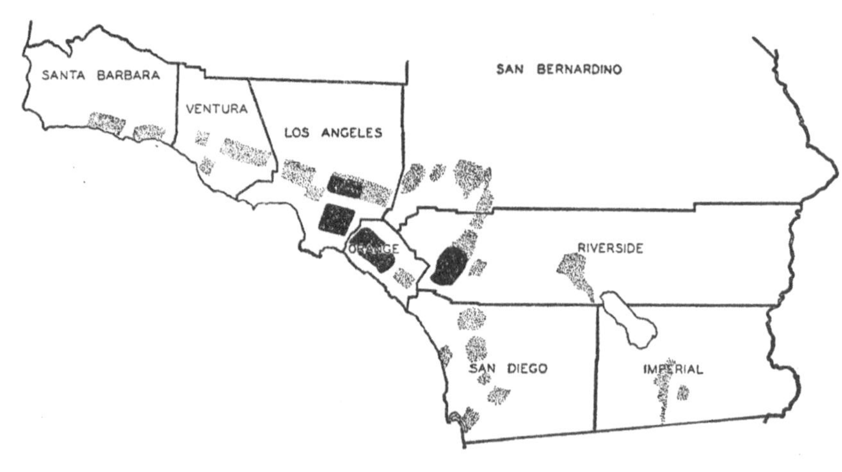

In frühen Stadien der Artbildung kann geographische Isolation verhindern, daß sich zwei Populationen kreuzen, aber das ist in der Regel nur eine vorübergehende Angelegenheit. Die getrennten Populationen könnten wieder zusammenkommen und sich dann untereinander fortpflanzen, wenn nicht in der Zwischenzeit physiologische Mechanismen evolviert sind, die eine Kreuzung vermindern oder verhindern. Deshalb entspricht eine Art jenem Stadium im Evolutionsprozeß, «wo sich die einstmals tatsächlich oder potentiell kreuzenden Formen in zwei oder mehr Formen geteilt haben, die physiologisch zur Kreuzung unfähig sind». Eine Art ist deshalb keine willkürliche Klassifikationseinheit, sondern eine natürliche Einheit, die «biologische Art».

Innerhalb dieser Einheit sind Organismen an eine bestimmte Lebensweise angepaßt, indem sie eine bestimmte Genkombination besitzen, die die Arten trennt und deren Zerfall durch «Isolationsmechanismen» verhindert wird. Dobzhansky listete Faktoren auf, die als Isolationsmechanismen wirken können. Beispielsweise könnten die Mitglieder zweier Arten im selben Gebiet voneinander getrennt sein, indem sie auf verschiedene Habitate beschränkt sind oder sich zu unterschiedlichen Zeiten fortpflanzen. Oder zwei Arten treten zusammen auf, aber eine Hybridisierung könnte durch Unterschiede im Paarungsverhalten oder schlichtweg durch die Unfähigkeit, miteinander zu kopulieren, verhindert werden. Wenn sich solche Unterschiede während einer Periode geographischer Isolation entwickelt haben, dann würden sie zwei Populationen in Isolation halten, selbst wenn die geographische Barriere aufgehoben wäre.

Bei der Entwicklung dieser Vorstellung von Artbildung hatte sich Dobzhansky auf Arbeiten von Naturforschern bezogen. Es ist daher nicht überraschend, daß seine Ansichten die Unterstützung von Naturforschern fanden, insbesondere auch von Ernst Mayr, der eine Studie über die geographische Variation von Vögeln gemacht hatte. Nachdem er über mehrere Jahre Vögel in Neuguinea und auf den Solomon-Inseln untersucht hatte, verließ Mayr 1930 Deutschland und zog in die USA.

Anfänglich gehörte er zu jenen Naturforschern, welche die Fakten der geographischen Variation in Lamarckschen Begriffen interpretierten. Nachdem er in den 1930er Jahren aber die neuen genetischen Arbeiten gelesen hatte, änderte er seine Meinung und übernahm den darwinistischen Standpunkt, wie ihn Dobzhansky vertrat. 1942 veröffentlichte er *Systematics and the Origin of Species*, worin er die Hinweise aus dem Freiland über Artbildung zusammenfaßte und sie mit der Genetik zu verknüpfen versuchte.

Die Alltagsarbeit eines Systematikers, erklärte Mayr, besteht darin, Lebewesen in Arten und höhere Kategorien zusammenzufassen. Und beim Versuch, in der freien Natur gesammelte Organismen ihrer richtigen Art zuzuordnen, «besteht 90% seiner Arbeit darin, Variation zu untersuchen». Es war nun bekannt, daß nicht nur die Individuen einer Art in vielen Merkmalen variieren, sondern daß sich auch lokale Populationen in ihren Mittelwerten bezüglich dieser Merkmale unterscheiden. Tatsächlich hatten detaillierte Studien wie jene über die *Achatinella*-Schnecken oder die *Peromyscus*-Mäuse ergeben, daß zwei Populationen einer Art nie ganz identisch sind.

Angesichts dieser Situation erkannten Forscher die Bedeutung lokaler Populationen für die Evolution. Die geographische Variation zwischen zwei verschiedenen Gebieten bildete offensichtlich die Verknüpfung zwischen individuellen Unterschieden und den Unterschieden, die zwischen Arten bestehen. Geographische Rassen wurden als Unterarten klassifiziert und erhielten einen dritten Namen in der Linnaeschen Nomenklatur. Bei gut untersuchten Gruppen wie Vögeln, Schmetterlingen und Säugern hatte sich herausgestellt, daß die Mehrheit der Arten aus lokalen Rassen oder Unterarten besteht. Es war eher die Ausnahme als die Regel, daß eine Art über ihr ganzes Verbreitungsgebiet hinweg gleichförmig war.

War eine Art vollständig isoliert, war es oft ein strittiger Punkt, ob sie als Unterart klassifiziert oder als eigenständige Art benannt werden sollte. Manchmal ließ sich nur schwer entscheiden, wo eine Art endete und die nächste begann, wenn man große Landstriche oder Inselgruppen betrachtete. Im Gegensatz dazu waren die Unterschiede zwischen Arten an irgendeinem bestimmten Ort fast immer eindeutig.

Nach Mayrs Meinung sprechen alle diese Hinweise dafür, daß neue Arten normalerweise aus geographisch isolierten Rassen entstehen, die beginnende Arten sind. Eine neue Art wird gebildet, wenn während dieser Isolationsperiode Merkmale evolvieren, die eine Paarung mit der elterlichen Art unterbinden. Diese Isolationsmechanismen gewährleisten dann eine Fortpflanzungsisolation, wenn die geographischen Barrieren aufgehoben werden und es wieder zum Kontakt mit der elterlichen Art kommt. Durch diesen Prozeß, den Mayr «geographische Artbildung» genannt hat, werden sich dann aus einer Art zwei Arten entwickelt haben. Mayr stimmte also Dobzhansky zu, daß eine neue Art schrittweise gebildet wird, wozu eine Periode geographischer Isolation für eine oder mehrere Populationen der Elternart notwendig ist. Natürlich kann man normalerweise nicht beobachten, wie eine Art innerhalb von wenigen Jahren durch alle diese Stadien geht, aber man kann in der Natur Arten finden, welche die verschiedenen Stadien repräsentieren.

Ein Fall aus Mayrs eigener Feldarbeit betraf beispielsweise die Eisvögel der Gattung *Tanysiptera*, die auf Neuguinea vorkommen. Auf dem Fest-

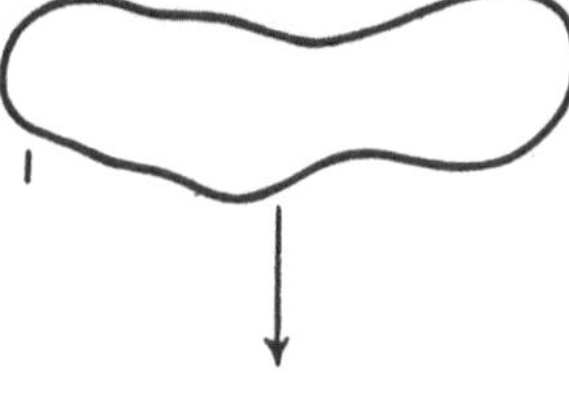

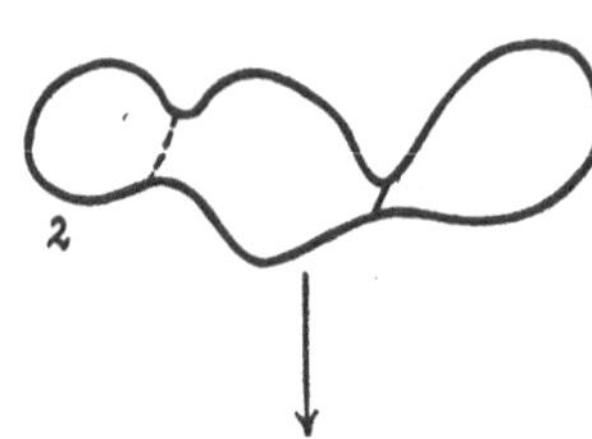

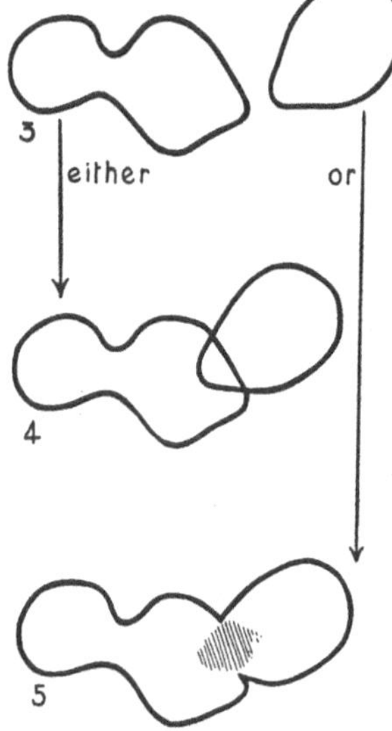

Ein Diagramm, das die Stadien zusammenfaßt, durch die sich eine neue Art nach geographischer Isolation einer Population und späterem Kontakt mit der elterlichen Art bilden könnte (aus Mayr: Systematics and the Origin of Species).

land von Neuguinea gibt es drei Unterarten von *Tanysiptera galatea*, die sich nur wenig voneinander unterscheiden. Es gibt außerdem fünf weitere Unterarten, von denen jede auf eine der kleineren, dem Festland vorgelagerten Inseln beschränkt ist. Jede dieser Formen ist recht charakteristisch, und es ist schwierig zu sagen, ob sie Unterarten von *T. galatea* oder getrennte Arten sind. Zusätzlich gibt es auf den Aru-Inseln eine Form von *Tanysiptera*, die man auch in Süd-Neuguinea findet, wo sie Seite an Seite mit *T. galatea* lebt, ohne sich mit dieser zu verpaaren. Es handelt sich deshalb definitiv um eine getrennte Art, die *T. hydrocharis* genannt wurde.

Man kann diese Situation aufgrund der geologischen Geschichte dieser Region verstehen. Die Aru-Inseln waren früher mit Süd-Neuguinea verbunden und bildeten eine große Insel, die vom Festland Neuguineas durch einen Meeresarm getrennt war. Die Form *hydrocharis*, die auf dieser Insel lebte, war eine der isolierten Inselformen, die offensichtlich von *T. galatea* auf dem Festland abstammten. Als aber der Meeresarm durch Erosion aufgefüllt wurde, überlappte sich das Verbreitungsgebiet von *T. galatea* mit dem von *hydrocharis*, ohne daß sie sich jedoch kreuzten, was zeigte, daß *hydrocharis* eine eigene Art geworden war.

Es gab viele solcher Beispiele, die Mayr in der Diskussion über Artbildung zitieren konnte, und in den 1940er und 1950er Jahren wurden noch viele weitere analysiert. Zu den besten Beispielen zählten jene von Vögeln auf Inselgruppen, da selbst schmale Wasserflächen effektive, wenn auch nicht unüberwindliche Barrieren für landbewohnende Vögel darstellen. Einer der elegantesten Fälle betraf die Analyse der Finken auf dem Galapagos-Archipel, die David Lack (1910–1973) durchführte. Diese Vogelgruppe ist unter dem Namen Darwinfinken bekannt geworden, weil Darwin der erste war, der sie sammelte und bei seinem Besuch der Galapagos-Inseln untersuchte. Zur Entwicklung seiner Theorien konnte Darwin diese Finken nicht verwenden, weil seine Sammlungen unvollständig waren; aber dies hatte sich geändert, als Lack seine Analysen begann. Lack konnte sowohl Museumsexemplare untersuchen als auch die Galapagos-Inseln besuchen, wo er eine sorgfältige Studie an lebenden Vögeln durchführte.

Er entschied, daß die Darwinfinken zu 14 verschiedenen Arten gehören, die sich in den Schnäbeln, der Körpergröße und im Federkleid der Männchen und Weibchen unterscheiden. Dennoch sind sich diese Arten in ihrer Erscheinung und ihrem Verhalten so ähnlich, daß wenig Zweifel daran bestehen konnte, daß alle von einer einzigen gemeinsamen Vorfahrenart abstammten. Die meisten dieser Arten findet man auf mehr als einer der Galapagos-Inseln, wobei sich die Inselformen derselben Art in

Verbreitung der Baumeisvögel Tanysiptera galatea *und* T. hydrocharis *in der Region Neuguineas: ein Fall geographischer Artbildung. 1 bis 3 sind die Festlandrassen und 4 bis 8 sind die Inselrassen von* T. galatea. T. hydrocharis *kommt sowohl auf den Aru-Inseln (H1) als auch auf Neuguinea (H2) vor. Die gestrichelte Linie zeigt, wo früher ein Meeresarm existierte. Eine Zeichnung von* T. galatea *findet sich auf Seite 153.*

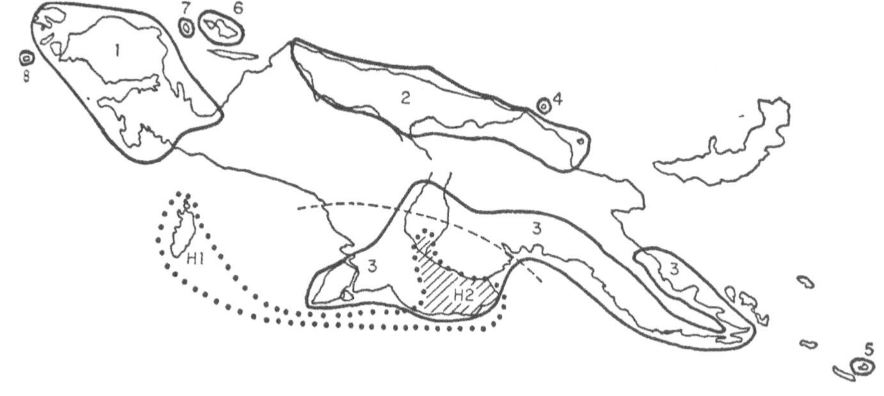

unterschiedlichem Ausmaß voneinander unterscheiden. Die Unterschiede zwischen diesen Formen betreffen dieselben Merkmale, wie Schnabel, Körpergröße, Federkleid, die auch die Arten unterscheiden. Daher schloß Lack, daß «die neuen Arten entstanden sind, als sich gut differenzierte Inselformen später in derselben Region trafen und verschieden blieben».

Die ursprünglichen Kolonisten könnten ausgehend von einer Art zu 14 Arten evolviert sein, indem sie eine Insel nach der anderen besiedelt haben, und später, nachdem sie Artenniveau erreicht hatten, jene Inseln erneut kolonisiert haben, von denen sie gekommen waren. Ein Fall, wo man diesen Prozeß der geographischen Artbildung genau nachvollziehen konnte, betraf die insektivoren Baumfinken *Camarhynchus psittacula* und *C. pauper*. Beide leben auf der Insel Charles, ohne daß sie sich miteinander verpaaren, und es handelt sich zweifellos um zwei getrennte Arten, auch wenn die Unterschiede gering sind. *C. pauper* ist auf Charles beschränkt, aber *C. psittacula* ist in drei verschiedene Unterarten unterteilt: *C. p. psittacula* auf Charles und den nördlichen Inseln, *C. p. habeli* noch weiter nördlich und *C. p. affinis* im Westen.

Von diesen Unterarten ähnelt die Form *affinis* der Form *C. pauper* im Schnabel und Federkleid sehr, aber durch eine Population eines intermediären Typs auf der kleinen Insel Duncan stellt sie auch eine Zwischen-

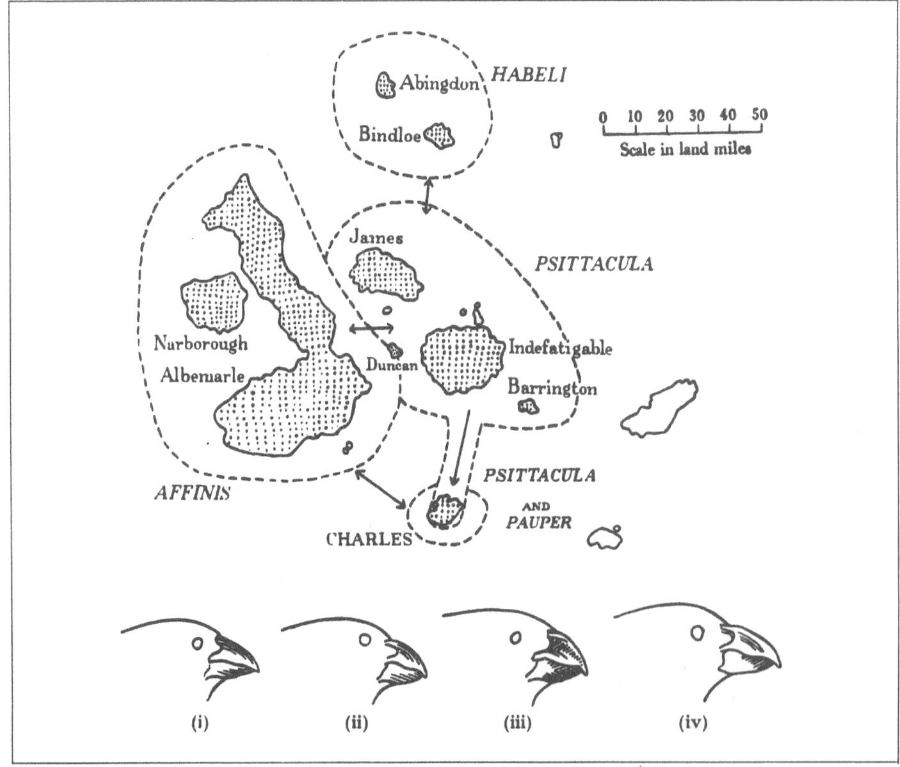

Ein Fall geographischer Artbildung der Darwinfinken auf den Galapagos-Inseln. Diese Karte entstammt dem Buch von Lack aus dem Jahre 1947 und zeigt die Verbreitung von drei Unterarten von Camarhynchus psittacula: *die Formen* affinis (ii), psittacula (iii) *und* habeli (iv). *Die Form* pauper (i) *könnte eine vierte Unterart sein, überlappt aber auf der Insel Charles mit* psittacula *ohne sich mit ihr zu kreuzen. Die Pfeile zeigen mögliche Migrationsrouten zwischen den Unterarten.*

form zu *psittacula* dar. Wenn die Form *psittacula* nicht auf Charles auftreten würde, würde man *pauper* einfach als vierte Unterart von *C. psittacula* betrachten. Die Tatsachen zeigen, daß Charles wohl nacheinander von zwei getrennten Unterarten der großen insektivoren Baumfinken kolonisiert wurde. Wahrscheinlich erreichten zunächst Vorfahren der Form *pauper* die Insel, die später vom Norden her durch die Form *psittacula* besiedelt wurde. Ursprünglich, so erklärte Lack, waren *pauper* und *psittacula* «geographische Rassen derselben Art, aber als sie sich auf Charles trafen, waren sie so unterschiedlich, daß sie sich nicht mehr kreuzten, und sie waren deshalb eigene Arten geworden».

In seinem 1947 veröffentlichten Buch *Darwin's Finches* lieferte Lack weitere Beispiele für Artbildung bei Vögeln. Er konnte auch zeigen, daß die wesentlichen Unterschiede in den Schnäbeln Anpassungen an unterschiedliche Nahrungsquellen sind. Dies war ein wichtiger Punkt, denn bis dahin glaubte man weithin, daß strukturelle Unterschiede zwischen Arten nicht-adaptiv sind. Die Merkmale, anhand derer Systematiker eine Art von einer anderen unterschieden, schienen oft so trivial zu sein, daß man kaum glauben konnte, sie seien im Leben des Tieres von Bedeutung. Man betrachtete also die feinen Unterschiede zwischen Arten oft als Ergebnis von Zufallseinflüssen wie etwa genetischer Drift aufgrund der Isolation der beginnenden Art. Lack selbst hatte in seinem ersten Aufsatz über die Evolution der Darwinfinken zunächst eine solche Meinung vertreten.

Er änderte seine Meinung, nachdem er erkannt hatte, daß zwei Arten mit weitgehend identischer Ökologie in derselben Region nicht unbegrenzt zusammenleben können. Es ist eine einfache Folge der natürlichen Selektion, daß zwei ähnliche Arten miteinander konkurrieren werden, und daß diejenige, die erfolgreicher ist, die andere irgendwann verdrängen wird. Als er seine Daten daraufhin nochmals analysierte, erkannte Lack, daß die Schnabelstruktur bei Darwinfinken eindeutig mit der Art der Nahrungsaufnahme korreliert war. Man sah dies an den kräftigen finkenähnlichen Schnäbeln der körnerfressenden Arten, den langen Schnäbeln der nektarsuchenden Arten, den eher papageienähnlichen Schnäbeln vegetarischer Arten usw.

Darüber hinaus war die Korrelation mit der Nahrung selbst bei nahe verwandten Arten, insbesondere bei körnerfressenden Grundfinken, ersichtlich, wo sich die Schnäbel nur in der Größe unterscheiden. Obwohl diese drei Arten der Gattung *Geospiza* oft die gleichen Samen fressen, zeigt sich doch auch eine Vorliebe für bestimmte Samengrößen, die in Beziehung zur Größe der Schnäbel stehen. Lack schloß, daß der deutliche Unterschied in der Schnabelgröße eine Anpassung ist, um Nahrung unterschiedlicher Größe aufnehmen zu können. Diese Teilspezialisierung muß dazu führen, daß die drei Arten ohne Konkurrenzkampf im selben Habitat leben können. Später hatten detailliertere Studien ergeben, daß Lacks wesentliche Schlußfolgerungen hinsichtlich des adaptiven Charakters der Schnabelunterschiede richtig waren.

Diese Ergebnisse setzten stillschweigend voraus, daß natürliche Selektion eine wichtige Rolle bei der Formung der Schnabelgrößen von Darwinfinken gespielt hatte. Unterschiede, die man früher dem Zufall zugeschrieben hatte, wurden nun als Ergebnis von Anpassung und Konkurrenz betrachtet. Bedeutende Hinweise für den Einfluß der natürlichen Selektion erbrachten etwa zu dieser Zeit auch Experimente über adaptive Färbung. Autoren wie Dobzhansky hatten darauf hingewiesen, daß die Vorstellung, Tiere würden durch natürliche Selektion eine Farbanpassung erhalten, zwar plausibel erscheint, aber experimentell nicht überprüft ist. In den späten 1940er Jahren wurde dieses Defizit durch eine Reihe sorgfältig durchgeführter Experimente behoben.

1947 veröffentlichte L. R. Dice eine Studie über helle und dunkle Formen der Maus *Peromyscus maniculatus*, aufbauend auf den früheren Arbeiten von Sumner. Man setzte Individuen beider Formen in Käfige, die entweder einen hellen oder dunklen Boden hatten, und ließ zwei Arten von Eulen nach den Mäusen jagen. Selbst bei schwächster Beleuchtung hatten Mäuse, die weniger auffällig gegenüber ihrem Untergrund waren, einen bedeutenden Vorteil beim Entkommen. Eine solche Selektion könnte die Situation erklären, warum hellere *Peromyscus*-Formen in helleren Habitaten vorkommen und umgekehrt.

Einige Jahre später versuchte man herauszufinden, ob Selektion durch optisch jagende Freßfeinde für die Ausbreitung der schwarzen Spanner in Industriegebieten verantwortlich ist. Diese Experimente unternahm der britische Biologe H. B. D. Kettlewell an dem gefleckten Birkenspanner *Biston betularia*, und sie wurden zu einer der berühmtesten Demonstrationen dafür, wie natürliche Selektion in der Gegenwart stattfindet (siehe Seite 225). Diese Spanner ruhen tagsüber an Baumstämmen, wo ihnen ihre gefleckte graue Färbung eine gute Tarnung verleiht, besonders wenn sie auf Flechten sitzen. In Gebieten mit industrieller Verschmutzung verschwinden die Flechten jedoch, und die Baumstämme werden durch Ruß geschwärzt, was dazu führt, daß die normale graue Form von *Biston betularia* höchst auffällig wird. Die schwarze Form ist dann besser getarnt, was ihre rasche Ausbreitung erklären könnte, wenn die ruhenden Spanner von Vögeln gefressen werden. Aber viele Vogelkundler bezweifelten, daß Vögel ruhende Spanner von Baumstämmen abpicken.

Kettlewell entließ dieselbe Anzahl von markierten schwarzen und grauen Spannern in einer ländlichen Gegend, wo die graue Form 95% der wilden Population ausmachte. Als man die Spanner später mit Hilfe einer Lichtfalle wieder einfing, konnten 12.5% der grauen, aber nur 6%

der schwarzen Spanner wieder eingesammelt werden. Daß die schwarze Form aufgrund von selektiver Prädation in größerer Zahl verschwand, konnte man durch direkte Beobachtung bestätigen. Man plazierte dieselbe Anzahl schwarzer und grauer Spanner auf Baumstämmen und beobachtete sie von einem Versteck aus. Es ergab sich, daß Vögel 164 der schwarzen, aber nur 26 der grauen Spanner fraßen. Zum Vergleich unternahm Kettlewell dieselben Experimente in einer Industrieregion in der Nähe von Birmingham, wo 85% der Spanner schwarz waren. Hier pickten die Vögel 43 graue, aber nur 15 schwarze Spanner von den Bäumen. Entließ man dieselbe Anzahl von beiden Formen, dann konnte man doppelt soviele schwarze wie graue Spanner wieder einfangen.

Diese Ergebnisse zeigten, daß optisch jagende Vögel eine selektive Wirkung auf die Farbmuster der Spanner haben. Anhand der vorhandenen historischen und genetischen Informationen über *Biston betularia* konnte man wunderschön aufzeigen, wie natürliche Selektion die Genfrequenzen in lokalen Populationen ändern kann. Die Ergebnisse solcher experimenteller Arbeiten paßten sehr gut zu anderen Arbeiten über Evolution auf der Populations- und Artebene.

In der Zwischenzeit stellte sich die Frage, wie gut diese Schlüsse zu den Schlußfolgerungen der Paläontologen paßten, die sie aus den fossilen Überlieferungen bezüglich der Makroevolution zogen. Mehr als jeder andere war George Simpson in den USA darum bemüht, die Erkenntnisse über Evolution auf den verschiedenen Ebenen in Einklang zu bringen. 1944 veröffentlichte er *Tempo and Mode in Evolution*, worin er die fossilen Überlieferungen aus der Sicht der neuen Populationsstudien beurteilte.

Simpsons Hauptthese war, daß man die in den fossilen Überlieferungen gefundenen Muster in Begriffen von Mutation und Selektion auf der Populationsebene erklären kann. In der berühmten Pferdereihe beispielsweise entfaltete sich die Evolution nicht geradlinig von *Eohippus* zum modernen Pferd wie es Cope behauptet hatte. Diese vereinfachten Diagramme der Pferdeevolution waren nicht korrekt, wie W. D. Matthew erkannt hatte, als er sich über die Tendenz beklagte, «das Diagramm über das Pferd zu stellen». Simpson sagte, es gebe nun ausreichend fossiles Material, das eine kontinuierliche, aber sich verzweigende Evolution in der Familie der Pferde beweise. Auf jeder wichtigen Stufe entwickelte die Pferdefamilie vier oder fünf getrennte Abstammungslinien, wobei jede ihre eigene Kombination an Zähnen und Zehen hatte. Die Evolution der Pferde verlief in verschiedene Richtungen und mit unterschiedlicher Geschwindigkeit zu unterschiedlichen Zeiten, wie zu erwarten, wenn Variation und Selektion die Grundlagen der langfristigen Evolution sind.

Als sich also 1947 Paläontologen, Genetiker und Naturforscher trafen, um über allgemeine Probleme der Evolution zu debattieren, fanden sie sich im großen und ganzen in Übereinstimmung. Man war sich einig, daß Evolution graduell und nicht in plötzlichen Sprüngen verläuft, wobei natürliche Selektion die treibende Kraft des evolutionären Wandels ist. Ereignisse auf der Populationsebene wurden als Schlüssel für die Bildung neuer Arten und daher als Ursprung der allgemeinen Vielfalt angesehen. Diese bisher unbekannte Übereinstimmung verschiedener Spezialisten in wichtigen Punkten wurde als «moderne Synthese» bekannt. Eine solche Synthese war hochwillkommen nach den scheinbar unüberbrückbaren Meinungsverschiedenheiten, die noch zwanzig Jahre zuvor bestanden hatten. Denn man erkannte bald, daß nun eine Grundlage für evolutionäre Forschungen gelegt war, auf der zukünftige Studien aufbauen konnten.

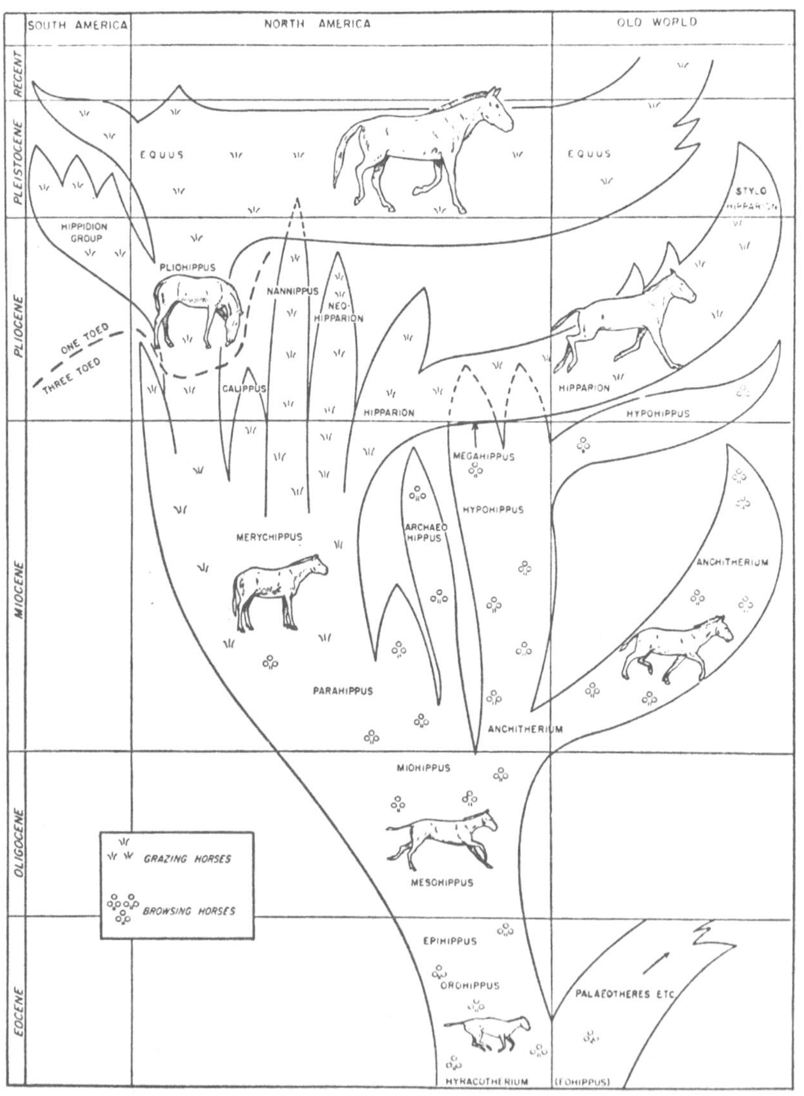

Die Evolution der Pferde, ein Diagramm, das Simpson 1951 veröffentlicht hat. Die Vielfalt der fossilen Pferde war so groß, daß ihre Evolution nicht als gerade Abstammunglinie interpretiert werden kann, die direkt zum modernen Pferd führt.

238

9

Evolution: Wahrheit, Theorie oder Mythos?

«Die Evolutionstheorie wird nicht nur älter, sondern auch besser.» Diese Behauptung, die Steven Stanley in einem 1981 veröffentlichten Buch aufstellte, spiegelt die Stärke einer guten Theorie wider. Damit sie den Test der Zeit besteht, muß eine Theorie sich verbessern können, wenn neue Beweise beigebracht werden. Man kann dies sehr gut an der modernen Synthese sehen, die zu einer verbesserten Version von Darwins Theorie und nicht zu ihrer Zurückweisung führte. Nach den Zweifeln, die zu Anfang des Jahrhunderts bestanden hatten, zeigten die neuen Einsichten der dreißiger und vierziger Jahre, wie die Evolutionstheorie durch natürliche Selektion die Probleme der Anpassung und Vielfalt erklären kann. Nicht daß die Synthese an sich ein vollständiges und abgeschlossenes Produkt gewesen wäre. Sie lieferte vielmehr die Basis für weitere Verbesserungen, und davon handelte Stanleys Buch.

Was hat Evolution nun für einen Status als große wissenschaftliche Theorie? Sagen unsere sorgfältig durchdachten Vorstellungen wirklich etwas Wahres über die natürliche Welt aus? Dies wurde im Lauf der Jahre häufig diskutiert und, wie man sich vorstellen kann, die Meinungen dazu waren sehr unterschiedlich. Die eine Position behauptet, daß grundlegende Theorien oder Gesetze der Wissenschaft direkte Wahrheiten über den tatsächlichen Zustand der Dinge in der natürlichen Welt wiedergeben; d.h. Wissenschaft ist gemäß dieser Ansicht eine Methode, um direkt abzulesende Muster und Ursachen zu erkennen, welche sich in der Natur finden. Der Wissenschaftler ist ein unbefangener Zuschauer, der ein sportliches Spiel beschreibt und sich an die Spielregeln hält, ohne daß er selbst in irgendeiner Weise involviert ist. Diese Denkweise war im 18. und 19. Jahrhundert stark verbreitet, als das wissenschaftliche Vertrauen seinen Höhepunkt erreichte, doch vernimmt man sie heute kaum noch.

Das Bild des Wissenschaftlers als objektiver Zuschauer starb dank der Arbeiten von Wissenschaftsgeschichtlern und -philosophen eines natürlichen Todes. Heutzutage ist klar, daß nicht einmal die einfachsten Beobachtungen allein aus der äußeren Welt passiv aufgesogen werden, sondern daß sie der menschliche Geist bildet, der bereits mit Vorstellungen beladen ist. Die Bildung dieser Vorstellungen ist eine menschliche Aktivität, die in einem bestimmten sozialen Umfeld geschieht, mit all den Schwächen und Beschränkungen, die dazugehören. Dies führte einige Wissenschaftler zur entgegengesetzten Auffassung, die wissenschaftliches Wissen nur als Ausdruck einer bestimmten sozialen Gruppe betrachtet. Dieser Ansicht nach gibt es in der Wissenschaft keine Entdeckungen, sondern nur modische Strömungen, in denen wir auf die Welt blicken. Dies kann aber die Tatsache nicht erklären, daß wissenschaftliches Verständnis sich nicht einfach ändert, sondern fortschreitet. Man sieht das überdeutlich am Erfolg der Technologie, die ein Verständnis der realen Welt widerspiegeln muß und nicht bloß einen Wandel der modischen Betrachtungsweise.

Eine sensible Sichtweise der wissenschaftlichen Theorien muß irgendwo zwischen diesen beiden Extremen liegen und Elemente von beiden enthalten. Bei wissenschaftlichen Entdeckungen gibt es mit Sicherheit keine von der Natur zu einem passiven, offenen Geist verlaufende «Einbahnstraße» des Informationsflusses. Es muß eine kreative Interaktion von Geist und Natur stattfinden, in deren Verlauf Wissenschaftler ihre Sicht der Dinge angemessen darzustellen versuchen. Zuerst sind vielleicht viele verschiedene Interpretationen möglich, aber nach und nach engt die Anhäufung neuer Hinweise aus der Natur den Interpretationsspielraum ein. Irgendwann kommt dann vielleicht der Punkt, wo eine bestimmte Interpretation so gut zu den Tatsachen paßt, daß sie über jeden Zweifel erhaben scheint.

Die Situation läßt sich mit einem jener Tests der visuellen Wahrnehmung vergleichen, bei dem ein Bild auf ein Punktemuster reduziert wird, dem Betrachter jedoch nur eine Zufallsauswahl gezeigt wird. Wenn nun immer mehr Punkte hinzugefügt werden, versucht der Betrachter erst eine, dann eine andere Interpretation, um das ursprüngliche Bild zu erraten. Im weiteren Verlauf schränkt die Anhäufung von Punkten die Möglichkeiten soweit ein, daß der Betrachter sicher ist, die richtige Interpretation getroffen zu haben.

Das Vertrauen von Wissenschaftlern in die Evolutionstheorie hängt davon ab, ob sie neuen Beweisen standhält. In unserem 'Reiseführer' (Kapitel 1) haben wir erwähnt, daß die Evolutionstheorie aus zwei Komponenten besteht. Eine Komponente behandelt die Frage, ob Evolution aufgetreten ist oder nicht. Ist Evolution eine historische Tatsache oder nicht? Die seit dem 19. Jahrhundert angewachsene Beweismenge überzeugte die Biologen, daß dem so ist. Und jeder kann heute diese Schlußfolgerung selbst nachvollziehen, wenn er der Beweislage gegenüber offen ist.

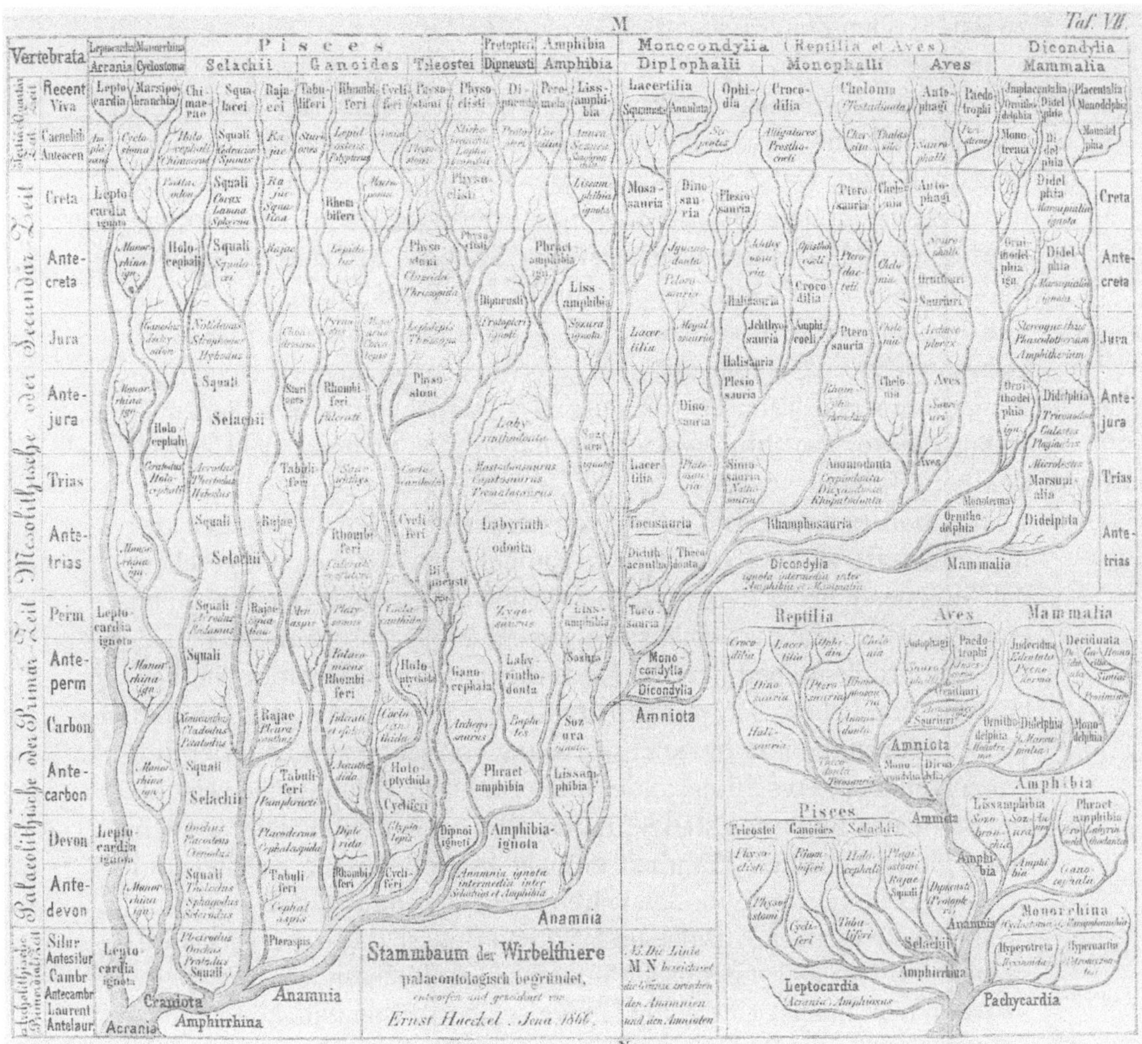

Haeckels 1866 gezeichneter Stammbaum der Wirbeltiere, der eine höchst spekulative Geschichte der Gruppe darstellt und nicht von fossilen Belegen unterstützt wird. Das Fehlen fossiler Zwischenformen vertuschte er, indem er zusätzliche Zeitperioden erfand (Ante-Karbon, Ante-Devon usw.), die vor den bekannten Perioden (Karbon, Devon usw.) lagen.

Wenn jemand natürlich von vornherein beschlossen hat, daß Evolution eine selbstverständliche Wahrheit ist oder daß sie falsch sein muß, dann sind Beweise nicht besonders wichtig. Die Wirkung tiefsitzender Vorurteile wird an zwei Personen deutlich, die im 19. Jahrhundert an der Debatte über Evolution beteiligt waren. Der eine ist Ernst Haeckel, der von Darwins Werk begeistert war und es bald in eine große, allumfassende Philosophie einbaute. Er war so überzeugt davon, den Evolutionsverlauf hauptsächlich mit Hilfe der Embryologie rekonstruieren zu können, daß er die fossilen Zeugnisse faktisch ignorierte. Das Fehlen von Übergangsformen vertuschte er einfach dadurch, daß er zusätzliche, nicht überlieferte geologische Zeitperioden erfand, die zu den erforderlichen hypothetischen Formen paßten. Die evolutionären Stammbäume, die er

241

zeichnete, sahen zwar überzeugend aus, aber sie hatten wenig Beziehung zu den fossilen Zeugnissen.

Im Gegensatz dazu konnte Louis Agassiz sich nie überwinden, Darwins Evolutionstheorie zu akzeptieren. Bis zu seinem Tod behauptete Agassiz, daß die Geschichte des Lebens einem feststehenden Schöpfungsplan folgt, wobei jede Art in jeder Periode speziell für die für sie bestimmten Habitate erschaffen wurde. Er unternahm jedoch in fortgeschrittenem Alter eine bemerkenswerte Seereise, auf der er Darwins Reise mit der *Beagle* weitgehend nachfuhr, um die Richtigkeit der Evolution zu überprüfen. Er segelte um die Küste Südamerikas und besuchte insbesondere die Galapagos-Inseln, aber was er sah, änderte seine Meinung nicht einen Deut. Die Beweise der Galapagos-Inseln schienen so wenig Eindruck auf ihn gemacht zu haben, daß er noch nicht einmal darüber schrieb.

Trotzdem kann die Anhäufung von Hinweisen jeden überzeugen, der nur willens ist, sie zu überprüfen. In Kapitel 5 und 6 haben wir gesehen, daß Biologen von der Evolutionstheorie überzeugt waren, weil sie ihnen ermöglichte, mehrere scheinbar zusammenhanglose Probleme zu verstehen. Die Probleme betrafen die Klassifikation und geographische Verbreitung von Lebewesen, das Muster der fossilen Überlieferungen und die Struktur und embryonale Entwicklung von Tieren. Im Lauf der Zeit erbrachten diese Forschungsfelder immer wieder schlüssige Beweismuster dafür, daß Evolution stattgefunden hat. Dies bedeutet nicht, daß wir einen Hafen absoluter Wahrheit erreicht hätten, wo alle Zweifel und Schwierigkeiten verschwunden wären. Aber es bedeutet, daß Evolution in einem solch großen Ausmaß bestätigt worden ist, daß es pervers wäre, sie nicht vorläufig als historische Tatsache zu betrachten.

Wenn man in aller Kürze alle Hinweise überprüfen will, könnte man sich auf zwei besonders aussagekräftige Beweisarten konzentrieren. Die erste betrifft die fossilen Überlieferungen, die den direktesten Beweis über das Leben in der Vergangenheit liefern. Als Darwin den *Origin* schrieb, konnte er zeigen, daß das Gesamtbild der fossilen Überlieferungen den Evolutionsgedanken unterstützte, aber das Fehlen von Übergangsformen verwirrte ihn. Aber unterdessen hat man Übergangsformen sowohl zwischen Arten als auch zwischen größeren Gruppen gefunden, wie es Darwins Theorie erfordert. Ein sehr skeptischer Mensch könnte einwenden, daß die Lücke zwischen einer fossilen Form und der nächsten noch immer zu groß ist, um ihn von einem evolutionären Übergang zu überzeugen. Aber es ist zweifellos so, daß diese sogenannten Lücken in den fossilen Überlieferungen immer kleiner werden, je mehr Fossilien gesammelt werden. Dies könnte nicht geschehen, würde es sich bei der Evolution um eine falsche Theorie handeln.

Zum Beispiel konnte man den Verlauf der Wirbeltierevolution anhand neuer, anfangs des 20. Jahrhunderts gemachter Fossilienfunde mit immer größerer Sicherheit rekonstruieren, wie wir in Kapitel 7 gesehen haben. Die neuen Funde zeigten zum Beispiel, daß bestimmte Reptilien in der Struktur des Unterkiefers mit der Zeit immer säugetierähnlicher wurden. Die säugeruntypischen Kieferknochen wurden Schritt für Schritt reduziert, bis sie nur noch als winzige Überreste am Ende des Kiefers vorhanden waren. Von hier ist es nur noch ein kleiner Schritt zum vollständigen Säugerzustand, und in jüngerer Zeit wurden Fossilien beschrieben, die dieses Stadium repräsentieren. Das erste davon war *Diarthrognathus*, dessen Unterkiefer 1963 von A. W. Crompton beschrieben wurde. Diese Tiere hatten ein doppeltes Kiefergelenk, eines, das aus den reptilischen Knochen Quadratum und Articulare bestand, und eines, das sich wie bei Säugern aus den Knochen Squamosum und Dentale zusammensetzte. Es war also zugleich sowohl ein Reptilien- als

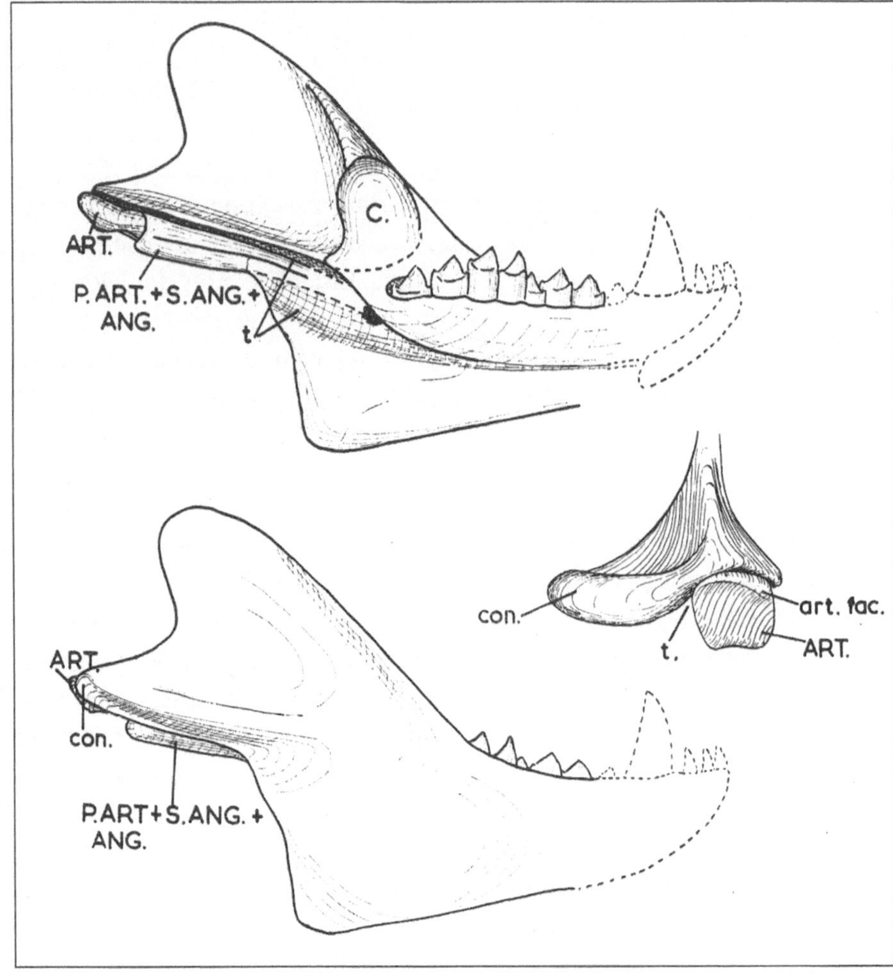

Unterkiefer von **Diarthrognatus** *(Zeichnung von Crompton), Innenansicht (oben), Außenansicht (unten) und eine vergrößerte Rückansicht des Kiefergelenks (Mitte). Diese Gelenkverbindung mit dem Schädel wird sowohl vom Condylus des Kieferknochens (con.) als auch dem Articulare-Knochen (ART.) gebildet. Die restlichen reptilischen Kieferknochen (P.ART + S.ANG + ANG) sind auf eine kleine Mulde auf der Innenseite des Dentale begrenzt.*

auch ein Säugerkiefergelenk vorhanden, ein perfektes Beispiel für einen evolutionären Übergang.

Eine ähnliche Geschichte kann man von menschlichen Fossilien erzählen, die man in Gesteinen fand. Es ist noch kaum zwei Jahrhunderte her, daß Cuvier mit Überzeugung behauptete: «Es gibt keine menschlichen Knochen in fossilisiertem Zustand.» Heute jedoch ist eine solche Varietät an fossilisierten Menschen bekannt, daß man sie in ein halbes Dutzend getrennter Arten klassifizieren muß. Darüber hinaus ist an diesen Formen ein klarer zeitlicher Trend erkennbar, auch wenn die Experten heftig über die feineren Details streiten. Die älteren Fossilien ähneln in ihrer Erscheinung mehr den Menschenaffen, und die jüngeren zeigen zunehmend menschliche Merkmale: wachsende Schädelgröße, Abflachen des Gesichts und größere Körpergröße. Wer leugnen möchte, daß diese Formen einen evolutionären Übergang von affenähnlichen Vorfahren zum modernen Menschen darstellen, muß diese Fossilien außer Betracht lassen. Seit Cuviers Tagen wird dies indes Jahr für Jahr schwieriger.

Der zweite Beweis, der besonders aufschlußreich ist, betrifft die Zeichen vergangener Geschichte, die in den Körpern heute lebender Tiere enthalten sind. Denn eine Geschichte der evolutionären Abstammung ist schlichtweg in bestimmten Mustern der Körperstruktur enthalten; das bemerkenswerteste davon ist die Homologie. Der klassische Fall ist das Vorderbein der Wirbeltiere, das dieselben Knochen selbst bei Tieren enthält, die an solch unterschiedliche Lebensweisen angepaßt sind wie die Fledermaus, die Seekuh, die Eidechse oder der Mensch. Die anatomische Ähnlichkeit zeigt ihre gemeinsame Abstammung ebenso wie es Wörter tun, die eine gemeinsame Wurzel haben. Eine solche Überlieferung der evolutionären Abstammung wird besonders deutlich, wenn sich eine oder mehrere Arten stark in der Lebensweise von ihren unmittelbaren Verwandten unterscheiden.

Die in Kapitel 1 besprochenen Baumkänguruhs illustrieren dies hervorragend. Diese Tiere sind gut an ihr Leben auf den Bäumen angepaßt, und doch zeigt ihr Körper unmißverständliche Anzeichen, besonders am Fuß, daß sie von den typischen, am Boden lebenden Känguruhs abstammen. Ein anderes schönes Beispiel ist der große Panda, der von Stephen J. Gould sehr genau untersucht wurde. Der Panda ist mit den Bären nahe verwandt, die hauptsächlich Fleischfresser sind; er jedoch ernährt sich ausschließlich von Bambuspflanzen. Er streift die Blätter ab, indem er die Stiele zwischen einem Daumen und den Fingern durchzieht, aber dabei handelt es sich nicht um einen wirklichen Daumen. Der Panda besitzt fünf Finger, ohne Daumen, wie alle anderen Bären; der «Daumen» des Panda ist überhaupt kein Finger, sondern ein vergrößerter und verlängerter Gelenkknochen. Eine solche Anordnung läßt sich nur erklären,

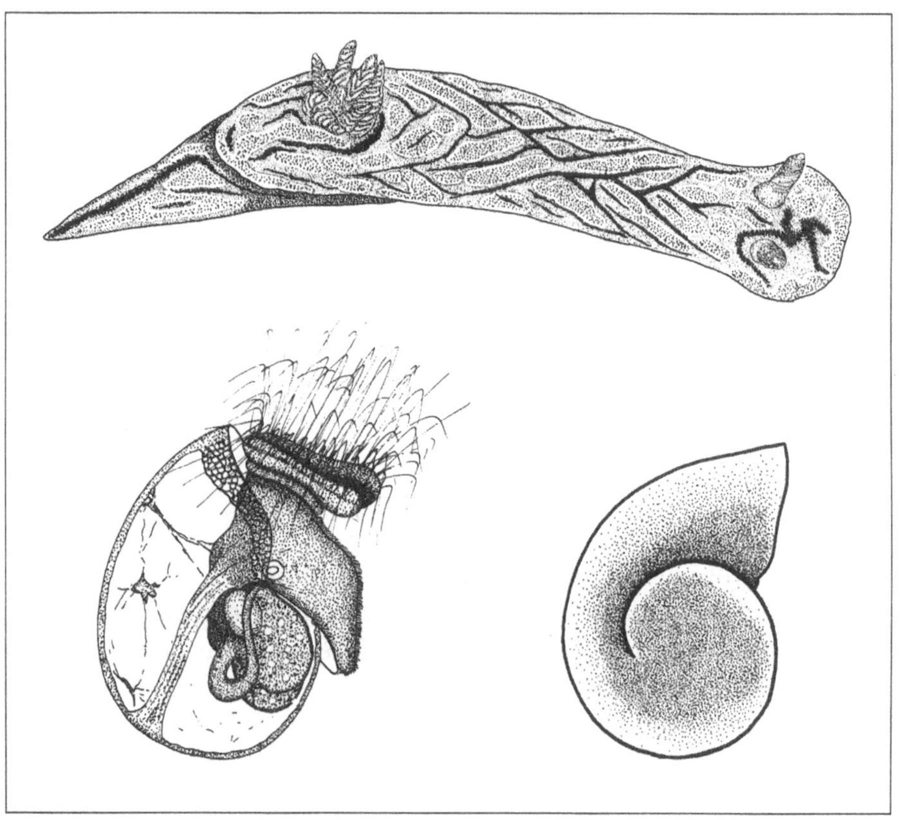

wenn der Panda ein jüngerer Abkömmling ist, der sich aus typischen Bären entwickelt hat.

Aussagekräftige Beweise der Vergangenheit können sich auch in der Entwicklung zeigen, und man kennt da viele lehrreiche Fälle. Der erste, den man entdeckte, betraf die embryonalen Zähne bei einigen Bartenwalen, die als Erwachsene gar keine Zähne besitzen. In Kapitel 4 haben wir gesehen, daß Lamarck diesen Fall zu Recht als Beweis dafür anführte, daß Bartenwale aus Zahnwalen evolviert sind. Lamarck hätte ebenfalls seine Freude an den vielen Beispielen von Wirbellosen gehabt, die man seither gefunden hat. Zum Beispiel gibt es im Meer Arten von Nacktkiemenschnecken, die sich von anderen Schnecken durch das Fehlen eines Gehäuses unterscheiden. Diese Arten entwickeln sich jedoch über ein Larvenstadium, in welchem ein typisches Gehäuse vorhanden ist, das aber verloren geht, wenn die Larve sich zum Erwachsenentier verwandelt. Warum in aller Welt sollten sich diese Tiere auf diese Weise entwickeln, es sei denn sie hätten sich aus Vorfahren mit Gehäusen entwickelt?

Anhand von über Jahrhunderte zusammengetragenen schlüssigen Beweismustern wie diesem, kann man die Frage, ob es Evolution gege-

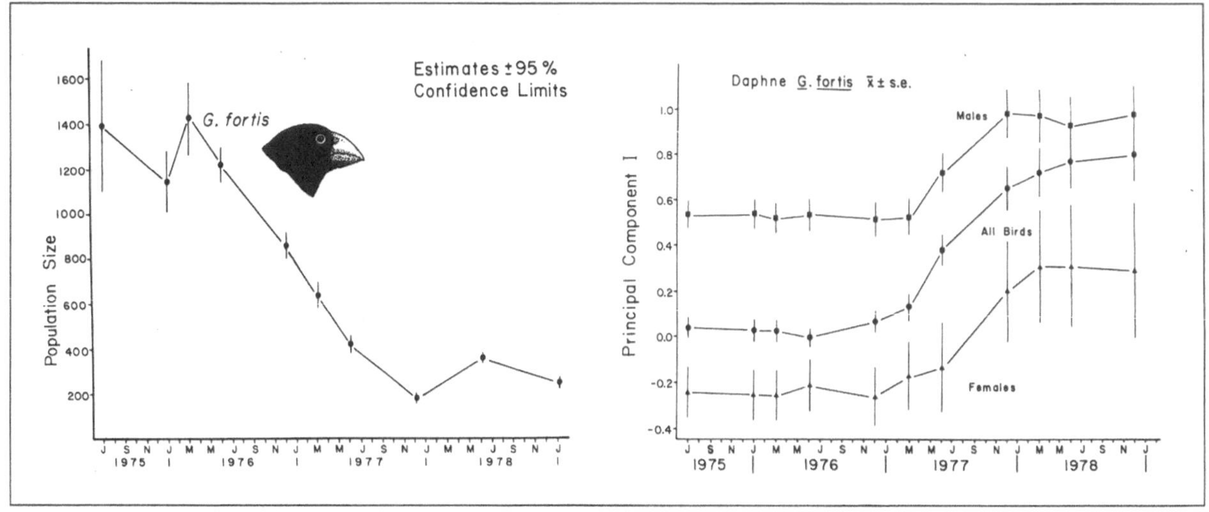

ben hat, als entschieden betrachten. Dies führt uns zum zweiten Teil der Theorie, der zu erklären versucht, wie Evolution abgelaufen ist. Die wichtigste Entwicklung hier ist die Tatsache, daß die Bedeutung der natürlichen Selektion auf verschiedenen Wegen erwiesen wurde. Nach der Aufregung, die die Ansichten der frühen Mendelianer verursacht hatten, ergaben Forschungen in der Mitte unseres Jahrhunderts, daß genetische Variationen häufig, ungerichtet und normalerweise klein im Ausmaß sind. Dies sind genau die Eigenschaften, die Variation nach Darwin haben sollte, damit natürliche Selektion eine kreative Rolle in der Evolution spielen kann. Deshalb erwies sich, als die Mechanismen der Vererbung entdeckt wurden, daß sie völlig im Einklang mit der Theorie der natürlichen Selektion standen.

Diese Folgerungen wurden verstärkt durch die Erkenntnis, daß Gene aus Nukleinsäuren bestehen, die Bestandteile der Chromosomen jeder Zelle sind. Schon allein die Anzahl der Gene, die letztendlich auf jedem Chromosom vorhanden war, ließ vermuten, daß Gene nur molekulares Ausmaß haben können. Da man wußte, daß Chromosomen Nukleinsäuren und Proteine enthalten, wurden sie als mögliche Kandidaten des genetischen Materials gehandelt. Die Antwort erbrachten James Watson und Francis Crick 1953, als sie die inzwischen berühmte Doppelhelixstruktur der Desoxyribonukleinsäure, oder kurz DNA, aufklärten. Die Entdeckung, daß DNA das genetische Material von Lebewesen ist, und die darauffolgende Entschlüsselung des genetischen Codes machten deutlich, wie Variation entsteht, damit natürliche Selektion daran arbeiten kann.

Einen Organismus konnte man nun als komplexes System begreifen, dessen Entwicklung durch ein genetisches Programm kontrolliert wird,

Hinweise auf natürliche Selektion bei Geospiza fortis, *einem der Darwinfinken auf den Galapagos-Inseln. Links: die Abnahme der Population von* G. fortis *während der Dürre von 1976–77. Rechts: die Zunahme der Durchschnittsgröße von Vögeln, die bis 1978 überlebt haben. Wiedergegeben als Index der Gesamtkörpergröße.*

das in seinen DNA-Molekülen enthalten ist. Wenn sich DNA innerhalb der Zelle repliziert, dann können beim Kopieren dann und wann Fehler auftreten. Jeder Kopierfehler stellt eine Mutation dar, die in einem veränderten genetischen Programm resultiert (dem Genotyp). Die Wirkung dieser Veränderung in einer Keimzelle wird offensichtlich, wenn das Programm während der Entwicklung abgelesen wird, um eine bestimmte Körperstruktur zu formen (den Phänotyp). Der aufgrund des veränderten genetischen Programms erzeugte Organismus muß sich dann in seiner natürlichen Umwelt behaupten, und hier kommt die natürliche Selektion ins Spiel.

Die Forschung des 20. Jahrhunderts konnte mehr als nur zeigen, daß die Vererbungsmechanismen im Prinzip im Einklang sind mit natürlicher Selektion. Daß Selektion die Macht hat, die Erbausstattung einer Population zu verändern, hatten mathematische Studien und Kreuzungsexperimente gezeigt (siehe Kapitel 8). Zusätzlich hatten Feldarbeiten bewiesen, daß natürliche Selektion auch in der freien Natur stattfindet, wie zum Beispiel im berühmten Fall der Birkenspanner. 1986 zählte John Endler in seinem Buch *Natural Selection in the Wild* weit über hundert Fälle auf, in denen natürliche Selektion direkt in Freilanduntersuchungen demonstriert werden konnte. Erfreulicherweise sollte diese Liste auch einen von Darwins Finken auf den Galapagos-Inseln, *Geospiza fortis*, enthalten.

In den 1970er Jahren wurde diese Art intensiv auf Daphne, einer der kleineren Inseln, untersucht. Zufällig herrschte dort zwischen Mitte 1976 bis Ende 1977 eine lange Trockenperiode. Während dieser Dürre ging der Bestand an *G. fortis* drastisch zurück, parallel mit dem abnehmenden Nahrungsangebot, das aus Samen der Inselpflanzen bestand. Als die Anzahl der Vögel weiterhin sank, war das Überleben nicht vom Zufall abhängig: Größere Vögel überlebten eher als kleine, da der Vorrat an kleineren und weicheren Samen, mit denen Finken leicht umgehen können, schnell erschöpft war, und die Vögel sich mit größeren und härteren Samen herumplagen mußten. Es gab einen starken natürlichen Selektionsdruck zugunsten der größeren Vögel, die besser mit den größeren Samen zurecht kamen.

Außerdem bestand natürliche Selektion den entscheidendsten Test, den eine Theorie nur bestehen kann: ihre Fähigkeit, mit unvorhersehbaren Schwierigkeiten zu Rande zu kommen, die aus späteren Arbeiten entstehen. Ein solches Problem stellen Formen von Sozialverhalten dar, bei denen Tiere sich nicht zu ihrem eigenen Vorteil verhalten. Man kann oft Tiere in der freien Natur beobachten, die sich gegenüber Mitgliedern ihrer eigenen Art selbstlos verhalten: Sie teilen Nahrung, warnen vor Freßfeinden, entfernen Parasiten, kämpfen ohne den Gegner zu verletzen usw. Auf den ersten Blick scheint ein solches Verhalten natürlicher Selektion zu widersprechen, die das Wohlergehen des einzelnen Tieres über das aller anderen stellen sollte. Wie Darwin schrieb, sollte sie «nie irgendetwas in einem Lebewesen erzeugen, das ihm selbst schädlich ist, denn natürliche Selektion wirkt ausschließlich durch und zum Besten des Einzelnen».

Lange Zeit hatte man dieses Problem nicht als solches erkannt, weil das selbstlose Verhalten so offensichtlich dem Wohl der ganzen Art diente. Der erste, der das Problem klar erkannte und sich sofort daran machte, eine Antwort zu finden, war William Hamilton. Seine Aufmerksamkeit wurde geweckt, als er die Warnfärbungen von Insekten betrachtete, wie etwa die Bärenspinner-Raupen, die es in der Nähe seines Hauses in England gab. Die Warnfärbungen sind deshalb wirkungsvoll, weil unerfahrene Vögel lernen, alle Raupen zu verschmähen, nachdem sie einmal eine ausprobiert haben und diese wegen des unangenehmen Geschmacks umgehend wieder ausgespuckt haben. Obwohl dies der Spannerart insgesamt hilft, war es von geringem Nutzen für das Individuum gewesen, das als erstes getestet wurde. Die zerstückelte Kreatur ist schwerlich in der Lage, ihre Gene an die nächste Generation weiterzugeben. Wie können Warnfärbungen demnach durch natürliche Selektion evolviert sein?

Hamilton fand die Lösung des Problems in der Tatsache, daß das zerstückelte Opfer und die überlebenden Raupen auf derselben Pflanze wahrscheinlich nahe Verwandte waren. Sehr wahrscheinlich waren sie alle aus demselben Gelege geschlüpft. Verwandtschaft war der Schlüsselfaktor, der soziales Verhalten erklärte, denn natürliche Selektion könnte Hilfe begünstigen, die Verwandten gegeben wird. Der Keim dieser Idee lag schon in den Büchern von Fisher und Haldane aus den dreißiger Jahren. Aber erst Hamilton erklärte in den frühen sechziger Jahren «Verwandtenselektion» ausdrücklich als allgemeines Prinzip und zeigte, daß es sich um eine einfache Konsequenz der grundlegenden darwinistischen Theorie handelte.

Der wesentliche Punkt ist, daß alle Organismen irgendwann sterben; sie geben nicht sich selbst weiter, sondern eine interne Darstellung ihrer selbst über ihre Gene. Im Fortpflanzungsprozeß werden Gene repliziert, mit denjenigen der Sexualpartner vermischt und dann an nachfolgende Generationen weitergegeben. Was daher in der natürlichen Selektion zählt, ist das erfolgreiche Weitergeben von eigenen Genen an zukünftige Generationen. Ein Tier, das also einem Verwandten hilft, erhöht die Chance, daß die gemeinsamen Gene überleben werden. Je enger der Verwandtschaftsgrad zwischen den Individuen ist, desto mehr Gene werden sie gemeinsam haben und desto größer wird der evolutionäre Nutzen von Kooperation, und nicht von Konkurrenz, sein. Daher spielt es keine Rolle, ob ein Tier sein eigenes Leben aufs Spiel setzt, wenn es dadurch zum Überleben eigener Genkopien in anderen Tieren beiträgt.

Die Folgen solcher Situationen wurden von Hamilton detailliert berechnet, und dies führte zu entscheidenden Einsichten in die Evolution von Sozialverhalten. Glücklicherweise konnte man diese Ideen relativ direkt testen, indem man Tiere in der freien Natur beobachtete. In zahlreichen Feldstudien wurden sorgfältig die genetischen Beziehungen zwischen Mitgliedern tierischer Gesellschaften analysiert.

Ein beeindruckendes Beispiel ist ein Löwenrudel, bei dem ein oder mehrere Männchen eine Gruppe von Weibchen besitzen. Die Männchen kämpfen untereinander so gut wie nie um den Zugang zu den Weibchen, und sie verteidigen das Rudel gemeinsam gegen Übernahmeversuche durch andere Gruppen von Männchen. Feldstudien ergaben, daß in solchen Gruppen Männchen normalerweise Brüder sind, und so ließ sich ihre Kooperation anhand von Hamiltons Hypothese erklären. Ihr Besitz an einer Weibchengruppe ist oftmals kurz, und neue Männchen greifen häufig nach der Haremsübernahme zu einer drastischen Maßnahme und töten alle Jungen, die sich im Rudel befinden. Es handelt sich dabei um Junge, die sie nicht selbst gezeugt haben. In der Folge werden die Weibchen gegenüber den neuen Männchen bald wieder empfängnisbereit und gebären neue Junge. Sowohl durch diese Infantizidhandlung als auch durch ihre Kooperation untereinander verhalten sich die Männchen so, daß der Beitrag ihrer Gene an die nächste Generation maximiert wird. Genau dieses wird man erwarten, wenn sich das Verhalten durch natürliche Selektion entwickelt hat.

Eine Vielzahl von Studien über Sozialverhalten erbrachte ähnliche Resultate, was den Einfluß der natürlichen Selektion auf den Evolutionsverlauf bestätigt. Natürlich bedeutet Evolution mehr als Erbgutänderungen in lokalen Populationen, also auf der Ebene, auf der man gemeinhin natürliche Selektion untersucht. Aspekte, die zu berücksichtigen sind, reichen von der molekularen Basis der Variation bis hin zu den Hauptsequenzen evolutionären Wandels über große Perioden geologischer Zeit. Angesichts der Unvollständigkeit unserer Informationen bietet eine solche Themenvielfalt viel Raum für Interessens- und Meinungsunterschiede. Manchmal werden diese Meinungsverschiedenheiten in einer übertriebenen Sprache formuliert, insbesondere wenn die Vertreter einer neuen Vorstellung glauben, sie würden einen Fehler in der bisherigen Sichtweise zurechtrücken.

Ein gutes Beispiel dafür ist die lebhafte Debatte über das «durchbrochene Gleichgewicht», die in den siebziger und achtziger Jahren stattfand. Diese Theorie wurde von Niles Eldredge und Stephen J. Gould entwickelt. Sie behaupteten, die Rate des evolutionären Wandels bei der

Bildung einer neuen Art verlaufe schnell und sei zu den anderen Zeiten praktisch null. Daher bleibt eine Art nach ihrem ersten Erscheinen in der Struktur beinahe unverändert, bis sie zu einer anderen Art evolviert oder ausstirbt. Mit ihrer Theorie widersprachen sie der herrschenden Meinung, wonach Evolution stetig mit einer langsamen, konstanten Änderungsrate verläuft. Die fossilen Überlieferungen, behaupteten sie, unterstützen eher die Vorstellung eines durchbrochenen Gleichgewichts und nicht die Alternative, die sie «Gradualismus» nannten.

Diese Thesen wurden nachdrücklich vertreten. Gelegentlich wurde die Theorie des «durchbrochenen Gleichgewichts» nicht nur als wichtige Berichtigung der modernen Synthese eingebracht, sondern als völlig neue Evolutionstheorie angesehen. Es wurde sogar behauptet, die moderne Synthese sei «effektiv tot». In gewisser Weise sind solche Behauptungen durchaus verständlich: Sie spiegeln die begreifliche Tendenz wider, die Punkte der Nichtübereinstimmung mit Kollegen zu betonen, und sind ein gutes Mittel, Aufmerksamkeit auf sich zu ziehen. Aber sie können jene irreführen, die keine Wissenschaftler sind, indem sie glauben machen, die Evolutionstheorie befände sich in einer Krise oder sogar auf ihrem endgültigen Abstieg. Dies ist nicht der Fall. Es gibt nichts Besseres, um den Zustand der Wissenschaft zu fördern, als eine gute Auseinandersetzung: Fortschritt entsteht aus dem Zusammenprall verschiedener Meinungen plus dem Nachschub an neuen Informationen.

Durch Untersuchung gut erhaltener fossiler Abstammungslinien hatte man bis Ende der achtziger Jahre neue Informationen aus den fossilen Überlieferungen herausgezogen, die als Test für diese Thesen dienen konnten. Dies erwies sich als keine leichte Aufgabe, aber das Ergebnis war, daß einige Abstammungslinien offensichtlich in das Modell des durchbrochenen Gleichgewichts passen, andere hingegen definitiv nicht. Es wurden ausreichend Fälle überprüft, um zu zeigen, daß Arten nach ihrem ersten Erscheinen oft evolutionäre Änderungen durchmachen. Aber Wandel ist keineswegs nur auf die Episoden der Artbildung beschränkt, wie es die Vertreter des durchbrochenen Gleichgewichts ursprünglich behauptet hatten. Als Ergebnis dieser Kontroverse konnte man jedoch besser einschätzen, wie variabel das Tempo der Evolution ist, und setzte nun höhere Standards bei der Schätzung der Änderungsrate in fossilen Linien an. Sie ebnete ebenfalls den Weg für neue Diskussionsebenen. Wissenschaft läuft genauso ab: Kontroversen wie diese sind ein Zeichen von Stärke, nicht von Verfall.

Von besonderem Interesse ist das Gesamtbild der Evolution, das sich in über hundert Jahren Forschung seit dem ersten Erscheinen des *Origin* gebildet hat. Trotz aller Kontroversen über Detailpunkte besitzen wir heute ein gut abgesichertes Bild über die Evolution des Lebens. Dieses

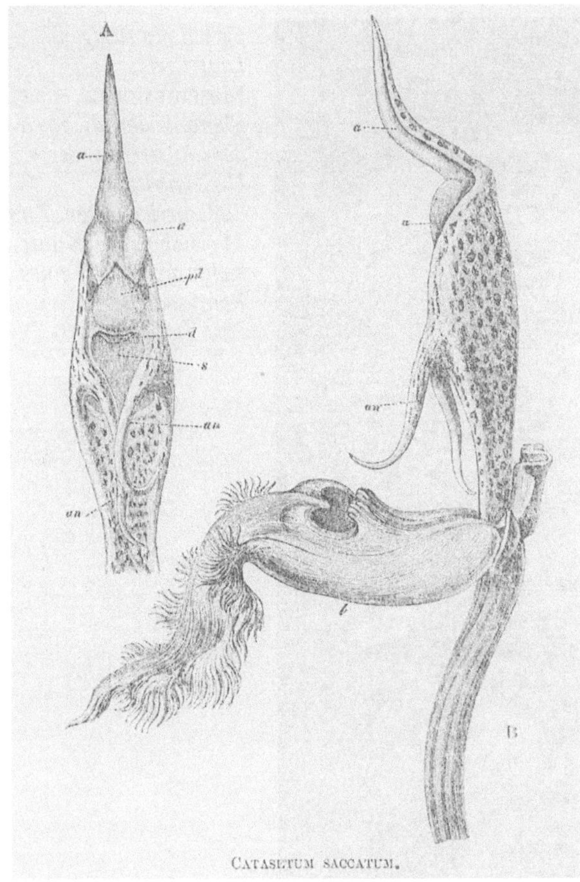

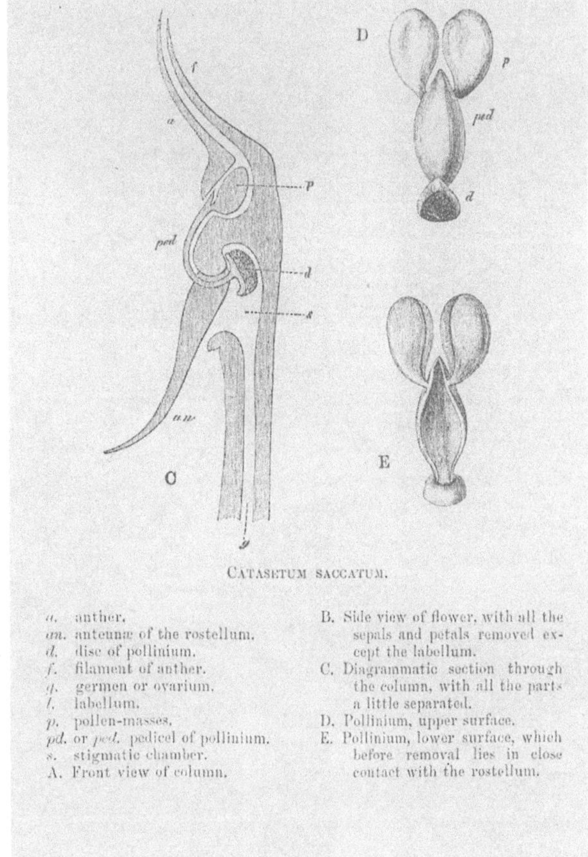

Männliche Blüte der Orchidee Catasetum, *aus Darwins Buch über* Fertilization of Orchids. *Links: Zeichnung der Blüte, wobei alle Kelch- und Blütenblätter mit Ausnahme des Labellums (Lippe) entfernt wurden (I). Rechts: Diagramm derselben Region, um die Beziehung der verschiedenen Teile zu zeigen. Darwin konnte zeigen, wie sich die Pollenmasse (p) an ein die Blüte besuchendes Insekt mithilfe einer adhäsiven Scheibe anheftet (d).*

ist offenkundig ein ganz anderes als die allgemeine Vorstellung von Leben, die vor 300 Jahren vorherrschte, als John Ray Pflanzen und Tiere erforschte. Ein solch großer Wandel in der Perspektive markiert einen bedeutenden Übergang im menschlichen Denken, und es lohnt sich, kurz über die Natur dieses Wandels nachzudenken.

Im Verlauf des in diesem Buch besprochenen Zeitabschnitts sind nacheinander drei wesentliche Vorstellungen vom Leben auf der Erde entstanden. Die erste könnte man «Uhrwerk-Design» nennen, weil sie die Anpassungen von Lebewesen einem göttlichen Entwurf zurechnete, wie wir in Kapitel 2 gesehen haben. Gott wurde als eine Art kosmischer Uhrmacher angesehen, und die gut angepaßten Arten waren die individuellen Uhren, die er mit Geschick gefertigt hatte. Ray widmete seine Aufmerksamkeit dem Auge, das später Darwin quälte, und dem Specht, um daran beispielhaft zu zeigen, daß Anpassungen auf diese Weise interpretiert werden können. Ende des 18. Jahrhunderts begann die Vorstellung des Uhrwerk-Designs der Erkenntnis zu weichen, daß das Leben eine unermeßliche Geschichte hat, in deren Verlauf Arten ausstarben und durch andere ersetzt wurden.

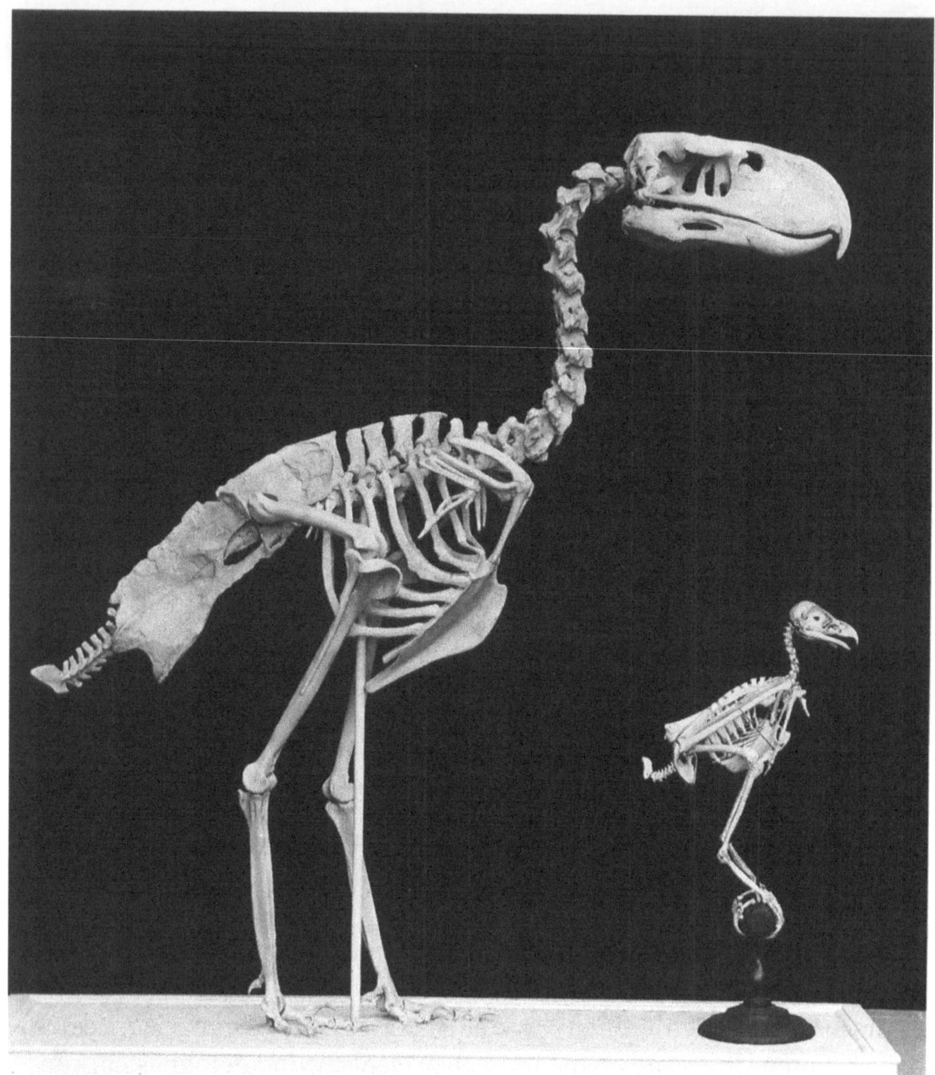

Skelett des riesigen Laufvogels Mesembriornis, *einer der Phororaciden, die nach dem Aussterben der Dinosaurier in Südamerika lebten. Zum Maßstabvergleich unten rechts das Skelett eines Königsadlers.*

Die zweite Vorstellung, die man «programmierte Evolution» nennen könnte, geht auf Lamarck zurück. Nach dieser Theorie evolvieren Tiere und Pflanzen auf eine notwendige und voraussagbare Art und Weise mit nur geringen Abweichungen. Wenn also ein neuer Organismus evolviert, dann hat er bereits seinen vorab festgelegten Platz im Schema der Dinge. Obwohl Lamarck keine besondere Sympathie für Religion hatte, wurde die Vorstellung der programmierten Evolution später oft in religiösen Begriffen interpretiert. Chambers, der Autor der berühmten *Vestiges*, die vor dem *Origin* erschienen, betrachtete Evolution als Entfaltung eines göttlichen Plans. Der Zoologe Mivart vertrat eine ziemlich ähnliche Ansicht, nachdem *Origin* erschienen war.

Die dritte Vorstellung wurde durch den *Origin* eingeführt, und man könnte sie «ungewisse Evolution» nennen, um sie mit der vorhergehenden zu kontrastieren. Das Wirken der natürlichen Selektion bedeutet, daß der Evolutionsprozeß ein zufälliges Geschäft ist und keine Entfaltung irgendeines göttlichen Planes. Ebenso wie der Züchter von den Zufälligkeiten der Variation abhängt, hatte Darwin gegenüber Lyell gesagt, «wird auch in der Natur jede leichte Modifikation, die *zufällig* entsteht und die irgendeiner Kreatur nützlich ist, selektiert oder erhalten». Und der Prozeß der natürlichen Selektion selbst ist ein unsicheres Geschäft – angesichts der vielen verschiedenen Faktoren, die das Überleben eines Individuums beeinflussen. Der Besitz einer vorteilhaften Variation erhöht die Wahrscheinlichkeit, daß ein Individuum überleben wird, macht es aber nicht sicher. Wie Darwin im *Origin* schrieb, hat ein Organismus, der eine vorteilhafte Variation trägt, «die beste Chance, erhalten zu werden».

Indem sie die Elemente des Zufalls oder der Ungewißheit in die Biologie einbrachten, unterschieden sich Darwins und Wallace' Ansichten radikal von den früheren. Daß evolutionärer Wandel auf solche Weise von Umständen abhängt und nicht fest vorherbestimmt ist, war eine neue und unwillkommene Vorstellung. Als beispielsweise Sir John Herschel im *Origin* etwas über natürliche Selektion las, tat er es ab als «Gesetz des Tohuwabohu». Er akzeptierte durchaus, daß eine Art aufgrund natürlicher Ursachen entstehen kann, wie seine Korrespondenz mit Lyell zeigte. Das Problem war, daß natürliche Selektion nicht die Art von Naturgesetz war, die er erwartete. Er war in der Newtonschen Physik und Astronomie bewandert, wo es solche Unsicherheiten nicht gab. Wie konnten aufgrund eines solchen Zufallsprozesses so gelungene Entwürfe von Organismen entstehen, wie sie uns umgeben?

Darwin antwortete auf diese Schwierigkeit 1862 mit einem kurzen Buch über die *Fertilization of Orchids*. Wie er seinem Freund Asa Gray anvertraute, handelte es sich dabei um einen «Flankenangriff gegen den Feind». Er zeigte darin, wie Orchideen angepaßt sind, damit eine Blüte durch den Pollen einer anderen befruchtet wird. Auf welche Weise Insekten dazu verführt werden, diese Kreuzbefruchtung durchzuführen, ist bei jeder Art verschieden, und doch weisen alle Orchideen denselben Grundplan auf. Dieselben Teile sind also modifiziert, um bei verschiedenen Arten verschiedene Bestäubungsmechanismen zu bilden. Durch den Vergleich verschiedener Arten lassen sich oft Zwischenstadien finden, durch die ein Mechanismus in einen anderen evolviert sein könnte. «Es scheint der normale Ablauf der Ereignisse zu sein», folgerte Darwin, «daß ein Teil, der ursprünglich einem Zweck diente, durch langsame Änderungen an ganz andere Zwecke angepaßt wird.»

Auf welche Weise jede Art das Problem der Kreuzbefruchtung gelöst hat, hängt daher scheinbar von den Umständen ab. Ist eine Variation entstanden, die zu einer Art führt, die das Problem auf eine Weise löst, dann eröffnen die modifizierten Teile die Möglichkeit, daß eine andere Lösung evolviert, usw. Die bei irgendeiner Art gefundenen Anpassungen sind keineswegs von vornherein gelungene Entwürfe, sondern sind aus den Teilen zusammengeschustert, die bei ihren direkten Vorfahren vorhanden waren. Darwin bemerkte, dies sei etwa so wie «wenn ein Mann eine Maschine für eine bestimmte Aufgabe baut, aber alte Räder, Federn und Rollen verwendet, nur leicht abgeändert». Ähnliche Hinweise auf Zufallsereignisse erhält man heutzutage von fast jeder Tier- oder Pflanzengruppe, die man genau untersucht. Baumkänguruhs und Pandas sind hervorragende Beispiele.

Eine zusätzliche Ebene der Zufälligkeiten ergibt sich aus den Ereignissen der Makroevolution, die in der geologischen Geschichte der Erde überliefert sind. Zum Beispiel weiß fast jeder, daß die Dinosaurier am Ende der Kreidezeit ausgestorben sind, aber es ist weniger bekannt, daß an ihrer Stelle einige bemerkenswerte Kreaturen entstanden sind. Das Aussterben der fleischfressenden Dinosaurier eröffnete die Möglichkeit für neue Fleischfresser, die nicht nur von Säugern, sondern auch von großen, flugunfähigen Vögeln genutzt wurden. Im Eozän tauchte die Gattung *Diatryma* auf und war über mehrere Millionen Jahre über Europa und Nordamerika verbreitet. Der Vogel war über zwei Meter groß, hatte mächtige Beine, aber nur verkümmerte Flügel, und einen großen Kopf mit einem riesigen, gekrümmten Schnabel. Er war offensichtlich ein grimmiger Fleischfresser.

Es ist faszinierend, daß eine ähnliche, aber nicht verwandte Gruppe von Vögeln unabhängig in Südamerika evolvierte, das damals noch eine Insel war. Auch bei diesen handelte es sich um große Laufvögel, die zur Gattung *Phororhacus* und ihren Verwandten gehörten, und sie waren erfolgreicher als ihre nordamerikanischen Gegenstücke. Sie lebten lange gleichzeitig mit verschiedenen fleischfressenden Säugern in Südamerika und starben erst vor wenigen Millionen Jahren aus. Diese beiden Gruppen großer Raubvögel hätten jedoch vermutlich nie existiert, wenn nicht die Dinosaurier ausgestorben wären.

Wir können abschließend sagen, daß das Bild der ungewissen Evolution, des opportunistischen Fortschritts, seit Darwin in der Wissenschaft Bestätigung fand. Der ungewisse Aspekt der Evolution ist nicht irgendein willkürliches Konzept, das uns von einer spekulativen Theorie aufgehalst wurde, sondern die einfachen Tatsachen der Naturgeschichte sprechen dafür. Ein solches Muster läßt sich erklären, wenn natürliche Selektion eine wichtige Rolle in der Evolution spielt. Denn dann hängt die Richtung der Evolution von der zeitlich und räumlich vorhandenen Variation und von den Selektionsdrücken ab, die dann wirksam sind. Alle zusammengenommen, sieht es so aus, als ob Evolution ein einzig-

Evolution, dargestellt in einer Karikatur des viktorianischen Zeitalters, mit einem Zitat von Darwin, worin er Vorsicht vor zu großen Schlußfolgerungen ausdrückt. Titelbild von Evolutionary Theory and Christian Belief *von David Lack.*

artiger historischer Prozeß ist. Soweit wir aber sehen können, hätte sie auch einen anderen Weg einschlagen können, als den tatsächlich beschrittenen.

Was aber heißt das für uns? Vielleicht wäre unsere eigene Art nicht evolviert, wenn die Dinosaurier nicht untergegangen wären. Sind wir dann nur das Produkt eines historischen Zufalls, ein Wurf des kosmischen Würfels? Kaum jemand bleibt von solchen Fragen unbeeindruckt, denn sie berühren unseren Status im Universum, das heißt die Bedeutung oder aber Bedeutungslosigkeit unserer Existenz. Genau aus diesem Grund ist es ratsam, beim Versuch, diese Fragen zu behandeln, vorsichtig zu Werke zu gehen. Ein wichtiger Punkt, den wir uns immer wieder vor Augen halten müssen, ist, daß wir das Feld der Wissenschaft verlassen, wenn wir nach Bedeutung oder Zweck fragen, und uns ins Gebiet der Philosophie und Theologie begeben.

Der Übergang der Wissenschaft zur Philosophie wird bei der Vorstellung des göttlichen Entwurfs deutlich, die im 17. und 18. Jahrhundert vorherrschte. Aufgrund ihrer wissenschaftlichen Arbeiten erkannten Naturforscher wie Ray Anpassung als wichtige Tatsache des Lebens, aber sie sahen darin ebenfalls einen Beweis für die Existenz Gottes. Angesichts des damals vorherrschenden christlichen Weltbildes schien es kein Problem zu sein, von der wissenschaftlichen Beobachtung der Anpassung direkt zu philosophischen Schlußfolgerungen über das gesamte Universum zu kommen. Die Ergebnisse der biologischen Wissenschaft wurden, ohne sie zu hinterfragen, als Schlüssel für die Bedeutung der Welt und unseren Platz darin akzeptiert. Die Vorstellung des göttlichen Entwurfs brach jedoch im 19. Jahrhundert zusammen, als man herausfand, daß Anpassung in wissenschaftlichen Begriffen, nämlich durch natürliche Selektion, erklärt werden konnte.

Der offensichtliche Fehlschlag der Entwurfsidee scheint nicht dazu geführt zu haben, daß man nun vorsichtiger war, aus wissenschaftlichen Ergebnissen philosophische Folgerungen zu ziehen. Als Regel gilt, daß man damit zufrieden war, bloß verschiedene Folgerungen zu ziehen. Die meisten Biologen sahen es als gesichert an, daß die Zufälligkeit des Evolutionsprozesses einen einfachen und direkten Schlüssel zu der grundlegenden Bedeutung des Universums bietet. Diese Ungewißheit zeigt, daß Organismen nicht entworfen wurden und daß der Gang der Evolution nicht in irgendeinem gewöhnlichen Sinne geplant ist. Daher müssen wir akzeptieren, daß das Universum ohne Zweck und unsere Existenz ohne Bedeutung ist – so lautete das Argument.

Der Übergang von der wissenschaftlichen Interpretation zur großen Philosophie wird in dem von George Simpson 1949 veröffentlichten Buch *The Meaning of Evolution* sehr deutlich. «Der Mensch ist das Ergebnis eines zweckfreien und materialistischen Prozesses, der ihn nicht im Kalkül hatte», schrieb er. Und er fügte hinzu, daß «das Universum ohne den Menschen oder vor seinem Erscheinen keinen Zweck hat oder hatte». Auch andere Biologen haben ziemlich ähnliche Dinge gesagt. In jüngerer Zeit wurde Simpsons These von Stephen J. Gould in dem Buch *Wonderful Life* erneuert. Er behandelt darin Fossilien des Kambriums aus dem Burgess-Schiefer, um die Zufälligkeit der Evolution zu illustrieren. Eine unvermeidliche Folge dieser Zufälligkeit ist, so erfahren wir, daß unser ultimativer Status in «zunehmender Bedeutungslosigkeit in einem sich nicht sorgenden Universum» besteht.

Aber so einfach geht es nicht. Große philosophische Fragen können nicht auf eine solch hemdsärmelige Art gelöst werden. Wir müssen zunächst fragen, was die Grenzen der Evolutionsbiologie sind, und ob es legitim ist, ihre Beobachtungen und Theorien weit über ihren ursprünglichen Gegenstandsbereich hinaus zu übertragen. Kann man eine rationale Erklärung des Universums als Ganzes dadurch erreichen, daß man die Konzepte einer wissenschaftlichen Disziplin einfach grenzenlos verallgemeinert? Ohne solche kritischen Fragen werden unsere philosophischen Schlußfolgerungen auf derselben naiven Annahme aufbauen wie einstmals die Idee des göttlichen Entwurfs. Die naive Annahme ist, die letztendliche Bedeutung des Universums lasse sich anhand der für bare Münze genommenen Ergebnisse der Biologie ablesen. Es ist jedoch so, daß die Philosophien, die von vielen Biologen verfochten werden, kaum eine Grundlage haben, aber dazu tendieren, eine Pseudoauthorität zu erlangen, weil sie mit vernünftigen, wissenschaftlichen Darstellungen verknüpft sind.

All dies scheint ziemlich weit entfernt vom Hauptthema dieses Buches, der Naturgeschichte. Und doch war, was Evolution anbelangt, die Verknüpfung zwischen den Einzelheiten der Naturgeschichte und diesen größeren Themen von Anfang an vorhanden. Sobald *Origin of Species* erschienen war, zerbrachen sich ernsthafte Leute den Kopf darüber, welche Bedeutung diese Ideen für den Status des Menschen und das christliche Konzept der Schöpfung haben könnten. Außerdem kann diese Verknüpfung nicht vermieden werden, denn die Evolutionstheorie berührt einige der grundlegendsten Themen, mit denen Menschen konfrontiert sind. Es ist also völlig normal, daß uns die Verknüpfungen von Evolution mit Philosophie und Theologie ganz besonders faszinieren, und auch Darwin selbst war davon fasziniert.

Hier ist mit Sicherheit nicht der richtige Ort, um diese Themen weiterzuführen, aber es mag sinnvoll sein, auf Vorsicht und Mäßigung zu dringen. Vorsicht ist vonnöten, weil das Risiko ungerechtfertigter Folgerungen immer größer wird, je weiter wir die Diskussion über unser spezielles Fachgebiet ausdehnen. Die meisten von uns verfügen nur über ein begrenztes Wissen, weil wir nur ein Fachgebiet erlernt haben, und das Gebiet unserer speziellen Kompetenz ist oft noch enger. Aus diesem Grund ist es schwierig, eine fundierte Diskussion über Themen zu führen, die grenzüberschreitend Biologie, Philosophie und Theologie betreffen. Das oben erwähnte Beispiel der Biologen, die basierend auf der Zufälligkeit der Evolution großartige Erklärungen abgegeben, hat die Schwierigkeiten deutlich gezeigt.

Mäßigung ist ebenfalls von Vorteil in dieser Diskussion. Die völlige Trennung verschiedener Disziplinen, die durch generationenlange professionelle Spezialisierung zustande kam, führt nicht nur zu gegenseitiger Ignoranz, sondern auch zu gegenseitiger Feindschaft. Man weiß nur zu gut, daß insbesondere die Beziehungen zwischen Biologie und Theologie lange Zeit genau darunter litten. Die Praktiker jeder Disziplin neigen oft dazu, weitreichende Folgerungen allein aus den Ergebnissen ihres eigenen Bereichs zu ziehen und andere Bereiche vollständig zu ignorieren. So verlockend solche Abkürzungswege auch sind, sie werden langfristig wohl kaum zu befriedigenden Ergebnissen führen. Ein bescheidenerer Ansatz und die Bereitschaft, einander zuzuhören, führt wohl eher dazu, daß einige der grundlegenden Fragen geklärt werden.

Daß es sich lohnt, diese Fragen zu lösen, wird auf eine Weise deutlich, wie man es vor einer oder zwei Generationen noch nicht gesehen hat. Bis vor kurzem war es undenkbar für jene, die über Evolution im großen Stil schrieben, daß unsere Zukunft in Gefahr sein könnte. Im Gegenteil versuchte man mit Hilfe der Evolution alle möglichen hervorragenden Aussichten für die menschliche Rasse zu beschreiben. Aber heutzutage sehen die Dinge anders aus, und es gibt die dringende Notwendigkeit, die Zukunft unserer Art und die der anderen Arten, die mit uns den Planeten teilen, zu sichern. Damit dies möglich wird, bedarf es eines besseren Verständnisses der Evolutionsbiologie, aber auch religiöse Werte und praktische Politik werden gebraucht. Die entscheidenden Themen liegen genau an den Verknüpfungspunkten der getrennten Disziplinen. Wenn wir nicht zusammenkommen, um sie zu bearbeiten, dann werden auch wir uns vielleicht in die lange Liste ausgestorbener Arten einreihen müssen.

Aber wir wollen aufhören, wo wir begonnen haben: mit der Suche nach dem Verstehen der lebendigen Welt. Es war die Faszination an der Naturgeschichte, die Menschen früherer Jahrhunderte zur Entdeckung der Evolution führte. Heute liegt die Stärke der Evolutionstheorie darin, daß sie noch immer Licht auf die gegenwärtigen Forschungsprobleme in der Biologie werfen kann. Fakten wie fossile Abstammungslinien, DNA-Sequenzen und tierische Verhaltensmuster stellen die Testbasis für neue Entwicklungen in der Theorie dar. Langfristig sind elegante Spekulationen oder packende Rhetorik kein Ersatz für dieses Fundament an Fakten, die im Feld oder im Labor gesammelt wurden. Das moderne Äquivalent zur Naturgeschichte bildet deshalb noch immer die Basis des Beitrags, den die Evolutionstheorie zum menschlichen Verstehen beisteuern kann.

Das «Who's Who» der Evolution

Diese Biographie nennt Personen, die im Text erwähnt werden. Lebende Autoren werden nicht berücksichtigt.

AGASSIZ, JEAN LOUIS RODOLPHE (1807–1873) Schweizer Naturforscher, der mit seinen Arbeiten über Gletscher und der daraus resultierenden Theorie des «Eiszeitalters» berühmt wurde. Untersuchte auch lebende und fossile Fische. Ging 1847 in die USA, wo er in der Folgezeit der führende Gegner der darwinistischen Evolutionstheorie wurde.

ARISTOTELES (384–322 v. Chr.) Griechischer Philosoph, Lehrer Alexanders des Großen. Ein Viertel seiner Arbeit war der Zoologie gewidmet; er erwähnte etwa 500 Arten und dachte über allgemeine Probleme der Biologie nach.

BATES, HENRY WALTER (1825–1892) Naturforscher, der mit Wallace in die Tropen Südamerikas reiste. Dort sammelte er über 8000 unbeschriebene Insektenarten. Er erklärte als erster die großen äußerlichen Ähnlichkeiten verschiedener Arten, was heutzutage «Batesche Mimikry» genannt wird.

BATESON, WILLIAM (1861–1926) Zoologe an der Universität Cambridge, der einen großen Beitrag zur Mendelschen Vererbungslehre lieferte und das Wort «Genetik» prägte. Er unterstützte die Evolutionstheorie, leugnete aber die Bedeutung der natürlichen Selektion.

BLUMENBACH, JOHANN FRIEDRICH (1752–1840) Professor der Medizin an der Universität Göttingen; er widmete sich intensiv der Naturgeschichte, insbesondere Fossilien und der Geologie. Diese Themen wurden in den *Beiträgen zur Naturgeschichte* diskutiert, wo er zu ähnlichen Folgerungen wie Cuvier kam.

BOUCHER DE PERTHES, JACQUES (1788–1868) Französischer Zollbeamter, der sich mit Archäologie beschäftigte. Seine sorgfältigen Studien über Steinwerkzeuge im Somme-Tal ergaben, daß Menschen einmal mit ausgestorbenen Säugern zusammengelebt haben.

BRONGNIART, ADOLPHE-THEODORE (1801–1876) Sohn von Alexandré Brongniart und ein begabter Botaniker. Befaßte sich überwiegend mit der Verbreitung von Pflanzen über größere Zeiträume und zeigte, daß es fortlaufende Änderungen in den fossilen Arten gegeben hat.

BRONGNIART, ALEXANDRÉ (1770–1847) Bekannter Geologe, der zusammen mit Cuvier arbeitete, um die Abfolge der Gesteinsformationen in der Gegend von Paris zu bestimmen. Wie William Smith benutzte er Fossilien, um Schichten in einem großen Gebiet zu bestimmen.

BRONN, HEINRICH GEORG (1800–1862) Professor der Naturwissenschaft an der Universität Heidelberg. Sein Spezialgebiet war die zeitliche Verbreitung fossiler Tiere. Sein preisgekrönter Aufsatz zu diesem Thema zeigte, daß die Änderungen bei fossilen Arten graduell und fortlaufend waren.

BROOM, ROBERT (1866–1951) Geboren in Schottland, Ausbildung zum Arzt. Nach kurzem Aufenthalt in Australien ließ er sich in Südafrika nieder. Untersuchte dort säugetierähnliche Reptilien und beschrieb die ältesten menschlichen Fossilien.

BUCKLAND, WILLIAM (1784–1856) Der erste Professor für Geologie an der Universität Oxford. Vertrat die neue Disziplin mit großer Energie und Enthusiasmus. Befaßte sich insbesondere mit Ichthyosauriern und der Geologie von Höhlen. Bekannt durch sein erfolgreiches Buch *Geology and Mineralogy*.

BUFFON, GEORGES LOUIS LECLERC, COMTE DE (1707–1788) Wissenschaftler mit breitgefächerten Interessen und großem Einfluß. War lange Zeit Direktor des Königlichen Gartens in Paris. Seine Arbeit gipfelte in dem monumentalen Werk *Naturgeschichte*, das 36 Bände hatte und Themen wie das Alter der Erde und die Möglichkeit der Evolution umfaßte.

BURNET, THOMAS (1636–1715) War lange mit der Universität Cambridge verbunden und eine Zeitlang Kaplan von König William III. Er mußte diese Position niederlegen, nachdem sein berühmtes

Buch *The Sacred Theory of the Earth* zu Kontroversen geführt hatte.

CARPENTER, WILLIAM BENJAMIN (1813–1885) Medizinprofessor an der Universität London, der Bücher über Physiologie und Zoologie veröffentlichte. Er schrieb als einer der ersten eine positive Kritik über den *Origin of Species* von Darwin, obwohl er natürliche Selektion nie völlig akzeptierte.

CASTLE, WILLIAM ERNEST (1867–1962) Biologieprofessor an der Universität Harvard, der sich lebenslang dem Studium der Evolution widmete. Nach 1900 befaßte er sich vor allem mit der Beziehung zwischen Mendelscher Vererbung und Evolution.

CHAMBERS, ROBERT (1802–1871) Gründete 1832 zusammen mit seinem Bruder einen Verlag. Sein Interesse an Naturwissenschaft brachte ihn 1844 zur Veröffentlichung der *Vestiges of the Natural History of Creation*. Dieses Buch heizte in den Jahren vor Darwins *Origin of Species* die öffentliche Debatte über Evolution an.

CONYBEAR, WILLIAM DANIEL (1787–1857) Englischer Geologe und Theologe, der eine enge Verbindung zu Buckland in Oxford hatte. Er schrieb eines der besten frühen Lehrbücher über Geologie (zusammen mit W. Phillips) und beschrieb das Fossil *Plesiosaurus*. Er war ein scharfer Kritiker von Lyells *Principles of Geology*.

COPE, EDWARD DRINKER (1840–1897) Pionier im Studium von Wirbeltierfossilien in den USA. Er sammelte und beschrieb viele wichtige neue Funde und kam dabei mit Marsh ins Gehege. Er war ein führender Vertreter der Lamarckschen Theorie im späten 19. Jahrhundert.

CUVIER, GEORGES LEOPOLD CHRETIEN FREDERIC DAGOBERT (1769–1832) Professor der Tieranatomie am Museum für Naturgeschichte in Paris. Mit seinen außergewöhnlichen Fähigkeiten als vergleichender Anatom leistete er entscheidende Beiträge zur Klassifikation von Tieren und zur Rekonstruktion fossile Wirbeltiere. Er wies die Theorie seines Kollegen Lamarck strikt zurück.

DARWIN, CHARLES ROBERT (1809–1882) Englischer Naturforscher, der mit seinem Buch *On the Origin of Species* berühmt wurde. Darin legte er nach 20 Jahren Forschung die Evolutionstheorie durch natürliche Selektion dar. Seine Ideen über Evolution bildeten sich nach einer fünfjährigen Reise auf dem Schiff *Beagle*.

DARWIN, ERASMUS (1731–1802) Arzt, Entdecker und Großvater von Charles Darwin. Zu seinen Büchern gehörte *Zoonomia*, worin er explizit die Idee der biologischen Evolution vertrat.

DESMAREST, NICHOLAS (1725–1815) Französischer Wissenschaftler, der sich zunehmend für Geologie interessierte. Er besuchte die erloschenen Vulkane in der Auvergne, die zuerst von Guettard beschrieben wurden, und folgerte, daß aller Basalt vulkanischen Ursprungs ist.

DE VRIES, HUGO (1848–1935) Holländischer Botaniker, dessen Experimente zur Wiederentdeckung der Arbeit Mendels und zur Anerkennung von Mutation führten. In seiner Mutationstheorie vertrat er die Ansicht, neue Arten entständen eher durch plötzliche Mutationen als graduell durch natürliche Selektion.

DOBZHANSKY, THEODOSIUS (1900–1975) Genetiker, der seine Karriere in Rußland begann und 1927 in die USA ging. Er spezialisierte sich auf Untersuchungen an wilden Populationen der Fruchtfliege *Drosophila*. Sein Buch *Genetics and the Origin of Species* spielte eine wichtige Rolle bei der modernen Synthese der Evolutionstheorie.

FISHER, RONALD AYLMER (1890–1962) Englischer Statistiker und Genetiker. Er zeigte, daß die Mendelsche Vererbungslehre mit der mischenden Vererbung und natürlicher Selektion kompatibel ist. Seine Arbeiten faßte er in *Genetical Theory of Natural Selection* zusammen, ein wegbereitendes Buch für die moderne Synthese.

GALTON, FRANCIS (1822–1911) Forschte über biologische Variation und war ein Vetter von Charles Darwin. Er war Pionier in der Anwendung statistischer Methoden auf Vererbung und Variation und war insbesondere an der Beziehung zwischen Vererbung und Evolution interessiert.

GAUDRY, ALBERT JEAN (1827–1908) War schon früh am Museum für Naturgeschichte in Paris und studierte fossile Säuger und Reptilien. Nach der Veröffentlichung von Darwins *Origin of Species* war er einer der ersten, der zur Konstruktion von Stammbäumen Fossilien benutzte.

GEOFFREY SAINT-HILAIRE, ETIENNE (1772–1844) Professor der Zoologie am Museum für Naturgeschichte in Paris. Dank seiner Fähigkeiten in Anatomie und Embryologie konnte er in der Struktur der Wirbeltiere eine «Einheit des Plans» (Homologie) nachweisen. Er stimmte Cuviers Folgerungen nicht zu und sympathisierte mit den Ansichten Lamarcks.

GOODRICH, EDWIN STEPHEN (1868–1946) Führender vergleichender Anatom seiner Tage, wurde Professor der Zoologie an der Universität Oxford. Er unternahm embryologische Untersuchungen, um die Probleme der Homologie zu lösen und war immer an evolutionären Forschungen interessiert.

GRAY, ASA (1810–1888) Gab seine Medizinerkarriere

auf, um Botanik zu studieren, und wurde der führende Pflanzentaxanom in den USA. Er traf Darwin 1851 in Kew und führte eine anhaltende Korrespondenz mit ihm. Er akzeptierte später Darwins Theorie und versuchte, sie mit dem christlichen Glauben zu versöhnen.

GUETTARD, JEAN-ETIENNE (1715–1786) Französischer Naturforscher, der in Medizin und Chemie ausgebildet war. Sein zentrales Interesse wurde die Geologie. Er erkannte als erster den vulkanischen Ursprung der Auvergne in Frankreich und beschrieb außerdem als erster aus Kanada importierte Zähne eines Mastodon.

GULICK, JOHN THOMAS (1832–1923) Sohn eines Missionars auf Hawaii. Sammelte im Alter von 21 Jahren eine enorme Anzahl von Schnecken auf den dortigen Inseln. Den Rest seines Lebens verbrachte er mit der Analyse dieser Sammlung. Er kam zu dem Schluß, daß geographische Isolation bei der Evolution neuer Arten wichtig ist.

HAECKEL, ERNST HEINRICH PHILIPP AUGUST (1834–1919) Deutscher Zoologe mit dem Spezialgebiet marine Wirbellose (Invertebraten). Nach 1860 war er einer der größten Verfechter von Darwins Theorie und führte viele nützliche Begriffe in die Biologie ein. Für ihn war Evolution eine vollständige Philosophie, welche die traditionelle Religion ersetzen konnte.

HALDANE, JOHN BURDON SANDERSON (1892–1964) Ein bemerkenswerter Biologe, der Forschungen in Physiologie, Biochemie und Genetik machte und populärwissenschaftliche Texte verfaßte. Er schrieb eine Reihe von mathematischen Aufsätzen über die Mendelsche Basis der natürlichen Selektion und ein Buch über die Ursachen der Evolution (*The Causes of Evolution*).

HENSLOW, JOHN STEVENS (1796–1861) Professor der Botanik an der Universität Cambridge, wo er sehr populäre Vorlesungen hielt. Er förderte die Wissenschaft auf vielfältige Weise. Als Student in Cambridge sprach man von Darwin als dem «Mann, der mit Henslow spazieren geht».

HERSCHEL, JOHN FREDERICK WILLIAM (1792–1871) Ein berühmter Astronom und Sohn eines berühmten Astronomen. Er war eine bedeutende öffentliche Persönlichkeit in der britischen Wissenschaft. Sein *Preliminary Discourse* diskutierte allgemeine Aspekte der Wissenschaft und beeinflußte Darwin stark.

HOOKE, ROBERT (1635–1703) Englischer Entdecker und Wissenschaftler, Gründungsmitglied der Royal Society. Sein bedeutendstes Buch war *Micrographia*, worin er nicht nur die winzigen Merkmale von Insekten beschrieb, sondern auch Fossilien untersuchte und Geologie abhandelte.

HOOKER, JOSEPH DALTON (1817–1911) War wie sein Vater Sir William ein begabter Botaniker und Direktor des Königlichen Botanischen Gartens in Kew. Er spezialisierte sich auf Klassifikation und Pflanzengeographie. Die Beweise aus diesen Gebieten machten ihn ab 1860 zu einem überzeugten Verfechter von Darwins Ansichten.

HUTTON, JAMES (1726–1797) Schottischer Naturforscher, der viel zur frühen Geologie beitrug. In seiner *«Theory of the Earth»* wurden zum ersten Mal Zyklen von Erosion und Aufwölbung bei der Formation von Landmassen beschrieben; er erkannte auch als erster den vulkanischen Ursprung von Granit.

HUXLEY, THOMAS HENRY (1825–1895) Heute vor allem bekannt für sein unbedingtes Eintreten für Darwin, war er damals ein kompetenter Zoologe, der Arbeiten über Wirbeltiere, Wirbellose und Fossilien veröffentlichte. Seine späteren Arbeiten widmeten sich der Evolution und der wissenschaftlichen Ausbildung.

JOHANNSEN, WILHELM LUDVIG (1857–1927) Dänischer Biologe, der die Genetik stark beeinflußte. Er prägte den Begriff «Gen» und machte die Unterscheidung zwischen «Genotyp» und «Phänotyp». Sein wesentliches Forschungsinteresse galt der Vererbung von Merkmalen, die quantitativ variieren.

JORDAN, DAVID STARR (1851–1931) Ein energievoller amerikanischer Biologe, der sich auf das Studium von Fischen konzentrierte, von denen er über 2000 Arten beschrieb. Er unterstützte stark die darwinistische Sichtweise der Evolution.

KELLOGG, VERNON LYMAN (1867–1937) Ein Biologe, der sich auf Insekten spezialisierte. Wurde Professor an der Stanford University. Er schrieb mehrere Bücher über Evolution, eines zusammen mit D. S. Jordan.

KIRCHER, ATHANASIUS (1602–1680) Geboren und erzogen in Deutschland, machte er seine Karriere größtenteils in Rom. Schrieb über viele Themen, unter anderem über Wissenschaft, und beschäftigte sich unter anderem mit der Arche Noah.

LACK, DAVID LAMBERT (1910–1973) War zuerst Schullehrer in Devon und wurde dann Direktor des Edward-Grey-Instituts für Ornithologie in Oxford. Seine herausragenden Freilandarbeiten über Vögel befähigten ihn dazu, wichtige Studien zur Ökologie und Evolution von Tierarten zu machen.

LAMARACK, JEAN BAPTISTE, CHEVALIER DE (1744–1829) Französischer Naturforscher mit breiten philosophischen und theoretischen Interessen. Er war am Museum für Naturgeschichte in Paris zunächst für Botanik, dann für Zoologie zuständig. Dort entwickelte er eine Evolutionstheorie, die er vollständig in seiner *Zoologischen Philosophie* abhandelte.

LINNAEUS, CARL (1707–1778) Herausragender Botaniker, der in seinem *System der Natur* ein neues Klassifikationssystem für Pflanzen und Tiere aufstellte. In späteren Auflagen führte er ein, daß jeder Art zwei lateinische Namen gegeben werden. Dieses Werk bildet die Grundlage für alle späteren Klassifikationen in der Biologie.

LYELL, CHARLES (1797–1875) Autor der brillianten *Principles of Geology*, die in vielen überarbeiteten Neuauflagen erschienen. Kam von der Rechtswissenschaft zur Geologie, nachdem sein Interesse durch Bucklands Vorlesungen geweckt wurde. Wurde später ein enger Freund Darwins und unterstützte schließlich die Evolutionstheorie.

MALTHUS, THOMAS ROBERT (1766–1843) Begann seine Karriere in Cambridge und wurde später Professor für politische Ökonomie. Er schrieb ein großes Lehrbuch über das Thema, aber man erinnert sich an ihn vor allem wegen seines *Essay on the Principle of Population*, der sowohl Darwin als auch Wallace beeinflußt hat.

MARSH, OTHNIEL CHARLES (1831–1899) Ein Rivale von Cope bei der Entdeckung vieler Fossilien in den Weststaaten Amerikas. Am bekanntesten durch seine Arbeiten über Pferde, er erforschte aber auch die Evolution von Vögeln und Dinosauriern.

MENDEL, GREGOR JOHANN (1822–1884) Schuf die Grundlagen der Genetik mit seinen experimentellen Arbeiten über Pflanzenkreuzungen. Er veröffentlichte nur zwei Aufsätze zu dem Thema, und diese wurden bis 1900 übersehen. Als man seine Arbeiten wieder entdeckte, hielt man sie für unvereinbar mit natürlicher Selektion.

MIVART, ST. GEORGE JACKSON (1827–1900) Englischer Zoologe mit bester Reputation in der Anatomie von Wirbeltieren. Schrieb *Genesis of Species*. In diesem Buch akzeptierte er Evolution, bezweifelte aber aus vielen Gründen die Bedeutung der natürlichen Selektion.

MORGAN, THOMAS HUNT (1866–1945) Ein bekannter Genetiker, der den Nobelpreis für den Nachweis bekam, daß Gene entlang der Chromosomen aufgereiht sind. Schrieb auch Bücher über die Beziehung zwischen Vererbung und Evolution.

MURCHISON, ROBERT IMPEY (1792–1871) Sohn eines Landbesitzers, studierte Geologie unter dem Einfluß Bucklands. Machte Untersuchungen über die Abfolge von Gesteinen in England und Wales, später in Rußland und half damit die Perioden festzulegen, die nun als Unterteilungen der geologischen Zeitskala anerkannt werden.

OSBORN, HENRY FAIRFIELD (1857–1935) Untersuchte Wirbeltierfossilien am Amerikanischen Museum für Naturgeschichte. Außer seinen detaillierten Beschreibungen von Wirbeltierfossilien schrieb er auch über die umfassenderen Probleme der Evolution und prägte den Begriff «adaptive Radiation».

OWEN, RICHARD (1804–1892) Ein führender vergleichender Anatom, der schließlich Leiter der naturgeschichtlichen Abteilungen des Britischen Museums wurde. Seine Studien über die Skelette lebender und fossiler Wirbeltiere hatten große Bedeutung für spätere Arbeiten über Evolution. Er jedoch war nie völlig von Evolution überzeugt.

PICTET, FRANÇOIS JULES (1809–1872) Spezialist für Fossilien und Autor der vierbändigen *Abhandlung über Paläontologie*, die Wallace beeinflußte. Seine Kritik an *Origin of Species* war nach Darwins Meinung die einzige, die seine Theorie angriff und dabei fair blieb. In der Folge akzeptierte Pictet die Evolutionstheorie.

POULTON, EDWARD BAGNELL (1856–1943) Ein hauptsächlich an Insekten interessierter Zoologe, der Professor an der Universität Oxford wurde. Sein Spezialgebiet war die Schutzfärbung von Insekten, die er als typisches Beispiel evolutionärer Anpassung betrachtete. Er unterstützte Darwins Theorie der natürlichen Selektion sehr und widersprach der Mutationstheorie von de Vries.

RAY, JOHN (1627–1705) Englischer Naturforscher und Pionier der wissenschaftlichen Klassifikationen von Pflanzen und Tieren, gemeinsam mit seinem Freund Willughby. Er überdachte, wie eine Art zu definieren wäre, und schuf viele nützliche Artenkataloge; erwähnenswert ist seine *Synopsis* über die britische Flora. In anderen Büchern behandelte er Themen wie die Idee des göttlichen Entwurfs oder die Bedeutung von Fossilien.

SCROPE, GEORGE JULIUS POULETT (1797–1876) Geologe mit speziellem Interesse an Vulkanen; beobachtete einen Ausbruch des Vesuv. Seine Untersuchungen der erloschenen Vulkane in der Auvergne lieferten den Nachweis, daß geologische Prozesse graduell über ungeheuer lange Zeitspannen ablaufen, und hatten einen starken Einfluß auf Lyell.

SEDGWICK, ADAM (1785–1873) Über 50 Jahre lang Professor der Geologie an der Universität Cambridge und ein herausragender Feldgeologe. Seine Arbeit hatte Bedeutung für die Benennung geologischer Perioden. Er war ein Freund Darwins, akzeptierte aber Evolution nie.

SIMPSON, GEORGE GAYLORD (1902–1984) Paläontologe, der die Agassiz-Professur für Wirbeltier-Paläontologie an der Harvard-Universität übernahm. Seine Hauptarbeiten befaßten sich mit der Evolution früher Säugetiere, während seine Bücher mit zur modernen Synthese in den vierziger und fünfziger Jahren beitrugen.

SMITH, WILLIAM (1769–1839) Entdeckte, daß bestimmte Gesteinsschichten oft typische Zusammensetzungen von Fossilien enthalten, die sie von anderen Schichten unterscheiden können. Seine Entdeckungen benutzte er, um die erste geologische Landkarte Englands zu erstellen, und begründete so die geologische Technik der Stratigraphie.

STENO, NICOLAUS; ursprünglich Niels Stenson (1638–1686) Wissenschaftler in Anatomie, später Geologie. Als er den Kopf eines riesigen Haies sezierte, erkannte er, daß sogenannte «Zungensteine» fossilisierte Haizähne sind. Veröffentlichte *The Prodromus*, eine brilliante Abhandlung über Fossilien und Geologie.

SUMNER, FRANCIS BERTODY (1874–1945) Amerikanischer Naturforscher mit großem Interesse an Evolution. Führte Langzeituntersuchungen an der Hirschmaus *Peromyscus* durch und lieferte damit einen wichtigen Beitrag zum Verständnis der Bildung von Unterarten und Arten.

TYSON, EDWARD (1650–1708) Ausgebildet in Oxford, eröffnete er eine Arztpraxis in London. Dort machte er sich einen Namen als vergleichender Anatom und wurde in die Royal Society gewählt. Zu den detaillierten anatomischen Beschreibungen, die er über die Royal Society veröffentlichte, gehören die eines Tümmlers, einer Klapperschlange und eines Schimpansen.

VON BAER, KARL ERNST (1792–1876) Geboren in Estland, wurde er durch seine Arbeiten in Embryologie berühmt, die er an der Universität Königsberg ausführte. Er entdeckte das Ei von Säugern und veröffentlichte eine sorgsame Analyse der gesamten Wirbeltierentwicklung von der Zeugung bis zur Geburt.

WAGNER, MORITZ (1813–1887) Deutscher Naturforscher und Entdecker, der viel in Afrika, Asien, Nord- und Südamerika herumreiste. Er widmete sich besonders der geographischen Verbreitung von Tieren und Pflanzen um herauszubekommen, wie neue Arten in der Evolution gebildet werden.

WALLACE, ALFRED RUSSEL (1823–1913) Entwickelte unabhängig von Darwin den Gedanken der natürlichen Selektion als Mechanismus der Evolution, als er in Indonesien und Malaysia auf Forschungsreise war. Nach der gemeinsamen Veröffentlichung mit Darwin im Jahre 1858 führte er seine eigenständigen Arbeiten über Evolution weiter. Seine Studien über die Färbung von Tieren und geographische Verbreitung waren besonders wichtig.

WEISMANN, AUGUST FRIEDRICH LEOPOLD (1834–1914) Professor der Zoologie an der Universität Freiburg. Aufgrund seiner Zelluntersuchungen behauptete er, daß die Vererbung erworbener Merkmale grundsätzlich unmöglich ist. Er war daher ein ausgesprochener Kritiker von Lamarck und unterstützte Darwin und Wallace.

WERNER, ABRAHAM GOTTLOB (1749–1817) War über 40 Jahre an der Bergbauschule in Freiberg tätig und war der führende Geologe seiner Zeit. Er erkannte, daß stratifizierte Gesteine in einer bestimmten Abfolge erscheinen, und entwickelte anhand dieser historischen Abfolge eine Gesteinsklassifikation.

WHEWELL, WILLIAM (1794–1866) Eine bemerkenswerte Person in der viktorianischen Wissenschaft. Verbrachte seine gesamte Karriere am Trinity College in Cambridge. Seine Interessen waren breitgefächert, und er prägte neue wissenschaftliche Begriffe wie etwa das Wort «Scientist» (Naturwissenschaftler). In seinem späteren Leben arbeitete er hauptsächlich über Geschichte und Philosophie der Wissenschaft.

WOODWARD, JOHN (1665–1728) Obwohl, eher zufällig, in Medizin ausgebildet, wurde Geologie sein Hauptinteresse, nachdem er als junger Mann begonnen hatte, Fossilien zu sammeln. Er vertrat die Ansicht, daß Fossilien wirklich die Überreste von einstmals lebenden Tieren und Pflanzen sind und vermutete, daß sie alle während der Sintflut begraben wurden.

WRIGHT, SEWALL GREEN (1889–1988) Begann seine Karriere als Student von William Castle und entwickelte dann eine mathematische Theorie des evolutionären Wandels in Mendelschen Begriffen. Arbeitete auch mit Dobzhansky zusammen über die Genetik natürlicher Populationen. Sein Werk bildete einen wichtigen Teil der modernen Synthese.

Nachwort

von Barbara König, Universität Würzburg

Youngs Reise in die Ideenwelt der Evolutionstheorien ist zu Ende gegangen. Wie jede zeitlich beschränkte Reise, auf der man sich notgedrungen auf einige Sehenswürdigkeiten konzentrieren muß, bedingten auch die Erfordernisse dieses Buches eine Einschränkung. Young zeigte, wie eine Tatsache, die «Evolution», allmählich erkannt wurde, und wie man diese Tatsache zu erklären versuchte, letztendlich durch die Theorie der «natürlichen Selektion».

Wie kaum ein anderer Begriff der Neuzeit hat der Evolutionsbegriff unsere Vorstellungen und Haltungen, unsere gesamte Denk*weise* verändert, und das nicht nur im wissenschaftlichen Bereich. Es gibt keinen Begriff in der modernen Biologie, der mehr in die verschiedenen einzelwissenschaftlichen Disziplinen hineinspielt, als der Begriff der Evolution. Die Evolutionsforschung umfaßt heute Gebiete, die sich von der Genetik, Molekularbiologie und Biochemie über die Systematik, Entwicklungsbiologie, Morphologie, Physiologie bis hin zur Populationsbiologie, Verhaltensforschung und Ökologie erstrecken. Hier reichte es in Youngs Darstellung zwangsläufig nur zu kürzesten Stippvisiten und Abstechern. Eine Reise in die Ideenwelt jedes einzelnen der gerade genannten Gebiete würde jedesmal eine einzelne Reise und somit ein separates Buch erfordern.

Young hat deutlich gemacht, unter welch großen Schwierigkeiten die Entdeckung der Evolution und die ersten mühsamen Versuche ihrer wissenschaftlichen Begründung stattfanden. Dies mag uns heute vielleicht erstaunen, denn die empirische Naturwissenschaft hatte ja schon seit dem 17. Jahrhundert ihre unbezweifelbaren Fortschritte etwa unter Galilei und Newton gemacht, nämlich zunächst in der Astronomie, dann in der Physik, später in der Chemie. Diese Fortschritte in der Entdeckung und Erklärung von Naturgesetzen waren eng verknüpft mit einer methodischen Neuerung: der *experimentellen* Überprüfung – wo immer möglich – der beobachteten Phänomene mit Hilfe quantitativer mathematischer Berechnung.

Daß die Biologie in dieser Richtung einen solchen «time-lag» hatte, sollte man ihr nachsehen, aus zwei Gründen, die Young beide angesprochen hat. Zum einen handelt eine Wissenschaft der Lebewesen immer auch von uns. Wir Menschen sind gleichermaßen Subjekt und Objekt der biologischen Forschung. Wenn man sich verdeutlicht, welche Erklärungsmacht (und reale Macht!) theologische (und es waren immer auch teleologische) Vorstellungen über Jahrhunderte hatten, dann kann man sich leicht vorstellen, warum eine Bewußtseinsänderung, wie wir es heute nennen würden, in diesem Bereich so langsam voranschritt. Zum anderen bestand auch für die Astronomie und Physik der erste Schritt in der Beobachtung und Beschreibung der Phänomene, die erst später wissenschaftlich erklärt werden konnten. Und um wieviel einfacher hatten es diese Disziplinen mit diesem ersten und notwendigen Schritt. Planetenbahnen zu beschreiben, die Schwerkraft festzustellen, Materiezustände zu erkennen, scheint gegenüber der Beschreibung der Vielfalt des Lebens, gegenüber der Erfassung von Tausenden und Abertausenden von Pflanzen und Tieren, ihren mannigfaltigen Varietäten und individuellen Unterschieden, geradezu ein einfaches Geschäft sein.

Es ist aus diesen beiden Gründen nicht besonders verwunderlich, daß der Klassifikationsprozeß der Biologie so lange gedauert hat und der Erklärungsprozeß der Biologie relativ zur Physik erst etwa zwei Jahrhunderte später auf naturwissenschaftlichen Fundamenten zu stehen begann.

Die Evolutionstheorie von Darwin und Wallace war in diesem Umfeld nicht nur eine spezielle Theorie, die eng umgrenzte fachwissenschaftliche Probleme darstellte, sondern sie veränderte das Denken insgesamt. Aus einem rein statischen Denken, wie es selbst noch beim großen Begründer der biologischen Klassifikation, Linnaeus, vorhanden war («alle Lebewesen sind von Gott in ihrer heutigen Form erschaffen worden»), wurde ein dynamisches Denken («alle Lebewesen unterliegen einem zeitlichen Prozeß der Veränderung»). Die Welterklärung verschob sich von der Theologie zur Wissenschaft. Was in der Astronomie bei Galilei begann, fand seine Fortsetzung im Bereich der lebenden Welt durch die Evolutionstheorie. Doch stärker als dieser Funktionsaustausch geistiger Systeme war der Wandel in der Struktur des Denkens.

Darwins Vorgehensweise zeigte schon die experimentelle, empirische Methodik, die uns dann in der Genetik, der Physiologie, der Verhaltensforschung usw. zu den Erkenntniserfolgen gebracht hat, auf die wir heute zurückblicken können. Darwins Evolutionstheorie hat aber vor allen Dingen auch die Grundlagen für die Möglichkeit kausaler Erklärungen dieser Forschungen gelegt. Und seine Theorie der Evolution durch natürliche Selektion hat bis heute Bestand, wie Young dies im vorliegenden Buch deutlich gemacht hat. Beides zusammen bildet den unbestreitbaren und aktuellen Wert von Darwins Werk.

Am Ende einer Reise entsteht oft die Lust, weiterzureisen oder neue Reisen zu unternehmen. Deshalb sei hier Lesestoff für weitere Lesereisen ins Gebiet der Biologie erwähnt, wobei wir uns auf Literatur beschränken, die auf Deutsch verfügbar ist.

Wer sich für Biographien interessiert, der könnte zu «Darwin» von A. Desmond und J. Moore (1992), Paul List, München, greifen. Diese Biographie schildert das Leben Darwins, seine wissenschaftlichen Anstrengungen und Auseinandersetzungen und das gesamte soziale Umfeld seiner Zeit. Eine sehr empfehlenswerte, detaillierte und ausführliche Darstellung der Geschichte der Systematik, Evolutionsbiologie und Genetik, geschrieben von einer der wichtigsten Persönlichkeiten der modernen Evolutionstheorie, ist «Die Entwicklung der biologischen Gedankenwelt» von E. Mayr (1984), Springer, Heidelberg.

Ein Buch, das sozusagen nahtlos an die vorliegende Arbeit anschließt und auf die Kontroversen der modernen Evolutionsforschung so eingeht, daß sie auch fachwissenschaftlichen Laien verständlich werden, ist «Evolution. Probleme – Themen – Fragen» von M. Ridley (1992), 2. verb. Auflage, Birkhäuser, Basel. In der gleichen Reihe erschienen ist der Band «Biologie. Probleme – Themen – Fragen» von J. Maynard Smith (1992), 2. verb. Auflage, Birkhäuser, Basel, der Probleme der modernen Biologie und Evolutionsforschung behandelt und von dem ein Kritiker schrieb, es sei «ein vernünftiges, klar und verständlich geschriebenes Buch, das genial auf das Wesentliche reduziert wurde». Beide Bücher geben einen exzellenten Überblick über die wesentlichen Fragestellungen moderner Evolutionsbiologie.

Wer sich detaillierter mit allen Bereichen der Evolutionswissenschaft beschäftigen will, muß vielleicht ein umgreifendes Lehrbuch heranziehen. Da sich die Evolutionsforschung, wie erwähnt, über ganz unterschiedliche Gebiete erstreckt, sind umfassende Lehrbücher rar. Das einzige deutschsprachige Lehrbuch, das detailliert eine Vielzahl unterschiedlicher Themen behandelt, ist «Evolutionsbiologie» von D. Futuyma (1990), Birkhäuser, Basel.

Deutschsprachige Lehrbücher zu Spezialgebieten der Evolutionstheorie wie der Biogeographie sind «Arealsysteme und Biogeographie» von P. Müller (1981), Eugen Ulmer, Stuttgart, und «Einführung in die Biogeographie» von C. B. Cox und P. D. Moore (1987), Gustav Fischer, Stuttgart.

Prinzipien, Theorie und Praxis von Klassifizierungen werden dargestellt in «Phylogenetische Systematik» von W. Hennig (posthume Veröffentlichung der Deutschen Version: 1982, Hrsg. W. Hennig), Parey, Berlin, und in «Systematik in der Biologie» von P. Ax (1988), Gustav Fischer, Stuttgart.

Das Problem der Artbildung behandelt «Artbegriff und Evolution» von E. Mayr (1967), Parey, Hamburg.

Das Untersuchungsgebiet der Ökologie wird umfassend, aber didaktisch vorbildlich klar dargestellt in «Ökologie. Individuen. Populationen. Lebensgemeinschaften» von M. Begon, J. L. Harper und C. R. Townsend (1991), Birkhäuser, Basel, oder – als etwas knapperer Überblick – in H. Remmerts «Ökologie» (1989) 4. Auflage, Springer, Berlin.

Die Gebiete Verhaltensökologie und Soziobiologie werden hervorragend diskutiert in «Einführung in die Verhaltensökologie» von J.

R. Krebs und N. B. Davies (1993) 3. Auflage, Thieme, Stuttgart, und in «Grundriß der Soziobiologie» von E. Voland (1993), Gustav Fischer, Stuttgart.

Evolution ist ohne Kenntnisse der Genetik kaum zu verstehen. Ein umfassendes Lehrbuch der molekularen Aspekte dieses Themas ist «Molekulare Genetik» von R. Knippers (1988) 4. Auflage, Thieme, Stuttgart. Ein Klassiker über quantitative Genetik ist das Lehrbuch von D. S. Falconer (1984), «Einführung in die quantitative Genetik», Eugen Ulmer, Stuttgart. Hilfreich für ein Verständnis der Grundlagen und experimentellen Ergebnisse der Populationsgenetik ist «Populationsgenetik» von D. Sperlich (1988), Gustav Fischer, Stuttgart, wie auch die «Einführung in die Populationsbiologie» von E. O. Wilson und W. H. Bossert (1971), Springer, Berlin, welche den Leser mit den mathematischen Formulierungen der Populationsbiologie vertraut macht.

Empfehlenswerte Bücher zur Geologie und Erdgeschichte sind «Grundwissen in Geologie» von M. Stirup und H. Heierli (1984), Ott, Thun; «Erdgeschichte» von K. Schmidt (1990) 4. Auflage, de Gruyter, Berlin; «Zeitmaßstäbe der Erdgeschichte» von H. Jäckli (1985), Birkhäuser, Basel sowie «Allgemeine Geologie» von D. Richter (1992) 4. Auflage, de Gruyter, Berlin.

Ein unterhaltsamer Bericht über die Entdeckung menschlicher Fossilien, insbesondere der fossilen Überreste einer kleinen, drei Millionen Jahre alten «Frau» unserer Ahnengattung *Australopithecus*, die ex post «Lucy» genannt wurde, ist das gleichnamige Buch von D. Johanson & M. Edey (1982), Piper, München. Von G. G. Simpson, einem der maßgeblichen Begründer der «modernen Synthese», stammt das Buch «Fossilien: Mosaiksteine zur Geschichte des Lebens» (1984) Spektrum der Wissenschaft, Heidelberg.

Die Beziehung des Menschen zur lebendi-

gen Natur behandelt «Natur als Kulturaufga-
be» von H. Markl (1986), DVA, Stuttgart, und
derselbe Autor bearbeitet in dem Buch «Evolution, Genetik und menschliches Verhalten»
(1988), Piper, München, die Frage der wissenschaftlichen Verantwortung und der Stellung
des Menschen in der Natur.

Abbildungsnachweis

Farbabbildungen

Bogen 1
Dendrolagus lumholtzi, aus: Rothschild, Lord & Dollman, G. (1936), The genus *Dendrolagus. Transactions of the Zoological Society of London* 21, Zoological Society of London
Mastodon americanus, The Natural History Museum
Orang-Utan und Schimpanse, aus: Cuvier, G. (1817), *Le règne animal distribué d'après son organisation*
Seite aus Culpeter (1649), *The Complete Herbal*

Bogen 2
Garten von Linnaeus, mit freundlicher Genehmigung von Uppsala-Bild, Schweden
Dorf mit Vulkanen im Hintergrund, aus: Scrope, G. (1827), *Memoir on the Geology of Central France, including the Volcanic Formations of Auvergne, the Velay and the Vivarais*
Das Bove-Tal, aus: Lyell, C. (1830–33), *Principles of Geology*, Band II
Sekundäre Abfolgen, aus: Buckland, W. (1836), *Geology and Mineralogy Considered with Reference to Natural Theology*
Embryonale Walzähne, aus: Julin, C. (1880), *Archives de Biologie* I
Wirbeltier und Kopffüßer, aus: Cuvier G. (1830), *Annales de Science Naturelle* 19

Bogen 3
Rhea darwinii, aus: *The Zoology of the Voyage of H.M.S. Beagle During the Years 1832–1836.* C. Darwin (Hrsg.)
Eucalyptus urnigera, aus: Hooker, J. D. (1860), *The Botany of the Antarctic Voyage of H.M. Discovery-Ships Erebus and Terror. Part III: Flora Tasmaniae*, zur Verfügung gestellt von Royal Botanical Gardens, Kew
Lepidoptera, aus: Bates, H. W. (1862), On the Lepidoptera of the Amazonas Valley. *Transaction of the Linnean Society* 23
Schmetterlinge, aus: Buckler, W. (1886–1901), *The Larvae of the British Butterflies and Moths*

Bogen 4
Farbmuster von Spannern, aus: Bateson, W. (1913), *Mendel's Principles of Heredity Achatinella*, aus: Gulick, J. T. (1905), Evolution, Racial and Habitudinal. *Carnegie Institution of Washington Publication* 25
Die Verbreitung von *Peromyscus*, aus: Osgood, W. H. (1909), Revision of the Mice of the American Genus *Peromyscus. United States Department of Agriculture, North American Fauna* No.28
Felle von Mäusen, aus: Sumner, F. B. (1930), Genetic and Distributional Studies of Three Sub-species of *Peromyscus, Journal of Genetics* 23, Cambridge University Press

Schwarzweiß-Abbildungen

Kapitel 1
Känguruh, The National History Museum
Hinterfüße von Beuteltieren, aus: Lull, R. S. (1929), *Organic Evolution*, Macmillan
Entdeckung eines Mosasauruskiefers, aus: Rudwick, M. J. S. (1972), *The Meaning of Fossils. Episodes in the History of Palaeontology*, Macdonald, London
Restauration eines Mosasaurus, aus: Charig, A. (1979), A *New Look at the Dinosaurs*, Natural History Museum Publications
Mastodon, The Natural History Museum
Gorilla-Karikatur, mit freundlicher Genehmigung von *Punch*
Anti-Sklaven-Kamee, aus: Darwin, E. (1789), *The Botanic Garden, a Poem*
Fisch, der einem Mönch ähnelt, aus: Belon, P. (1553), *De Aquatilibus*
Skelette von Menschen und Vögeln, aus: Belon, P. (1555), *L'Histoire de la Nature des Oiseaux*

Kapitel 2
Potamogeton, aus: Ray, J. (1724), *Synopsis Methodica Stirpium Britannicarium*, J. J. Dillenius (Hrsg.)
Spechte und Eulen, aus: Ray, J. (1678), *Ornithology*
Fliege, aus: Hooke, R. (1665), *Micrographia*

Fossile Ammoniten, aus: Hooke, R. (1705), *The Posthumous Works of Robert Hooke*, R. Waller (Hrsg.)

Fossile Ammoniten, aus: Gesner, C. (1565), *De Rerum Fossilium, Lapidum et Gemmarum maxime, figuris et similitudinibus Liber*

Fossiler Haifischzahn, aus: Gesner, C. (1558), *Historiae Animalium Liber III, qui est de Piscium and aquatilium Animantium Natura*

Fossiler Fisch, aus: Ray, J. (1693), *Three Physico-Theological Discourses*

Tysons Zeichnung eines Schimpansen, aus: Tyson, E. (1699), *Orang-Outang sive Homo sylvestris*

Skelett des Schimpansen von Tyson, The Natural History Museum

Kapitel 3

Vallisneria spiralis, aus: Darwin, E. (1789), *The Botanic Garden, a Poem*

Menschenähnliche Affen, aus: *Selecta Disserta Linnaei*, Band III

Tiere in der Arche Noah, aus: Kircher, A. (1675), *Arca Noe*

Großkatzen, aus: Bewick, T. (1885), *Thomas Bewick's Works, Vol. III History of Quadrupeds*

Mastodonzahn, aus: Buffon, G. (1778), *Les Epochs de la Nature*

Geologischer Schnitt und Region erloschener Vulkane, aus: Lyell, C. (1852), *Elements of Geology*, 2. Auflage

Gesteinsschnitt gezeichnet von Sally Alexander

Erosion von Kliffs, aus: De La Beche, H. T. (1830), *Sections and Views Illustrative of Geological Phenomena*

Aplysia, aus: Cuvier, G. (1817), *Memoires pour servir à l'histoire et à l'anatomie des mollusques*

Elefantenzähne und Megatherium, aus: Cuvier, G. (1813), *Theory of the Earth*

Palaeotherium, aus: Buckland, W. (1836), *Geology and Mineralogy Considered with Reference to Natural Theology*

Kapitel 4

Titelbild, Zertifikat der Zoologie unterschrieben von Lamarck, aus: Coleman, W. (1971), *Biology in the Nineteenth Century*, John Wiley & Sons Inc.

Evolutionärer Ursprung von Tieren, aus Lamarck, J. B. (1809), *Philosophie Zoologique*

Schulterknochen, aus: Geoffrey Saint-Hilaire, E. (1818), *Philosophie Anatomique*

Präparat eines Oktopus-Auges, aus: Cuvier, G. (1817), *Memoires pour servir à l'histoire et à l'anatomie des mollusques*

Fossilien aus der Kreidezeit, aus: Smith, W. (1816), *Strata Identified by Organised Fossils*

Lesung von Buckland, mit freundlicher Genehmigung von The Department of Earth Sciences, University of Oxford

Plesiosaurus dolichodeirus, aus: Buckland, W. (1836), *Geology and Mineralogy Considered with Reference to Natural Theology*

Plesiosaurus hawkinsii, The Natural History Museum

Tal in der Auvergne, aus: Lyell, C. (1852), *Elements of Geology*, 2. Auflage

Lava am Fuß des Ätna, aus: Lyell, C. (1832) *Principles of Geology*, Band I, 2. Auflage

Fossile Muscheln, aus: Lyell, C. (1833) *Principles of Geology*, Band III

Gletscher mit Moränen, aus: Wallace, A. R. (1892), *Island Life*

Trilobit, aus: Murchison, R. I. (1839), *The Silurian System Osteopolis: Aus Agassiz, L. (1844–5) Monographie des Poissons Fossiles du Vieux Gres Rouge ou Systeme Devonian (Old Red Sandstone) des Iles Britanniques et de Russie*

Tafel einer fossilhaltigen Schicht, aus: Lyell, C. (1863) *The Antiquity of Man*

Kapitel 5

Zitate, aus: Darwin, C. (1858), *The Origin of Species*

Galapagos-Inseln, aus: Keynes, R. D. (1988), *Charles Darwin's Beagle Voyage*, Cambridge University Press

Galapagosfinken, aus: Darwin, C. (1885), *Journal of Researches into the Natural History and Geology of the Countries Visited During the Voyage of H.MS. Beagle around the World*

Stammbaum der Evolution, aus: Darwin, C. (1837), *First Notebook on Transmutation of Species*

Skelett von Seekuh und Fledermaus, aus: Owen, R. (1849), *On the Nature of Limbs*

Schädel eines Labyrinthodonten, aus: Goldfuss, G. A. (1847), *Beiträge zur vorweltlichen Fauna des Steinkohlengebirges*

Mylodon, aus: Nicholson, H. A. (1879), *A Manual of Palaeonthology Primula and Grammatophyllum*, aus: Wallace, A. R. (1913), *The Malay Archipelago*

Arten von *Chthalamus*, aus: Darwin, C. (1854), *Monograph of the Sub-Class Cirripedia*

«English Pouter», aus: Darwin, C. (1905), *The Variation of Animals and Plants under Domestication*

Baumdiagramm, aus: Bronn, H. (1861), Essai d'une réponse a la question de prix proposée en 1850 par l'Académie des Sciences etc., *Supplément aux Comptes Rendus des Séances de l'Academie des Sciences*, Band 2

Walskelett, aus: Flower, W. H. (1866), *Recent Memoirs on the Cetacea by Professor Eschrid, Reinhardt and Lilljeborg*

Kapitel 6

Säugetiere aus Borneo und Tiere aus Neuguinea, aus: Wallace, A. R. (1876), *The Geographical Distribution of Animals*

Archaeopteryx, aus: Romanes, G. J. (1897), *Darwin and after Darwin*, 2. Auflage

Evolution der Pferde und Diagramm der Evolution, aus: Wallace, A. R. (1890), *Darwinism*, 2. Auflage

Stammbaum der menschlichen Evolution, aus Haeckel, E. (1879), *The Evolution of Man*

Zeichnungen von Embryonen und Zeichnungen der rudimentären Schwanzknochen, aus: Romanes, G. J. (1897), *Darwin and after Darwin*, 2. Auflage

Handaxt aus St. Acheul, aus: Lyell, C. (1863), *The Antiquity of Man*

Überreste des Neandertalers, aus Jordan, D. und Kellogg, V. (1907), *Evolution and Animal Life*

Heliconius melpomene und *H. thelxiope*, aus Bates, H. W. (1863), *The Naturalist on the River Amazons*

Nachtfalterlarven, aus: Poulton, E. B. (1890), *The Colours of Animals*

Blattinsekt, aus: Mivart, St. G. J. (1871), *The Genesis of Species*

Kapitel 7

Befruchtung eines *Ascaris-Eies,* aus: Weismann, A. (1892), *Das Keimplasma*

Kontinuität des Keimplasmas und adaptive Radiation bei Huftieren, aus: Goodrich, E. S. (1924), *Living Organisms: an Account of their Origin and Evolution,* mit Genehmigung von Oxford University Press

Phenacodus, aus: Cope, E. D. (1887), *The Origin of the Fittest*

Mendelsche Verhältnisse, aus: Bateson, W. (1913), *Mendel's Principles of Heredity*

Variation der Flecken bei Marienkäfern, aus: Jordan, D. und Kellogg, V. (1907), *Evolution and Animal Life*

Reine Linien von Bohnen, aus: Johannsen, W. (1911), *American Naturalist Drosophila:* aus: Morgan, T. H. (1919), *The Physical Basis of Heredity*

Kopfsegmente eines Hundsfisches, aus: Goodrich, E. S. (1918), Seite 23, *Quarterly Journal of Microscopical Science* 63, Per. 18922.d.55, mit freundlicher Genehmigung der Bodleian Library, University of Oxford

Schädel von Fischen, Labyrinthodonten, saugerähnlichen Reptilien und Oppossum, aus: Gergory, W. K. (1929), *Our Face from Fish to Man*, The Putman Publishing Group

Schädel von *Seymouria,* aus: White, T. E. (1939), Osteology of *Seymouria baylorensis* Broili, *Bulletin of the Museum of Comparative Zoology Harvard* 85, Harvard University Press

Eryops und *Dimetrodon,* mit freundlicher Genehmigung des Department of Library Services, American Museum of Natural History

Kapitel 8

Tabelle mit Zahlen aus Anhang 1, aus: Punnett, R. C. (1915), *Mimicry in Butterflies*

Textseite 79, aus: Fisher, R. A. (1930), *The Genetical Theory of Natural Selection,* mit Erlaubnis der Oxford University Press

Variation bei Ratten, aus: Castle, W. E. und Phillips, J. C. (1914), Piebald Rats and Selection, *Carnegie Institute of Washington Publication* 195

Aufspaltende Evolution, aus: Stauffer, R. C. (1975), *Charles Darwin's Natural Selection,* Cambridge University Press

Landkarte von Oahu, aus: Gullick, J. T. (1905), Evolution, Racial and Habitudinal, *Carnegie Institute of Washington Publication* 25

Arten von *Peromyscus,* mit freundlicher Genehmigung von Frank Lane Picture Agency

Vererbung von Fellfarben, aus: Dobzhansky, T. (1937), *Genetics and the Origin of Species,* Columbia University Press

Farbvariation bei *Peromyscus*-Rassen, aus: Sumner, F. B. (1932), in: *Bibliographia Genetica* 9, Marthius Hijhoff. Nachdruck mit freundlicher Genehmigung von Kluwer Academic Publishers

Karte der Verbreitung der Schildlaus, aus: Dobzhansky, T. (1951), *Genetics and the Origin of Species,* Columbia University Press

Stufen der Artbildung, aus: Mayr, E. (1942), *Systematics and the Origin of Species,* Columbia University Press

Verbreitung von *Tanysiptera,* aus: Mayr, E. (1963), *Animal Species and Evolution.* Nachdruck mit Genehmigung der Harvard University Press, © 1963 durch den Präsidenten und Fellows des Harvard College

Cmarhynchos psittacula, aus: Lack, D. (1983), *Darwin's Finches,* Cambridge University Press

Pferdeevolution, aus: Simpson, G. G. (1951), *Horses,* Oxford University Press, Neuauflage 1979

Kapitel 9

Stammbaum der Wirbeltierevolution, aus: Haeckel, E. (1866), *Generelle Morphologie der Organismen*

Kiefer von *Diarthrognathus,* aus: Crompton, A. W. (1963), in: *Proceedings of the Zoological Society of London,* Zoological Society of London

Nacktkiemerschnecken, mit freundlicher Genehmigung von Dr. Chris Todd, Gatty Marine Laboratory, University of St. Andrews

Natürliche Selektion bei *Geospiza fortis,* aus Grant, P. R. (1986), *Ecology and Evolution of Darwin's Finches,* Princeton University Press

Orchideen, aus: Darwin, C. (1859), *On the Various Contrivances by which British and Foreign Orchids are Fertilized by Insects, and on the Good Effects of Intercrossing*

Mesembriornis, mit freundlicher Genehmigung von The Field Museum, Neg# GEO 79551

Viktorianische Karikatur der Evolution, aus: Lack, D. (1957), *Evolutionary Theory and Christian Belief*, Methuen & Co

Bibliographie

Agassiz, L. (1833–43) *Recherches sur les Poissons Fossiles.* 5 Bände. Neuchâtel.

Agassiz, L. (1840) *Etudes sur les Glaciers.* Neuchâtel.

Agassiz, L. (1841) De la succession et du développement des êtres organisés du globe terrestre dans les différents ages de la nature: discourse prononcé à l'inauguration de l'Académie de Neuchâtel, Neuchâtel.

Agassiz, L. (1844–5) *Monographie des Poissons Fossiles du Vieux Gres Rouge ou Système Devonian (Old Red Sandstone) des Iles Britanniques et de Russie.* Neuchâtel.

Albritton, C. C. Jr. (1980) *The Abyss of Time. Changing Conceptions of the Earth's Antiquity after the Sixteenth Century.* Freeman Cooper, San Francisco.

Avers, C. J. (1989) *Process and Pattern in Evolution.* Oxford University Press, New York.

Baer, K. E. von (1828) *Über Entwickelungsgeschichte der Thiere: Beobachtung und Reflexion.* Borntrager, Königsberg.

Bakewell, R. (1813) *An Introduction to Geology.* London.

Bates, H. W. (1862) Contributions to an insect fauna of the Amazon Valley. *Transactions of the Linnean Society of London* 23: 495–566.

Bates, H. W. (1863) *The Naturalist on the River Amazons.* 2 Bände, John Murray, London.

Bateson, W. (1894) *Materials for the Study of Variation Treated with Especial Reference to Discontinuity in the Origin of Species.* Macmillan, London.

Bateson, W.(1909) *Mendel's Principles of Heredity.* Cambridge University Press.

Belon, P. (1555) *L'Histoire de la Nature des Oyseaux.* Paris.

Benton, M. J. (1990) *Vertebrate Palaeontology.* Unwin Hyman, London.

Berry, R. J., Hrsg., (1984) *Evolution in the Galapagos Islands.* Linnean Society & Academic Press, London.

Berry, R. J. (1988) *Evolution and God.* Hodder & Stoughton, London.

Bewick, T. (1885) *Thomas Bewick's Works, Band III, History of Quadrupeds.* Gedenkausgabe. Bernard Quaritch, London.

Birch, C. (1990) *On purpose.* New South Wales University Press, Sydney.

Blumenbach, J. F. (1790) *Beytraege zur Naturgeschichte.* Göttingen. (2. Auflage, 1806).

Bowler, P. J. (1983) *The Eclipse of Darwinism.* Johns Hopkins University Press, Baltimore.

Bowler, P. J. (1989) *Evolution: the history of an idea.* 2. Auflage, University of California Press.

Brongniart, A. (1829) General considerations on the nature of the vegetation which covered the earth at the different epochs of the formation of its crust. *Edinburgh New Philosophical Journal* 6: 349–371.

Bronn, H. G. (1861) Essai d'une réponse à la question de prix proposée en 1850 par l'Académie des Sciences etc. *Supplément aux Comptes Rendus des Séances de l'Académie des Sciences* 2: 377–918. Zuerst auf deutsch erschienen, Stuttgart 1858.

Broom, R. (1932) *The Mammal-like Reptiles of South Africa.* Witherby, London.

Browne, J. (1983) *The Secular Ark. Studies in the History of Biogeography.* Yale University Press.

Buckland, W. (1823) *Reliquiae Diluvianae. Or Observations on the Organic Remains Contained in Caves, Fissures, and Diluvial Gravel, and on other Geological Phenomena, Attesting the Action of a Universal Deluge.* John Murray, London.

Buckland, W. (1824) Notice on the Megalosaurus, or Great Fossil Lizard of Stonesfield. *Transactions of the Geological Society of London* 1: 119–130.

Buckland, W. (1836) *Geology and Mineralogy Considered with Reference to Natural Theology.* 2 Bände; Bridgewater treatise No. 6. William Pickering, London.

Buffon, G. L. L., Comte de (1749–67) *Histoire naturelle, générale et particulière.* 15 Bände. Paris.

Buffon, G. L. L., Comte de (1778) *Les Epoques de la Nature.* Zusatz zum 5. Band der *Histoire naturelle,* Paris. (Neuauflage herausgegeben von J. Roger, Museum National d'Histoire Naturelle, Paris, 1962.)

Buffon, G. L. L., Comte de (1792) *Barr's Buffon: Buffon's*

Natural History containing a theory of the Earth. 10 Bände. J. S. Barr, London.

Burnet, T. (1690) *The Sacred Theory of the Earth.* 2 Bände. Walter Kettilby, London. (3. Auflage, 2 Bände in einem, 1697.)

Carpenter, W. B. (1839) *Principles of General and Comparative Physiology.* Churchill, London. (3. Auflage 1851.)

Carpenter, W. B. (1860) Darwin on the Origin of Species. *National Review* 10: 88–214.

Carpenter, W. B. (1888) *Nature and Man. Essays Scientific and Philosophical.* Kegan Paul, London.

Carroll, R. L. (1987) *Vertebrate Paleontology and Evolution.* W. H. Freeman, New York.

Castle, W. E. & Phillips, J. C. (1911) On germinal transplantation in vertebrates. *Carnegie Institution of Washington Publication* 144: 1–26.

Castle, W. E. & Phillips, J. C. (1914) Piebald rats and selection. *Carnegie Institution of Washington Publication* 195: 1–54.

Chambers, R. (1844) *Vestiges of the Natural History of Creation.* Churchill, London. (Neuauflage mit einer Einführung von G. R. de Beer, Leicester University Press, 1969.)

Charig, A. (1979) *A New Look at the Dinosaurs.* British Museum (Natural History), London.

Colbert, E. H. & Morales, M. (1991) *Evolution of the Vertebrates.* 4. Auflage. Wiley, New York.

Conybeare, W. D. (1824) On the discovery of an almost perfect skeleton of the Plesiosaurus. *Transactions of the Geological Society of London* 1: 381–389.

Conybeare, W. D. (1841) Letter to Lyell, siehe Rudwick (1967).

Conybeare, W. D. & Phillips, W. (1822) *Outlines of the Geology of England and Wales.* Band 1. London.

Cope, E. D. (1887) *The Origin of the Fittest. Essays on Evolution.* Appleton, New York.

Cox, C. B. & Moore, P. D. (1980) *Biogeography: an Ecological and Evolutionary Approach.* 3. Auflage. Blackwell, Oxford.

Cronin, H. (1992) *The Ant and the Peacock. Altruism and Sexual Selection from Darwin to Today.* Cambridge University Press.

Cuvier, G. (1805) *Leçons d'Anatomie Comparée.* 5 Bände. Paris.

Cuvier, G. (1806) Sur les éléphans vivants et fossiles. *Annales du Musée national d'Histoire naturelle* 5: 1–58, 93–155, 249–269.

Cuvier, G. (1812) *Recherches sur les Ossemens Fossiles de Quadrupedes.* 4 Bände. Chez Deterville, Paris.

Cuvier, G. (1813) *Essay on the Theory of the Earth.* Übersetzt von R. Kerr, mit Anmerkungen von R. Jameson. William Blackwood, Edinburgh.

Cuvier, G. (1817) *Le Règne Animal Distribué d'après son Organisation.* 4 Bände. Paris.

Cuvier, G. (1817) *Mémoires pour servir à l'histoire et à l'anatomie des mollusques.*

Cuvier, G. (1830) Considérations sur les mollusques, et en particulier sur les céphalopodes. *Annales de Sciences Naturelle* 19: 241–259.

Darwin, C. (1845) *Journal of Researches into the Natural History and Geology of the Countries Visited During the Voyage H. M. S. ‹Beagle› Round the World.* 2. Auflage. John Murray, London.

Darwin, C. (1851–4) *A Monograph of the Sub-Class Cirripedia, with Figures of All the Species.* 2 Bände. Ray Society, London.

Darwin, C. (1859) *On the Origin of Species by means of Natural Selection or the Preservation of Favoured Races in the Struggle for Life.* John Murray, London.

Darwin, C. (1862) *On the Various Contrivances by which British and Foreign Orchids are Fertilised by Insects, and on the Good Effects of Intercrossing.* John Murray, London.

Darwin, C. (1868) *The Variation of animals and Plants under Domestication.* 2 Bände. John Murray, London.

Darwin, C. (1871) *The Descent of Man and Selection in Relation to Sex.* John Murray, London.

Darwin, C. (1958) *The Autobiography of Charles Darwin.* Herausgegeben von N. Barlow. Collins, London.

Darwin, C. (1975) *Charles Darwin's Natural Selection: Being the Second Part of His Big Species Book Written from 1856 to 1858.* Herausgegeben von R. C. Stauffer. Cambridge University Press.

Darwin, C. (1987) *Charles Darwin's Notebooks (1836–1844).* Herausgegeben von P. H. Barrett, P. J. Gautrey, S. Herbert, D. Kohn & S. Smith. British Museum (Natural History), London.

Darwin, C. & Wallace, A. R. (1858) On the tendency of species to form varieties; and on the perpetuation of varieties and species by natural means of selection. *Journal of the Linnean Society of London (Zoology)* 3: 45–62.

Darwin, C. & Wallace, A. R. (1958) *Charles Darwin and Alfred Russel Wallace: Evolution by Natural Selection.* Herausgegeben von G. R. de Beer. Cambridge University Press. (Enthält Nachdrucke von Darwins 1842 *Sketch* und 1844 *Essay*, und den Darwin & Wallace 1858 Linnean Society Aufsatz.)

Darwin, E. (1789) *The Botanic Garden, Part II, containing The Loves of Plants, a Poem with Philosophical Notes.* Lichfield, London.

Darwin, E. (1794–6) *Zoonomia, or the Laws of Organic Life.* 2 Bände. Johnson, London.

Darwin, F. (1887) *The Life and Letters of Charles Darwin,*

including an Autobiographical Chapter. 3 Bände. John Murray, London.

Dawkins, R. (1986) *The Blind Watchmaker.* Longmans, Harlow.

De la Beche, H. T. (1830) *Sections and Views Illustrative of Geological Phaenomena.* London.

De Vries, H. (1889) *Intracellulare Pangenesis.* Jena.

De Vries, H. (1901–3) *Die Mutationstheorie. Versuche und Beobachtungen über die Entstehung von Arten im Pflanzenreich.* 2 Bände. Leipzig.

De Vries, H. (1905) *Species and Varities: their Origin by Mutation.* Herausgegeben von D. T. MacDougal, University of Chicago Press.

Dice, L. R. (1947) Effectiveness of selection by owls of deer mice *(Peromyscus maniculatus)* which contrast in colour with their background. *Contributions of the Laboratory of Vertebrate Biology, University of Michigan* 34: 1–20.

Dobzhansky, T. (1937) *Genetics and the Origin of Species.* Columbia University Press, New York (3. Auflage, 1951).

Durant, J., Hrsg., (1985) *Darwinism and Divinity. Essays on Evolution and Religious Belief.* Blackwell, Oxford.

Eldredge, N. (1986) *Time Frames. The Rethinking of Darwinian Evolution and the Theory of Punctuated Equilibria.* Heinemann, London.

Endler, J. A. (1986) *Natural Selection in the Wild.* Princeton University Press.

Faujas St.-Fond, B. (1799) *Histoire Naturelle de la Montagne de Saint-Pierre de Maestricht.* Paris.

Fisher, R. A. (1927) On some objections to mimicry theory; statistical and genetic. *Transactions of the Royal Entomological Society of London* 75: 269–278.

Fisher, R. A. (1930) *The Genetical Theory of Natural Selection.* Oxford University Press.

Flower, W. H., Hrsg., (1866) *Recent Memoirs on the Cetacea by Professors Eschridt, Reinhardt and Lilljeborg.* Ray Society, London.

Fortey, R. A. (1991) *Fossils: The Key to the Past.* 2. Auflage. Natural History Museum Publications, London.

Futuyma, D. J. (1940) *Evolutionsbiologie.* Übersetzt und bearbeitet von B. König. Birkhäuser Verlag, Basel.

Galton, F. (1872) On blood relationships. *Proceedings of the Royal Society of London* 20: 394–402.

Galton, F. (1876) A theory of heredity. *Journal of the Anthropological Institute of Great Britain and Ireland* 5: 329–348.

Gaudry, A. (1862–7) *Animaux Fossile et Géologie de l'Atique d'après les Recherches Faites en 1855–56 et 1860 sous les Auspices de l'Académie des Sciences.* 2 Bände. Savy, Paris.

Gaudry, A. (1888) *Les Ancêtres de nos Animaux dans le Temps Géologique.* Paris.

Geoffroy Saint-Hilaire, E. (1818) *Philosophie Anatomique.* Mequignon-Marvis, Paris.

Gesner, C. (1558) *Historiae Animalium Liber IIII, qui est de Piscium & aquatilium Animantium Natura.* Tiguri.

Gesner, C. (1565) *De Rerum Fossilium, Lapidum et Gemmarum maxime, figuris et similitudinibus Liber.* Tiguri.

Gloger, C. W. (1833) *Das Abändern der Vögel durch Einfluß des Klimas.* August Schulz, Breslau.

Goodrich, E. S. (1918) On the development of the segments of the head in *Scyllium. Quarterly Journal of Microscopical Science* 63: 1–30.

Goodrich, E. S. (1924) *Living Organisms: an Account of their Origin and Evolution.* Clarendon Press, Oxford.

Goodrich, E. S. (1930) *Studies on the Structure and Development of Vertebrates.* Macmillan, London.

Gould, S. J. (1977) *Ontogeny and Phylogeny.* Harvard University Press, Cambridge, Massachusetts.

Gould, S. J. (1987) *Time's Arrow Time's Cycle. Myth and Metaphor in the Discovery of Geological Time.* Harvard University Press, Cambridge, Massachusetts.

Gould, S. J. (1989) *Wonderful Life. The Burgess Shale and the Nature of History.* Hutchinson Radius, London.

Grant, P. R. (1986) *Ecology and Evolution of Darwin's Finches.* Princeton University Press.

Gregory, W. K. (1929) *Our Face from Fish to Man.* Putnam's Sons, New York.

Gulick, J. T. (1905) Evolution, racial and habitudinal. *Carnegie Institution of Washington Publication* 25: 1–269.

Haeckel, E. (1866) *Generelle Morphologie der Organismen.* 2 Bände. Georg Reimer, Berlin.

Haeckel, E. (1868) *Natürliche Schöpfungsgeschichte.* Georg Reimer, Berlin.

Haeckel, E. (1874) *Anthropogenis oder Entwicklungsgeschichte des Menschen. Keimes- und Stammesgeschichte.* Engelmann, Leipzig.

Haldane, J. B. S. (1932) *The Causes of Evolution.* Longman Green, London.

Hallam, A. (1989) *Great Geological Controversies.* 2. Auflage, Oxford University Press, Oxford.

Harvey, P. H. & Pagel, M. D. (1991) *The Comparative Method in Evolutionary Biology.* Oxford University Press, Oxford.

Herschel, J. F. W. (1831) *Preliminary Discourse on the Study of Natural Philosophy.* Longman, Rees, Orme, Browne & Green, London.

Hoffman, A. (1989) *Arguments on Evolution. A Paleontologist's Perspective.* Oxford University Press, New York.

Hooke, R. (1665) *Micrographia: or some Physiological Descriptions of Minute Bodies made by Magnifying Glasses, with Observations and Inquiries thereupon.* London.

Hooke, R. (1705) *The Posthumous Works of Robert Hooke*

M. D. etc. Containing his Cutlerian Lectures, and other Discourses read at the meetings of the illustrious Royal Society. Herausgegeben von R. Waller. Smith & Walford, London.

Hooker, J. D. (1860) *The Botany of the Antarctic Voyage of H. M. S. Discovery Ships Erebus and Terror. Part III: Flora Tasmaniae.* 2 Bände. Lovell & Reeve, London.

Hull, D. L. (1973) *Darwin and his Critics: The Reception of Darwin's Theory of Evolution by the Scientific Community.* Harvard University Press, Cambridge, Massachusetts.

Hutton, J. (1788) Theory of the earth; or an investigation of the laws observable in the composition, dissolution, and restoration of land upon the globe. *Transactions of the Royal Society of Edinburgh* 1: 209–304.

Hutton, J. (1795) *Theory of the Earth, with Proofs and Illustrations.* 2 Bände. Edinburgh.

Huxley, T. H. (1863) *Evidence as to Man's Place in Nature.* Williams & Norgate, London.

Huxley, T. H. (1868) On the animals which are most nearly intermediate between birds and reptiles. *Geological Magazine* 5: 357–365. (Nachgedruckt in *The Scientific Memoirs of Thomas Henry Huxley,* herausgegeben von M. Foster und E. R. Lankester, Band 3: 303–313. Macmillan, London, 1898–1902.)

Jepsen, G. L., Mayr, E. & Simpson, G. G. (1949) *Genetics, Paleontology and Evolution.* Princeton University Press.

Johannsen, W. (1911) The genotype conception of heredity. *American Naturalist* 45: 129–159.

Jordan, D. S. & Kellogg, V. L. (1907) *Evolution and Animal Life.* Appleton, New York. (Nachdruck 1922.)

Julin, C. (1880) Recherches sur l'ossification du maxillaire inférieur et sur la constitution du système dentaire chez le foetus de la Balaenoptera rostrata. *Archives de Biologie* 1: 75–136.

Keast, J. A. (1983) In the steps of Alfred Russel Wallace: biogeography of the Asian-Australian interchange zone. In *Evolution, Time and Space: the Emergence of the Biosphere,* herausgegeben von R. W. Sims, J. H. Price & P. E. S. Whalley, Seiten 367–407. Academic Press, London.

Kemp, T. S. (1982) *Mammal-like Reptiles and the Origin of Mammals.* Academic Press, London.

Kermack, D. M. & Kermack, K. A. (1984) *The Evolution of Mammalian Characters.* Croom Helm, London.

Kettlewell, H. B. D. (1961) The phenomenon of industrial melanism in the Lepidoptera. *Annual Review of Entomology* 6: 245–262.

King, W. (1864) The reputed fossil man of the Neanderthal. *Quarterly Journal of Science* 1: 88–97.

Kircher, A. (1675) *Arca Noe in tres libros digesta, sive de rebus ante diluvium, de diluvio et de rebus post diluvium a Noemo gestis.* Waesberg, Amsterdam.

Kohn, D., Hrsg., (1985) *The Darwinian Heritage.* Princeton University Press.

Krebs, J. R. & Davies, N. B. (1987) *An Introduction to Behavioural Ecology.* 2. Auflage, Blackwell, Oxford.

Krebs, J. R. & Davies, N. B., Hrsg., (1991) *Behavioural Ecology, an Evolutionary approach.* 3. Auflage, Blackwell, Oxford.

Lack, D. (1947) *Darwin's Finches.* Cambridge University Press. (Nachdruck mit einer Einleitung und Anmerkungen von L. Ratcliffe & P. T. Boag, 1983.)

Lack, D. (1957) *Evolutionary Theory and Christian Belief.* Methuen, London.

Lack, D. (1974) *Evolution Illustrated by Waterfowl.* Blackwell, Oxford.

Lamarck, J. B. (1778) *La Flore Française.* Paris.

Lamarck, J. B. (1801) *Système des Animaux sans Vertèbres.* Chez Deterville, Paris.

Lamarck, J. B. (1809) *Philosophie Zoologique.* Chez Dentu, Paris.

Lamarck, J. B. (1815–22) *Histoire Naturelle des Animaux sans Vertèbres.* 7 Bände. Paris.

Levington, J. (1988) *Genetics, Paleontology and Macroevolution.* Cambridge University Press.

Linnaeus, C. (1735) *Systema Naturae.* Laurentii Salvii, Holmiae [Stockholm]. (10. Auflage, 1758.)

Linnaeus, C. (1749–69) *Amoenitates Academicae.* 7 Bände. Laurentii Salvii' Holmiae. [Enthält *Essay on Oeconomy of Nature,* von I. Biberg, *in* ‹Miscellaneous Tracts relating to, Natural History… with notes by Benj. Stillingfleet›, No. 2, S. 31–108. R. & J. Dodsley &c, London, 1759. Siehe auch *On the increase of the habitable earth* von Linnaeus *Amoen. Acad.,* Band 2, S. 409, 1744. *In* ‹Select Dissertations from Amoenitates Academicae›. A supplement to Mr Stillingfleet's Tracts… Übersetzt von F. J. Brand, Band 1, S. 71–127. G. Robinson & J. Robson, London, 1781.]

Lull, R. S. (1929) *Organic Evolution.* Überarbeitete Auflage. Macmillan, New York.

Lyell, C. (1830–33) *Principles of Geology: Being an Attempt to Explain the Former Changes of the Earth's Surface by Reference to Causes Now in Operation.* 3 Bände, London.

Lyell, C. (1851) *A Manual of Elementary Geology.* John Murray, London.

Lyell, C. (1863) *The Geological Evidences of the Antiquity of Man.* John Murray, London.

Lyell, C. (1970) *Sir Charles Lyell's Journals on the Species Question.* Herausgegeben von L. J. Wilson. Yale University Press, New Haven.

McMullin, E., Hrsg. (1985) *Evolution and Creation.* University of Notre Dame Press.

Malthus, T. R. (1826) *An Essay on the Principle of Population*. 6. Auflage. Johnson, London. (Darwin las diese Auflage; 1. Auflage 1798)

Marsh, O. C. (1877) Introduction and succession of vertebrate life in America. *Nature* 16: 448–450, 470–472, 489–491.

Maynard Smith, J. (1989) *Evolutionary Genetics*. Oxford University Press, Oxford.

Mayr, E. (1942) *Systematics and the Origin of Species from the Viewpoint of a Zoologist*. Columbia University Press, New York.

Mayr, E. (1963) *Animal Species and Evolution*. Harvard University Press, Cambridge, Massachusetts.

Mayr, E. (1982) *The Growth of Biological Thought. Diversity, Evolution and Inheritance*. Harvard University Press, Cambridge, Massachusetts.

Mayr, E. & Provine, W. B. (1980) *The Evolutionary Synthesis. Perspectives on the Unification of Biology*. Harvard University Press, Cambridge, Massachusetts.

Mendel, G. J. (1865 u. 1869) *Versuche über Pflanzenhybriden*, 2 Abhandlungen. Engelmann, Leipzig.

Meyer, H. von (1862) On the *Archaeopteryx lithographica*, from the Lithographic Slate of Solnhofen. *Annals and Magazine of Natural History* 9: 366–370.

Mielke, H. W. (1989) *Patterns of Life. Biogeography of a Changing World*. Unwin Hyman, Boston.

Mivart, St. G. J. (1871) *On the Genesis of Species*. Macmillan, London.

Montenat, C., Plateux, L & Roux, P. (1985) *How to Read the World: Creation in Evolution*. SCM Press, London.

Moore, J. R., Hrsg., (1989) *History, Humanity and Evolution Essays for John C. Greene*. Cambridge University Press.

Morgan, T. H. (1903) *Evolution and Adaptation*. Macmillan, New York.

Morgan, T. H. (1919) *The Physical Basis of Heredity*. Lippincott, Philadelphia.

Murchison, R. I. (1839) *The Silurian System*. London.

Newton, I. (1960) *The Correspondence of Isaac Newton 1676–1687*. Herausgegeben von H. W. Turnbull. Cambridge University Press.

Nicholson, H. A. (1879) *A Manual of Palaeontology for the Use of Students*. 2. Auflage; 2 Bände. William Blackwood, Edinburgh.

Oldroyd, D. R. (1983) *Darwinian Impacts. An Introduction to the Darwinian Revolution*. 2. Auflage. New South Wales University Press, Sydney.

Osborn, H. F. (1917) *The Origin and Evolution of Life*. Charles Scribner's Sons, New York.

Osgood, W. H. (1909) Revision of the mice of the American genus *Peromyscus*. *United States Department of Agriculture, North American Fauna* 28: 1–285.

Owen, R. (1848) *On the Archetype and Homologies of the Vertebrate Skeleton*. J. van Voorst, London.

Owen, R. (1849) *On the Nature of Limbs*. J. van Voorst, London.

Owen, R. (1863) On the *Archaeopteryx* of von Meyer, with a description of the fossil remains of a long-tailed species, from the lithographic stone of Solnhofen. *Philosophical Transactions of the Royal Society of London* 153: 33–47.

Patterson, C. (1992) *Evolution*. 2. Auflage. Natural History Museum Publications, London.

Phillips, J. (1841) *Figures and Descriptions of the Palaeozoic Fossils of Cornwall, Devon and West Somerset*. London.

Pictet, F. J. (1844–46) *Traité de Palaeontologie, ou Histoire naturelle des animaux fossiles considerés dans leurs rapport zoologique et géologique*. Paris.

Pictet, F. J. (1860) Sur l'Origine de l'Espèce, par Charles Darwin. *Archives des Sciences physiques et naturelles de la Bibliothèque Universelle* 3: 231–255.

Pond, C. M., Hrsg., (1991) *Diversity of Organisms*. Edward Arnold, London.

Poulton, E. B. (1890) *The Colours of Animals, their Meaning and Use Considered Especially in the Case of Insects*. 2. Auflage. Kegan Paul, London.

Provine, W. B. (1971) *The Origins of Theoretical Population Genetics*. University of Chicago Press.

Punnett, R. C. (1915) *Mimicry in Butterflies*. Cambridge University Press.

Ray, J. (1660) *Catalogus Plantarum circa Cantabrium nascentium*. J. Field, Cambridge.

Ray, J. (1678) *The Ornithology of Francis Willughby*. John Martyn, London.

Ray, J. (1686–1704) *Historia Plantarum*. 3 Bände. Henry Faithorne, London.

Ray, J. (1690) *Synopsis Methodica Stirpium Britannicarium*. London. (3. Auflage mit Abbildungen 1724; Nachdruck mit einer Einleitung von W. T. Stearn, Ray Society, 1973).

Ray, J. (1691) *The Wisdom of God Manifested in the Works of Creation*. Samuel Smith, London.

Ray, J. (1692) *Miscellaneous Discourses Concerning the Dissolution and Changes of the World*. Samuel Smith, London. (2. Auflage, 1693, mit dem Titel *Three Physico-Theological Discourses*, enthält Abbildungen).

Romanes, G. J. (1892) *Darwin and after Darwin. An Exposition of the Darwinian Theory and a Discussion of post-Darwinian Questions. I. The Darwinian Theory*. Longman Green, London.

Rothschild, Lord, & Dollman, G. (1936) The genus *Dendrolagus*. *Transactions of the Zoological Society of London* 21: 477–548.

Rudwick, M. J. S. (1967) A critique of uniformitarian

geology: a letter from W. D. Conybeare to Charles Lyell, 1841. *Proceedings of the American Philosophical Society* 111: 272–287.

Rudwick, M. J. S. (1972) *The Meaning of Fossils. Episodes in the History of Palaeontology.* Macdonald, London.

Ruse, M. (1979) *The Darwinian Revolution. Science Red in Tooth and Claw.* University of Chicago Press.

Scrope, G. P. (1827) *Memoir on the Geology of Central France, including the Volcanic Formations of Auvergne, the Velay and the Vivarais.* London.

Sebright, J. (1809) *The Art of Improving the Breeds of Domestic Animals, in a Letter Addressed to the Right Hon. Sir Joseph Banks K. B.,* London.

Sedgwick, A. (1860) Objections to Mr. Darwin's theory of the origin of species. *Spectator,* 24 March.

Simpson, G. G. (1944) *Tempo and Mode in Evolution.* Columbia University Press, New York.

Simpson, G. G. (1949) *The Meaning of Evolution.* Yale University Press, New Haven. (Überarbeitete Auflage.)

Simpson, G. G. (1951) *Horses.* Oxford University Press, New York.

Smith, W. (1816) *Strata Identifed by Organised Fossils.* London.

Stanley, S. M. (1981) *The New Evolutionary Timetable. Fossils, Genes and the Origin of Species.* Basic Books, New York.

Stanley, S. M. (1986) *Earth and Life Through Time.* W. H. Freeman, New York.

Stearn, C. W. & Carroll, R. L. (1989) *Paleontology: the Record of Life.* Wiley, New York.

Steno, N. (1669) *De Solido intra Solidum naturaliter Contento Dissertationis Prodromus.* Printing Shop, Florence.

Steno, N. (1671) *The Prodromus to a Dissertation Concerning Solids Naturally Contained within Solids.* Übersetzt von H. Oldenburg. Moses Pitt, London.

Sumner, F. B. (1930) Genetic and distributional studies of three sub-species of *Peromyscus. Journal of Genetics* 23: 275–376.

Sumner, F. B. (1932) Genetic, distributional and evolutionary studies of the subspecies of deer-mice (*Peromyscus*). *Bibliographia Genetica* 9: 1–106.

Sumner, F. B. (1945) *The Life History of an American Naturalist.* Jacques Cattell Press, Lancaster, Pennsylvania.

Thomas, K. (1983) *Man and the Natural Work. Changing Attitudes in England 1500–1800.* Allen Lane, London.

Toulmin, S. & Goodfield, J. (1965) *The Discovery of Time.* Hutchinson, London.

Trivers, R. (1985) *Social Evolution.* Benjamin/Cummings, California.

Tyson, E. (1699) *Orang-Outang, sive Homo Sylvestris.* London.

Ussher, J. (1650) *Annales Veteris Testamenti, a prima Mundi Origine Deducti.* London.

Wallace, A. R. (1855) On the law which has regulated the introduction of new species. *Annals and Magazine of Natural History* 16: 184–196. (Nachdruck in Wallace, 1891.)

Wallace, A. R. (1869) *The Malay Archipelago: the Land of the Orang-utan, and the Bird of Paradise.* Macmillan, London.

Wallace, A. R. (1876) *The Geographical Distribution of Animals.* 2 Bände. Macmillan, London.

Wallace, A. R. (1889) *Darwinism.* Macmillan, London.

Wallace, A. R. (1891) *Natural Selection and Tropical Nature. Essays on Descriptive and Theoretical Biology.* Macmillan, London.

Wallace, A. R. (1905) *My Life: A Record of Events and Opinions.* Chapman and Hall, London.

Weismann, A. (1892) *Das Keimplasma: eine Theorie der Vererbung.* Gustav Fischer, Jena.

Weismann, A. (1904) *The Evolution Theory.* 2 Bände. Übersetzt unter Mitarbeit des Autors von J. A. Thomson und M. R. Thomson. Edward Arnold, London.

Werner, A. G. (1787) *Kurze Klassifikation und Beschreibung der verschiedenen Gebirgsarten.* Freiberg.

White, T. E. (1939) Osteology of *Seymouria baylorensis* Broili. *Bulletin of the Museum of Comparative Zoology, Harvard* 85: 325–409.

Whitmore, T. C., Hrsg., (1981) *Wallace's Line and Plate Tectonics.* Clarendon Press, Oxford.

Whitmore, T. C., Hrsg., (1987) *Biogeographical Evolution in the Malay Archipelago.* Clarendon Press, Oxford.

Wills, C. (1989) *The Wisdom of the Genes. New Pathways in Evolution.* Basic Books, New York.

Woodward, J. (1695) *An Essay toward a Theory of the Earth and Terrestrial Bodies, especially Minerals; as also of the Seas' Rivers and Springs.* Wilkin, London.

Wright, S. (1931) Evolution in Mendelian populations. *Genetics* 16: 97–159.

Dinosaurierfährten – Eine Expedition in die Vergangenheit

Dinosaurierfährten: Sie sind zwischen 230 und 65 Millionen Jahre alt und kommen in allen Größen und Variationen vor. Manche sind nicht größer als die Fußabdrücke von Singvögeln oder Hühnern, andere sind dreimal größer als der Abdruck eines Elefanten. Noch vor wenigen Jahren galten sie als rätselhafte Absonderheiten. Heute werden sie als wissenschaftlich bedeutsame Informationsquellen angesehen. Diese Spuren stellen ein außergewöhnliches Phänomen dar, denn sie geben uns darüber Aufschluß, wie sich das Alltagsleben einer Vielzahl von Sauriern in ihren verschiedenen Lebensräumen abgespielt haben mag.

Martin Lockley nimmt seine Leser mit auf eine faszinierende Reise in die Vergangenheit.
Sein Buch bietet jedem die Möglichkeit, sich die Dinosaurierfährten in seiner näheren Umgebung selbst anzusehen, indem er die interessantesten Fundorte (auch in Deutschland und der Schweiz) ausführlich vorstellt.

Auf den Spuren der Dinosaurier ist eine spannende Lektüre für jeden, der mehr über das Leben dieser rätselhaften Echsen erfahren und ihren Fährten nachspüren will.

Martin Lockley
Auf den Spuren der Dinosaurier
Dinosaurierfährten - Eine Expedition in die Vergangenheit

Aus dem Englischen von Gerald Bosch.
314 Seiten, 38 sw- sowie 21 farbige Abbildungen, 76 Strichzeichnungen.
Gebunden
ISBN 3-7643-2774-X

In allen Buchhandlungen erhältlich

Birkhäuser